畜禽产品安全生产综合配套技术丛书

养鸡与鸡病防控关键技术

周改玲　杨光勇　乔宏兴　张武军　陈红英　主编

中原农民出版社

·郑州·

图书在版编目(CIP)数据

养鸡与鸡病防控关键技术/周改玲等主编.—郑州:
中原农民出版社,2016.8
(畜禽产品安全生产综合配套技术丛书)
ISBN 978-7-5542-1467-1

Ⅰ.①养… Ⅱ.①周… Ⅲ.①鸡-饲养管理
②鸡病-防治 Ⅳ.①S831.4 ②S858.31

中国版本图书馆 CIP 数据核字(2016)第 171012 号

养鸡与鸡病防控关键技术

周改玲　杨光勇　乔宏兴　张武军　陈红英　主编

出版社:中原农民出版社

地址:河南省郑州市经五路 66 号　　　　　　　**邮编:**450002

网址:http://www.zynm.com　　　　　　　　　**电话:**0371-65788655

发行单位:全国新华书店　　　　　　　　　　　**传真:**0371-65751257

承印单位:新乡市豫北印务有限公司

投稿邮箱:1093999369@qq.com

交流 QQ:1093999369

邮购热线:0371-65788040

开本:710mm×1010mm　1/16

印张:23.5

字数:386 千字

版次:2016 年 9 月第 1 版　　　　　　　　　　**印次:**2016 年 9 月第 1 次印刷

书号:ISBN 978-7-5542-1467-1　　　　　　　**定价:**39.00 元

本书如有印装质量问题,由承印厂负责调换

畜禽产品安全生产综合配套技术丛书
编 委 会

顾 问 张改平

主 任 张晓根

副主任 边传周 汪大凯

成 员 （按姓氏笔画排序）

王永芬 权 凯 乔宏兴 任战军

刘太宇 刘永录 李绍钰 周政玲

赵金艳 胡华锋 聂芙蓉 徐 彬

郭金玲 席 磊 黄炎坤 魏凤仙

本 书 作 者

主 编 周政玲 杨光勇 乔宏兴 张武军 陈红英

副主编 王子健 承景晔 郭晓丽 张天英 邱连峰

赵艳芝 王变清 张春红 赵凤亭 许国齐

参 编 安 进 张献珍 李 芳 范保磊 司玉军

王娜丽 支春翔 柴建伟 严川宇 艾华庭

赵 静 王全振 王玲慧 李三毛 杜新所

张青春 周 洁 杜欣帅 薛永毅 赵登辉

序

近年来,我国采取有力措施加快转变畜牧业发展方式,提高质量效益和竞争力,现代畜牧业建设取得明显进展。第一,转方式,调结构,畜牧业发展水平快速提升。持续推进畜禽标准化规模养殖,加快生产方式转变,深入开展畜禽养殖标准化示范创建,国家级畜禽标准化示范场累计超过4 000家。规模养殖水平保持快速增长。制定发布《关于促进草食畜牧业发展的意见》,加快草食畜牧业转型升级,进一步优化畜禽生产结构。第二,强质量,抓安全,努力增强市场消费信心。坚持产管结合、源头治理,严格实施饲料和生鲜乳质量安全监测计划,严厉打击饲料和生鲜乳违禁添加等违法犯罪行为。切实抓好饲料和生鲜乳质量安全监管,保障了人民群众"舌尖上的安全"。畜牧业发展坚持"创新、协调、绿色、开放、共享"发展理念,坚持保供给、保安全、保生态目标不动摇,加快转变生产方式,强化政策支持和法制保障,努力实现畜牧业在农业现代化进程中率先突破的目标任务。

随着互联网、云计算、物联网等信息技术渗透到畜牧业各个领域,越来越多的畜牧从业者开始体会到科技应用带来的巨变,并在实践中将这些先进技术运用到整条产业链中,利用传感器和软件通过移动平台或电脑平台对各环节进行控制,使传统畜牧业更具"智慧"。智慧畜牧业以互联网、云计算、物联网等技术为依托,以信息资源共享运用、信息技术高度集成为主要特征,全力发挥实时监控、视频会议、远程培训、远程诊疗、数字化生产和畜牧网上服务超市等功能,达到提升现代畜牧业智能化、装备化水平,以及提高行业产能和效率的目的。最终打造出集健康养殖、安全屠宰、无害处理、放心流通、绿色消费、追溯有源为一体的现代畜牧业发展模式。

同时,"十三五"进入全面建成小康社会的决胜阶段,保障肉蛋奶有效供给和质量安全、推动种养结合循环发展、促进养殖增收和草原增绿,任务繁重而艰巨。实现畜牧业持续稳定发展,面临着一系列亟待解决的问题:畜产品消费增速放缓使增产和增收之间矛盾突出,资源环境约束趋紧对传统养殖方式形成了巨大挑战,廉价畜产品进口冲击对提升国内畜产品竞争力提出了迫切要求,食品安全关注度提高使饲料和生鲜乳质量安全监管面临着更大的压力。

"十三五"畜牧业发展,要更加注重产业结构和组织模式优化调整,引导产业专业化分工生产,提高生产效率;要加快现代畜禽牧草种业创新,强化政策支持和科技支撑,调动育种企业积极性,形成富有活力的自主育种机制,提升产业核心竞争力;要进一步推进标准化规模养殖,促进国内养殖水平上新台阶;要积极适应经济"新常态"变化,主动做好畜产品生产消费信息监测分析,加强畜产品质量安全宣传,引导生产者立足消费需求开展生产;要按照"提质增效转方式,稳粮增收可持续"工作主线,推进供给侧结构性改革,加快转型升级,推行种养结合、绿色环保的高效生态养殖,进一步优化产业结构,完善组织模式,强化政策支持和法制保障,依靠创新驱动,不断提升综合生产能力、市场竞争能力和可持续发展能力,加快推进现代畜牧业建设;要充分发挥畜牧业带动能力强、增收见效快的优势,加快贫困地区特色畜牧业发展,促进精准扶贫、精准脱贫。

由张晓根教授组织编写的《畜禽产品安全生产综合配套技术丛书》涵盖了畜禽产品质量、生产、安全评价与检测技术,畜禽生产环境控制,畜禽场废弃物有效控制与综合利用,兽药规范化生产与合理使用,安全环保型饲料生产,饲料添加剂与高效利用技术,畜禽标准化健康养殖,畜禽疫病预警、诊断与综合防控等方面的内容。

丛书适应新阶段新形势的要求,总结经验,勇于创新。除了进一步激发养殖业科技人员总结在实践中的创新经验外,无疑将对畜牧业从业者培训,促进产业转型发展,促进畜牧业在农业现代化进程中率先取得突破,起到强有力的推动作用。

中国工程院院士

2016 年 6 月

前　言

养鸡业是我国畜牧业发展的主导产业之一,它关系着国计民生,是保障鸡肉、鸡蛋有效供给,促进农业农村经济发展和农民增收的战略性产业。

目前,我国养鸡业分为两大主体:规模养殖和生态养殖。因为近年来养鸡业迅猛发展,散养户因其饲养管理不科学,计划性不强,防疫理念不好,往往造成"投身养殖容易,养成赚钱难"的现象,疫病流行时的高死亡率使得他们对养鸡业退而却步。市场经济的发展促进养鸡业规模化、集约化、工厂化程度大幅度提高。随着人们生活水平的逐渐提高,对鸡蛋、鸡肉的质量提出了更高的要求,无公害、低药残的安全食品备受欢迎,这便催生了生态养鸡的发展。生态养鸡是指在无污染的果园、农林闲地、山坡或灌木丛林里,选择优良的土鸡或仿土鸡地方品种,育雏后实施山地放养、人工喂料和野外采食相结合的饲养方法。

无论是规模养殖还是生态养殖,都离不开养鸡和鸡病防控关键技术。本书涵盖了鸡的外貌特征及生物学特性,鸡场的建设与设备,鸡的营养与饲料,鸡的饲养管理,鸡病的防治,鸡病的临床、剖检、实验室诊断,鸡场的消毒和鸡的免疫接种等方面的技术,理论结合实践,面向生产,讲求实用,可操作性强,是养鸡场、养殖小区专业技术人员和生产管理人员的实用参考书。

养鸡与鸡病防控技术日新月异,进展迅速,文献浩如烟海,限于水平,书中不妥或挂一漏万之处,敬请读者批评指正。

编　者
2016 年 4 月

目　录

第一章　鸡的外貌特征及生物学特性

经过驯化,在家养条件下生存并繁衍,且有较高经济价值的鸟类叫家禽。鸡属于家禽,起源于雉科中的原鸡属,现在一般认为红色原鸡是家鸡的祖先。鸡在外貌特征、生物学特性上与家畜有明显的区别。

第一节　鸡的外貌特征

鸡的外貌分为头、颈、体躯、羽毛四大部分(图1-1)。

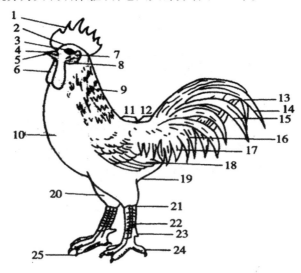

图1-1　鸡的外貌部位

1.冠　2.头顶　3.眼　4.鼻孔　5.喙　6.肉髯　7.耳孔　8.耳叶　9.颈和颈羽　10.胸　11.背 12.腰　13.主尾羽　14.大镰羽　15.小镰羽　16.覆尾羽　17.鞍羽　18.翼羽　19.腹　20.小腿 21.踝关节　22.跖(胫)23.距　24.趾　25.爪

一、头部

1.喙

喙是由表皮衍生的角质化产物,俗称鸡嘴,是啄食与自卫器官,其颜色因品种而异,一般与胫部的颜色一致。健康鸡的喙应短粗,稍微弯曲。另外,鸡舌黏膜基本没有味觉功能,鸡觅食主要靠视觉和触觉;鸡的唾液腺很发达,分泌多,可迅速采食干粉料或粒料。

2.脸

鸡脸一般为红色。蛋用鸡脸清秀,应无堆积的皮下脂肪和肉,脸毛应细小,大部分赤裸,强健者脸色彩鲜红,润泽而无皱纹;肉用鸡脸应丰满。

3.眼

眼位于脸中央,健康鸡眼大有神且反应灵敏,向外突出,眼睑单薄,虹彩的颜色因品种而异。

4.肉垂

肉垂也称肉髯,即从下颚长出下垂的皮肤衍生物,左右组成一对,应大小相称、丰满、鲜红、肥润,可起到散热作用。

5.冠

冠为皮肤的衍生物,位于头顶,是富有血管的上皮构造。不同品种有不同的冠形,同一种冠形,不同品种也有差异。大多数品种的鸡冠为单冠。冠的发育受雌性激素控制,公鸡的冠较母鸡发达。如为单冠,公鸡须直立,母鸡则可能倒向一侧,颜色多为红色,肥润、柔软、光滑者为健壮。产蛋母鸡的冠愈红、愈丰满的,产蛋能力愈高。鸡冠也可起到散热作用。常见的冠形有(图1-2):①单冠:由喙基部至头顶后部,呈单片状。②豆冠:由三叶小的单冠组成,中间一叶较高,又称三叶冠,有明显缺齿。③玫瑰冠:冠的表面有很多突起,前宽后尖,形成光滑的冠尾。④草莓冠:与玫瑰冠相似,但无冠尾,冠体稍小,似草莓。

单冠　　　　　豆冠　　　　　玫瑰冠　　　　　草莓冠

图1-2　鸡的4种冠形

二、颈部

因品种不同,颈部长短也不同,鸡颈由13~14节颈椎组成,蛋用鸡较细、长,肉用鸡较粗、短,但都要求伸缩、转动灵活,以便于觅食、警戒或梳理、润泽羽毛等。

三、体躯

体躯由胸、腹等部分构成,与性别、生产性能、健康状况有密切关系。

1.胸

胸部是心脏和肺所在的位置,应宽、深、发达,胸骨长而直。肉用型鸡的胸肌发达,胸部肌肉占全身肌肉的40%以上。胸部夹角大则胸肌发达,小则瘦。

2.腹

腹部容纳消化器官和生殖器官,应有较大的容积。腹部容积常以手指和手掌来量胸骨末端到耻骨末端之间的距离来表示。这两个距离愈大,表示正在产蛋期或产蛋能力很好。

3.臀

母鸡臀部应丰满而广阔,鸡的两侧耻骨末端并不相接,形成开放性的骨盆,便于产蛋,且常作为判定母鸡产蛋性能的标志,在产蛋期要求宽达3厘米(三指)以上。

4.四肢

鸡的前肢发育成翼,又称翅膀。翼的状态可反映鸡的健康状况。正常的鸡翅膀应紧扣身体,下垂是体弱多病的表现。鸡后肢骨骼较长,胫部鳞片为皮肤衍生物,年幼时鳞柔软,成年后角质化,日龄愈大,鳞片愈硬,甚至向外侧突起。因此可以从胫部鳞片的软硬程度和鳞片是否突起来判断鸡的日龄大小。胫部因品种不同而有不同的色泽,多数无毛,一些品种胫部着生有羽毛,称为胫羽。胫呈三角菱形为产蛋高的特征。公鸡胫部内侧向后处有角质突出物,称为距。距约6月龄出现,1岁时达1厘米长,随着年龄增长而变长、弯、尖,所以,可作为鉴定公鸡年龄的一个依据。胫的最下部有四趾或五趾,趾端角质为爪,有胫羽者一般也有趾羽。

四、羽毛

羽毛是鸡表皮的衍生物,用于维持体温,对飞翔也很重要。鸡按羽毛结构可分为片羽(正羽)、绒羽、纤羽(针羽)3种。片羽覆盖身体大部;绒羽生于腹部,无羽钩结构,起保温作用;纤羽少而纤细,位于正羽的下方。如以其着生部位来分,可分为下列几种:①颈羽:着生于颈部,母鸡的颈羽短,末端钝圆、缺乏光泽,公鸡后侧和两侧的颈羽长而尖,有色品种的颈羽色彩美丽,富有光泽,称为"梳羽"。②鞍羽:为鸡背腰上的羽毛,呈覆瓦片状排列。背腰从外形上看似马鞍,这也是产蛋鸡的特征。③尾羽:分主尾羽和覆尾羽,主尾羽扁宽而硬直,公母鸡均有,约12根。公鸡紧靠主尾羽的覆尾羽特别发达,形如镰刀,称为镰羽。最长的那根称大镰羽,其余较短的称小镰羽。④翼羽:两翼外侧掌骨上长而硬的羽毛称为主翼羽,一般为10根,翼部近尺骨和桡骨处所生的大羽毛称为副翼羽,一般为11根。主翼羽和副翼羽之间有一根较短而圆的羽毛称为轴羽,主翼羽上覆盖着的较短小的羽毛称为覆主翼羽,覆盖在副羽上的则称为覆副翼羽。主翼羽的脱换与产蛋有关,在秋季,可根据主翼羽的脱换迟早等来挑选产蛋鸡,一般换得早的停产早,换得迟的产蛋多,换羽速度快。

第二节　鸡的生物学特性

鸡的生物学特性主要包括以下几个方面：

一、体温高，代谢旺盛

鸡的体温为41.5℃(40.9～41.9℃)，高于任何其他家畜。体温来源于体内物质代谢过程的氧化作用产生的热能。机体内产生热量数量的多少，决定于代谢强度。鸡体的营养物质来自日粮，因而就要利用它代谢作用旺盛的特点给予所需要的营养物质，使鸡能维持生命和健康，并且能达到最佳的产肉和产蛋性能。另外，还要为鸡提供冬暖夏凉、通风透光、干爽清洁的生活环境，以利于调节体温、维持旺盛的代谢作用。

二、生长迅速，成熟期早

在目前的遗传育种和饲养条件下，肉仔鸡饲养到8周龄出栏时，体重可达2.4千克，是初生雏(40克)的60倍。肉鸡或肉蛋兼用型鸡养到160～180日龄开始产蛋，蛋用型鸡养到130～150日龄时可开产。如要发挥生长迅速、成熟期早的特性，必须给予优质的全价日粮，合理饲养，加强饲养管理，并根据蛋鸡、肉鸡和种鸡的不同要求，适当调节光照与饲养密度，才能获得良好的效果。

三、具有自然换羽的特性

通常，当年鸡有4次不完全的换羽现象，1年以上的鸡每年秋冬换羽1次。鸡在换羽期间，多数停止产蛋，而且换羽需要相当长的时间。现在，蛋鸡一般在72周龄或76周龄即产蛋，1年后淘汰，并且光照、通风、温度都人为控制在适合鸡生长、生产的条件下，因而其产蛋性能受自然换羽的影响不大。对于产蛋1年以上的鸡，如果想继续留用，可进行强制换羽，以提高鸡群的产蛋量。

四、消化道短，日粮通过消化道快

鸡的消化道长度仅是体长的6倍，与牛(20倍)、猪(14倍)相比短得多，以致食物通过快，消化吸收不完全。鸡口腔无牙齿咀嚼食物，腺胃消化性差，只靠肌胃与沙粒磨碎食物；盲肠只能消化少量的粗纤维。基于鸡的这种特点，把饲料制成颗粒状或于饲料中加入酶制剂，可提高饲料利用率。

五、对饲料营养要求高，饲料转化率高

鸡产品(肉、蛋)所含的营养物质非常丰富，要保证鸡的高生产力，必须提供含有丰富营养物质的饲料。由于鸡的体重小，消化道短，只有盲肠可以消化

很少量的纤维素,所以鸡基本不能利用粗纤维。这就要求鸡饲料必须以精饲料为主,不能含有太多的粗饲料。由于鸡饲料转化率高,因此,长肉快,产蛋多,耗料少,报酬高。一般现代化养鸡的饲料报酬:肉鸡料肉比为(1.9~2.2):1,蛋鸡料蛋比为(2.0~2.5):1。饲料报酬的高低取决于品种、饲料、饲养管理条件的优劣。

六、繁殖潜力大

母鸡仅左侧卵巢与输卵管发育正常,右侧卵巢和输卵管在刚孵出时就已经退化,但鸡的繁殖能力依然很强。高产鸡年产蛋为300枚左右,如果有70%孵成小鸡,则每只母鸡一年可获得200只小鸡,繁殖速度很快。公鸡每天交配10次左右,一只公鸡配10~20只母鸡可以获得高受精率。一般鸡的精子在母鸡输卵管内可存活5~10天,人工授精每隔5~6天输精1次即可。受精蛋储存一般不超过7天,但在适宜温度下储存10天仍可孵出小鸡。

七、对环境变化敏感

鸡的听觉不如哺乳动物,但听到突如其来的噪声会惊恐不安、乱飞乱叫。鸡的视觉很灵敏,鸡舍进来陌生人容易引起"炸群"。鸡的生长和产蛋受光照时间的影响很大,一般光照控制原则为:在生长期不能延长,在产蛋期不能缩短。

八、抗病能力差

从鸡的解剖结构可以看出鸡抗病力差的原因:①鸡的肺脏很少,但连接很多气囊,这些气囊充斥于体内各个部位,甚至进入骨腔中,通过空气传播的病原体可以沿呼吸道进入肺和气囊,从而进入体腔、肌肉、骨骼之中。②鸡没有横膈膜,腹腔感染很容易传至胸部的器官。③鸡没有淋巴结,这等于缺少阻止病原体在机体内通行的关卡。

九、群居性强,适合高密度饲养

鸡有合群性,适合高密度、机械化饲养,每平方米笼底面积可容纳雏鸡20~25只,如果几层重叠起来,鸡舍面积还可以得到进一步利用。只要条件适宜,鸡在狭窄的笼子里高密度饲养,仍表现出很高的生产性能。另外,鸡的粪便与尿液比较浓稠,饮水少而干净,不像鸭子饮水甩得到处都是水,这给高密度管理带来了有利条件。

第二章　鸡场的建设与设备

　　良种、营养与科学饲养管理、疾病防制、科学的经营管理和畜牧工程措施是现代养鸡生产的五大支柱,而且是一个有机的整体,任何一个环节出现问题,都会造成严重的经济损失。现代化的养殖企业在前四个方面建立起完善的技术体系,在激烈竞争的市场条件下,条件稍差的企业或个体户也能享受到很好的售后技术服务,相关技术问题能够得到妥善解决。而鸡场选址和建筑设计等畜牧工程技术容易忽视,造成鸡场(舍)环境难以控制,为环境条件和疾病控制等埋下安全隐患,且鸡场(舍)固定资产投资大,不容易改建,影响时间长。因此,应充分重视鸡场的选址、规划和鸡舍的设计建设等畜牧工程措施,做到鸡场(舍)建设标准化,为今后长远发展奠定坚实的基础。

第一节　鸡场的场址选择

一、鸡场的位置

养鸡场与附近居民点的距离一般需 500 米以上，大型鸡场 1 500 米以上，种鸡场与居民区的距离应更远。养鸡场应处在居民点的下风向和居民水源的下游(图 2 - 1)。有些要求较高的地区，如水源一级保护区、旅游区等，则不允许选建养鸡场。养鸡场与其他畜禽场之间的距离，一般不少于 500 米，大型畜禽场之间应不小于 1 000 ~ 1 500 米。种鸡场与商品代鸡场的距离不可太近以免发生交叉感染，一般应在雏鸡出孵化厂后 10 小时之内由公路运输可以抵达的距离为宜。养鸡场与各种化工厂、畜禽产品加工厂、动物医院等的距离应不小于 1 500 米，而且不应将养鸡场设在这些地方的下风向。鸡场应保持交通便捷，为了卫生防疫又要使鸡场与交通干线保持适当的距离，一般来说鸡场与主要公路的距离至少要在 300 米，国道、省际公路 500 米，省道、区际公路 200 ~ 300 米，一般道路 50 ~ 100 米(有围墙时可 50 米)，非本场的牲畜牧道 300 米。另外，养鸡场要建专用道路与公路相连。此外考虑位置时还应考虑便捷的通信设施等因素。

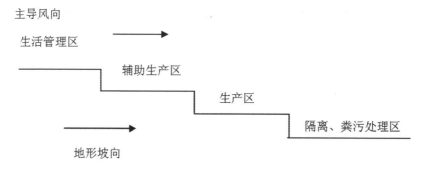

图 2 - 1　按地势、风向的分区规划示意图

二、鸡场的占地面积

我国政府规定的畜牧场用地标准是：1 万只家禽占地面积为 4 万 ~ 4.67 万米^2(4 ~ 4.67 米^2/只)；2 万只为 7 万 ~ 8 万米^2(3.5 ~ 4 米^2/只)；3 万只为 10 万 ~ 12 万米^2(3.33 ~ 4 米^2/只)。该占地面积包括全部禽场建筑物所用土地面积。因我国人均土地面积相对较少，很难达到以上面积。因此，可根据拟建养鸡场的性质和规模，按表 2 - 1 的推荐值估算。

表 2 - 1　蛋鸡场所需场地面积推荐值

规模	所需面积(米²/只)	备注
10 万 ~ 20 万只蛋鸡	0.65 ~ 1.0	本场养种鸡,蛋鸡笼养,按蛋鸡计
10 万 ~ 20 万只蛋鸡	0.5 ~ 0.7	本场不养种鸡,蛋鸡笼养,按蛋鸡计

养鸡场辅助用房(包括水电供应房、防疫室、修理室、各种仓库、办公室、传达室等)面积对养鸡场土建总投资影响较大,应该适量控制,一般每只蛋鸡占辅助建筑面积的建议值为 0.01 ~ 0.03 米²,鸡场规模越大,平均每只鸡所占辅助面积就越小。另外,采用三层或四层阶梯笼养工艺以提高鸡舍利用率,一些养鸡场采用两层及两层以上鸡舍,采用纵向通风工艺以缩小鸡舍间距等,都可以有效地节约土地。

三、地势地形

地面要平坦且稍有坡度,以便排水,坡度以 1° ~ 3° 为宜,最大不得超过 25°。平原地区选址应稍高于四周,地下水位应在 0.5 米以下。靠近江河湖泊的地区应选较高处,其地下水位应在 1 ~ 2 米,至少高出当地历史洪水线 2 米以上。山区宜选向阳缓坡,场区坡度在 25° 以下,建筑区坡度在 2° 以下。要向阳避风以保持场区小气候温热状况的相对稳定,减少冬春风雪的侵袭,特别是避开西北方向的山口和长形谷地。在南方的山区、谷地或山坳里,鸡舍排出的污浊空气有时会长时间停留和笼罩,造成空气污染;低洼潮湿的场地,空气相对湿度较高,不利于鸡体的体热调节,而有利于病原微生物和寄生虫的生存,并严重影响养鸡场建筑物的使用寿命;沼泽地区常是鸡只体外寄生虫和蚊虻生存聚集的场所,这类地形都不宜做鸡场场址之用。地形要开阔整齐,地形整齐便于鸡场内各种建筑物的合理设置。场地过于狭长或边角太多会影响场区的合理布局,拉长了生产作业线,同时也使场区的卫生防疫和生产联系不便。场区边角太多使场界拉长,会增加场区卫生防疫设施的投资。

四、土质

养鸡场地的土壤情况对鸡有很大的影响。沙土透气、透水性强,毛细管作用弱,吸湿性小,利于保持干燥,但导热性强,易增温和降温。黏土透气、透水性弱,吸湿性强,潮湿而利于微生物和蚊蝇生存,毛细管作用明显,抗压性低,不利于建筑物的稳固。沙壤土兼具沙土和黏土的特点,是理想的建场土壤。按照土壤的分类及各类土壤的特点,养鸡场的场地以选择在壤土或沙壤土地区较好。但由于客观条件的限制,选择理想的土壤是不容易的。这就需要在鸡舍的设计、施工、使用和其他日常管理上,设法弥补当地土壤的缺陷。

五、水源

鸡场正常生产必须有可靠的水源作为保证。选择水源需根据以下原则:

(一)水量充足

首先水源要能满足场内的生产、生活用水,并考虑到防火和未来发展的需要。养鸡场工作人员生活用水一般按每人每天 24 ~ 40 升计算,生产用水(用于鸡舍清扫冲洗、饮用、刷洗笼具饲槽、冲洗粪便等)一般按每只每天 0.4 ~ 1.5 升计算,夏季用水量比冬季增加 30% ~ 50%。如果采用乳头饮水器供水可节约用水 1/2 以上。消防用水按我国防火规范规定,场区设地下式消火栓,每处保护半径不大于 50 米,消防水量按每秒 10 升计算,消防持续时间按 2 小时考虑。灌溉用水则应根据场区绿化、场内种植情况而定。

(二)水质良好

用水需符合饮用水标准,水质难达到规定标准的必须经过净化消毒达到《生活饮用水卫生标准》后才能使用。

(三)便于防护

水源周围的环境卫生条件应较好,以保证水源水质经常处于良好状态。以地面水做水源时,取水点应设在工矿企业的上游。

(四)取用方便

要求设备投资少,处理技术简便易行。

六、气候

气候条件在建筑设计规划中有重要意义。在进行鸡场选址的开始,就要对本地的气象环境资料做一个详细的了解,并做好资料收集工作,以备在进行鸡舍设计和组织生产时进行参考。如平均气温、绝对最高及最低气温、土壤冻结深度、降水量,还有主导风向、风频率、风力最大值、冰雹及雷击等灾害性气候现象,日照情况等。总之,环境应当安静、绿化、无污染。

七、潜在市场

建场时还应考虑当地对鸡和其产品的消费能力及外销渠道,以保证日后的生产、销售。

八、当地疫情

鉴于疫病对养鸡的危害,了解当地多发疫病情况至关重要。新建鸡场最好不要在原址重建或扩建,并避开其他畜牧场、兽医院、集贸市场、屠宰场等可能的污染源。

九、电力电源

场区既要提供照明电源,又要提供动力电源。电力不仅要满足最大供电允许量,还要求常年正常供应,接用方便。鸡舍内通常安装温控系统、饲喂系统、照明系统、清粪系统等,一旦长时间停电,导致相关设备无法运转,直接影响鸡场正常生产,最好自备发电机组,以备断电时紧急使用。

第二节　鸡场的平面图设计

一、鸡场分区的原则

各种房舍和设施的分区规划要从便于防疫和组织生产出发。首先应考虑人的工作和生活集中场所的环境保护,尽量使其不受饲料粉尘、粪便气味和其他污染物的侵害;其次要注意鸡群的防疫卫生,尽量减少污染源对生产区的污染。总之,应以人为先、污为后的排列为顺序。分区布局一般为:生产、行政、生活、生产辅助、污粪处理等区域。其中生产性用房包括各种鸡舍、饲料加工房等;行政管理用房包括办公室、接待室、会议室、图书资料室、配电室、车库等;职工生活用房包括职工宿舍、食堂等;生产辅助用房包括原料库、蛋库、消毒更衣室等。

二、计划布局时应考虑的问题

(一)各区的设置

一般行政区和生产辅助区相连,有围墙隔开,而生活区最好自成一体。通常生活区距行政区和生产区100米以上。污粪处理区应在主风向的下方,与生活区保持较大的距离,各区排列顺序按主导风向、地势高低及水流方向依次为生活区、行政区、生产辅助区、生产区和污粪处理区。如果地势与风向不一致时则以风向为主。

(二)饲养工艺

饲养工艺决定了鸡舍的多少,不同的饲养工艺使鸡的饲养分为两段式和三段式。农村个体养鸡多采用两阶段饲养,即1~140日龄育雏育成期为第一阶段,成鸡140日龄到产蛋结束为第二阶段。两阶段饲养需要建两种鸡舍,两个阶段的鸡分别放在不同的鸡舍中饲养,一般两种鸡舍的比例为1:2。三阶段的饲养方式是将育雏、育成期分开,即1~42日龄为育雏期,雏鸡饲养在有供暖设施的育雏舍中,43~140日龄为育成期,鸡放在育成鸡舍中饲养。除了雏鸡舍有供暖设施外,青年鸡舍和成鸡舍不设供暖设施,三种鸡舍的比例一般是 1:2:6。根据生产鸡群的防疫卫生要求,生产区最好也采用分区饲养,因此三阶段饲养分为育雏区、育成区、成鸡区,两阶段饲养分为育雏育成区、成鸡区,雏鸡舍应放在上风向,依次是育成区和成鸡区。

(三)鸡舍的朝向

鸡舍正确的朝向不仅能帮助通风和调节室温,而且能够使整体布局紧凑,节约土地面积。它主要是根据各个地区的太阳辐射和主导风向两个主要因素加以确定的。

(四)鸡舍间距及生产区内的道路

考虑鸡舍间距首先要考虑防疫要求、排污要求及防火要求等方面的因素,一般取 3~5 倍鸡舍高度作为间距便能满足以上几方面的要求。生产区的道路分为清洁道和污道两种。清洁道专供运输鸡蛋、饲料和转群使用,污道专用于运输鸡粪和淘汰鸡。

(五)鸡场的绿化

绿化不仅可以美化、改善鸡场的自然环境,而且对鸡场的环境保护、促进安全生产、提高生产经济效益有明显的作用。养鸡场的绿化布置要根据不同地段的不同需要种植不同种类的树木,以发挥不同树木的功能作用。

(六)鸡舍类型

鸡舍的类型可以分为开放式鸡舍和密闭式鸡舍(又称为环境控制鸡舍)。密闭式鸡舍的通风光照均需用电,为耗能型鸡舍建筑,对电的依赖性较大;开放型鸡舍是利用自然条件的节能型鸡舍建筑,此种鸡舍是依靠空气自然通风,自然光照加人工补充光照,不供暖,靠太阳能和鸡体热来维持体温。

(七)饲养方式

饲养方式分平养和笼养两种。平养鸡舍的饲养密度小,建筑面积大,投资较高,我国一般肉鸡才使用此种鸡舍。根据鸡群围栏和管理通道的组合分布,可分为无走道平养、单列单走道平养、双列单走道平养、双列双走道平养、四列双走道平养等。笼养饲养密度较大,投资相对较小,便于防疫和管理。根据笼具组合形式分为全阶梯、半阶梯、叠层式、复合式及平置。我国大部分采用前 3 种。阶梯层数,全阶梯和半阶梯鸡舍一般 2~3 层,叠层式鸡舍最高可以达到 8 层。鸡笼在舍内的排列可以是一整列两半列二走道、两整列三走道、两整列两半列三走道、三整列四走道或四整列五走道等形式。采用何种排列形式要根据鸡舍的跨度、鸡笼层数和机械化程度决定。采用半架形式半列鸡笼靠墙摆放可以节省走道,房舍利用率较高,但不适于机械化饲养,多用于农村个体或手工操作跨度较小的鸡舍。全阶梯鸡笼密度较大,而又必须留出一定宽度的走道,为便于操作,走道要求 60 厘米以上,为有效利用鸡舍面积,使鸡笼布列符合建筑标准,鸡笼可采取两层和三层混合布列。根据清粪工作的不同和鸡笼架设的位置,有地面笼养、高床笼养之分。为降低鸡舍的高度,节约土建投资,又分为半地下笼养和半高床笼养。

(八)消毒设施

鸡场大门口应设置消毒池,以便使进场的车辆和人员进行消毒。每栋鸡舍的门口也必须设置消毒池,用浸过消毒液的脚垫放在池内,进出人员要踏消毒脚垫。

第三节　鸡舍的建筑设计

(一)鸡舍建筑设计的原则

满足鸡的生理要求,创造一个良好的环境条件,使鸡能够充分发挥其品种优势,发挥生产性能。适合工厂化生产要求,满足机械化、自动化所需条件和留有待日后添加设备的条件。符合安全卫士防疫要求,便于进行彻底的冲洗和消毒,鸡舍的屋顶及墙壁没有缝隙,地面及墙壁裙要坚固,所有的口、孔之处均应安装有牢固的金属网罩,以防野鸟飞入及老鼠打洞。符合鸡场的总体平面设计要求,布局合理,因地制宜,节约建材,降低造价。

(二)鸡舍的类型及特点

鸡舍分类的方法有很多种,根据鸡舍的建筑结构,可分为密闭式鸡舍(无窗鸡舍)、普通鸡舍(有窗鸡舍)和卷帘式鸡舍 3 种;根据饲养方式和设备可分为平养鸡舍和笼养鸡舍;根据所养鸡的种类可分为种鸡舍、蛋鸡舍和肉鸡舍;根据生长阶段可分为育雏鸡舍、育成鸡舍、成年鸡舍、育雏育成鸡舍、育成产蛋鸡舍、育雏—育成—产蛋鸡舍等。下面按鸡舍的建筑结构对鸡舍的类型及特点做一简要介绍:

1. 密闭式鸡舍

密闭式鸡舍(图 2 - 2)的屋顶及墙壁都采用隔热材料封闭起来,有进气孔和排风机,舍内采光常年靠人工光照制度,安装有轴流风机,机械负压通风。舍内的温度、湿度通过变换通风量大小和气流速度的快慢来调控。降温采用加强通风换气量、在鸡舍的进风端设置空气冷却器等。此种鸡舍的优点是:能够减弱或消除不利的自然因素对鸡群的影响,使鸡群能在较为稳定的适宜环境下充分发挥品种潜能,稳定高产;可以有效地控制和掌握育成鸡的性成熟,较为准确地监控营养和耗料情况,提高饲料的转化率;因几乎处于密闭的状态下,可以防止野鸟和昆虫的侵袭,大大减少了污染的机会,从而减少了经自然媒介传播的疾病,有利于卫生防疫管理。此种鸡舍的机械化程度高,饲养密度大,降低了劳动强度,同时由于采用了机械通风,鸡舍之间的间隔可以减小,节约了生产区的建筑面积。

图2-2 密闭式鸡舍

2. 普通鸡舍(半开放式鸡舍、开放式鸡舍)

图2-3 半开放式鸡舍外景

此类鸡舍可分为开放式和半开放式鸡舍两种。开放式鸡舍依赖自然空气流动达到舍内通风换气,完全自然采光;半开放式鸡舍(图2-3)为自然通风辅以机械通风,自然采光和人工光照相结合,在需要时采用人工光照加以补充。此类鸡舍的优点是能减少开支,节约能源,原材料投入成本不高,适合于不发达地区及小规模和个体养殖。缺点是受自然条件的影响大,生产性能不稳定,同时不利于防疫及安全均衡生产。

3. 卷帘式鸡舍(兼用型鸡舍)

此类鸡舍兼有密闭式和开放式鸡舍的优点,在我国的南北方无论是高热地区还是寒冷地区都可以采用。鸡舍的屋顶材料采用石棉瓦、铝合金瓦、普通瓦片、玻璃钢瓦,并且采用防漏隔热层处理。此种鸡舍除了在离地15厘米以上建有50厘米高的薄墙外,其余全部敞开,在侧墙壁的内层和外层安装隔热卷帘,由机械传动,内层卷帘和外层卷帘可以分别向上和向下卷起或闭合,能在不同的高度开放,可以达到各种通风要求。夏季炎热时可以全部敞开,冬季寒冷时可以全部闭合,见图 2-4。

图 2-4 卷帘式鸡舍外景

(三)鸡舍的基本结构

鸡舍的基本结构有:基础、墙、屋顶、门、窗和地面,构成了鸡舍的“外壳”。

1. 基础

基础是地下部分,基础下面承受重载的那部分土层就是地基。地基和基础共同保证鸡舍的坚固、防潮、抗震、抗冻与安全。

2. 墙

墙对舍内温湿状况的保持起重要作用,要求有一定的厚度、高度,还应具备坚固、耐久、抗震、耐水、防火、抗冻、结构简单、便于清扫和消毒的基本特点。一般为24厘米或36厘米厚。

3. 屋顶

屋顶形式主要有单坡式、双坡式、平顶式、钟楼式、半钟楼式、拱顶式等。单坡式一般用于跨度4~6米的鸡舍,双坡式一般用于跨度8~9米的鸡舍,钟楼式一般用于自然通风较好的鸡舍。屋顶除要求不透水、不透风、有一定的承重能力外,对保温隔热要求更高。天棚主要是加强鸡舍屋顶的保温隔热能力。天棚必须具备:保温、隔热、不透水、不透气、坚固、耐久、防潮、光滑、结构严密、轻便、简单且造价便宜。

4. 门窗

门的位置、数量、大小应根据鸡群的特点、饲养方式、饲养设备的使用等因素而定。窗户在设计时应考虑到采光系数,成年鸡舍的采光系数一般应为1:(10~12),雏鸡舍则应为1:(7~9)。寒冷地区的鸡舍在基本满足采光和夏季通风要求的前提下窗户的数量应尽量少,窗户也应尽量小。大型工厂化养鸡常采用封闭式鸡舍即无窗鸡舍,舍内的通风换气和采光照明完全由人工控制,但需要设一些应急窗,在发生意外,如停电、风机故障或失火时应急。目前我国比较流行的简易节能开放性鸡舍,在鸡舍的南北墙上设有大型多功能玻璃钢通风窗,形若一面可以开关的半透明墙体,这种窗具备了墙和窗的双重功能。门的设置要方便,一般在鸡舍南面,单扇门高2米,宽1米,双扇门高2米,宽1.6米。

5. 地面

地面要求光、平、滑、燥;有一定的坡度;设排水沟;有适当面积的过道;具有良好的承载笼具设备的能力,便于清扫消毒、防水和耐久使用。

第四节 鸡场的常用设备

养鸡设备要从实际出发,根据所建鸡场的具体情况而选择。设备选择是否合理直接影响到日常饲养管理的好坏和经济效益的高低。养鸡过程中常用的设备主要包括以下几类:

一、鸡场育雏设备

(一)育雏垫料、网架、笼具

根据育雏室种类及雏鸡所占有的面积、空间,可分别采用平面育雏或立体笼具育雏(图2-5)。

1. 平面垫料育雏

育雏舍地面铺上垫料,垫料可以是谷草等干净、吸水性良好的物品。一般厚为3厘米以上,并视垫草潮湿程度经常进行更换。供温方式可采用保温伞、红外线灯、远红外线板和烟道等。

2. 平面网上育雏

雏鸡饲养在鸡舍内离地面一定高度的平网上,平网可用金属、塑料或竹木制成,平网离地高度为50~60厘米,网眼为1.2厘米×1.2厘米。这种方式节省垫料,雏鸡不与地面粪便接触,可减少疾病传播。供温方式可采用红外线板、电热管、烟道等。

3. 立体育雏

雏鸡饲养在离开地面的重叠笼或阶梯笼内,笼子可用金属、塑料或竹木制成,规格一般为1米×2米,这种方式虽然增加了育雏笼的投资成本,但有以下几方面的优点:提高了单位面积的育雏数量和房屋利用率;发育整齐,减少了疾病传染,提高了成活率。这种育雏方式采用烟道升温较为理想。

图2-5 三层阶梯式育雏笼

(二)育雏保温设备

在鸡的饲养过程中,育雏阶段非常重要,雏鸡自身温度调节能力很弱,需要一定的环境温度。育雏舍常用的供温设备有以下几种：

1. 烟道供温

烟道供温(图2-6)有地上水平烟道和地下烟道两种。地上水平烟道是在育雏室墙外建一个炉灶,根据育雏室面积的大小在室内用砖砌成一个或两个烟道,一端与炉灶相通。烟道排列形式因房舍而定。烟道另一端穿出对侧墙后,沿墙外侧建一个较高的烟囱,烟囱应高出鸡舍1米左右,通过烟道对地面和育雏室空间加温。地下烟道与地上烟道相比差异不大,只不过室内烟道建在地下,与地面齐平。烟道供温应注意烟道不能漏气,以防煤气中毒。烟道供温时室内空气新鲜,粪便干燥,可减少疾病感染,适用于广大农户养鸡和中小型鸡场,对平养和笼养均适宜。

图2-6 烟道供暖

2. 煤炉供温

煤炉由炉灶和铁皮烟筒组成。使用时先将煤炉加煤升温后放进育雏室内,炉上加铁皮烟筒,烟筒伸出室外,烟筒的接口处必须密封,以防煤烟漏出致使雏鸡发生煤气中毒死亡。此方法适用于较小规模的养鸡户使用,方便简单。

3. 保温伞供温

保温伞由伞部和内伞两部分组成。伞部用镀锌铁皮或纤维板制成伞状罩,内伞有隔热材料,以利保温。热源用电阻丝、电热管或煤炉等,安装在伞内壁周围,伞中心安装电热灯泡。电热育雏伞外形尺寸有直径1.5米、2米、2.5米3种规格,可分别育雏300只、400只和500只。保温伞育雏时要求室温24℃以上,伞下距地面高度5厘米处温度35℃,雏鸡可以在伞下自由出入。

此种方法一般用于平面垫料育雏。

4.红外线灯泡供温

利用红外线灯泡散发出的热量育雏,简单易行,被广泛使用。为了增加红外线灯的取暖效果,可在灯泡上部制作一个大小适宜的保温灯罩,红外线灯泡的悬挂高度一般离地 25 ~ 30 厘米。一只 250 瓦的红外线灯泡在室温 25℃时一般可供 110 只雏鸡保温,20℃时可供 90 只雏鸡保温。

5.远红外线加热供温

远红外线加热器是由一块电阻丝组成的加热板,板的一面涂有远红外涂层(黑褐色),通过电阻丝激发红外涂层发射一种见不到的红外光发热,使室内加温。安装时将远红外线加热器的黑褐色涂层向下,离地 2 米高,用铁丝或圆钢、角钢之类固定。8 块 500 瓦远红外线板可供 50 米^2 育雏室加热。最好是在远红外线板之间安上一个小风扇,使室内温度均匀,这种加热法耗电量较大,但育雏效果较好。

6.热风炉供温

热风炉供温系统主要由热风炉、轴流风机、有孔塑料管和调节风门等设备组成。它是以空气为介质,煤为燃料,为空间提供无污染的洁净热空气。该设备结构简单,热效率高,送热快,成本低。

7.叠层式电热育雏笼(图 2 -7)

图 2 - 7 叠层式电热育雏笼

叠层式电热育雏笼是目前国内普遍使用的笼养育雏设备。电热育雏笼由加热育雏笼、保温育雏笼和雏鸡运动场三部分组成,每一部分都是独立的整体,可以根据房舍结构和需要进行组合。电热育雏笼一般分为四层,每层高度为 33 厘米,每笼面积为 140 厘米 × 70 厘米,层与层之间是 70 厘米 × 70 厘米的承粪盘,全笼高度为 172 厘米。通常采用 1 组加热笼、1 组保温笼、4 组运动场的组合方式,外形总尺寸为高 172 厘米、长 434 厘米、宽 145 厘米。

二、鸡场喂料设备

在鸡的饲养管理中,喂料耗用的劳动量较大,因此大型机械化鸡场为提高劳动效率,常采用机械喂料系统,见图 2-8。喂料系统包括:储料塔、输料机、喂料机和饲槽 4 个部分。储料塔放在鸡舍的一端或侧面,用厚 1.5 毫米的镀锌钢板冲压而成。其上部为圆柱形,下部为圆锥形,圆锥与水平面的夹角应大于 60°,以利于排料。塔盖的侧面开了一定数量的通气孔,以排出饲料在存放过程中产生的各种气体和热量。储料塔一般直径较小,塔身较高,当饲料含水量超过 13% 时,储放 2 天后,储料塔内的饲料会出现"结拱"现象,使饲料架

图 2-8　鸡场自动喂料设备

空,不易排出。因此,储料塔内需要安装破拱装置。储料塔使用散装饲料车从塔顶向塔内装料。喂料时,由输料机将饲料送往鸡舍的喂料机,再由喂料机将饲料送到饲槽,供鸡采用。常用的输料机为螺旋式输送机,其叶片是整体式的,生产效率高,但只能做直线输送,输送距离也不能太长。因此,将饲料从储料塔送往各喂料机时,需分成两段,使用两个螺旋输送机。一个将饲料倾斜输

送到一定高度后再由另一个水平输送到每个喂料机。塞盘式输料机和螺旋弹簧式输料机可以在弯管内送料,因此不必分段,可以直接将饲料从储料塔底送到喂料机。常用的喂料机有链式、塞盘式、螺旋弹簧式、天车式和轨道车式。中小型鸡场常用喂料设备有饲槽、喂料桶(塑料、木制、金属制品均可),饲槽的大小规格因鸡龄不同而不一样,育成鸡饲槽应比雏鸡饲槽稍深、稍宽。

三、鸡场饮水设备

饮水设备分为以下 5 种:乳头式、吊塔式、真空式、杯式和水槽式。大多由塑料制成,也可用木、竹等材料制成。雏鸡开始阶段和散养鸡多用真空式、吊塔式和水槽式,养鸡场现在趋向使用乳头式饮水器。乳头饮水器不易传播疾病,耗水量少,可免除刷洗工作,提高了工作效率,已逐渐代替常流水水槽,见图 2-9。但制造精度要求较高,否则容易漏水。杯式饮水器供水可靠,不易漏水,耗水量少,不易传播疾病,但是鸡在饮水时常将饲料残渣带进杯内,要经常冲洗。

图 2-9　乳头式饮水系统

四、环境控制设备

(一)光照设备

照明设备主要是鸡舍照明灯具和光照自动控制器,见图 2-10。照明灯具主要有白炽灯、荧光灯、紫外灯、节能灯和便携聚光灯等,可根据需要选配。

光照自动控制器是电子显示光照控制器,它的特点是:开关时间可任意设定,控时准确;光照强度可以调整,若光照时间内日光强度不足,则自动启动补充光照系统;灯光渐明和渐暗;停电程序不乱等。

图2-10　鸡舍人工光照

(二)通风换气设备

图2-11　鸡舍通风系统

为了保持室内空气新鲜,需要安装排气扇、换气扇等,现在鸡舍一般采用大直径、低转速的轴流风机,见图2-11。目前国产纵向通风的轴流风机的主要技术参数是31 400米³/时,风压39.2帕,叶片转速352转/分,电机功率0.75瓦,噪声不大于74分贝。

(三)湿帘—风机降温系统

湿帘风机降温系统(图2-12)由纸质波纹多孔湿帘、轴流节能风机、水循环系统及控制装置组成。在夏季空气经过湿帘进入鸡舍,可降低舍内温度5~8℃。

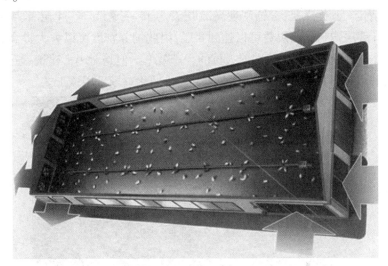

图2-12 湿帘—风机降温系统

五、鸡笼设备

鸡笼是现代化养鸡设备的主体,不同笼具设备适用于不同的鸡群。鸡笼设备按组合形式可分为全阶梯式、半阶梯式、叠层式、复合式和平置式;按几何尺寸可分为深型笼和浅型笼;按鸡的种类分为蛋鸡笼、肉鸡笼和种鸡笼;按鸡的体重分为轻型蛋鸡笼、中型蛋鸡笼和重型笼。下面就几种鸡笼的特点做简单的介绍。

(一)全阶梯式鸡笼

全阶梯式鸡笼为2~3层,其优点是:各层笼敞开面积大,通风好,光照均匀;清粪作业比较简单;结构较简单,易维修;机器故障或停电时便于人工操作。其缺点是饲养密度低,为10~12只/米²。蛋鸡三层全阶梯鸡笼和种鸡两层全阶梯人工授精笼是我国目前采用最多的鸡笼组合形式。

(二)半阶梯式鸡笼

为了进一步提高饲养密度,在全阶梯式笼养基础上,将上下层之间部分重叠,形成了半阶梯式鸡笼,下层重叠部分有挡粪板,按一定角度安装,粪便滑入粪坑。其舍饲密度较全阶梯高30%左右($15\sim17$只/米^2),但比叠层式低。由于挡粪板的阻碍,通风效果较差,但操作更加方便,容易观察鸡群状态。

(三)叠层式鸡笼

叠层式鸡笼(图2-13)是将半阶梯式鸡笼完全重叠,层与层之间有输送带将鸡粪清走。其优点是:舍饲密度高,3层者为$16\sim18$只/米^2,4层者为$18\sim20$只/米^2。叠层式鸡笼的层数可以达到8层,因此饲养密度可以大大提高,降低了鸡场的占地面积,提高了饲养人员的生产效率。但是对鸡舍建筑、通风设备和清粪设备的要求较高。我国只有极少数机械化鸡场采用该工艺。

图2-13　叠层式鸡笼

(四)种鸡笼

种鸡笼有单层种鸡笼和两层个体人工授精种鸡笼(图2-14)。单层种鸡笼体长190厘米、宽88厘米、高60厘米,笼内饲养种鸡22只,其中2只公鸡,自然交配。也可将四个单层种鸡笼合并成小群笼养,又称"四合一",可养种鸡$80\sim100$套(公、母比例1:10)。个体鸡笼主要用于原种鸡场进行纯系个体产蛋记录。与一般的鸡笼有所不同,种鸡笼为了确保公、母鸡正常交配或人工授精,应注意以下几点:单笼尺寸与笼网片钢丝直径要适应种鸡体重较大的特点;一般每个单笼只养 2 只母鸡;笼门结构要便于抓鸡进行人工授精。

图 2 - 14 种鸡笼

(五)育成鸡笼

为了提高育成鸡的成活率和均匀度,增加舍饲密度并便于管理,育成鸡笼普遍得到应用。一般育成鸡笼为 3 ~ 4 层,6 ~ 8 个单笼。每个单笼尺寸为187.5 厘米×44 厘米×33 厘米,可饲养育成鸡20 只。

(六)育雏育成一段式鸡笼

在蛋鸡饲养两段制的地区,普遍使用该鸡笼,该鸡笼的特点是鸡可以从 1日龄一直饲养到产蛋前(100 日龄左右),减少转群对鸡的应激和劳动强度。鸡笼为三层,雏鸡阶段只使用中间一层,随着鸡的长大,逐渐分散到上下两层。

(七)产蛋鸡笼

我国目前生产的产蛋鸡笼主要有饲养白壳蛋鸡的轻型蛋鸡笼和饲养褐壳蛋鸡的中型蛋鸡笼,另外有少量重型产蛋鸡笼用于饲养肉种鸡。轻型蛋鸡笼一般由 4 格组成一个单笼,每格养鸡 4 只,单笼长 187.5 厘米,养鸡 16 只。中型蛋鸡笼由 5 格组成一个单笼,每格养鸡 3 只,单笼长 205 厘米,养鸡 15 只。

六、清粪设备

鸡舍内的清粪方式有人工清粪和机械清粪两种。机械清粪常用设备有:刮板式清粪机(图 2 - 15)、传送带式清粪机和抽屉式清粪机。刮板式清粪机多用于阶梯式笼养和网上平养;传送带式清粪机多用于叠层式笼养;抽屉式清粪机多用于小型叠层式笼养。我国主要用刮板式清粪机。刮板式清粪机分全行程式和步进式两种,它由电动机、减速器、绞盘、钢丝绳、转向滑轮、刮粪器等组成,刮粪器由滑板和刮粪板组成。传动件表面必须光滑无毛刺。

图 2 - 15　刮板式清粪设备

第三章　鸡的营养与饲料

　　鸡的营养与饲料配置要注意以下方面：①要根据不同鸡的不同发育阶段和生产目的，选用适宜的饲养标准，使配合出来的饲料达到标准规定的各项营养指标，这样才能满足鸡的营养需要，收到明显饲养效果。②应立足当地饲料资源，因地制宜。尽量选用营养成分高、非人口用粮、来源广泛、有保证的饲料原料。在保证营养成分的前提下，应尽量降低成本，使饲养者得到更大的经济效益。③注意适口性，有些饲料有异味，适口性差，鸡不爱摄食，不能保证鸡摄入足够营养，这些饲料最好少用。另外，要保证鸡饲料卫生，选用的饲料原料品质优良、质地要好，新鲜不变质，没有发霉变质，不是来自疫病区，没有受到农药及环境污染物质所污染。

第一节　鸡的营养需要

一、能量

鸡因粪尿相混，所测排泄物的能量既包括了粪能也包括了尿能，所以常用代谢能表示其能量需要。如果鸡饲料的能量水平比需要的低时，便被迫不生产或少生产，而必须保持生命活动所需要的能量。必要时会动用体内储存的脂肪和蛋白质转化为能量，用以维持正常的生命活动。在这种情况下不仅造成营养物质的浪费，而且降低了鸡的生产力，并可损害健康。而过高的饲料能量对鸡的生产力及健康同样不利。过高的能量水平不仅造成能量浪费，严重时会导致疾病，如产蛋鸡饲粮能量过高，则易患脂肪肝。在一定的能量浓度范围内，鸡可通过增加或减少采食量来调整能量摄取量。能量水平高时，采食量下降，当然摄入的其他营养素也就减少。所以，高能量水平必须配以高水平的其他营养素才能保证营养平衡；相反，能量水平低时，采食量增加，这时必须配以低水平的其他营养素。

二、蛋白质

蛋白质是机体重要组成部分，与鸡的健康、生长和生产力关系密切。鸡的肌肉、神经、结缔组织、皮肤、血液等，均以蛋白质为其基本成分。蛋白质也是鸡体内各种酶、激素、抗体等活性物质的组成成分，机体借助这些物质调节体内新陈代谢。日粮中蛋白质含量应根据鸡的品种、日龄及生产性能等条件而定。日粮中蛋白质过少，则不能满足鸡的需要，同时也会影响整个日粮的消化率。日粮中蛋白质过多，对鸡同样有不利影响，不仅造成蛋白质饲料浪费，而且在生长期会引起代谢紊乱及蛋白质中毒。蛋白质的品质是由氨基酸的种类和数量决定的。鸡需要的氨基酸种类，从饲料供给的角度有必需与非必需之分。所谓必需氨基酸是指鸡体内不能合成，或能合成但合成的速度和数量不能满足正常生长需要，必须由饲料提供的氨基酸。鸡所需的必需氨基酸有 10 种，分别是：赖氨酸、蛋氨酸、色氨酸、组氨酸、亮氨酸、异亮氨酸、苏氨酸、缬氨酸、精氨酸、苯丙氨酸。非必需氨基酸是指鸡体内合成较多或需要量较少，不必由饲料提供的氨基酸。试验证明，当鸡日粮中能量满足其需要量而蛋白质不足时，则机体的能量消耗增加；反之，当蛋白质足够而能量不足时，由于能量是鸡的第一需要，机体就分解蛋白质用以补充能量，其结果是因为分解了若干氨基酸而破坏了氨基酸之间的正常比例，因而降低了蛋白质的利用率。

三、矿物质

矿物质在鸡体内含量较少,其总量仅为其体重的 3%～4%,按照饲料中的浓度和鸡的需要量可以将矿物质分为常量元素和微量元素两大类。常量元素是指鸡的需要量在 0.01% 以上的元素,包括钙、磷、钠、钾、镁、氯等。微量元素是指鸡的需要量在 0.01% 以下的元素,包括铁、碘、铜、锌、钴、锰、硒等。矿物质元素在体内的作用不能互相代替。日粮中矿物质不足时,即使其他营养物质充足,也会降低生产力,影响健康和生长。但是某些矿物质含量过高,会发生中毒,同样对机体产生不良影响。

四、维生素

维生素是一类鸡正常代谢所必需的低分子有机化合物,它们的需要量很少,但机体又不能合成,必须由日粮提供。多数维生素是体内酶的辅酶或辅基的组成成分,因此维生素和酶一样在体内新陈代谢中起着重要的调节作用。维生素的一般营养作用是:预防疾病,增强神经、血管、肌肉和其他系统的机能,保证鸡的正常生长、产蛋和其他生理功能。日粮中缺乏必需的维生素或鸡不能很好利用日粮中存在的维生素时会发生维生素缺乏症。根据维生素的物理性质即在脂肪和水中的溶解度将其分为两大类:脂溶性维生素和水溶性维生素。脂溶性维生素有维生素 A、维生素 D、维生素 E、维生素 K,这类维生素与日粮中的脂肪一起被吸收,所以任何不利于脂肪吸收的条件,都会影响脂溶性维生素的吸收。脂溶性维生素在鸡体内可以储存一定数量,故短期缺乏不易发生缺乏症。水溶性维生素有维生素 B_1、维生素 B_2、维生素 B_6、泛酸、烟酸、生物素、叶酸、胆碱、维生素 B_{12} 和维生素 C。除维生素 B_{12} 之外,水溶性维生素都不能在体内储存,很快从尿中排出,为了防止其缺乏,必须恒定地供应给鸡所需要的各种水溶性维生素。

第二节　鸡的饲料分类

一、单一饲料

单一饲料是指来源于一种动物、植物、微生物或者矿物质,用于饲料产品生产的饲料。

单一的饲料原料各有特点,有的以供应能量为主,有的以供应蛋白质和氨基酸为主,有的以供应矿物质或维生素为主,有的粗纤维含量高,有的水分含量高,有的是以特殊目的而添加到饲料中的产品,所以单一饲料原料普遍存在营养不平衡、不能满足鸡的营养需要、饲养效果差的问题。有的饲料还存在适口性差、不能直接饲喂鸡、加工和保存不方便的缺陷,有的饲料存在含抗营养因子和毒素等问题。

二、配合饲料

为了合理利用各种饲料原料,提高饲料的利用效率和营养价值,提高饲料产品的综合性能,提高饲料的加工性能和保存时间等,有必要将各种饲料进行合理搭配,以便充分发挥各种单一饲料的优点,避开其缺点,因此,配合饲料便成为集约化饲养、饲料工业化生产的必然选择。配合饲料被称为20世纪畜牧业的三大技术革命之一。

鸡的配合饲料是指根据鸡的不同生长阶段、不同生理要求、不同生产用途的营养需要,以及饲料营养价值评定的实验和研究为基础,按科学配方把不同来源的饲料原料,依一定比例均匀混合,并按规定的工艺流程生产,以满足各种实际需求的混合饲料,也叫全价饲料。

配合饲料是根据科学试验并经过实践验证而设计和生产的,集中了动物营养和饲料科学的研究成果,并能把各种不同的组分(原料)均匀混合在一起,从而保证有效成分的稳定一致,提高了饲料的营养价值和经济效益。

配合饲料生产需要根据有关标准、饲料法规和饲料管理条例进行,有利于保证质量,并有利于人类和动物的健康,有利于环境保护和维护生态平衡。

配合饲料可直接饲喂或经简单处理后饲喂,方便用户使用,方便运输和保存,减轻了饲养人员的劳动强度。

三、浓缩饲料

浓缩饲料是全价配合饲料生产过程中间部分的饲料成分,它由三部分组成:一是添加剂预混合饲料,二是常用矿物质饲料(包括钙、磷饲料和食盐),三是蛋白质饲料。在不同的国家和地区,浓缩饲料的名称不同,如美国叫平衡用配合饲料,苏联和欧洲一些国家称为蛋白质维生素补充料,泰国称为料饲精。

浓缩饲料是饲料厂生产的半成品,不能直接饲喂动物,必须与一定配比的能量饲料混合,才可制成全价配合饲料或精饲料混合物。在生产实践中,由于生产需要的不同,浓缩饲料的概念也逐渐扩大,其配比可占全价配合饲料的5%~50%,即浓缩饲料既可以不包括蛋白质饲料的全部,又可以把一部分能量饲料包括在内。因此,它所要求的基础饲料,不仅是能量饲料,有时还有蛋白质饲料等。

我国地域辽阔,饲料原料种类繁多,饲料条件差异较大,根据地区饲料资源,发展浓缩饲料具有以下优点:可以集中人力、物力、财力生产优质、混合均匀度高的浓缩饲料,以供应条件较差的饲料加工厂或养殖场加工配合饲料,从而提高经济效益,促进养殖业的发展。可以就近利用当地蛋白质饲料资源,减少大量饲料往返运输的费用。有利于促进地区性能量饲料的有效利用。

四、预混合饲料

预混合饲料即一种或多种饲料添加剂在加入到饲料前与适当比例的载体或稀释剂配制而成的均匀混合物。预混合饲料是配合饲料生产中的中间产品,在饲料加工生产中,预混合饲料的生产可具有以下作用:通过添加剂的预混合,可以使添加剂的微量成分在配合饲料中均匀分布。通过预混合工艺处理,可以补偿和改进微量成分的不理想特性。预混合饲料可使配合饲料中添加剂的添加水平标准化。可以简化一般饲料加工厂的生产工序,减少生产的投资。

预混合饲料按其组分的不同可分为以下几种:单项预混合饲料、微量元素预混合饲料、维生素预混合饲料、综合性的预混合饲料。

预混合饲料由于是各种添加剂和载体稀释剂的混合物,它除具有各种添加剂、载体、稀释剂的特性外,还有以下特点:①预混合饲料不能单独作为饲料饲喂鸡,它是全价饲料的半成品,一般在饲料中占 0.5% ~5%,它只有通过与其他饲料原料配合,才能发挥其作用。②预混合饲料容易发生化学变化、活性成分损失等。预混合饲料是各种活性添加剂成分与载体、稀释剂加工混合而成的混合物,由于各种活性成分浓度较高和其理化特性不同,容易发生化学反应和活性损失,因而在加工使用过程中应予注意,要选择合适的载体和稀释剂,采取合适的加工储存条件,以保证预混合饲料的使用效果。

第四章　鸡的饲养管理

　　我国的蛋鸡生产方式基本都是采用笼养,从育雏到产蛋直至淘汰,鸡群都在鸡笼内生活和生产;其他饲养方式很少有用。因此,蛋鸡生产相关内容均以笼养方式为基础。

　　世界肉鸡产业的发展变化通常以美国为代表,美国的肉鸡产业在世界上一直处于领先地位。20世纪50年代,杂交育种用于肉鸡,美国培育出爱拔益加、哈巴德等肉鸡杂交鸡种,取代了原有品种,推动了肉鸡业的快速发展。

第一节　蛋种鸡的饲养管理

一、蛋种鸡的生产目的

尽可能多地获得受精率和孵化率高的合格种蛋,提供尽可能多的健康雏鸡。

二、雏鸡的生理特点

1.体温调节机能不完善

初生雏鸡的体温较成年鸡体温低2～3℃,4日龄左右开始慢慢地均衡上升,到10日龄时才达成年鸡体温,在3周龄左右,体温调节机能逐渐趋于完善,7～8周龄以后才具有适应外界环境温度变化的能力。

2.增重快

蛋用型雏鸡2周龄的体重约为初生时的2倍,6周龄为初生时的10倍以上。

3.羽毛生长快

雏鸡的羽毛生长特别快,在3周龄时为体重的4%,到4周龄增加到7%,以后大体保持不变。从孵出到20周龄羽毛要脱换4次,分别在4～5周龄,7～8周龄,12～13周龄和18～20周龄。羽毛中蛋白质含量为80%～82%,为肉、蛋的4～5倍。因此,雏鸡对日粮中蛋白质(特别是含硫氨基酸)水平要求高。

4.胃容积小,消化能力差

雏鸡消化系统发育不健全,胃的容积小,消化道短,胃肠软弱,消化道中腺体产生的消化酶不多,消化能力差,在饲养上要注意饲喂纤维含量低、易消化的饲料。

5.抗病力差

雏鸡由于对外界环境的适应性差,对各种疾病的抵抗力也弱,稍不注意,极易患病,一旦传播开来便难以控制。因此育雏期间必须贯彻以隔离为主的"防重于治"的方针。

6.敏感性强

雏鸡对饲料中各种营养物质缺乏或有毒药物的过量会反应出病理状态。

7.代谢旺盛

雏鸡由于生长迅速,因而物质代谢旺盛,呼出的二氧化碳和排出的氨气也多,而且雏鸡多为集约饲养,单位面积饲养数量多,密度大,空气污浊,对雏鸡健康与生长影响很大。所以,要处理好保温与通风换气的关系。

8. 群居性强

雏鸡喜爱活动,一遇外界刺激便鸣叫,缺乏自卫能力。喜欢群居,单只离群便奔叫不止。因此育雏环境宜安静。

三、雏鸡的早期死亡规律及其原因分析

根据资料统计,雏鸡早期死亡多发生在 10 日龄前。以后随着日龄增大,抵抗力增强,死亡率下降。监测死亡率的方法,即判断它是否超过预定的限额。雏鸡健壮和饲养管理正常时,1 周龄的死亡不应超过 0.5%。

早期死亡主要有以下原因:种蛋来自非健康鸡群,一些疾病经蛋垂直传播后,使雏鸡致病,如鸡白痢、鸡霉形体病等;孵化过程中因卫生不良,感染鸡胚,如脐炎等;孵化条件掌握不当使雏鸡脐部愈合不全;雏鸡运输不当,使其体质削弱;育雏条件掌握不好,造成雏鸡死亡。

四、进鸡前的准备工作

雏鸡到达前两周,清洗、消毒育雏舍,检查各项育雏设备的功能。根据进鸡计划,计算出各饲养期间需要的料桶、饮水器等饲养器具的数量,并做好准备。雏鸡到达前 3 天,检视育雏舍,将已清洗消毒好的育雏舍用福尔马林熏蒸消毒,紧闭门窗至少 12 小时;进雏前 48 小时打开门窗通风。禁止任何闲杂人员、器具及车辆等进出,等待雏鸡的到来。雏鸡到达前 24 小时,启动育雏舍或保温伞的保温系统,使育雏笼内(或保温伞下垫料上)温度达 31℃。将装满饮水(可适当地加入电解质)的真空饮水器放入笼内或保温伞下,使雏鸡到达时的饮水温度能有 25℃ 以上,先不要放饲料盘。

五、育雏条件

(一)育雏的温度与通风

能在良好的通风情况下,保持正确的育雏温度,这是育雏成功的基本条件。育雏初期能否正确地保温及通风,对于日后鸡群的体型发育、健康及抗病能力均有很大的影响。如果仅仅为了保温,需将育雏舍紧紧关闭,才能维持舍内应有的育雏温度时,这样的育雏方式将会造成舍内换气不良而增加疾病发生的可能,所以从育雏第一天起,在保证温度的情况下,可适当地打开风机或窗户。不同饲养方式开始时的育雏温度见表 4 - 1,育雏期的适宜温度及高低极限值见表 4 - 2,不同周龄、不同舍外温度下的通风量见表 4 - 3。

养鸡与鸡病防控关键技术

034

表4-1 育雏阶段种鸡不同饲养方式育雏温度

日龄(天)	笼养	平养	
	舍内温度(℃)	保温伞边缘垫料上(℃)	舍内温度(℃)
1～3	33	35	24
4～7	31	32	24
8～14	29	30	21
15～21	26	27	21
22～28	24	24	21
29以后	21	21	21

表4-2 育雏期的适宜温度及高低极限值

周龄		0	1	2	3	4	5	6
适宜温度(℃)		33～35	30～33	27～30	24～27	20～24	17～20	15～17
极限	高温	38.5	37	34.5	33	31	30	29.5
	低温	27.5	21	17	14.5	12	10	8.5

表4-3 不同周龄、不同舍外温度下的通风量[米²/(小时·只)]

舍外温度(℃)	1周龄	3周龄	6周龄	12周龄	18周龄
-10	0.5	0.8	1.2	1.7	2.5
0	0.6	1.0	1.5	2.0	3.0
10	0.8	1.4	2.0	3.0	4.0
20	1.4	2.0	3.0	4.0	6.0
30	2.0	3.0	4.0	6.0	8.0

鸡舍通风换气的目的是:满足雏鸡对氧气的需要和调节温度,雏鸡虽小,但生长发育迅速,代谢旺盛,需要的氧气量较多。排除二氧化碳、氨气及多余的水汽和羽毛屑。

为使室内保持有新鲜空气就必须常通风,通风方法有自然和机械两种,密闭鸡舍多采用后者。

(二)湿度

育雏初期,舍内的相对湿度保持在50%～70%最为合适。若鸡的饮水供应充足,则不需担心舍内的湿度控制问题。雏鸡的适宜相对湿度与极限值见表4-4。

表4-4　雏鸡的适宜相对湿度与极限值

日龄		0~10	11~30	31~45	46~60
适宜湿度(%)		70	65	60	50~55
极限值	高湿	75	75	75	75
	低湿	40	40	40	40

以上湿度范围要根据不同地区、不同季节而灵活掌握,一般在10天后要注意防止高温高湿和低温高湿。

(三)密度

密度大小应随品种、日龄、通风、饲养方式等而调整,不同日龄蛋用型种鸡饲养密度见表4-5。

表4-5　不同日龄蛋用型种鸡饲养密度

地面平养		立体笼养		网上平养	
周龄	只/米²	周龄	只/米²	周龄	只/米²
0~6	13	1~2	50	0~6	15
7~12	8	3~4	25	7~12	10
		5~7	15		

(四)饮水

图4-1　雏鸡饮水方式(左为真空饮水器、右为乳头式饮水器)

喂料前,应让幼雏先喝水2~3小时,水温最好能与舍温一致。在育雏的前1~3天,饮水中可加入3%的葡萄糖和0.1%的电解多维,若饮用时间太长,有时会造成"糊肛"现象,雏鸡的饮水方式见图4-1。

（五）喂料

种鸡从第一天起,就需喂饲含21%蛋白的高质量、营养平衡的幼雏料,直到满4周龄,其目的是要建立良好的骨架发育。在喂料的前几天,采用少量多次的喂饲方式。

（六）光照

育雏的前三天,采用24小时全天光照,灯光越亮越好,第四天起改为22小时光照,夜间将灯熄灭2小时,并将灯光强度降低到20勒克斯（每平方米约3瓦）;第七天起再改为20小时光照,再将灯光强度降低到10勒克斯（每平方米约1.5瓦）;第十四天起,改为18小时光照。育雏实施递减式的光照程序,目的是使雏鸡有更多的时间吃料及饮水,以早日建立起良好的体型。蛋种鸡育雏光照如表4-6。

表4-6　种鸡育雏光照

周龄	日龄	光照时间（小时）	光照强度（勒克斯）
0~1	1~3	24	越亮越好
1	4~7	22	20
2	8~14	20	10
3	15~21	18	10
4	22~28	16	10

（七）断喙

断喙是养鸡中重要的技术措施之一。断喙不仅可以防止啄癖发生,还能节约饲料5%~7%。断喙要按标准操作,如果断喙不当会造成雏鸡死亡、生长发育不良、均匀度差、产蛋率上升缓慢、产蛋无高峰、死淘率增加等不良后果,给养殖户带来很大的经济损失。

雏鸡一般于7~10日龄用全自动或半自动断喙器进行断喙,断喙刀片需烧至樱桃红色,断喙后要及时加料,增加料的厚度2~3厘米,并在饲料中添加一定量的维生素K。一般上喙断去1/2,下喙断去1/3。若在10周龄检查有10%以上的鸡喙长出,则需在10~12周龄再进行一次修整。近几年来新兴的红外线断喙通过红外线光束穿透鸡喙硬的角质层,直至喙部的基础组织,起初角质层仍保留得完整无缺,保护着已改变的基础组织。1~2周以后,鸡正常的啄食和饮水等活动使喙部外层脱落,露出逐渐硬结的内层。该断喙方法于雏鸡出壳后 1 日龄进行,因为不出血、不会导致细菌感染创面等优点正被越来越多的孵化场所采用。断喙后的雏鸡喙部见图 4-2。

图 4-2 断喙处理后的雏鸡喙部

断喙时应注意事项:①只对 7~10 日龄的健康且无应激情形的鸡实施断喙,先断公雏再断母雏。②要由有断喙经验的人员担任,谨慎操作。断喙做得好,一次即可,不需要第二次的修喙工作。③由加热到 700℃、呈暗红色的刀片来准确断喙,切断处应距两鼻孔 2 毫米处,烧灼时间控制在 2 秒内,轻按住雏鸡的咽喉以避免烧伤舌头。④断喙后 3~5 天内,适当的提高育雏的温度,并增加饲料量,以使烧灼处能迅速愈合。⑤断喙前后 2 天,可在饮水中添加水溶性维生素 K,有助于烧灼处的愈合。

六、育雏目标

鸡群体质健康,鸡群均匀生长,骨骼发育良好,体重达标、整齐度高,育雏成活率高,成本低。

七、育雏期的饲养管理要点

雏鸡到达前 24 小时,先将鸡舍升温。切记不要在不通风的环境中育雏,舍内温度达到 33℃,可以适当通风换气,保持舍内空气质量。育雏期间,保证提供适宜的温度,舍内温度均匀、恒定,若幼雏有倦怠、喘息乃至虚脱的情形,表示育雏温度太高;幼雏若挤成一团并吱吱鸣叫,表示温度太低或有贼风侵入。雏鸡到达后,迅速将雏鸡放置到笼内接近饮水器的地方,让幼雏充分饮水 2~3 小时后开始供料。

育雏前 3 天提供最大亮度的灯光,且 24 小时光照,灯光必须强烈到能将饮水器的水面放射出来,吸引幼雏前来饮水。仔细观察幼雏是否有因温度、饲料或饮水所引起的问题,此类问题的观察在育雏的前 2~3 周内非常重要。公母分开育雏,满 4 周龄时,可以分笼。

八、育成鸡的饲养与管理

蛋种鸡 5~18 周龄这一阶段称为育成期。育成期的管理目标是:在母鸡达到性成熟前,鸡群体型发育良好,体重达标,骨骼发育正常,鸡体成熟和性成熟同步,鸡群适时开产。

育成期饲养管理的好坏,在很大程度上决定着鸡在性成熟后的体质、产蛋性能和种用价值,所以这段时间的饲养和管理是非常重要的。

(一)育成鸡的生理特点及生长发育

一般情况下,雏鸡已离温,对外界环境有较强的适应能力,生长迅速,发育旺盛,各种器官发育已健全,这阶段按绝对增重是长骨骼、长肌肉最佳时期,与将来产蛋量、蛋壳质量有很大关系,育成的中后期生殖系统开始发育至性成熟,因而应正确处理好"促"和"抑"的关系。

(二)育成鸡的饲养管理要点

1. 育成鸡的选择

在育成过程中应观察、称重,不符合标准的鸡应尽早淘汰,以免浪费饲料和人力,增加成本。一般第一次初选在 6~8 周龄。对蛋用型种鸡要求是:体重适中,羽毛紧凑,体质结实,觅食力强,活泼好动。第二次选择在 18~20 周龄进行,可结合转群或接种疫苗进行,有条件的应逐只称重或抽样称重,对低于平均体重 10% 以下者应予处理。

2. 鸡群体型发育控制

体型是建立在良好骨架上面的正常体重,体型是骨架与体重的综合表现。良好的骨架发育是维持产蛋期间高产能力及优良蛋壳的必要条件,若骨架小而相对体重大者,表示鸡肥胖,这种体型的鸡产蛋表现不会理想,表现有早产、脱肛多,且产蛋初期时母鸡死淘率高等缺点。

鸡体型发育规律为:前段(56 日龄以前)着重于骨架的发育,后段(56 日龄以后)着重在体重的增长。种鸡大约需要 18 周来完成产蛋前的体型发育,即体重达到该品种标准克数。

饲料营养供给的方式决定体型的发展,为了获得良好的体型,在饲料营养方面:①第一天起到 4 周龄满(28 日龄),供应 21% 蛋白的幼雏料。②29~56

日龄(5～8周)，改换成含18%～19%蛋白质的小鸡料。③9～16周龄，将小鸡料换成15%蛋白质的大鸡料，为使鸡群在开产后能采食充足的饲料，大鸡料里应含有3%以上的纤维素，其代谢能在11.5～11.8兆焦／千克，这样的成分可在育成期间培育出有较高采食量的青年母鸡，进入产蛋期可以获得较高的产蛋高峰与更多的产蛋量。④17～19周龄，将大鸡料换成产前料，大鸡料与产前料或高峰料之间的代谢能差别，以不相差210焦为宜。

3. 体重的测定与整齐度

体重的测定工作可选在早晨喂料前实施。平养时，在鸡舍内四处抽取鸡；笼养时，在各处固定的鸡笼抽取鸡，抽取的数量每次以不少于100只为宜，从4周龄开始，每周应持续的测定体重直到产蛋高峰过后。9周龄以后，若发现体重低于指标时，应设法增加鸡的饲料量或供应热能较高的饲料来改善。

种鸡育成期的品质除取决于良好的体型发育外，鸡群的整齐度也十分重要。在18周龄时，母鸡的体重应达到该品种标准，此时80%以上的鸡体重应在平均体重上下10%的范围内。一般影响整齐度的因素，包括饲养密度大、疾病、断喙不良或营养摄取不足等，当鸡群的整齐度低于80%时应：降低鸡群密度；增加采食及饮水空间或均匀配置采食及饮水位置；把鸡群按体重大小分成3组，依其所需分别喂饲。

4. 控制性成熟

光照是控制蛋种鸡性成熟的主要方式，蛋种鸡饲养管理的前8周，光照时间和强度对鸡性成熟影响很小，但8～18周龄会因自然光照的渐增或渐减而影响性成熟的提早或延迟。光照程序必须依循下列两个基本原则：8～18周龄要实施恒定的光照程序，不可让有光照的时间递减或递增；开灯刺激种鸡产蛋时要让光照时间阶梯式递增，光照增加以后，绝不可再减少。

5. 育成鸡的限制饲喂

限饲是采取人为地控制鸡采食量的方法。合理的限喂不但应用于肉用种鸡，而且也应用于蛋种鸡，特别是中型蛋种鸡，不仅在育成阶段，而且在产蛋阶段也应适当限饲。

限饲的目的：控制体重。体重过大、过肥的母鸡，其性机能较差，耗料多，产蛋低，死亡率高；可节省饲料。因体重受到控制，耗料减少，一般可以节省饲料8%～15%；能延迟性成熟，使开产日龄趋于一致；可以减少产蛋期母鸡死亡率，产蛋高峰下降缓慢，因而产蛋量多。

限饲的方法归纳为两种，即量和质的限制。量的限制方法为：①定时限喂:将全价日粮按限量和规定的时间分一次喂给。②隔日限喂:将两天料量加一起在一天喂给,鸡自由采食。量的限制,蛋用鸡在育成期的限制饲喂比自由采食少7%～8%。质的限饲方法:用低赖氨酸和高纤维、低能量饲料,供鸡自由采食。此类饲料营养含量的限制也能达到减少体脂沉积、控制体重与促进性成熟的目的,而且也无须控制料量,与通常管理一样,比较方便。缺点是体重难以掌握,开产不整齐。

限饲的起止周龄:限饲的目的是要控制鸡的生长发育,对不同类型的种鸡,限饲的开始和结束时间均不同,各鸡场要根据具体情况灵活掌握。蛋种鸡一般从6～8周龄开始,18周龄后根据该品种标准给予饲喂量。限饲必须与控制光照相结合,在限制饲喂期间,切不可用增加光照等办法刺激母雏开产,这将会对其以后的产蛋量产生有害的影响。

6.补钙

开产前蛋种鸡生理上发生了一系列变化,体重继续增加,产蛋前期体重增加400～500克,骨骼增重15～20克,其中有4～5克为钙的储备,从16周龄开始,蛋鸡逐渐性成熟,肝脏和生殖器官都增大,钙的储备也增加,此时成熟的卵子不断地释放出雌激素,在雌激素和雄激素的协调作用下,诱发了骨髓在骨腔中形成。蛋鸡在开产前10天开始沉积骨髓,它约占性成熟蛋鸡全部骨骼重的12%,蛋壳形成时约有25%的钙来自骨髓,其他75%来自日粮。如钙不足时,蛋鸡将利用骨骼中的钙,如严重缺钙,将造成腿部瘫痪。所以应将育成鸡料原含钙量的1%提高到2%。

九、蛋种鸡产蛋期的饲养管理

蛋种鸡饲养到18～20周龄便陆续开始产蛋,在产蛋时应转入产蛋鸡舍,这阶段在营养上既要满足鸡继续生长的需要,还应考虑鸡产蛋的营养需要。为使母鸡在产蛋期中能保持高产、稳产,要尽可能创造一切适合产蛋的条件,如:保证供给不同产蛋水平的全价日粮,调节好室内的温度,严格光照管理,常供新鲜空气,防止与减少应激,做好防疫卫生等。

(一)转群

转群时应注意:①转群前产蛋鸡舍应进行彻底的清洗及消毒,供水的系统也应做清洗、消毒处理。②15周龄以前要完成转群,按品种所需标准,供应鸡群所需的饲养、采食及饮水空间。③转群到产蛋舍后,17周龄起(113日龄)将大鸡料改为产蛋前期料,若在17周龄还来不及完成转群,必须在育成舍里从113日龄起改换成产蛋前期料,不可等转群后才换料。④转群过程中,要小心捉鸡,以免造成骨折或损伤到正发育中的卵巢等。⑤转群的前后3天,可在水中加入水溶性多维及电解质以减少应激。⑥转完群后,要经常巡视鸡群,多次、均匀、充分给料,最后一次喂料应在晚间熄灯前2个小时。⑦要特别注意鸡群的耗料及饮水是否正常。

(二)改换为产前料

17周龄(113日龄)起,将大鸡料改换成产蛋前期料,使用到产蛋率达到5%时(19~20周龄),再将产蛋前期料换为产蛋高峰料。

使用产蛋前期料(17~19周龄)有下列好处:可使鸡群整齐度更佳;可使一些较早性成熟鸡初产时的蛋壳壳质较好;在鸡性激素分泌的重要期间,能提供更多的有效磷质;可使初产时的蛋重不致太大,避免脱肛。

(三)开灯刺激的时机

育成期间要经常注意鸡群的体重,尽量使其在18周龄时达到品种标准。如果不达标,则暂不延长光照时间;如果鸡群平均体重达到标准,则开灯延长光照时间,刺激鸡群开产。

开灯刺激时应注意事项:①每周增加一次光照,至少要有8次(即8周)一直到产蛋高峰。每次所增加的时间以不超过1小时为限。②到最后光照时间必须在15小时以上(密闭式鸡舍更是如此),但不得超过17小时。

(四)种鸡的日常管理要点

1. 饲喂

保证种鸡每天采食的养分满足种鸡生产、生长的需要。基础的营养推荐适用于广泛的管理与环境条件,但是最精确与最经济的喂饲方法,应按照产蛋率、蛋重、日龄与采食量指标等为基础进行喂饲。实际生产中,种母鸡在产蛋期间的营养需求可区分为两个阶段,即产蛋高峰期料和产蛋高峰后期料。产蛋高峰期料的给饲以产蛋5%时(19~20周龄)开始,一直使用到50周龄为止,51周龄以后换成产蛋高峰后期料,一直使用到淘汰。

2. 温度

维持合适的舍温有助于提高饲料效率和获得理想的产蛋表现。将鸡舍内的平均温度保持在20~28℃时,可得到最高的饲料效益。表4-7是产蛋期间不同阶段的理想舍温,产蛋初期若能保持较低的舍温,则可增进鸡的采食量,从而得到较高的初期产蛋率及蛋重。

表4-7　蛋种鸡产蛋期适宜舍温

周龄	舍内平均温度(℃)
18～28	22
29～36	23
37～42	24
43～48	26
49～64	27
65至淘汰	28

3. 饮水

水的消耗量可作为鸡群健康状况的指标,饮水量突然下降是鸡群健康发生问题的警讯。鸡群在21℃的舍温下,其饮水量是32℃时的一半。一般来说,在20～24℃的舍温,鸡的饮水量大约是饲料量的2倍。

4. 通风

蛋种鸡产蛋期通风可参考表4-8。

表4-8　蛋种鸡产蛋期通风量

条件	温度	［米³/(时·只)］
正常最低通风率	正常	1.70
最高通风能力	不超过32℃	12～14
最高通风能力	经常超过32℃	16～18

5. 体重的测定

体重的测定在产蛋期是必要的工作,从种鸡开产到40周龄,鸡群体重还持续增加,这期间的体重必须要保持在指标内,这是达到理想产蛋的基本条件。40周龄以前,每2周须测定一次体重,若鸡群体重未能维持在指标内,那平均体重将会变小,会影响到之后的产蛋率。40周龄后,每4周测定一次即可。

(五)种鸡产蛋期饲养管理要点

种鸡产蛋期管理的好坏,影响到高峰期持续的长短,从而影响到鸡群年产蛋量。因而,必须对产蛋期的管理予以足够的重视。

从开产至产蛋高峰开始,新母鸡仍以相当快的速度增重。与此同时,鸡群的产蛋率也上升很快。所以,一定要喂给足够的、营养完善的日粮。

产蛋高峰期间,母鸡繁殖机能旺盛,代谢强度大,所需要的营养物质高。鸡采食量的最高阶段,就在产蛋高峰到来之前和产蛋高峰期间。在此期间,鸡精神高度兴奋处于神经质状态,要特别注意不要惊扰鸡群,不要有特殊的环境变化,要保持环境安静,温度适宜,空气新鲜,营养充足,促使鸡高产潜力能得以充分发挥。

高峰后期的饲养管理要点是:鸡的采食量要适当控制,同时应逐渐降低饲料中粗蛋白水平,提高钙的水平。这样,可以防止鸡体沉积过多脂肪,影响产蛋性能,还可减少饲料浪费,降低蛋鸡后期的死亡率,提高蛋壳质量。

光照管理:光照包括光照时间和光照强度。光照的主要作用是激发和增强母鸡的性腺活动,使母鸡的卵巢和输卵管等得以发育,处于繁殖和产蛋的状态。因此,光照对母鸡产蛋具有重要作用。产蛋期随着母鸡生殖系统的发育和产蛋量逐渐提高,除保证母鸡有足够的营养供给外,还必须有足够的光照,才能使产蛋达到生产标准,因而光照制度是产蛋鸡管理的首要任务。开产时增加光照时间和光照强度要与改换产蛋鸡日粮相一致。如果只增加光照不改变日粮会造成生殖系统与整个体躯发育不协调;如果只改换日粮不增加光照,会使鸡体积累脂肪。通常在 20 周龄左右,在增加光照的同时也改换产蛋鸡日粮。母鸡开产后,光照只能延长,不能缩短,如果减少光照,就意味着减少产蛋量。光照时间每天以 16 ~ 17 小时为宜;光照强度在 7.5 ~ 10 勒克斯。

(六)种蛋管理

25 周龄以后开始采集种蛋,蛋重大于 45 克。青年鸡群的小蛋也可使用,但会影响到雏鸡的大小和雏鸡早期成活率。一般情况下,每天收集种蛋 3 ~ 4 次,在极其炎热的气候条件下,集蛋次数应增多。每次收集种蛋前,应洗手消毒,种蛋挑选完毕后应立即在专用熏蒸室消毒。种蛋储放时一定要大头朝上,储蛋室的温度保持在 16℃,相对湿度在 70% ~ 80%。种蛋储放 3 ~ 7 天后入孵,则有最佳的孵化率,如有必要,以不超过 10 天为宜。若要超过 10 天者,请储放在室温 12℃ 及 70% ~ 80% 相对湿度的场所。种蛋入孵前要避免出汗现象,可将种蛋置于 24℃ 的房间,8 ~ 12 小时后再入孵。

十、种公鸡的饲养管理

(一)种公鸡的饲养目标

公鸡的外生殖器官不很发达,交配时依靠较长的腿胫和平坦的胸部,使双脚可以很稳地抓紧母鸡背部,并贴近前身将尾部弯下,便于把精液准确地输入母鸡泄殖腔的阴道口。腿胫较短和胸部丰满的公鸡,交配时很容易从母鸡背上滑落,抓伤母鸡和不能准确输精。因此,种公鸡的选育标准是腿胫长、平胸、雄性特征明显,体重比母鸡大30%左右,行走时龙骨与地面呈45°的健壮公鸡。

(二)种公鸡各阶段的饲养管理

1.公母分开饲养(1~20周龄)

(1) 0~6周龄种公鸡的饲养管理 在这一阶段为了使种公鸡有较长的腿胫而采用自由采食,不能限制它的早期生长,因为8周龄以后腿胫的生长速度就很缓慢了。育雏料要求粗蛋白质18%、能量11.7兆焦/千克。1日龄剪冠断趾,7~8日龄断喙,公鸡的喙要比母鸡留得长,烧掉喙尖即可,如果断喙过多会影响交配能力。断喙前后3天饲料中添加多种维生素和维生素K,以防止鸡群应激和喙部流血;料槽上料应适当增加,防止因断喙疼痛而影响采食;鸡群密度适当,槽位充足,以免强弱采食不均,鸡群均匀度差,弱小公鸡太多。1~3日龄采用24小时光照,白天关灯1~2次,每次5~10分,让鸡适应黑暗的环境;4~9日龄光照22小时,8日龄后每天递减半小时,过渡到自然光照,以提高鸡群的采食量,充分发挥鸡群早期生长优势。4周龄时抽测体重,要求均匀度85%,公鸡体重达到同批日龄母鸡体重的1.5倍。均匀度差的鸡群按体重分群,小鸡群增料10%~20%。5~6周龄时对公鸡进行选种,淘汰体重过小、毛色杂、发育不良、健康状况不好的公鸡,留种公鸡、母鸡比例(15~17)∶100。在选种之前不实施限饲,否则会降低日后商品化肉鸡的生长性能。

(2)7~20周龄种公鸡育成期的饲养管理 这一阶段饲养管理的特点是采用四三法限饲,使胸部过多的肌肉减少,龙骨抬高,促进腿部的发育,降低体内脂肪。改用育成鸡料,粗蛋白质含量15%,能量11.63兆焦/千克,使体重恢复到标准或高于标准范围10%以内。若限饲过度,造成公鸡体重太轻,增重不足,会影响公鸡生殖器官的发育。种公鸡性成熟要比母鸡性成熟稍晚,在此期间公鸡舍光照比母鸡舍光照多2时/天,否则混群后未性成熟的公鸡会受到性成熟母鸡的攻击,而出现公鸡终身受精率低下的现象。19周龄对公鸡群进行一次选育,选择鸡冠红润、眼睛明亮有神、羽毛有光泽、行动灵活、腿部修长有力、龙骨与地面呈45°、胸部平坦、体重是母鸡1.4倍左右的健壮公鸡,选留比例(12~13)∶100。在20周龄时混饲,先把公鸡转入鸡舍再转入母鸡群。

2.公鸡混养分隔饲喂(21~66周龄)

(1)种公鸡配种前期饲养管理(21~45周龄) 21周龄开始公、母鸡混养分饲,这一阶段管理要点是确保稳定增重、肥瘦适中、使性成熟与体成熟同步。鸡群全群称重,按体重的大、中、小分群,饲养时注意保持各鸡群的均匀度。混养后在自动喂料机食槽上加装鸡栅,供母鸡采食,使头部较大的公鸡不能采食母鸡料,公鸡的料桶高45~50厘米,使母鸡吃不到公鸡料。

公鸡增重在23~25周龄时较快,以后逐渐减慢,睾丸和性器官在30周龄时发育成熟,因此各周龄体重应在饲养标准的范围内。体重太轻、营养不良,影响精液品质;体重过重,会使公鸡性欲下降,脚趾变形,不能正常交配,而且交配时会损伤母鸡。

(2)种公鸡配种后期饲养管理(46~66周龄) 在28~30周龄时,种公鸡的睾丸充分发育,这时受精率达到一个高峰;45周龄左右,睾丸开始衰退变小,精子活力降低,精液品质下降,受精率下降。受精率下降的速度与公鸡的营养状况、饲养管理条件好坏有关,在这一阶段饲养管理的重点是提高种公鸡饲养品质,以提高种蛋的受精率。

在种公鸡料中每吨饲料添加蛋氨酸100克、赖氨酸100克、多种维生素150克、氯化胆碱200克。有条件的鸡场还可以添加胡萝卜,以提高种公鸡精液品质。及时淘汰体重过大、脚趾变形、趾瘤、跛行的公鸡。及时补充后备公鸡,补充的后备公鸡应占公鸡总数的1/3,后备公鸡与老龄公鸡相差20~25周龄为宜。补充后备公鸡工作一般晚上进行,补充后的公、母鸡比例保持在(12~13):100。

(三)种公鸡的调教

进行按摩采精训练时的整个配种期间,人员、时间、地点要固定。进行按摩采精训练之前,公鸡采用单笼饲养或每笼2~3只,操作时将公鸡泄殖腔周围的羽毛剪掉,以不妨碍采精为限。大部分公鸡经过有规律的几次按摩采精后,均可达到理想的采精效果。公鸡的保定:一般可由一人抱起公鸡,左右两手握住公鸡大腿根部,使其以自然宽度分开,将鸡头向后轻挟于左腋下,使其呈卧伏姿势。采精时的按摩手法:采精者先用左手轻轻地由鸡的背部向后至尾根按摩数次,右手中指和无名指夹着集精杯,拇指与其他四指分开放入耻骨下方做腹部按摩的准备。在按摩背部的同时,观察泄殖腔有无外翻或呈交尾动作。如果有性反应表现,就用按摩背部的左手掌心迅速压住尾羽,并将拇指和食指分开放在泄殖腔上方做好挤压准备,在腹部的右手同左手高频率地抖动按摩,使泄殖腔充分外翻。泄殖腔外翻后可见到勃起的乳头状突起,即交尾器,这时做好挤压准备的拇指和食指在泄殖腔两侧稍施压力,公鸡便开始射精。操作者应迅速将夹着集精杯的右手翻转为手背向上,集精杯放在泄殖腔下方,协同左手将精液收集入杯。为了防止按摩时粪尿污染集精杯,右手可将食指、中指和无名指向手心握紧,中指和无名指夹住集精杯,紧贴腹部,使集精杯口偏向泄殖腔的左边和后边。在左手按摩泄殖腔外翻排精时,右手夹集精杯。杯口朝向泄殖腔,这时只要右手臂稍向外扭转,集精杯口边稍用力向交尾器下缘施加压力,就能辅助泄殖腔充分外翻。应当注意,当通过背部按摩达到性反射、泄殖腔充分外翻时,动作必须迅速而准确,否则达不到良好的采精效果。只要按摩手法正确、熟练,对选定的公鸡每天或隔天采精1次,一般经5~7天的按摩采精训练便可达到使用要求。个别公鸡调教时间可能要长些。初学者可以选几只性欲旺盛、性反射强的公鸡进行练习,先熟练掌握采精的手法,搞清楚由性反射到排精的过程及技术要领,然后再着手训练大群公鸡。

(四)正确的采精、输精

1. 采精

采精一般以在下午3~4点为宜,同一只公鸡可每3天采精1次。采精前种公鸡要停食3~4小时。一次采精的种公鸡只数,视采精员、输精员操作的熟练程度和采下的精液能在半小时内用完为度。

2. 精液检查

精液正常为乳白色,不能混有血液、尿液、粪便、羽屑、气泡等。精液应密度适中,活力强。当温度适宜,精子在外界的存活时间不少于30分。种公鸡的射精量一般都在0.3毫升以上,低于0.3毫升或精液品质低下的种公鸡应及时淘汰。种公鸡每毫升精液的精子数一般在40亿以上,精子活力应在0.8以上。精液的检查通常在种公鸡开始利用前或中途受精率突然不明原因下降时进行,不必每次采、输精都进行。

3. 输精

采好的精液必须在30分内用完,夏季高温期间用完时间更应缩短。输精时仍由助手和输精员两人操作。助手右手抓住母鸡双腿,将母鸡按在鸡笼的门口,借笼具给母鸡腹部施加一定压力,左手掌将母鸡尾羽向上托起,用拇指和食指按压泄殖腔,翻露出输卵管口。输精员用输精滴管吸取精液0.05毫升,向位于左侧的输卵管口插入2厘米左右,迅速将精液挤入,助手同时松开左手,将母鸡慢慢放入笼内。输精结束后,输精员及时用消毒药棉擦净输精滴管口,输精数只鸡后最好更换一支已消毒过的输精滴管。每只母鸡可隔3~5

天输精1次,其中每3天输精1次受精率较高。同一群母鸡可根据输精间隔期有计划地分批轮流进行输精。

(五)种公鸡配种期的饲养管理

自然交配的公鸡,在配种季节每天的交尾频率是很高的,体力消耗大,应注意加强种公鸡的营养。在人工授精强制利用条件下的种公鸡,饲养管理尤为重要,如日粮营养水平低或未做调整,会影响采精量、精子浓度和活力,使精液品质下降。因此,要适当增加蛋白质和维生素 A、维生素 E,以提高精液品质。公母鸡混养时,总是先等母鸡吃完料以后才让公鸡接近食槽采食,为此应设公鸡专用食槽,放在较高的位置,让母鸡无法吃到,以弥补公鸡营养的不足。

目前对种公鸡的日粮营养需要量仍无统一标准,一般与母鸡使用同样的饲料,因为在散养条件下公母鸡混养,难以分别实施公鸡和母鸡的单独饲喂。在笼养条件下也是以使用母鸡的饲料为基础,在种用期适当提高蛋白质和维生素水平,这样就能取得满意的受精率。生产实践证明,种公鸡采用下列维生素水平可保持良好的繁殖性能。维生素在每吨饲料的添加量:维生素 A 2 000万国际单位,维生素 E 30 克,维生素 B_1 4 克,维生素 B_2 8 克,维生素 C 150 克。公鸡换羽比母鸡早2~3个月,在此期间精液品质差,种蛋受精率降低。如果种母鸡实行人工强制换羽的话,要将公鸡隔离开,不要实施换羽,否则对以后受精能力有影响。后备公鸡不能用高蛋白质水平的日粮,用中等偏低的蛋白质水平对将来的精液品质和受精能力有良好的促进作用。

第二节 肉种鸡的饲养管理

一、肉种鸡饲养管理的基本要点

(一)肉种鸡健康要求

"全进全出"制的生物安全体系,符合当地的科学免疫程序,适当时间的预防性投药,有利于肉种鸡生长的饲养环境,精心的管理并减少应激。

(二)肉种鸡营养需求

饲料营养成分配比合理(特别是氨基酸及钙、磷比例),高质量不霉变的饲料,以最低的饲料成本来获取最大的生产性能。

(三)肉种鸡体重控制

在育雏育成期,尽可能按照体重标准进行饲养;在产蛋期,除保持种鸡少量增重外,尽可能避免种鸡过度超重或失重,使其获得最佳生产性能。

喂料是影响体重的主要因素之一。在实际生产中,制定每周的喂料量时,应该"瞻前顾后,循序渐进"。既要参考前3周的喂料量,同时又要预定后3周的喂料量。育雏育成期,每周喂料量增加的幅度,将依据饲料浓度、环境条件,以及鸡体重的增量来决定。开始时,每周的喂料量增幅应较少,以后逐渐加大增幅。而在产蛋期,喂料量的增减幅度,将主要依据产蛋率、蛋重、饲料浓度、环境条件以及鸡的体重来决定。产蛋高峰过后,饲料的减幅较大,以后,随着产蛋率的平稳下降,减料幅度将稳定在一个较低的水平上。

每周定期称重是检验喂料是否标准的重要依据,通过实际称重结果,可以及时调整每周的喂料量。另外,每周的定期称重不仅为管理者提供鸡群喂料及均匀度的重要信息,更为重要的是,这迫使管理者更为全面地掌握了鸡群的基本发育情况。

(四)均匀度的控制

生长发育一致的鸡群,对光照刺激的反应也一致,对增加饲料的反应也较好,可以获得较理想的产蛋高峰,且其高峰期持续的时间也较长。因此,整个生产期的生产性能和生产效益都比较理想。

影响均匀度的两个主要因素是:遗传因素和管理因素。在生产过程中我们不能左右遗传成分,但可以通过管理方法来提高均匀度。

实践证明,越早控制均匀度效果越好。分圈饲养、定期挑鸡是提高均匀度的有效办法之一,此外,适宜的饲养密度、充足的采食和饮水空间、合理的饲喂和饮水程序、良好的鸡舍环境等,都是提高均匀度的基本保障。

(五)环境控制

通风、温度和湿度都得到有效的控制能最大限度地发挥肉种鸡的生产性能。

二、肉种鸡接雏前的准备工作

(一)鸡场的消毒

可以消灭病原微生物,切断传播途径,确保鸡群健康。

(二)饮水系统的清洗

含有清洁剂的饮水在水箱内至少要保留4小时,用清水冲刷后排掉,并在进鸡前加入清水。塑料水箱和水管,由于存在静电特性而易于被细菌吸附。

在饮水中使用维生素和矿物质易于形成水垢和其他物质的聚合。在两批鸡之间使用高浓度的次氯酸钠或过氧化氢复合物可以溶解水管中的水垢。如果当地矿物质(特别是钙和铁)含量高,在冲洗时应加入一些酸。

(三)垫料

在雏鸡到场1周前铺5~7厘米厚的垫料,且具备吸湿性、疏松性和干净卫生。

(四)鸡舍预温

鸡舍提前预温,有利于鸡舍地面、墙壁、垫料等在雏鸡到达前有足够的时间吸收热量;有利于排除残余的甲醛气体和潮气。

建议冬季育雏时,鸡舍至少提前3天预温;夏季育雏时,至少提前1天预温。使雏鸡到场时伞下垫料温度达到30~33℃。

(五)饮水预温

雏鸡到场时,水温应达到27℃以上。

三、肉种鸡接雏工作

(一)称重与入舍记录

在雏鸡开水开食前,留下几盒雏鸡用于称取出生重。公、母鸡分别称取2%~3%。统计并记录种鸡路途死亡及实际入舍数。

(二)挑雏

及时挑出并淘汰弱雏。

四、肉种鸡的育雏

(一)雏鸡管理的目的

为雏鸡提供适宜的温度、湿度、通风、清洁卫生的饮水、优质的饲料等,并进行精心的管理,使雏鸡能够健康地生长和发育,并达到预期的体重、均匀度及成活率,为今后生产性能的提高奠定良好的基础。

(二)育雏温度

育雏前期,鸡处于消化系统、免疫系统和心血管系统发育的关键时期,如果育雏温度不稳定,将会影响这些器官系统的生长发育,以及机体正常的生理活动和代谢水平。因此,必须确保适宜的温度。肉种鸡育雏适宜温度见表4-9。

表4-9 肉种鸡育雏温度

整舍取暖育雏法		温差育雏法		
日龄	鸡舍温度(℃)	日龄	育雏伞边缘温度(℃)	鸡舍温度(℃)
1	29	1	32	25
3	28	3	31	24
6	27	6	29	23
9	26	9	28	23
12	25	12	26	23
15	24	15	25	22
18	23	18	24	22
21	22	21	23	22

鸡爪是最易散热的部位之一,正常情况下,雏鸡鸡爪的温度是35℃左右,因此垫料温度应保持在30~33℃,以免雏鸡鸡爪和腹部受凉。

温差育雏法:前3天,育雏伞下保持35℃,此时育雏伞边缘有32~33℃,而育雏舍其他区域只需要有25~27℃即可。这样,雏鸡可根据自己的需要,在不同温层下进进出出,有利于刺激其羽毛生长,将来脱温后雏鸡将很强壮并很好养。随着雏鸡的长大,育雏伞边缘的温度每3~4天降1℃左右,直到3周后,基本与其他区域温度相同(22~23℃)即可。

(三)相对湿度

3~4日龄的相对湿度为65%~70%。此后相对湿度允许在50%~60%。

(四)通风管理

适当的通风可以补充氧气,排除湿气、氨气、二氧化碳等有害气体。

(五)饮水管理

水质要符合家禽饮水质量标准。育雏前几天最好用凉开水,水中加入3%葡萄糖和适量开口药。

水量的要求:种鸡管理者要养成触摸嗉囊的习惯,经常触摸嗉囊可以确定正常的饮水量。充足的饮水,嗉囊应柔软顺滑,坚硬的嗉囊意味着饮水量不足。

(六)喂料管理

雏鸡充分饮水2~3小时后,要及时给料。第一次给料多添一些,方便小鸡能很快吃到料,以后应少给勤添,这样可刺激鸡的食欲。一般30~50只雏鸡一个开食盘。要认真观察雏鸡的采食情况和嗉囊的充满程度。雏鸡采食24小时以后,超过80%的雏鸡嗉囊应该是满的。48小时以后,超过90%以上的雏鸡嗉囊应该是满的。到72小时,所有的雏鸡嗉囊应该是满的。

0~4周龄日粮的粗蛋白质水平为23%,代谢能为12.54兆焦/千克;5~8周龄时粗蛋白质为20%,代谢能为12.12~12.54兆焦/千克。喂干粉配合饲料,每天早5点至晚8点,喂6次,每3小时喂1次。

肉种鸡在1~4周龄都应采用高质量的育雏料,当每只鸡累计消耗到850~900克育雏料时,要将育雏料改为营养均衡的育成料,一般在28日龄左右换成育成料。雏鸡第一周龄自由采食,2周龄以后,当每只母鸡每天消耗大约30克饲料时开始每天限饲。

(七)饲养密度

0~8周龄,地面散养密度为20~10只/米^2,笼养为40~20只/米^2。

(八)断喙

为防止鸡互相啄羽、啄肛、啄趾及食蛋癖的发生,肉种鸡应在6~9日龄时进行断喙。可用断喙器或电烙铁烧烙,断喙部位是嘴尖至鼻孔1/4~1/3处。

五、肉种鸡育成期的饲养管理

(一)管理目的

控制环境条件和饲料营养,培育体重均匀、身体健康的种母鸡和种公鸡,使之体格健壮、体型优美、体况良好,并能适时地达到性成熟。

(二)饲养密度

育成鸡饲养面积推荐值见表4-10。

表4-10 肉种鸡饲养面积推荐值

		公、母分开饲养		公、母混养
		公鸡	母鸡	
饲养面积	开放式鸡舍	3只/米^2	5.2只/米^2	5.2只/米^2
	封闭式鸡舍	4只/米^2	6.2只/米^2	6.2只/米^2
采食面积链式料槽		20厘米/只	15厘米/只	15厘米/只
圆形料槽(直径为42厘米)		8~12只/个	12只/个	12只/个
圆形料盘(直径为33厘米)		8~10只/个	14只/个	12~14只/个

	公、母分开饲养		公、母混养
	公鸡	母鸡	
饮水面积水槽	4.0 厘米/只	2.5 厘米/只	2.5 厘米/只
乳头式饮水器	8 只/个	10 只/个	10 只/个
钟型饮水器	60 只/个	80 只/个	80 只/个

(三)饲喂要求

无论采用何种饲喂设备,都要确保鸡在 3 米之内就能采到食。饲喂器的高度随着鸡的生长而调整,使其上沿始终保持比母鸡背部高出 3 厘米左右。这有助于减少饲料浪费,防止垫料混入饲料中。

无论采用哪种饲喂设备,首先应该保证鸡有足够的采食位置(但又不能太富余)以确保所有鸡都能同时进食,饲喂面积充足可以使饲料分布均匀,同时防止鸡进食时过分拥挤。必须保证在最短的时间内布料完毕(一般不超过 5 分)。

无论采用哪种喂料设备,鸡吃食时还会有扎堆、挤压、空档等现象,这就要采取轰、赶、抱等措施。

炎热季节的饲喂要求:应在一天中最凉爽的时间喂料,不允许早上 7 点以后才饲喂,不允许到了下午料槽里还有剩料,如果鸡群正好进入产蛋期,则增料速度应减缓。

对母鸡而言,延长供给低钙日粮比较好,提早供给高钙日粮将会引起食欲下降和死淘率上升。

随着鸡群年龄和体重的增加,必须确保饲料增加的速率与鸡群中体重较大鸡的营养摄入需求保持同步。最重要的环节在于,饲养管理人员应熟悉了解鸡生长发育时的适宜体型。若饲料供给能够使鸡达到预期体重增重,那么每周测量的体重结果应作为检测饲料供给状况的手段。育成期不应降低每周的料量。也不应采纳 1 周增料量巨大、下周不增的饲喂方式。这种方式会导致均匀度差,也会使鸡易于患病,死亡率高。育成鸡限饲程序见表 4 - 11(以 AA 种鸡为例)。

表4-11　AA种鸡常用限饲程序推荐表(母鸡)

年龄	饲料种类	限饲程序	代谢能(兆焦/千克)	粗蛋白质(%)
0~3周龄	育雏料	每天饲喂	11.76~12.24	17.0~18.0
4~11周龄	育成料	喂4限3	11.09~12.01	15.0~15.5
12~17周龄	育成料	喂5限2	11.09~12.01	15.0~15.5
18~20周龄	产前料	喂6限1	11.76~12.24	15.5~16.5
21~24周龄	产前料	每天饲喂	11.76~12.24	15.5~16.5

每天限饲转换为隔日、4/3或5/2限饲程序:

第一天:以每只饲喂的料量喂料,例如:50克/只。

第二天:每天料量×1.33,例如:50×1.33=66.5克/只。

第三天:每天料量×1.66,例如:50×1.66=83克/只。

第四天:不喂料。

第五天:按照隔日、4/3或5/2限饲程序喂料。

隔日喂料:日料量×2,例如:50×2=100克/只。

4/3饲喂程序:日料量×7÷4,例如:50×7/4=87.5克/只。

5/2饲喂程序:日料量×7÷5,例如:50×7/5=70.0克/只。

由隔日或其他限饲程序转换为每天饲喂:

第一天:仍按正在执行的饲喂程序提供料量,例如:150克/只隔日饲喂。

第二天:按每天限饲料量饲喂,例如:150/2=75克/只。

第三天:至以后按每天限饲饲喂。

特别注意:当鸡群突发疾病、转群或遇到恶劣气候时,应及时调整限饲程序,最大限度地避免应激。无论采用何种限饲程序,饲喂日的喂料量都不应该超过产蛋高峰期的喂料量。

饲料转换:若育雏后期鸡群体重正常,可以从4周龄开始,由育雏料转换为育成料;若育雏后期鸡群体重不足,可以从5周龄开始换料。育成后期,若鸡群体重正常,可以从18周龄开始,由育成料转换为产前料,一直喂到23周龄,24周龄后,再由产前料转换为产蛋料;若鸡群体重超重,则育成料可以一直喂到23周龄,24周龄后,再由育成料转换为产蛋料。

(四)体重与均匀度

育成期每周至少称重一次,每次称重最好在同一时间段进行,如在早晨喂料之前称重,或在下午喂料后的4~6小时进行。捕捉围栏的大小应以可圈

50～100只为宜,每次捕鸡前,应在鸡舍内来回走动,使靠墙边的鸡活动并离开墙角,以便使鸡群抽样更准确,取样点应分布于鸡舍的前、中、后。一般母鸡抽取1%～3%;公鸡抽取5%,抽样数目不得小于50只鸡。

影响鸡群均匀度的因素:①雏鸡质量:不是来自同一种鸡群,雏鸡大小不一,严重脱水,弱雏过多等。②鸡舍环境:温度忽高忽低,通风不良,垫料潮湿、板结等。③饲养密度:密度过大。④光照:光照不均,光照太强或太弱。⑤饲料质量:饲料营养不均衡,发生霉变、酸败、结块等。⑥饲料分配:采食空间不足,布料速度太慢,料槽高度不适宜,饲料厚度不均,限料程序不合理,限料太多。⑦饮水:水质量不好,饮水空间不足,饮水器高度不适宜,限水程序不合理。⑧疾病:各种病毒病和细菌病,特别是球虫和其他导致肠道系统损害的疾病。⑨断喙:断喙不好,特别是去喙太多或断喙器刀片温度太高,日后出现软嘴或"肿瘤"嘴。⑩应激:免疫、称重、采血、挑鸡、转群等操作不当,使用疫苗毒力太强导致疫苗反应强烈。

提高均匀度的措施:首先应加强日常的综合管理,例如:选购高质量的鸡雏、选择适宜的饲养密度、提供充足的采食和饮水空间、制定合理的饲喂和饮水程序、保持良好的鸡舍环境、精确的断喙、均匀的光照、正确的日常操作、健康的体质等都是提高均匀度的基本保障。其次,通过分栏饲养、定期挑鸡,也是提高均匀度的有效办法。

1周龄分栏时,每栏不超过500只为宜,第二周可以将相邻的两栏至三栏合并为一个更大的栏,但是每栏鸡数不得超过1 500只为宜。4周龄的分栏最为重要,此次分栏主要是按照体重差异来分,要求对所有的鸡进行称重,并将体重相近的鸡合并在同一个栏内。

若采用平均体重±10%范围内的鸡数来计算均匀度,则当±10%均匀度大于60%时鸡群可分为两栏,见表4-12;当±10%均匀度小于60%时,应分为三栏或更多栏,见表4-13。

表4-12　±10%均匀度大于60%时分栏

小体重:18%～20%	中等体重:80%～82%	

表4-13　±10%均匀度小于60%时分栏

小体重:22%～25%	中等体重:66%～73%	大体重:5%～9%

分栏后各栏的密度应保持一致。并对每一栏重新称重,计算各栏的平均体重和均匀度,以便确定各栏的体重标准和喂料量。由于采食面积、喂料速度

以及饲料分配对均匀度至关重要,因此我们必须对这些项目进行经常性的检查。

分栏后的管理:分栏时,鸡群通常被分为 2~3 栏,目标是使每栏的种鸡都在骨骼生长发育阶段(即 63 日龄前)达到标准体重。

小体重鸡群:如果分栏后的平均体重与标准体重的差距在 100 克以内,要求在 63 日龄前达到体重标准。如果分栏后的平均体重与标准体重的差距超过 100 克,则 105 日龄前的标准体重曲线应向下平移,最终使其在 140 日龄时达到体重标准。

中等体重鸡群分栏后的平均体重与标准体重的差距在 50 克以内,要求在 42~49 日龄前达到体重标准。

大体重鸡群:分栏后的平均体重超过平均体重 100 克以上,应重新绘制体重曲线,使之在 56~63 日龄达到体重标准。如果到 9 周龄时仍然超重,切勿试图降低体重增长,把体重拉回到标准。应重新设定体重标准,使之平行于体重标准曲线。这时如果将鸡群的体重拉回到体重标准,将会降低高峰产蛋率和受精率。

喂料系统必须保证能够均匀地分配饲料,并使每只鸡有足够的采食位置。在 10 周龄前,可以对各栏的鸡进行互换。因为这个阶段种鸡骨骼发育还未完成。否则有的栏可能培育出骨架小、体重大而产蛋不好的母鸡。在 10 周龄后体重相似和喂料量相似的栏可以合并。

(五)饮水管理

育成期饮水管理的重点在于:既要保证鸡群有充足的饮水,又要避免鸡群不必要的戏水,造成垫料潮湿。因此,采用一个科学合理的限水程序非常必要。育成期限水程序见表 4-14。

表 4-14　育成期限水程序

时间	喂料日	限饲日
上午	喂料前先供给 0.5~1 小时饮水(喂料期间继续供水)。鸡吃完料后继续供给 1~2 小时饮水	清晨供水 30~60 分
下午	2~3 次饮水,每次 20~30 分	2~3 次饮水,每次 20~30 分
晚上	天黑或熄灯前供水 20~30 分	天黑或熄灯前供水 20~30 分
全天	全天供水时间累计约 6 小时	全天供水时间累计约 2.5 小时

采用任何限水程序都必须谨慎操作。乳头饮水器不建议采用限水程序,

炎热夏季谨慎限水。乳头饮水器一般水位高度 25.4 ~ 30.48 厘米,乳头间距 25.4 厘米,每 10 ~ 12 只鸡一个乳头。1 ~ 2 日龄鸡头颈部与水平呈 30° ~ 45° 饮水;7 日龄后鸡头颈部与水平呈 60°;以后每 2 ~ 3 天调整饮水器高度,使鸡饮水的角度保持在 70° ~ 80°。

(六)光照管理

光照管理的目的是利用种鸡对光照长度和光照强度的反应,刺激种鸡的性成熟和繁殖潜力,以取得最佳效果。光照原则是育成期 8 小时,强度 5 ~ 10 勒克斯。

在开放式鸡舍,12 周龄后,光照时间不能减少(一般为 11 小时)。加光前后,光照时间和光照强度改变越大,则种鸡性成熟越好。加光前,应计算母鸡的累积能量采食量和累积蛋白采食量。当母鸡累积采食能量达 96.6 兆焦,累积采食蛋白质达 1 250 克时,才可考虑加光。公鸡的光照程序与母鸡的光照程序基本相同,但加光前,公鸡累积采食能量应达到 130.2 兆焦,累积采食蛋白质应达到 1 600 千克。

封闭式鸡舍能控制种鸡准时开产,获得较高的产蛋高峰,且高峰期持续时间长,并有理想的蛋重,还可减少啄肛、啄羽等现象,种鸡活动减少,降低了饲料消耗。封闭式鸡舍光照程序见表 4 - 15。

表 4 - 15 封闭式鸡舍光照程序

日龄	光照时间	光照强度
0 ~ 3	23 小时或 24 小时	20 ~ 30 勒克斯
4 ~ 21	每天减 0.5 小时,减到 8 小时为止	20 ~ 30 勒克斯
22 ~ 147	8 小时	5 ~ 10 勒克斯
148 ~ 154	12 小时或 13 小时	30 ~ 50 勒克斯
155 ~ 161	14 小时	30 ~ 50 勒克斯
162 ~ 168	15 小时	30 ~ 50 勒克斯
169 ~ 175	16 小时	30 ~ 50 勒克斯
176 以后	最多不超过 16.5 小时	30 ~ 50 勒克斯

封闭式鸡舍的管理要求:封闭式鸡舍使用效果的好坏主要取决于鸡舍的密闭性。要注意避免从进风口、排风口、门窗等部位漏光,要确保鸡舍在黑暗期的光照强度不超过 0.4 勒克斯,而给光时间的光照强度应比黑暗期的光照强度高 10 倍以上。机械通风和水帘降温必须行之有效,为保证种鸡对光照刺

激具有有效反应,封闭鸡舍至少要有 10 周不超过 8 小时低强度光照。

六、肉种鸡产蛋期的饲养管理

(一)管理目的

提供适宜的环境条件和营养均衡的饲料,控制好种公鸡和种母鸡的体重,使之顺利地达到一个理想的产蛋高峰和稳定的受精率。

(二)饲养密度

肉种鸡产蛋期饲养密度见表 4 - 16。

表 4 - 16   肉种鸡产蛋期饲养密度

饲养面积	
垫料平养	4.0 只/米²
棚架	5.2 只/米²
采食面积	
链式料槽	15 厘米/只
圆形料桶(直径为 42 厘米)	8 个/100 只
圆形料盘(直径为 33 厘米)	10 只/盘
饮水面积	
水槽	2.5 厘米/只
乳头饮水器	8 ~ 10 只/乳头
钟型饮水器	80 只/个

(三)饲喂

育成期每只鸡每周所增加的料量不能超过 7 克。在每天饲喂的情况下,从开始增加光照到 5% 产蛋率时,每只鸡每周增料应大约为 5 克。料量增加太快会刺激鸡卵巢发育过度,产双黄蛋比率高、易脱肛、易发生卵黄性腹膜炎(卵黄掉到腹腔)且死亡率增加等问题。经过分刺激的卵巢产蛋连续周期会比正常的周期短,这些也是某些鸡群产蛋率降低的原因之一。

产蛋期饲喂鸡群时必须考虑下列因素:饲料品质、种鸡体重、产蛋量、产蛋率水平、吃料时间、环境温度等。

1. 饲料品质

正常情况下,25 周龄(或产蛋率达 5%)时应由产前料(育成料)更换为产蛋料。产蛋期饲料中的能量至关重要。缺乏能量的鸡或许会达到产蛋高峰,但 2 ~ 3 周后产蛋量将会出现较为反常的下降。

2. 种鸡体重

种鸡从开产到产蛋高峰,应获得持续的增重,且产蛋高峰以后的整个产蛋期都应保持一定的增重(15~20克/周)。为有效监控母鸡体重,在40周龄前应每周称重;40周龄后应每两周称重1次。尽可能在下午称重,且每次称重都应在同一地方,称重比例为0.5%~1%。

3. 产蛋量

母鸡需要增料在前,即料量的增加必须先于产蛋率的增长。这种需求主要原因在于许多个体母鸡的产蛋率高于鸡群平均的产蛋率。

4. 产蛋率水平

产蛋期母鸡采食饲料的目的主要有3个方面,即体能维持、生长和产蛋。

母鸡每天摄入的大部分能量主要用于维持机体的需要,因此,体重越大的母鸡需要的饲料量也就越多。在实际生产中,鸡群每超过标准体重100克,每只鸡每天料量中应增加33.6~37.8兆焦的能量。

在实际生产中,种鸡管理者应对育成期种母鸡的整体体况进行评估,预测本批鸡群的高峰产蛋率水平,并据此预定本批鸡群的产蛋高峰料量。

加产蛋高峰料的方法:许多鸡群采用日产蛋率每增加5%时增加料量。例如:5%产蛋率时的料量为:131克;从5%产蛋率至产蛋高峰需要增加的料量为:165克 – 131克 = 34克;如果要在日产蛋率达到60%时给予高峰料,则需要:(60%~5%)/5% = 11次把高峰料加上去。也就是说,每次增料 = 34克/11次≈3克/次。鸡群日产蛋率每增加5%时,应增加3克料量。另一种行之有效的方法是:从5%产蛋率开始每天都加料,直至达到高峰料。如:预定的高峰料量(165克) – 5%产蛋时的料量(131克) = 34克。将此料量除以21天,即得每天之间的料量为1.62克。如果产蛋未达到正常水平,除非母鸡身体状况表明缺料是个问题,否则不应加料。如果体重正常,额外的饲料不但不利于产蛋,反而有害于产蛋。

5. 吃料时间

许多因素都影响吃料时间,主要包括:鸡群年龄、温度、供水能力、饲料量、饲料结构、隔鸡栏尺寸、上料速度、鸡群健康水平及饲料受污染程度(霉菌毒素)等。种鸡吃料时间见表4 – 17。

表4-17　种母鸡吃料时间

周龄	预计吃料时间
4~20	1~2小时
21~28	1~2小时
29~32	2~3小时
33周以后	2~5小时

6. 环境温度

家禽饲料的摄入,以20~21℃为基准,在5~35℃内每上升或下降1℃,能量应减少或增加1.5%。以下数据说明在产蛋期间必须注意能量的摄入,以适应环境温度的变化:气温在21℃以上,每升高1℃,每只鸡每天能量需求会降低21兆焦。例如:若温度为25℃,每只鸡每天能量需求则降低84兆焦。温度低于20℃,每下降1℃,每只鸡每天能量需求会增加21兆焦。例如:若温度为16℃,每只鸡每天能量需求则增加84兆焦。

高温不仅会减少所有鸡维持代谢能的需求,也会减少鸡的食欲。为保持炎热季节的产蛋量和蛋重,即便日能量摄取量减少,也要保证母鸡每天需要的氨基酸。冬季饲喂时鸡在低温的情况下会增加维持代谢能的需要,因此必须喂更多的能量以维持代谢能和产蛋的需求。

高产鸡群的管理:高产鸡群既要继续保持较高的产蛋水平,又要获得标准的蛋重。要在饲料中添加维生素和矿物质,提高种蛋的质量。

鸡群达到高峰后不要急于立即减料。要继续对母鸡和公鸡进行称重,了解其饲料需求,还要经常对种蛋进行称重,确保母鸡在保持高产蛋率时不减少蛋重。

监测种蛋蛋重:在实际生产中,可通过每天蛋重的变化趋势来衡量鸡采食的总营养成分是否恰当,并根据实际蛋重和预期蛋重的偏差来调整喂料量。

种蛋称重:每天从收集的种蛋中随机抽取120~150个进行称重。必须剔除双黄蛋、小蛋和异常蛋等。如果鸡群的喂料量不足,蛋重将在4~5天内不会增加。校正这种现象的方法是将原计划的下次增料时间提前。如果这时饲料量已达到高峰,每只鸡每天应再加料3~5克。如果蛋重4~5天的下降没有被发现,就可能导致高峰期产蛋水平下降。鸡群在产蛋率50%~70%最容易出现蛋重下降的现象。

监测总产蛋量:由于品系不同,能量供给量略有不足。一些品系首先会减少蛋重以维持其产蛋数量,而另一些品系首先会减少产蛋数量以维持其蛋重,在实际生产中必须将蛋重指标和产蛋率指标结合起来。

高峰期后的减料:若连续两周产蛋率不再增加,且每周呈1%正常下降,须开始减料以防母鸡过肥。第一次减料可以减2~3克,以后每周减0.5~1克。对于那些脂肪蓄积过多的鸡群,减料速度可稍微加快些。要密切观察每减料3~4天后产蛋率变化,若产蛋率正常,则下周以同样的方式减料。若产蛋率下降超过正常水平,且又无其他原因时,应立即恢复该鸡群减料前的料量。另外可以观察鸡群体重,若减料后体重下降过多,必须停止减料;若鸡群体重仍大幅度增加,则说明减料太少,下周必须再多减一些。高峰后整个生产周期的饲料减少总量为高峰料量的10%~12%,即18~20克。

减料应减多少,减料的速度快慢,可根据下列因素做出判断:吃料时间,产蛋高峰给予的能量水平,季节,总产蛋率,体重与增重速度,每天蛋重和蛋重变化趋势,鸡舍内昼夜温差变化,公、母分开系统。

(四)饮水程序

产蛋期成功的限水程序将有助于防止垫料潮湿、减少腿病问题、控制肠道疾病、减少脏蛋数量。

正常气温下限水方法(21~27℃):饲喂日,饲喂前半小时直至吃完料1~2小时持续供水;下午,供水30分1次;天黑前,供水30分1次;若出现垫料潮湿问题,调整饮水次数和供水时间。

在炎热的夏季应多供水。温度在30℃以上时每小时至少供水30分或不限水。随着饲料的改变,调整饮水程序,这一点特别是在鸡群开产时尤为重要。

(五)产蛋箱管理

产蛋箱规格,一般为1~2层,每4只鸡使用一个产蛋箱;大小为30厘米×35厘米×30厘米。设计产蛋箱应考虑通风良好且无贼风。在分段式饲养的鸡舍,产蛋箱应在鸡群从育成舍转入产蛋舍之前安装;在"全进全出"的鸡舍,一般在22周龄安装。产蛋箱内要放置充足卫生的垫料。

训练母鸡使用产蛋箱:至少在见蛋前1周,打开产蛋箱的上一层。见到第一个蛋时,打开下一层的产蛋箱。

见到第一枚种蛋后,将5~7天内所产的蛋都放入产蛋箱内,吸引母鸡进入产蛋箱。每小时要在鸡舍内来回走动,驱动所有的鸡远离侧边和角落。整个生产周期每小时都要捡出窝外蛋。最后一次捡蛋后赶出所有母鸡并关闭产蛋箱,防止鸡趴窝,弄脏垫料。第二天开灯前打开产蛋箱。

(六)种蛋的管理

1. 种蛋的收集

随时随地收集并分出合格、脏蛋、破蛋、畸形蛋等。

不同生产者对蛋重有不同的要求。当雏鸡外销时,客户要求雏鸡初生重要在38克以上,这时种蛋要求为55克以上,自己饲养时种蛋48克就可以,雏鸡大小为33克,加强护理1~2天即可。一般情况下,雏鸡体重占种蛋的68%,每克蛋重的变化会在肉鸡42日龄前影响至少10克体重。

2. 种蛋的消毒

每立方米用44毫升甲醛和22克高锰酸钾,室温24℃以上,相对湿度75%左右,熏蒸40分。

3. 种蛋的储藏

种鸡场的储蛋间必须配备空调器和加湿器。储蛋间的温度18℃,湿度75%,若储存时间稍长,温度应略低一些(如16℃)。50周龄以下的鸡群,储蛋3~5天孵化率最佳;50周龄以上的鸡群,储蛋2~4天孵化率最佳。种蛋保存时大头朝上,不要将尚有余温的种蛋装箱,应在种蛋冷却12~24小时后进行包装。

种蛋出汗:如果种蛋被冷却到18℃,而后转移到温度较高的房间,种蛋就可能出汗。为防止种蛋出汗请参阅表4-18。

表4-18 种蛋表面水汽凝结表

种蛋室温度(℃)	18.3℃	20℃
	若种蛋室内相对湿度高于下列数值,种蛋就会出汗	
21.1	83%	91%
23.9	71%	79%
26.7	60%	68%
29.4	51%	57%
32.2	43%	48%
35.0	38%	42%
37.8	32%	35%

通常孵化器本身具有足够的加热能力,种蛋可以不用预热直接从蛋库转到孵化室。

七、种公鸡的饲养管理

(一)体重控制

由于种公鸡比种母鸡有更快的生长速度和更高的饲料转化率,因此种公鸡体重控制比种母鸡难。所以从 1 日龄到 140～150 日龄,公母鸡必须分栏饲养,一直到混群为止,且使用不同的饲喂设备。

公鸡的营养需求是通过饲料的营养成分和喂料量进行控制的,在环境条件相同的情况下,每天的能量、氨基酸和其他营养成分的摄入量决定了种鸡的生产性能。在育雏育成期,公鸡可以吃与母鸡相同的饲料,其体重的控制是通过喂料量来实现的。实践表明,在产蛋期,公、母鸡吃同样的饲料,不会影响公鸡的生产性能。也可单独配制公鸡专用的饲料。

公鸡每周的增料量,原则上要依据每周的目标体重而定。例如,在育雏期,只要能达到目标体重,一般不提倡自由采食。在育成期(7～15 周龄),由于种公鸡的生长速度快,饲料转化率高,对饲料特别敏感,因此在这一时期每周增料幅度较小。但是在加光前的 18～22 周龄,为确保公鸡的体重和周增重能够达标,以满足生殖系统的生长和发育需要,这一时期的增料幅度必须较大。到了配种期,公鸡的体重既不能超标又不能失重,否则,会对受精率产生较大的影响。一般而言,28 周龄以后,每周的周增重应控制在 30 克左右,因此,周增料的幅度就更小了(特殊情况下,甚至不增料或在保持体重的前提下适当减料)。

成年种公鸡专用饲料营养标准见表 4-19;肉用种公鸡的饲养密度见表 4-20;肉用种公鸡采食位置见表 4-21;肉用种公鸡饮水位置见表 4-22。

表 4-19　成年种公鸡专用饲料营养标准

粗蛋白质(%)	14～15
代谢能(兆焦/千克)	11.05～11.76
赖氨酸(%)(总)	0.45～0.55
蛋氨酸＋光氨酸(%)(总)	0.38～0.46
钙(%)	0.8～1.2
有效磷(%)	0.3～0.4
亚油酸(%)	0.8～1.2

表 4 - 20　肉用种公鸡的饲养密度

日龄	密度
0 ~ 14	10 ~ 15 只/米²
15 ~ 42	7 只/米²
43 ~ 140	3.5 ~ 4 只/米²
141 ~ 448	3.5 ~ 5.5 只/米²

表 4 - 21　肉用种公鸡采食位置

周龄	采食位置
0 ~ 6 周龄	5 厘米
7 ~ 10 周龄	10 厘米
11 ~ 20 周龄	15 厘米
21 ~ 64 周龄	20 厘米

表 4 - 22　肉用种公鸡饮水位置

饮水器类型	育雏期	育成期	产蛋期
槽型饮水器	1.5 厘米/只	4 厘米/只	2.5 厘米/只
钟型饮水器	80 只/个	60 ~ 80 只/个	60 ~ 80 只/个
乳头饮水器	10 ~ 12 只/个	8 只/个	6 ~ 8 只/个

（二）均匀度控制

通过早期分栏控制公鸡的均匀度。通常在 2 ~ 4 周龄进行一次全群称重，按大、中、小分栏饲养，每栏最好不超过 500 只，对分栏后的体重控制要求 9 周龄前逐渐达到体重标准。若 9 周龄前，均匀度仍有较大差异，可于 8 ~ 9 周龄时再进行一次全群称重，仍按大、中、小分栏饲养，并重新绘制各栏的体重标准曲线。对于小体重的鸡群，可将体重标准曲线相应地向下平移，最终使其在 20 周龄时达到体重标准；对于体重大的鸡群不要试图拉回体重标准，而是画一条平行于体重标准的曲线作为新的标准。由于公鸡的生殖器官从 10 周龄起开始发育，若在本期生长受阻，将影响睾丸的生长，进而影响公鸡成年的受精率，因此 10 周龄后，无论体重超标与否，都应遵循标准的周增重。

（三）光照程序

种公鸡光照程序与母鸡基本相同，一般不超过 16 小时。见表 4 - 23。

表 4-23　种公鸡光照程序

日龄	光照时间	光照强度
0~3	23~24 小时	30~50 勒克斯
4~7	每天减 2 小时,直到 16 小时	30~50 勒克斯
8~14	每天减 2 小时,直到 8 小时	30~50 勒克斯
15~140	8 小时	5~10 勒克斯
147	12 小时	30~60 勒克斯
154	12 小时	30~60 勒克斯
161	13 小时	30~60 勒克斯
168	14 小时	30~60 勒克斯
175	15 小时	30~60 勒克斯

(四)种公鸡饲喂程序

种公鸡饲喂程序见表 2-24。

表 2-24　种公鸡饲喂程序

周龄	饲料种类	限饲程度	粗蛋白质(%)
0~2	育雏料	自由采食	20
3~5	育雏料	限量采食	18
6~10	育成料	喂 5 限 2	14~15
11~17	育成料	喂 6 限 1	14~15
18~24	育成料/产前料	每天饲喂	14~15
25~64	育成料/产前料	每天饲喂	14.5~15.5

(五)混群

一般在 22~23 周龄,比例 9%~10%。如果种公鸡群内性成熟存在差异,可以让已经性成熟的种公鸡先与种母鸡混群,而让未成熟的种公鸡继续发育一段时间后再混群。例如,在 22 周龄先混 5% 性成熟的公鸡,在 23 周龄再混 2%,在 24 周龄时再混余下的 2%~3%。另一种方法是,在 22 周龄时,一次性混 9%~10%,在 30 周龄时,把那些发育不好、肛门颜色较浅、交配不活跃、较重或较轻的公鸡挑出 1%~2%,并及时淘汰。

公鸡的过度交配现象:种公鸡过多会造成过度交配现象,主要表现为:种母鸡颈部、背部羽毛异常脱落,种公鸡打斗现象严重。因此从 27 周龄开始,应每周检查两次鸡群是否出现了过度交配现象,如果有,多余的种公鸡应淘汰。刚开始时,可按0.5只种公鸡/100只种母鸡的比例淘汰,以后继续淘汰。种公鸡的淘汰是一个连续的过程,每周必须将淘汰的种公鸡数量事先计算好,以达到合适的公母比例为止。产蛋期适宜公、母鸡比例见表4~25,开放式鸡舍的公母比例应比表4-25高出1%。

表4-25 产蛋期适宜公、母鸡比例

日龄	周龄	种公鸡数/100只种母鸡
154~161	22~23	9.0~8.5
210	30	8.5~8.0
245	35	8.0~7.5
280	40	7.5~7.0
315~350	45~50	7.0

配种期公鸡体况的观察:先淘汰肛门颜色最浅的,然后再淘汰肛门颜色中等的。肛门颜色鲜红说明该种公鸡处于良好的交配状态。

(六)营养标准建议

要点:鸡每天摄入的能量、氨基酸、矿物质和维生素直接影响其生产性能。

能量:摄入的能量不足将直接影响生长率、体重均匀度、产蛋率、蛋重、孵化率。能量摄入过多会导致双黄蛋、蛋重过大、鸡过肥等情况。同时鸡受热应激时会增加死亡率。

蛋白质:产蛋期间最高提供16%的蛋白质。在炎热夏季摄入过多的蛋白质[26克/(天·只)],将加重肉种鸡的热应激程度,进而导致死亡率增加。

第三节 商品代蛋鸡的饲养管理

一、雏鸡的饲养管理

(一)进鸡前的准备工作

根据鸡群周转情况,合理安排好进鸡时间,然后根据鸡舍数量、面积以及经济实力,选择信誉好、产品质量高、技术服务完善的供雏单位,预定雏鸡。接鸡前要做好充分的准备:

1.设备、环境的整理

(1)冲洗鸡舍 用高压水枪冲洗鸡舍的天花板、笼具、给料饮水设备、风机扇片及遮板、通风口、地面等,冲洗顺序是先上后下,先内后外。可除去部分病原体,冲洗掉大部分有机物。

(2)鸡舍消毒 一般冲洗干燥后才能进行化学消毒,常用喷雾消毒方式。喷雾量为每平方米 0.25 ~ 0.40 升稀释后的消毒液。喷雾时,顺序先后再前、先顶后地、先内后外。对舍内不拍火烧的金属笼具、地面等可采用火焰消毒。

(3)设备检修 清洗、干燥后,修复损坏笼具,检修电路、供暖、饮水等系统,保证其工作正常。

(4)熏蒸 将所有经过清洗、消毒、检修后的设备移入鸡舍,选用甲醛或其他消毒剂进行熏蒸消毒,平养使用的垫料也要进行熏蒸消毒。目前大多鸡场选用甲醛和高锰酸钾进行空舍时的熏蒸消毒。熏蒸时应提高舍内湿度,相对湿度在 60% ~ 80% 较好。用量为每立方米 30 毫升甲醛、15 克高锰酸钾。熏蒸时应密闭门窗。

鸡舍内环境熏蒸后,一般封闭 24 小时以上,有条件的要对鸡舍不同地点取样进行细菌培养,合格后进鸡;没有条件的,要对鸡舍熏蒸足够长的时间。为了保证熏蒸的效果,进入雏鸡舍的人员,要穿上专用的防护服,脚踩消毒池,用消毒水洗手。在保证生产的情况下,尽量减少人员出入。

(5)场区消毒 对场区路面、育雏舍周围进行全面消毒。

2. 饲料的准备

进雏前根据计划算出需要的育雏饲料数量,在进雏前 5 ~ 7 天提前准备好。雏鸡的饲料最好选择营养全价的颗粒饲料,以利于鸡群健康生长,达到标准体重。

3. 常用药物和疫苗的准备

(1)常用药物 电解多维、葡萄糖、恩诺沙星、多西环素、抗球虫药等。

(2)育雏期疫苗 育雏期是基础免疫期,免疫频繁,有的鸡场进雏当天就开始免疫。所以要提前选择好疫苗品种、厂家及数量,在进雏前购进并妥善保管。疫苗保存条件要按照疫苗说明书要求,一般冻干疫苗冷冻保存,油乳剂苗冷藏保存。

4. 光照设备和供暖设备的准备

(1)光照设备 育雏舍内的光照设备可选用 60 瓦白炽灯或 13 瓦节能灯(前 3 天舍内也可使用 100 瓦白炽灯,使光照尽量强,便于雏鸡饮水和采食),10 天后换成 40 瓦白炽灯或 9 瓦节能灯,7 周龄后换成 25 瓦白炽灯或 7 瓦节能灯。

（2）供暖设备和温度控制　进鸡前应提前开始供暖（冬季提前 3 天，其他季节提前 1 天）。使舍内温度达到适宜水平，观察室内温度是否均匀、平稳，设备是否正常运转。

（二）育雏期的日常操作规程

1. 温度要求

温度对雏鸡的生长发育相当重要。进雏前三天温度应达到 33～35℃，以后每天下降 0.5℃ 直到 21℃。温度控制不能机械地看温度表读数，要看鸡施温。雏鸡的分布状态是判断温度是否适宜的标志：温度合适则雏鸡均匀分布、运动自如、形态舒服；雏鸡扎堆、叽叫、靠近热源，说明温度偏低；雏鸡远离热源，翅膀散开下垂并张口喘气、呼吸急促，说明温度偏高。

热源要均匀分布在鸡舍各处，不得出现局部温度过高或过低的情况，温度的波动范围保持在 2℃ 左右，不能忽高忽低。育雏温度控制见表 4-26。

表 4-26　育雏温度控制

时间	笼养	平养
1～3 天	33～35℃	35℃
4～7 天	32～34℃	33℃
2 周龄	30～32℃	31℃
3 周龄	27～29℃	28℃
4 周龄	24～26℃	25℃
5 周龄	21～23℃	22℃
6 周龄	18～20℃	19℃

注意：温度控制要晚上比白天高 1～2℃，冬季比夏季高 1～2℃。

2. 湿度要求

雏鸡舍要求维持适宜的湿度。1～14 日龄相对湿度保持在 60%～70%，14 日龄以后，相对湿度控制在 50%～60% 即可。湿度过大，雏鸡羽毛易脏乱，食欲不佳，同时为球虫等病原微生物的滋生创造了条件；湿度过低，环境相对干燥，易造成雏鸡脱水，消化生长不良，舍内尘土飞扬，刺激呼吸道黏膜，诱发呼吸道疾病。

当鸡舍湿度低时，可在地面上适当喷洒一些清水，也可在炉子上放置一个水盆或水壶，用来增加舍内湿度；当鸡舍湿度过大时，可以在保证温度的同时增加通风量，以达到排除湿气的目的。

3. 光照管理

（1）光照管理的原则　光照控制贯穿于养鸡生产的始终,对鸡生长发育和繁殖有决定性作用。总体的原则是:生长阶段光照时间不能过长;0～8周龄光照时间逐渐减少;9～17周龄光照时间恒定;从18周龄开始至少给予13小时光照以刺激产蛋,以后每周增加半小时,于16小时恒定,最多不要超过17小时。产蛋阶段切忌不要减少光照时间。光照强度不宜过大,否则育成期体重很难达标,高产期持续时间较短且易发啄羽啄肛等异食癖。

（2）密闭式鸡舍光照管理　养于密闭式鸡舍的鸡群完全用人工光照,光照时间可以人为控制,因此可按规定的制度准确执行。蛋鸡密闭式鸡舍光照时间控制见表4-27。

表4-27　密闭式鸡舍光照时间控制

周龄	光照时间（小时）	周龄	光照时间（小时）
1～3日龄	24	16	8
4～7日龄	13	17	8
2	12.5	18	8
3	12	19	8
4	11.5	20	10
5	11	21	12
6	10.5	22	12.5
7	10	23	13
8	9.5	24	13.5
9	9	25	14
10	8.5	26	14.5
11	8	27	15
12	8	28	15.5
13	8	29	16
14	8	30	16
15	8	大于30	16

（3）开放式鸡舍光照管理　开放式鸡舍光照管理必须考虑雏鸡的出雏日期,其光照控制见表4-28。

表 4-28　开放式鸡舍光照时间控制

周龄	出雏时间 5 月 10 日至 8 月 28 日	出雏时间 8 月 29 日至翌年 5 月 9 日
	光照时间	光照时间
1~3 日龄	24 小时	24 小时
3~12 日龄	每天减少 1 小时	每天减少 1 小时
2~6 周龄	自然光照	自然光照
7~20 周龄	自然光照	恒定在此期间的最长自然光照(可以通过表4-29 的日照时间估算)
20 周龄以后	每周增加 0.5~1 小时至 16 小时恒定	每周增加 0.5~1 小时至 16 小时恒定

表 4-29　全年日照长度表

日期	日照长度	日期	日照长度
1 月 1 日	9 小时	7 月 1 日	15 小时
1 月 15 日	9.5 小时	7 月 15 日	14.5 小时
2 月 1 日	10 小时	8 月 1 日	14 小时
2 月 15 日	10.5 小时	8 月 15 日	13.5 小时
3 月 1 日	11 小时	9 月 1 日	13 小时
3 月 15 日	11.5 小时	9 月 15 日	12.5 小时
4 月 1 日	12 小时	10 月 1 日	12 小时
4 月 15 日	12.5 小时	10 月 15 日	11.5 小时
5 月 1 日	13 小时	11 月 1 日	11 小时
5 月 15 日	13.5 小时	11 月 15 日	10.5 小时
6 月 1 日	14 小时	12 月 1 日	10 小时
6 月 15 日	14.5 小时	12 月 15 日	9.5 小时

注意:日期每差 1 天,日照时间大约差 2 分;开放式鸡舍在人工补充光照时,应注意开关灯要准时,最好使用定时器,补充光照应早、晚同时进行,不宜在早上或晚上一次进行。

(4)光照强度　推荐光照强度见表 4-30。

表 4 - 30　推荐光照强度 (单位 : 勒克斯)

周龄	所需光照强度
1	20
2 ~ 19	5 ~ 10
20 ~ 72	10 ~ 12

表 4 - 30 光照强度应在鸡的头部的高度测定,也就是鸡的眼睛能感受到的光照强度。

光照强度也可以使用下面的方法估算:即每平方米鸡舍 2.7 瓦的白炽灯泡,可在平养鸡舍鸡背处提供 10 勒克斯的光照强度。但灯泡必须清洁、有灯罩。灯泡的清洁与否、有无灯罩对灯泡的发光效率影响很大,灯泡在鸡舍内应分布均匀,灯泡的功率不宜大于 60 瓦,否则会引起鸡的啄癖。

4. 饲养密度

合理的饲养密度是鸡群发育良好、整齐度高的重要条件。密度过大会限制雏鸡活动,造成鸡抢水、抢料、生长不整齐影响均匀度;密度过小,浪费设备和人力,增加保温难度。密度应根据雏鸡日龄大小、品种、饲养方式、季节和通风条件等进行调整。

在保证密度合理的同时也要保证每只鸡的料位和水位充足,也就是说要有足够的料桶和饮水器,否则密度再小也会造成雏鸡发育不良。在保证密度的同时要每周对鸡群进行大小鸡调群,尽量把体重相同的鸡放在同一格内,避免出现强欺弱的情况,保证雏鸡的正常发育。建议饲养密度见表 4 - 31。

表 4 - 31　建议饲养密度

周龄	不同饲养方式的饲养密度 (只/米^2)		
	厚垫料平养	网上平养	立体笼养
1	20	25	50 ~ 60
2	16	20	40
3	12	20	30
4	10 ~ 6	16	25
5 ~ 6	10 ~ 6	14	15 ~ 20

5. 通风管理

一般来说,雏鸡 2 周龄内重在保温,2 周龄后要做好通风换气工作,同时必须防止贼风侵袭造成温度波动过大。对通风的要求是:满足鸡对氧气的需要和温度调节,同时排出二氧化碳、硫化氢、氨气以及多余的水汽和羽毛碎片。要在保证鸡舍温度的前提下,适当增加通风换气量。冬季通风前先将育雏室内温度升高 2~3℃,时间一般选在中午温度高时进行。

6. 饮水要求

雏鸡进入鸡舍后,要先饮水再开食,因为出壳以后,还有部分卵黄没有完全被吸收,饮水有利于营养物质的吸收。另外,由于在育雏舍内温度较高,水分蒸发量大,也需要饮水来维持体内的代谢平衡。育雏开始的 1~3 天,水温应在 20~25℃,饮水中要加入 3% 的葡萄糖,同时还应加入适量的开口药和 0.1% 的电解多维。

7. 开食

整个育雏期间最好饲喂营养全价的颗粒饲料,根据体重达标情况,确定更换饲料的时间。一般雏鸡饮水 1~2 小时后开始饲喂饲料。由于雏鸡生长快、代谢旺盛,但又胃肠容积小,要依据少喂勤添的原则,2 周龄前每 2~3 小时喂 1 次,以后每 3~4 小时喂 1 次。当雏鸡在 7~9 日龄断喙时,要增加饲料厚度,防止断喙伤口碰到料槽底部。

8. 断喙

断喙不但可以防止啄癖发生,还可节约饲料 5%~7%。通常用断喙器在 7~9 日龄进行,也可 1 日龄用红外线断喙。

(三)育雏目标

鸡群健康,鸡群体重达标,整齐度高,育雏成本低。

二、育成鸡的饲养管理

一般来说,从 7 周龄到 18~20 周龄这一阶段称为育成期。育成期的管理目标是:促进鸡的体成熟和性成熟,育成率高、体重达标、均匀度好、抗体水平高且均匀,适时开产。

(一)育成鸡的生理特点

具有健全的体温调节能力和较强的生活能力,对外界环境的适应能力和对疾病的抵抗能力明显增强。消化能力强、生长迅速,是肌肉和骨骼发育的重要阶段。整个育成期体重增幅最大,但增重速度不如雏鸡快。体重增长速度随着日龄的增加而逐渐减慢,但脂肪沉积随日龄的增加而增多。从 11 周龄起,卵巢滤泡逐渐积累营养物质,滤泡逐渐增大。18 周龄以后性器官发育更为迅速,卵巢重量可达 1.8~2.3 克,即将开产的母鸡卵巢内出现成熟卵泡,使卵巢重量达到 44~57 克。由于 12 周龄后性器官发育很快,对光照时间长短非常敏感,在光照管理上要注意这一特点,通过限制光照防止鸡过早开产。

(二)育成期的培育目标

在鸡达到性成熟前,鸡群体型发育良好,即:体重达标、均匀度高、骨骼坚实、体成熟和性成熟同步。测定时要求体重、胫长在标准 ±10% 以内。

(三)育成期的注意事项

1. 鸡群体型发育控制 体型是建立在良好的骨架上面的正常体重,是骨架与体重的综合表现。良好的骨架发育是维持产蛋期高产能力及优良蛋壳的必要条件,若骨架小而相对体重大,则表示鸡肥胖,这种体型的鸡其产蛋表现不会理想,例如有早产、脱肛多,且产蛋初期时母鸡的死淘率高等缺点。

鸡体型发育的规律为:前段(56 日龄之前)着重于骨骼的发育,后段(56 日龄之后)着重于体重的增长。

2. 体重、胫骨长度和群体均匀度

(1)体重 体重是蛋鸡的生命里程碑,蛋鸡的 5 周龄体重一定要达标。

据育种专家测定雏鸡 5 周龄体重与 72 周龄的入舍鸡产蛋数呈强的正相关(相关系数为 0.93),而且还与 72 周龄的累计死淘率呈负相关(相关系数为 -0.65),也即 5 周龄体重达到或稍超过标准体重,整个鸡群的产蛋率高,死淘率低。

18 周龄时(性成熟)母鸡的体重是影响产蛋期蛋重的最大因素。经验表明,此时体重每增加 45 克,平均蛋重差不多增加 0.5 克。

建议 6 周龄鸡的平均体重要达到标准上限或超标越多越好;12 周龄平均体重达标即可;18 周龄平均体重达到标准上限。

体重的测定可以选在清晨喂料前进行,每次称重的时间、地点要一致。选择能够准确、有代表地反映鸡舍条件的区域抽样,每层都要抽样。鸡群称重从 4 周龄开始,以后每两周测定一次,产蛋后可每 4 周称重一次。根据饲养数量,建议抽取的比例见表 4-32。

表 4-32　称重比例

鸡群大小	1 000 只	1 000~5 000 只	大于 5 000 只
抽样比例	10%	5%	2%

(2)胫骨长度 胫骨的长短是衡量蛋鸡体格的重要指标,胫骨矮小的鸡尽管体重达标也不能表现出良好的生产性能。胫骨长度指鸡爪底部到跗关节顶端的长度,用 120 毫米的游标卡尺测定,单位用毫米表示。从 4 周龄开始每

两周测定一次胫骨长度，计算胫骨的均匀度，具体抽样测定方法参照称重方法。

（3）均匀度 育成鸡的品质除取决于良好的体型发育外，鸡群的均匀度也非常重要。均匀度是鸡群正常发育的一个重要指标，既可以反映成鸡的质量，也可以反映雏鸡与育成鸡的管理水平。据育种专家测定，16周龄体重的均匀度与72周龄产蛋率的相关系数为0.72，而与72周龄累计死淘率的相关系数为0.65。也即16周龄体重愈均匀整齐，将来的产蛋率就愈高，死淘率愈低。

均匀度的计算方法：如2 000只的鸡群取100只，这100只即为取样群，取样群的每只鸡都要称重。均匀度即取样群中个体重在平均体重10%范围以内的只数占取样总数的比率，再乘以100所得的数。如：一个2 500只的鸡群，按5%的抽样称重125只，其平均体重为1.30千克。

$1.30 - 1.30 \times 10\% = 1.17$

$1.30 + 1.30 \times 10\% = 1.43$

如果计算抽样称重的125只鸡群中，体重在1.17～1.43千克内的有110只，则此鸡群的均匀度为：110÷125＝88%。均匀度的评分标准见表4-33。

表4-33 均匀度的评分标准

级别	均匀度（%）
特级	90
优等	84～90
良好	77～83
一般	70～76
不良	63～69
差	56～62
很差	55

均匀度差会导致开产的一致性差，不利于光照及给料一致性的实施，从而影响产蛋高峰的上升及高峰持续时间。蛋鸡从见蛋到产蛋率50%的时间应在3～4周，最长不应超过30天，这一指标可粗略判断鸡群的一致性。鸡群的均匀度完全可以通过加强疾病防制、调整饲养密度、提供足够的料位及水位、合理分群、及时断喙等措施达到预期的目标。6周龄鸡群的均匀度应不低于90%，12周龄均匀度应该在85%以上，18周龄均匀度应达到80%。

鸡群均匀度的提高是通过称重分群,将体重相近的个体养在同一地方,分别给予和体重相适应的饲养管理以此来缩小全群的体重差异而实现的。如果鸡群性成熟时达到标准体重且均匀度好,则鸡开产整齐,产蛋高峰期长。

(四) 育成期的管理

1. 换料管理

饲料更换的时间以体重和胫长指标为准,6 周龄末时,分别测定鸡群体重及胫长是否达到标准。如果符合标准,7 周龄后开始更换成育成料;如果达不到标准,可继续饲喂育雏料,直到达标为止。但应注意育雏料的饲喂时间原则不能超过 10 周龄。

换料的操作方法:饲料过度的时间一般为 9 天左右。前 3 天,用 2/3 的育雏料和 1/3 的育成料混合饲喂;中间 3 天,用 1/2 的育雏料和 1/2 的育成料混合饲喂;后 3 天,用 1/3 的育雏料和 2/3 的育成料混合饲喂,以后过渡成育成期饲料。

2. 限制饲养

在育成期,要注意保持鸡群体重均匀,防止出现过肥的情况。这一阶段鸡体重的增长主要是肌肉和脏器的发育,只有体成熟与性成熟同步,鸡群才能发挥出很好的产蛋性能。一般可采用限制饲料喂量的方法,或限制饲料中的能量、蛋白水平。但前提条件是必须保证鸡群的健康,在胫长和体重的双重监控下进行。

3. 饲养密度

为了促进育成鸡骨骼、肌肉和内脏器官的发育,增强鸡的体质,要保持适宜的饲养密度,一般笼养以每平方米 15 ~ 16 只为宜,平养则每平方米 10 只。

4. 控制性成熟

在育成期对光照或饲养等条件控制不好,会影响性成熟时间。若性成熟过早,会造成鸡群早产,导致蛋重小、高峰持续期短、啄癖等现象;若性成熟过晚,会造成鸡群开产时间推迟,整个产蛋期产蛋量会减少。控制性成熟可以保证鸡群适时平稳开产,迅速达到高峰。

控制性成熟的方法一是限制饲养,二是控制光照。要把限制饲养与光照管理结合起来,片面地强调哪个方面都得不到理想的效果。

光照是控制性成熟的主要方式,蛋鸡饲养的前 8 周,光照时间和强度对于鸡性成熟影响很小,但 8 ~ 18 周龄间会因自然光照的渐增或渐减而影响性成熟的提早或推迟。因此,在此期间若不实施人为的恒定光照程序,鸡群的开产时间会随外界环境的变化而提前或延后,因而好的饲养管理,需要配合正确的光照程序,才能得到最佳的产蛋效果。光照程序必须依循两个基本原则:一是育成期要实施恒定的光照程序,不能延长;二是开灯刺激进入产蛋期后,光照时间不能缩短。

限制饲养:在保证体重、胫长正常的情况下,可采取限制饲喂的方法,一般轻型鸡减少7%~8%,中型鸡减少10%左右。

5．产蛋前免疫

育成后期要将新城疫、减蛋综合征、传染性支气管炎、禽流感等疫苗注射完毕,以保证鸡群有较高的免疫力,使生产性能正常发挥。体重达标、均匀度高、鸡健康是抗体均匀的有效基础。

6.育成期管理要点

鸡群发病会影响均匀度,发病的鸡增重缓慢且发育不良,因此应做好每只鸡的免疫接种,注意卫生和消毒工作,尽量减少疾病的发生。育成期间,应淘汰那些鉴别错误、发育很差和明显有病的鸡,以利于鸡群的健康和降低饲养成本。

三、产蛋期的饲养管理

蛋鸡产蛋期管理的中心任务是为鸡群创造适宜的环境条件,充分发挥其遗传潜力,达到高产稳产的目的,同时降低鸡群的死淘率与鸡蛋破损率,尽可能地节约饲料,最大限度地提高蛋鸡的经济效益。

(一)产蛋鸡的生理特点

卵巢、输卵管发育在性成熟时急剧增长。性成熟以前输卵管长仅8~10厘米,性成熟后输卵管发育迅速,在短时间内变得又粗又长,长50~60厘米。卵巢在性成熟前重量只有7克左右,到性成熟时迅速增长到40克左右。蛋壳在输卵管的峡部开始成形,大部分在输卵管子宫部完成。蛋壳形成所用的钙,是饲料中的钙进入肠道,吸收后形成血钙,通过卵壳腺分泌,在夜间形成蛋壳。若饲料中的钙不能满足鸡的需要,就要动用骨髓中的钙。因此保持足量的钙和磷以及钙、磷比例平衡,对提高产蛋率和防止产蛋疲劳综合征有重要意义。

(二)转群

1.转群前产蛋舍的整理和消毒

在育成鸡转入成鸡舍前,要将成鸡舍及设备进行彻底清洗和消毒,并对供水、供电、供温与通风设施等及时进行检查、维修、试运行,待一切准备就绪后再次进行消毒、通风,准备转入产蛋鸡。

2. 转群的注意事项

在转入产蛋鸡舍前,要对鸡群进行驱虫,并对鸡群进行分级,严格淘汰病、残、弱、小的不良个体。转群时间一般在10~14周龄进行。过早转群对鸡的发育不利,且易出现提前开产的现象,使开产后的蛋重、高峰期的产蛋率受到影响;过晚转群,由于部分鸡已经开产,转群时抓鸡应激影响正常产蛋,也不能及时达到产蛋高峰。转群的具体时间应安排在温度适宜的时候进行,炎热季节可选择在早晨进行,冬季应选择在温度较高的中午进行。转群的前后3天,可在饲料或饮水中加入电解多维以减小应激。转群过程中,要小心捉鸡,以免造成其骨折或损伤正在发育中的卵巢等。转群后,应经常巡视鸡群,多次、均匀、充分给料,最后一次喂料应在晚上熄灯前2小时。要特别注意鸡群的耗料和饮水是否正常。

(三)转换产前料

转群稳定后应及时更换饲料,即17周龄起,将育成料改为产前料,使用到产蛋率达到5%后,再将产前料换成产蛋高峰料。若17周龄仍未完成转群,建议在育成舍改换成产前料,不能等转群后再换料。使用产前料有很多好处:可使鸡群整齐度更佳,对于一些发育较慢的鸡,此时采食产前料后,也有机会赶上;可使一些较早成熟的鸡初产时蛋壳质量较好;也能使鸡群在整个产蛋后期有好的蛋壳质量;在鸡性激素分泌的重要时期,提供更多的有效磷,可使初产时的蛋重不致过大,避免脱肛。

(四)产蛋期的环境控制

1. 温度

产蛋鸡适宜的温度是18~23℃,在5~28℃也能够适应。

2. 湿度

产蛋期适宜的相对湿度为60%~70%。

3. 通风

通风的目的在于调节舍内温度,降低舍内相对湿度,排出鸡舍中的有害气体,如氨气、二氧化碳和硫化氢等,使舍内空气保持清新,供给鸡群足够的氧气。要求舍内氨气的浓度不超过25毫升/米^3,二氧化碳浓度不超过0.15%,硫化氢浓度不超过10毫升/米^3。通风要领:进气与排气口设置合理,气流能均匀流动全舍而无贼风(即穿堂风)。通风量:鸡的体重越大,外界温度越高,需要的通风量也越多。

4. 光照

从19周龄开始至25周龄,每周增加半小时光照,直到14.5小时,光照强度为 10～20 勒克斯。26～30 周龄,光照达到 14.5 小时后,根据产蛋情况,每周增加半小时光照,强度不变,开放式鸡舍春季进雏增加 15 分直到 14.5 小时,最终达到 16 小时。45～72 周龄,光照时间维持在 16 小时或 16.5 小时恒定不变,最多不超过 17 小时,光照强度维持在 10～20 勒克斯。

(五)产蛋期注意事项

蛋鸡在产蛋高峰期,生产强度大,生理负担重,抵抗力较差,对应激十分敏感,如有应激,鸡的产蛋量会急剧下降,死亡率上升,饲料消耗增加,并且产蛋量下降后,很难恢复到原有的水平,因此,此阶段要注意以下几方面的应激:要保持鸡舍及周围环境的安静,饲养人员应穿固定工作服,闲杂人员不得进入鸡舍。堵塞鸡舍的鼠洞,定期在舍外投药饵以消灭老鼠。把门窗、通气孔用铁丝网封住,防止犬、猫、鼠、鸟等进入鸡舍。严禁在鸡舍周围燃放烟花爆竹。饲料加工、装卸应远离鸡舍,这不仅可以防止噪声应激,而且还可以防止鸡群疫病的交叉感染。

四、鸡群日常管理

(一)观察鸡群

进鸡后,要注意经常观察、巡视鸡群。白天注意观察采食、饮水有无突然增加或减少,精神状态,粪便情况等;晚上静听有无呼吸道疾病和异常声音。对鸡群的变化做到发现及时,处理得当。

(二)定期称重

雏鸡、育成鸡每周末或两周称重 1 次,产蛋鸡 25 周龄之前每周 1 次或 2 周 1 次,25 周龄以后定期称重。称重一般在早晨喂料前(空腹)以群体大小抽取一定比例的个体称重,对抽测结果,要与品种标准体重比较,然后根据结果调整饲料供给和制定换料时间,使鸡群始终处于适宜体重。符合标准体重的鸡群,发育正常、生产性能好、饲料报酬高。体重过大的鸡,生产性能差,产蛋少;体重过轻,生理机能不健全,产蛋持续能力差。

(三)调整鸡群

无论养鸡技术、管理水平多高,鸡群中总会出现一些体质较弱的个体,如果不能及时挑出,进行单独处理,势必影响鸡生长以及生产性能的发挥,使总体效益受损。所以,在日常管理中,要注意对鸡群进行个别调整,挑出体质较弱的鸡,集中饲养,推迟换料时间并给予一定的营养物质,使其尽快达到标准体重。

(四)带鸡消毒

为了沉淀粉尘、杀灭或减少鸡舍内的病原体,应定期使用有效消毒剂对鸡体表和鸡舍进行消毒。雏鸡舍除免疫前后 3 天外, 1 天 1 次, 育成、产蛋舍, 除免疫前后 3 天外, 2 天 1 次。带鸡消毒要注意两个问题: 一是带鸡消毒用药应定期更换, 以免产生耐药性; 二是带鸡消毒时喷头不能直射鸡体, 应喷头向上, 距鸡头 40 厘米, 程度以鸡体表潮湿为止。

五、饲料营养的原则

(一) 育雏期

雏鸡增重迅速同时羽毛快速生长, 且在育雏后期还需要脱掉胎毛, 长出新羽毛, 所以育雏阶段, 日粮蛋白质的设计量要足够高; 另外刚出壳的小鸡消化系统不健全, 消化能力较低, 需要提供质量好的饲料日粮。

(二) 育成期

鸡对日粮的要求以能量为主、蛋白质为辅。在 8～15 周龄, 粗蛋白质含量为 15%, 15 周至 5% 产蛋期间, 粗蛋白质含量为 15.5%, 但为了适应产蛋高峰对钙的大量需求, 此阶段日粮中钙的含量要提高到 2.0%～2.25%, 以增加鸡体内的钙储量。

(三) 产蛋期

应根据产蛋水平的变化, 及时调整日粮, 使营养物质既能满足鸡产蛋需要, 又不浪费。产蛋高峰期, 应尽可能提高饲料各种营养指标的含量, 使其满足机体生长、生产的需要; 高峰过后, 随着产蛋率的降低, 能量、蛋白质水平可适当下调, 但随着蛋重的增加, 鸡体对钙的需求量增加, 所以此阶段钙水平应适当提高, 达到 3.75%～4%。

1. 高峰前期

产蛋率 5%～50%。青年母鸡阶段采食的营养, 既要满足增加体重以达到体成熟, 又要满足产蛋的需要, 所以此阶段设计日粮配方时, 要多方面考虑以达到高峰前的营养需要。如果营养不足或者不平衡, 会导致生殖器官发育不良, 体内储备不足。这样便造成产蛋高峰较低且维持时间短, 蛋重也小。

2. 高峰期

现代高产蛋鸡在 27～28 周龄可达到高峰, 此阶段鸡的生理特点是产蛋率迅速上升、产蛋量极高、部分营养呈负平衡、鸡的体重仍然增长。此时应使各种养分达到饲养标准最高值, 建议的日最低营养需求量必须满足, 同时可以补充维生素 D_3, 以促进钙的吸收, 减少应激。

3. 产蛋后期

此期鸡的生理特点是产蛋率开始下降、体重微增、蛋重增加幅度稍大。此阶段要防止鸡过肥,可通过限饲进行。限饲有两种方式:限质和限量。限质主要是控制能量水平,使其下降5%~10%,同时蛋白质水平也适当下调;限量是指饲料量为自由供给的93%~94%。通过调整饲料营养指标、控制饲料量等措施,限制鸡体的增长,延缓产蛋下降速度。

第四节　商品代肉鸡的饲养管理

一、肉鸡的生产特点

(一)肉鸡有很高的生产性能

肉鸡的生长速度快。在良好的饲养条件下,一般7~8周龄体重可达到2 800克左右。生长周期短,资金周转快。一般7~8周龄即可出售,每栋鸡舍一年可饲养4~5批,设备和厂房利用率高,所投资金可两个月收回。饲养密度大,单位面积利用率高。每平方米可饲养10~12只。饲料报酬率高。据统计,一只2.7千克左右的肉鸡消耗5.6~5.9千克,目前,我国养殖水平肉鸡料肉比已达到2:1,劳动生产率高。在一般饲养条件下,地面平养每人可养1 500~2 000只肉鸡,半机械化条件下,每人可养3 000~5 000只。

(二)肉鸡对环境变化比较敏感

肉鸡对环境的适应能力较弱,要求有比较稳定的环境。肉雏鸡所需适宜温度要比蛋雏鸡高1~2℃,肉雏鸡达到正常体温的时间也比蛋鸡晚1周左右。肉鸡稍大以后也不耐热,在夏季高温时节,容易因中暑而死亡。肉鸡的生长迅速,对氧气的需要量较高,如饲养早期通风不足,就可能增加腹水症的发病率。

(三)肉鸡的抗病能力弱

肉鸡因快速增长,大部分营养都用于肌肉生长方面,抗病能力相对较弱,容易发生慢性呼吸道病、大肠杆菌病等一些常见性疾病,且发病还不易控制;肉鸡对疫苗的反应也不如蛋鸡敏感,常常不能获得理想的免疫效果,稍不注意就容易感染疾病。

肉鸡的快速生长也使机体各部分负担加重,特别是3周龄内的快速增长,使机体内部始终处在应激状态,因此容易发生肉鸡特有的猝死症和腹水症。

由于肉鸡的骨骼生长不能适应体重增长的需要,容易出现腿病。另外,由于肉鸡胸部在趴卧时长期支撑体重,如后期管理不善,常常会发生胸部囊肿。

另外,肉鸡的优点是性情温驯,运动速度较缓,适合于大规模的平养。

二、影响肉鸡经济效益的因素

(一)遗传因素

好种出好苗,良种优质鸡苗是获得理想增重和饲养效益的遗传基础与前提。健康的初生雏鸡应为:体重大小适宜而均匀,精神活泼,叫声洪亮,羽毛整洁,腹部大小适中而柔软,脐部干净、愈合良好、有绒毛生长,手握有膘,挣扎有力。

(二)肉鸡饲养要有一定的规模

每只肉鸡的纯利润较低,一般为 5 元左右,要想获得效益,饲养需要一定的规模,根据场地、资金和经验尽可能多养。

(三)饲养肉鸡必须把成活率放在第一位

一般肉鸡的成活率在 90% 以下时,利润就会很小或发生亏损,所以饲养肉鸡必须周密地计划,注意克服管理中的点滴漏洞。

(四)饲养肉鸡必须采用"全进全出"的饲养方式

为了安全生产,提高成活率,饲养肉鸡必须采取养一批走一批的"全进全出"的饲养方式。"全进全出"的饲养制度是保证鸡群健康,消除传染病的根本措施,也是肉鸡生产中计划管理的重要组成部分。所谓"全进全出"制是指一个鸡舍或全场,饲养同一日龄的雏鸡,如果雏鸡数量不够,可分两批,而两批鸡日龄相差不超过 7 天为全进。肉仔鸡养大后于同一时间内全部出售上市称全出。出场后清洁消毒,相隔 1~2 周再养下一批鸡。此法有效地切断了循环感染的机会,便于消灭舍内病原菌,使肉仔鸡能健康生长。采取"全进全出"制在整个饲养期内,管理方便、便于控制鸡舍内温度和机械操作;肉仔鸡生长快耗料少,死亡率低,经济效益高。现将不同生产制度生产效果比较如下:连续生产相对生长率 100%,耗料比 2.35,死亡率 10%;而"全进全出"制相对生长率 115%,耗料比 2.0,死亡率 2%。

(五)营养因素

饲料营养是发挥肉鸡遗传性能的物质保证,要求肉鸡饲料配方科学、营养丰富、适口性好。提倡饲喂颗粒饲料,饲喂颗粒饲料雏鸡增重快,耗料少,饲料报酬高,如果一开始喂给粉料,要在雏鸡 1~2 周后改为颗粒料。

(六)饲养肉鸡的基本条件是保持稳定的生产环境

肉鸡对环境的适应能力和抗病能力都较弱,所以必须以维持舍内适宜的环境为中心措施。包括温度、湿度、光照、通风、饮食、卫生等环境因素,是肉鸡生产的重要条件。

(七)完善的疫病控制措施，是成功饲养肉鸡的基本保障

疾病是造成饲养肉鸡失败的主要原因。肉鸡抗病能力较弱，鸡群一旦发病就很难控制，即使控制了，也会造成很大损失，所以必须采取预防为主的方针，制定一个完善的控制疫病措施。在消毒、隔离、免疫、用药，环境条件、营养等诸多方面采取综合管理的方针，才能奏效。

(八)饲养肉鸡过程中的用药一般应该集中在前期

除特殊情况外，后期一般不再用药，特别是在售前的 1 周，考虑到鸡肉中可能存在的药残会影响到食用者的安全，不允许使用任何药物。饲养后期肉鸡体重和采食量已经很大，如果此时鸡群发病而不得已用药，则投药量大、费用高。所以理智的用药方法是前期根据鸡群情况和环境变化等，预防性给药并配合其他措施来保障鸡群的健康，以便安全度过饲养后期。

(九)管理因素

能否做到科学的饲养管理，是肉鸡生产中最关键的因素。肉鸡的后期管理应该以通风换气为重心，因为肉鸡后期体重大、采食量大、排便量大，它们呼出的二氧化碳、散出的体热、排泄出的水分，舍内蓄积的鸡粪产生的氨气以及舍内空气中浮游的尘埃等，如果不能及时排出舍外，不仅会严重影响肉鸡的生长速度，还会增加肉鸡死亡率。肉鸡饲养后期体重每天能增长 20 克左右，死亡一只就要损失 20 元左右，后期管理对于提高经济效益的重要性是不言自明的。

(十)肉鸡生产性能标准和最佳生产日龄选择

在良好的管理条件下，肉鸡生产性能(耗料与增重比)可达到或接近表 4-34 所列的各项成绩。

表 4-34　肉鸡生产性能参照表(公母混合平均值)

周龄	周末体重 （千克/只）	本周增重	本周耗料	累计耗料	料肉比	
					本周	累计
1	0.160	0.120	0.179	0.179	1.12	1.12
2	0.423	0.263	0.333	0.512	1.27	1.21
3	0.723	0.300	0.500	1.012	1.67	1.40
4	1.086	0.363	0.682	1.694	1.88	1.56
5	1.554	0.458	0.915	2.609	2.00	1.69
6	2.035	0.491	1.095	3.704	2.23	1.82
7	2.535	0.500	1.266	4.970	2.63	2.63

最佳生产日龄的确定,主要从肉鸡的绝对增重和饲料转化率来看,在6~8周龄出售经济效益最高。8周龄以后,绝对增重降低,耗料量继续增加,饲料效率显著下降。同时,饲养日龄增大,饲养周期延长,肉鸡的死亡率会明显升高,鸡场每年的饲养批数也会减少,这些都是应该考虑的。

此外,肉鸡出售的时机还和市场需求有关。一般来说,城市消费用肉鸡,饲养日龄可以偏小(36天,1.6千克左右);而分割日龄可以偏大(7周,2.7千克左右)。

(十一)市场行情

毛肉鸡的收购价格一年四季受市场供求关系的变化而呈现波浪式的变化,而且受人们的膳食结构、消费水平、购买力等因素的影响,上下波动的幅度有时较大。饲养肉鸡必须根据全年市场淡季和旺季情况,安排好肉仔鸡的饲养量和上市时间,尽量赶节日,避淡季,往往可以获得好的效益。另外,为了抵御市场风险,养殖户可通过多方渠道了解市场的情况,避开养殖低谷,提高养殖效益,解决肉鸡流通领域的诸多问题。

三、肉鸡的饲养方式和饲养密度

(一)饲养方式

肉鸡的饲养方式主要有厚垫料平养、网上平养和笼养3种。其中笼养投资较大,目前尚不适用。

1.厚垫料平养

此种饲养方法简便易行,投资较少,但要注意垫料的选择与管理。常用来做垫料的原料有以下几种:

(1)木花 要求质地柔软,不发霉,是首选的上等垫料,如果来源不便可只做育雏用。

(2)锯末 可做垫料,但由于初生雏开始时很容易误食,因此一些有毒性的锯末不能用。

(3)河沙 要求大小如谷粒,均匀,筛去泥土、石块及其他杂物。为避免污染,使用前最好经过日晒消毒,但不要晒得过干,以免尘土飞扬。

(4)花生壳、豆壳、稻草、麦秸等 要求不发霉,稻草要铡成3~6厘米长的小段,麦秸最好用石磙碾得松软,防止有麦芒扎伤鸡。

上述垫料,亦可混合使用,如底下铺一层沙,上面再铺一层麦秸等。垫料在鸡舍熏蒸消毒前铺好,沙子厚6~8厘米,其他8~10厘米,一次性铺够。日常管理中要勤换垫料,防止垫料过湿和发霉结块。同时还要注意取暖、熏蒸消

083

毒时防火,避免垫料燃烧。

2. 网上平养

一般可用竹竿、木条、树枝等做成支架,上铺塑料网或铁丝网,离地面高70~80厘米,并设有地面工作走廊。虽然设备投资较高,但与垫料平养比较起来,它有很多优点:可节省垫料,并有利于提高鸡粪的利用价值。可显著降低球虫病、大肠杆菌、慢性呼吸道病、禽霍乱及腹水症的发生率,减少医药费用,有利于控制药残,提高肉鸡成活率。由于大部分管理工作在走廊上完成,可减少对鸡的应激,便于鸡舍的管理。易于控制鸡舍温度、湿度,便于通风换气、提高饲养密度。

(二)饲养密度

现代饲养密度的完整要领应包括3个方面的内容:一是每平方米面积养多少只鸡,二是每只鸡占有多少饲槽,三是每只鸡饮水位置够不够。三方面缺一不可。

肉鸡应该高密度饲养,但究竟以多大密度为好,要根据具体条件而定。一般而言,网上平养密度可适当提高,而垫料平养以较低密度为好。饲养日龄越大,密度越低;反之,密度可以提高。此外饲养密度与季节、气温、通风条件也有很大关系。肉鸡参考饲养密度见表4-35。

表4-35 肉鸡参考饲养密度

周龄	厚垫料平养(只/米^2)	网上平养(只/米^2)
1	35~40	40~45
2	25~30	30~35
3	18~20	20~22
4	17	18
5	15	16
6	13	14
7	10.5	12
8	9.0	10.5

四、鸡舍环境控制与饲食管理

(一)温度控制

1. 肉鸡舍温度

温度是肉鸡体内营养物质代谢影响酶活性的重要因子,由于肉鸡生长旺盛,代谢速度非常快,所以温度控制的好坏直接影响肉鸡的健康生长和饲料利用率。温度太高,鸡采食量减少,饮水过多,生长缓慢;温度过低,雏鸡卵黄吸收不良,易引起消化不良等疾病,增加饲料消耗量。温度过高、过低都会降低饲料报酬,从而降低了经济效益。肉鸡舍温度要求见表4-36。

表4-36　肉鸡舍温度要求(鸡背温度)

日龄	室温(℃)
1~2天	34(冬季36)
3~4天	33
5~7天	32
2周	29~31
3周	26~28
4周	22~25
5周以后	18~21

2.温度控制方法

(1)使用温度计,每500只鸡一个　①用老式干湿温度计测温时其感温球要与鸡背相平,因其湿度不能直接读取,换算查表比较麻烦,所以已很少有人使用。②新式温湿度表因外形美观、计量准确、温湿度一目了然、使用方便而被越来越多的养殖场选用。③玻璃棒温度计仅有温度,没有湿度,且温度不太精确,但因其价格低廉仍被许多养殖户选用。

无论用哪种温度计,都要随时检查调整温度,并记录每天的最高和最低温度。

(2)舍内温度低于标准时　①用煤炉(火坑)等供热。要提前调试,防止漏烟,消除火灾隐患,防止煤气中毒。②密封鸡舍门窗,冬季育雏舍北窗内外钉双层塑料膜,育雏期舍内用塑料膜横隔成育雏室。用塑料大棚做鸡舍的养殖户,在寒冷季节,大棚北面可以用玉米秆做成"风帐子"挡住北风。棚两边的塑料膜要埋在土里,以防被风吹起。③鸡苗到场前12小时育雏室温度要达到34℃,冬春季提高到36℃。④扩群时,若温度不够,可先将扩出部分用塑料膜横隔好并生煤炉预温,达到温度标准后再扩群。

(3)舍内温度高于标准时　①适当打开门窗,加强通风换气,供足清凉、卫生的饮水。②炎热季节增加带鸡消毒次数(免疫前后只用清水喷雾)。③网上平养的鸡舍可清粪后用水冲刷地面;地上棚养的鸡舍可揭起四周塑料布,利用扫地风降温。④温度极高时,可向屋顶及鸡体上喷水和用风扇辅助降温。同时,加强通风。

另外,温度控制得好坏,主要看鸡群离热源的远近及活动和分布的情况来判定,要经常检查鸡活动情况,调整舍内温度达到最佳,使鸡分布均匀。规模较小的鸡舍夏天主要靠安装风扇增加通风来降温;规模较大的鸡舍夏天可配水帘降温系统,水帘降温主要利用水蒸发过程中水吸收空气中的热量,使空气温度下降的物理学原理。在实际中与负压风机配套使用,水帘装在密闭房舍一端山墙或侧墙上,风机装在另一端山墙或侧墙上,降温风机抽出室内空气,产生负压迫使室外的空气流经多孔湿润水帘表面,使空气中大量热量进行转化处理从而迫使进入室内的空气降低 10~15℃,并不断地引入室内进行防暑降温。降温水帘的面积大小根据实际安装需要量体裁衣,可以制作成随意大小。但通常高度不超过 2 米,长度不超过 4 米,面积过大会导致强度不够,不便于使用和安装。

保温方面也可根据当地实际,因地制宜来做,要求在冬季能满足肉鸡的生长需要,供暖成本做到最低。

3. 注意事项

育雏前一周保持舍内相对恒温特别重要。寒冷季节由于接鸡、免疫等操作,开门频繁,易造成局部降温,所以接鸡前舍温应提高到 36℃。从 2 周龄开始每周降低 3℃,5 周后保持温度在 21℃左右时最适宜,可获得最佳的增重和料肉比。鸡舍温度最低不能低于 16℃。免疫当天及以后的 3 天内,鸡舍温度应提高 1~2℃。因为此时鸡抵抗力弱,易诱发呼吸道病和大肠杆菌病。夜间温度应比白天提高 1~2℃,最好有人巡查、维护。脱温应该逐渐过渡完成,遇阴雨天时要适当推迟。

(二)湿度控制

1. 湿度要求

前期(1~2 周龄)应保持较高湿度,因为刚入舍的小鸡在运输过程中已失掉一部分水分,入舍后舍内湿度低,鸡苗易脱水,增加死亡、残次率。网上平养的雏鸡早期鸡舍湿度过低,容易引起脚垫开裂,腿病增多。中后期(3 周龄至出栏)应保持较低湿度,因为湿度过高,微生物容易滋生,鸡粪产生氨气增多,不利于饲料的保存和呼吸道、大肠杆菌等疾病的控制。肉鸡舍湿度参考标准见表 4-37。

表 4 - 37　肉鸡舍湿度要求

周龄	舍内相对湿度(%)
1 周	70
2~3 周	65~70
4~5 周	60~65
6 周后	55~60

2. 湿度控制方法

使用干湿温度计,随时检查、调整湿度,每天记录最高、最低湿度。

(1)湿度低于标准时(尤其是 1~2 周龄)　①在煤炉上置热水盆蒸发加湿。②增加带鸡消毒次数。③网上平养鸡舍可直接在地面上洒水加湿(舍内温度低时洒热水)。

(2)湿度高于标准时(主要是 3 周龄至出栏)　①保持通风良好、及时排放潮气。②加强饮水管理,防止漏水。③如果采用网上平养,要每天按时清粪,保持地面干燥;如果采用地面平养,要经常翻动垫料,清除结块,必要时更新部分或全部垫料。④使用有效的药物预防消化道疾病,防止下痢。⑤冬季注意保温,尤其是防止夜间的低温高湿。

(三)通风换气控制

通风换气是指排出舍内有害气体(氨气、硫化氢、二氧化碳和粉尘等)换进外界新鲜空气的过程。持续、高浓度的有害气体可导致鸡贫血、体质变弱、生产性能和抗病能力下降,且特别容易诱发呼吸道病和腹水症,给肉鸡生产带来重大的损失。

1. 通风换气的要求和人对氨气的感官指标

确定肉鸡舍通风换气量的原则,每千克体重每小时的通风量最少在 1.7 米³。

(1)通风换气的要求　①1~3 周龄,保温为主,适当通风换气。氨气浓度小于 10 毫升/米³,无烟雾、粉尘。②4 周龄至出栏,通风换气为主,保持适宜的温度,氨气浓度小于 20 毫升/米³。③大鸡每小时换气量为:夏天 10~12 米³/只,冬天 2 米³/只。

(2)不同氨气浓度的感官指标　10~15 毫升/米³,可嗅出氨气味;20~35 毫升/米³,开始刺激眼睛和鼻孔;50 毫升/米³,肉鸡眼睛流泪、发炎;75 毫升/米³,肉鸡头部抽动,表现出极不安静的样子;90 毫升/米³,可以引发肉鸡的呼吸道疾病。

2．控制方法

育雏头3天，育雏室封闭，此后可打开顶部通气孔。夏秋季根据外界气温适当打开通气窗，但要防止冷空气直接吹到雏鸡身上。炎热季节可用排风扇或吊扇等设备辅助通风换气。鸡舍的通风设备要求：鸡舍要有排风扇，有进风口，进风口的面积要比排风面积大2倍以上。一般2 000只鸡舍配直径60厘米排风扇2个；5 000只鸡舍配直径60厘米排风扇1个，同时配直径120厘米排风扇2个；10 000只鸡舍配直径60厘米排风扇1个，同时配直径120厘米排风扇4个。

3．注意事项

用煤炉供温的育雏初期要防止排烟管密封不严，因漏气引起一氧化碳（煤气）中毒。随着肉鸡体重的逐渐增加，换气量也要随之加大。在温度保证的前提下，加大通风量，防止贼风侵袭。

（四）光照控制

肉鸡需要光照主要是为了延长采食时间，刺激和促进生长。光线不可过强，只要鸡能走动、吃料和饮水即可。光照时间和光照强度要求如下：

1．光照时间

1～2日龄24小时光照，即夜间通宵开灯。3日龄以后23小时光照，1小时黑暗（为了使鸡适应突然停电，以免引起炸群）。

2．光照强度

鸡舍每20米^{2}面积上安装一个灯泡，高度距垫料或棚架2米，灯距3～4米，配有灯罩。经常检查、擦拭灯泡，发现损坏，及时更换。

1～5日龄，每平方米2瓦（安装40瓦的灯泡）。6日龄至出栏，每平方米0.75瓦（改换成15瓦的灯泡）。灯泡要分布均匀且不要用瓦数过大的灯泡，以免造成光线过强，引起啄癖。

另外，有条件者，可试用表4－38的程序控制光照。本程序经大量实验，对减少肉鸡死亡率和腹水症的发生率，提高饲料转化率和后期生长速率方面，可收到良好效果。

表4-38　肉鸡光照程序

日龄(天)	屠宰重低于2.1千克		屠宰重大于2.1千克	
	光照(小时)	黑暗(小时)	光照(小时)	黑暗(小时)
1~3	24	0	24	0
4~7	18	6	18	6
8~14	14	10	12	12
15~21	16	8	14	10
22~28	18	6	16	8
29~35	22	2	18	6
36~42	22	2	20	4
43天以后	22	2	22	2

必须注意的是:表4-38所列光照程序,要依据季节不同而有所调整,尤其是夏季高温天气,白天肉鸡食欲差,夜间凉爽时应开灯进食。

(五)饮水管理

水分占雏鸡身体的60%~70%,存在于鸡体组织中,充足而符合卫生标准的饮水供应是肉鸡饲养成功的重要因素之一。

1.水质要求

要求使用深井水或自来水。为保证不被大肠杆菌和其他病原微生物所污染,水源应经化验合格后方可使用,没有检测设备的情况下,可以饮用人用水。

2.控制方法

第一周饮水用20℃左右的温开水,8日龄起改用自来水或深井水。接雏后第一次饮水(开饮)中需加3%的葡萄糖或5%的白糖。先饮水3~4小时后,再开食。个别不会饮水的小鸡要人工辅助饮水1~2次(将鸡喙轻按至水中)。饮水器要摆放均匀,放平放稳。并经常调节饮水器高度,使水槽上沿与鸡背相平。饮水器不能断水,注意水质卫生。饮水器每天清洗、消毒两次(免疫前、中、后3天不消毒),水箱、供水道每周清洗、消毒一次。储水缸、桶等存水时间不能超过3天,每次饮水投药后要及时清洗干净再使用。有条件的每天记录饮水量。

不同温度下,饮水量与采食量的比例关系见表4-39。

表4-39　不同温度下饮水量与采食量的比例关系

室温(℃)	4	10	16	21	27	28
饮水量/采食量	1.7	1.7	1.8	2.0	2.8	4.5

(六)采食管理

育雏室塑料网(或垫料)上可在1~3日龄铺一层报纸、棉布等,4日龄时撤掉。鸡苗开饮3~4小时后开始将小鸡颗粒料均匀撒在开食盘或垫纸上,任鸡采食。对于个别不采食的鸡,要人工辅助采食。饲料添加次数:育雏期要少喂勤添,保持饲料新鲜适口,随时拣出料盘中的粪便等脏物。1~3日龄,可2小时喂1次;4~21日龄,可3~5小时喂1次;22日龄至出栏,可6~8小时喂1次。5~8日龄把开食盘逐渐换成料桶,料桶高度随鸡龄调整。更换饲料时可每天添加15%的新料,逐渐完成过渡,以减小因换料带来的应激。饲料要储存在阴凉、干燥处,地面用木棍垫起10~20厘米高,饲料袋不要紧靠墙放置,至少留出5~10厘米空隙。使用前注意检查是否因存放不当造成发霉、结块、变质的情况。杜绝使用变质和过期的饲料。鸡群每天喂料量(千克)=饲养只数×饲养日龄×4÷1 000。

五、肉鸡饲养管理日程

(一)进鸡前的准备

1.进雏前15天

(1)清理鸡舍　先用聚维酮碘将整个鸡舍内外喷雾消毒,再将设备、器具搬到舍外清洗消毒。彻底清除舍内粪便、垫料、羽毛、灰尘等,注意将顶棚、墙壁和门窗清扫干净。

(2)打扫鸡舍周围环境　做到鸡舍周围无鸡粪、羽毛、垃圾,粪便应送到离鸡舍较远的地方堆积发酵做肥料用。

(3)对清理好的鸡舍进行消毒　地面和周围环境用2%~4%的氢氧化钠溶液消毒,顶棚和四壁用消毒剂喷雾消毒,在整个场区及场外道路直接撒生石灰,进舍人员也要严格消毒。

另外,将在舍外洗涮消毒后的干净器具和设备搬进鸡舍,检查和修理门窗、通风、照明及供热等设备。

2.进雏前7天

用聚维酮碘再次消毒,从上到下对整个鸡舍和设备进行全面喷雾消毒,地面和周围环境用2%~4%的氢氧化钠溶液消毒。查漏补缺:检查门窗、通气口及顶棚,确保没有上批鸡遗留下的灰尘。地面、墙角处的老鼠洞要堵死,进贼风的地方要进行修补。待地面干燥后,搬进垫料。

3.进雏前5天

熏蒸消毒,一般每立方米空间用30毫升甲醛和15克高锰酸钾,并在鸡舍每隔10米放一个熏蒸容器,先放入高锰酸钾,然后倒入甲醛。熏蒸消毒一定要注意安全,出门后立即将门窗封严,密闭24小时。

4.进雏前4天

将熏蒸消毒24小时后的鸡舍门、窗打开通风,此时注意进、出鸡舍人员一定要严格消毒,以免破坏了熏蒸效果。为了进、出鸡舍消毒方便,应在鸡舍门口设立消毒池,并经常更换消毒液,使其保持有效的杀菌浓度。

5.进雏前3天

落实好一切准备工作,包括保温设施、照明、饲料、药品、疫苗等。

6.进雏前2天

试温:舍内温度应高于育雏温度2℃左右,检查炉子是否好烧,鸡舍各处受热是否均匀,有无漏烟倒烟现象。

7.进雏前1天

升温铺垫料,舍内温度要达到36~38℃,准备好雏鸡料和开口药等。

(二)肉鸡管理日程

1.肉鸡1日龄

(1)饮水 雏鸡进入育雏舍后,要先让雏鸡饮水,用20℃左右温开水,水中放入葡萄糖、电解多维和开口药。对于运输较远或存放时间过长的雏鸡,进舍后应控制其饮水量,以防脱水严重的雏鸡一次饮水太多出现水中毒。饮水中加药的目的是为了:①减少抓雏、运输、环境变化等应激反应。②预防疾病,有些疾病是从种鸡垂直传播给雏鸡的,如白痢、慢性呼吸道病、大肠杆菌病等。③提高鸡的健康状况,促进雏鸡的生长发育。

(2)温湿度 1日龄温度控制在35~36℃,温度过低不利于卵黄吸收,以后每天温度下降0.5℃;相对湿度保持在65%~70%,如湿度太低,可在升温炉上放一铝锅蒸发水蒸气,也可利用喷雾器朝鸡舍上空及墙壁洒水来增加湿度。坚决避免高温低湿现象,以免鸡脱水,在保温的同时注意通风换气。

(3)开食 雏鸡饮水3~4小时后,有1/3的雏鸡有觅食行为时开始喂料,将饲料撒在垫纸或开料盘上,少给勤添,每2小时左右给一次料。

(4)光照 24小时光照,每20米^{2}一个60瓦灯泡,灯泡分布要均匀。

(5)进雏后要注意 ①仔细挑出残弱鸡,隔离单独饲养,检查脐带是否收缩完全,发现有隆起黑蒂、血丝,甚至有臭味的鸡应淘汰。因抢水打湿羽毛的鸡应拣出,放置在温度高且干燥的地方。②仔细观察鸡群,将温度和湿度随时控制好,发现鸡群聚堆或伏卧在火源附近时,说明温度太低;如果鸡远离火源在墙根处聚集,或张口呼吸,说明温度太高。严防高温低湿引起雏鸡脱水。③随时清除开食盘中的脏物,做好每天记录,如死淘数、喂料量等。

2. 肉鸡 2 日龄

温度保持在 34~35℃,相对湿度保持在 65%~70%。育雏前 3 天易出现高温低湿现象,湿度达到要求时,鸡爪柔软、湿润有光泽、鳞片紧贴皮肤。清洗饮水器,换 18~20℃的温开水,水中加入 3% 葡萄糖、电解多维和开口药。直到 7 日龄需饮温开水。每隔 2 小时给一次料,少给勤添。注意观察鸡群,及时清除开食盘中的脏物,记录每天死淘鸡数量,挑出异常鸡隔离饲养。

3. 肉鸡 3 日龄

自 3 日龄起光照 23 小时,1 小时黑暗。温度控制在 34℃。因育雏密度较大,鸡粪积存较快,应防止地面潮湿,如果地面湿度过大要考虑扩大育雏范围。饮水中加入葡萄糖、电解多维和开口药,调整好饮水器不要让水溅出太多,造成垫料潮湿。白天每 2 小时加一次料,夜间每 4 小时加一次料,并逐渐转换成料桶喂料。用可以带鸡消毒的消毒液鸡舍内喷雾消毒,带鸡消毒时注意不要直接对准雏鸡喷雾。更换门口消毒池内的消毒液,使其保持有效消毒浓度。

4. 肉鸡 4 日龄

舍温调至 33.5℃。光照、湿度控制同 3 日龄。每天清洗 2 次饮水器,并在饮水中加入电解多维和开口药。每 3 小时给料 1 次。

5. 肉鸡 5 日龄

舍温调到 33℃,相对湿度控制在 60%~65%,每天 23 小时光照。饮水中加入电解多维,每天清洗 2 次饮水器。每天喂料 8 次,白天 5 次,晚上 3 次。注意通风换气,可每 3~5 小时打开门窗 3~5 分,待舍内完全换成新鲜空气后关上门窗。在通风时要严禁贼风侵袭。

6. 肉鸡 6 日龄

温度控制在 32.5℃,相对湿度 60%~65%,光照 23 小时。每天喂料 8 次,白天 5 次,晚上 3 次,并在 4 周前每当喂完一次料后控料半小时,来限制鸡的采食,防止猝死发生。更换鸡舍门口消毒池内的消毒液。

7. 肉鸡 7 日龄

温度控制在 32℃，接种疫苗时将舍温提高到 33℃，相对湿度 60% ~ 65%，全天 23 小时光照。疫苗接种：用鸡新城疫、传染性支气管炎二联活疫苗（LaSota 株 + H120 株）滴鼻或点眼，同时用鸡新城疫、传染性支气管炎、禽流感（H9 亚型）三联灭活疫苗（LaSota 株 + M41 株 + HN106 株）颈背部皮下注射。接种疫苗时注意事项：①配制疫苗的水中不能含有氯及其他消毒剂，并且免疫前、中、后 3 天不能带鸡消毒。②配好的活疫苗和打开的油苗应尽快用完。③防疫抓鸡时要轻，滴活疫苗时要等疫苗完全吸入鼻孔或眼内才放鸡。④疫苗接种前、后各 2 天不能用抗病毒药，以免影响免疫效果。夜间观察鸡群有无疫苗反应，如反应严重要立即采取措施来减轻疫苗反应。做苗同时随机抽样称重并做好记录，对体重过轻的鸡挑出单独饲喂。

8. 肉鸡 8 日龄

温度控制在 31.5℃，相对湿度 60% ~ 65%，换成 15 瓦灯泡，光照时间 23 小时。将饮水换成深井水或自来水，水中加入电解多维。增加料桶，保持每 50 只鸡一个料桶。注意调节好料桶和饮水器的高度。

9. 肉鸡 9 日龄

温度控制在 31℃，相对湿度 60% ~ 65%，全天 23 小时光照。饮水中加入预防呼吸道药物和电解多维。控制好温度的同时，逐步加强通风换气，注意维持环境的稳定。对鸡舍内环境用带鸡消毒药消毒，并对舍外地面进行清扫、消毒。

10. 肉鸡 10 日龄

更换饮水器型号，并保证每 50 只鸡用一个饮水器。饮水中继续加预防呼吸道药物和电解多维。每天喂料 8 次，白天 5 次，晚上 3 次。温度控制在 30.5℃，相对湿度 60% ~ 65%，光照 23 小时。饲养密度大时应及时扩群并做好记录。

11. 肉鸡 11 日龄

温度控制在 30℃。调整料桶边缘与鸡背等高，以后随时调控。清扫鸡粪。逐渐加大通风量，以人进入舍内基本闻不到氨气为准。饮水中加入预防呼吸道药物和电解多维。

12. 肉鸡 12 日龄

温度控制在 29.5℃。饮水中继续加入预防呼吸道药物和电解多维。注意垫料管理，用优质垫料更换育雏室内垫料。对鸡舍内外进行消毒。

13. 肉鸡 13 日龄

温度控制在 29℃。饮水中加入电解多维。

14. 肉鸡 14 日龄

温度控制在 28.5℃,接种疫苗时温度提高到 29.5℃。法氏囊疫苗进行滴口。对鸡抽样称重分群,并根据平均体重和鸡群均匀度分析鸡的管理状况。

15. 肉鸡 15 日龄

温度控制在 28℃,相对湿度保持在 60%~65%,光照仍然保持 23 小时。注意观察鸡群,看是否有疫苗反应,并加强通风换气和垫料管理。水中加入预防球虫药物,连用 4 天。从 15 日龄开始改为"四二制"喂料(即白天喂料 4 次,夜间喂料 2 次),在以后的饲喂中都采用"四二制"喂料。

16. 肉鸡 16 日龄

温度控制在 27.5℃。鸡舍内外进行消毒。

17. 肉鸡 17 日龄

温度控制在 27℃。添加中鸡料,饲喂时用 2/3 的小鸡料与 1/3 的中鸡料混匀后再饲喂,换料要通过逐渐过渡的方法以减少给鸡带来的不良应激。

18. 肉鸡 18 日龄

温度控制在 26.5℃。观察鸡群,看粪便有无异常。仍然用 2/3 的小鸡料与 1/3 的中鸡料混合饲喂。加强通风换气,降低舍内氨气和硫化氢气体的浓度,可以采用在炉子上蒸发食醋的方法来降低舍内的氨气浓度。

19. 肉鸡 19 日龄

舍内温度控制在 26℃。加强环境卫生管理,清理粪便,更换或增加垫料。用消毒水带鸡喷雾消毒,并对鸡舍周围 5 米内的地面消毒。用 1/3 的小鸡料与 2/3 的中鸡料混合均匀后饲喂。

20. 肉鸡 20 日龄

舍内温度控制在 25.5℃,相对湿度 60%~65%,光照 23 小时。饮水中加入电解多维,以防 21 日龄时的疫苗应激。仍然用 1/3 的小鸡料与 2/3 的中鸡料混合饲喂。

21. 肉鸡 21 日龄

温度控制在 25℃。对鸡群抽样称重,并记录结果。疫苗接种:用鸡新城疫、传染性支气管炎二联活疫苗(LaSota 株 + H52 株)饮水加强免疫。注意饮水免疫前要根据季节、气温的高低适当控水,要求 1~2 小时内必须将水喝完。为了提高免疫效果,可在免疫用水中加入免疫增效剂。

22. 肉鸡 22 ~ 24 日龄

22 日龄温度控制在 24.5℃,23 日龄温度控制在 24℃,24 日龄温度控制在 23.5℃。22 日龄全部换为中鸡料,采用"四二制"添料。饮水中加入电解多维。24 日龄注意舍内卫生,全群带鸡消毒。

23. 肉鸡 25 ~ 27 日龄

25 日龄温度控制在 23℃,26 日龄温度控制在 22.5℃,27 日龄温度控制在 22℃。加强通风换气,注意氨气浓度的控制。

24. 肉鸡 28 日龄

温度控制在 21.5℃,相对湿度 60% ~ 65%,光照 23 小时。称量体重,记录并分析比较饲养管理水平。用法氏囊疫苗饮水免疫。

25. 肉鸡 29 ~ 34 日龄

从 29 日龄往后温度始终保持在 21℃,最低不能低于 16℃。30 日龄和 33 日龄分别带鸡消毒 1 次。

26. 肉鸡 35 日龄

更换垫料,加强垫料管理。称量体重,根据体重大小分群,并做好记录。新城疫活疫苗饮水免疫。

27. 肉鸡 36 ~ 50 日龄

注意舍内外卫生,坚持每 2 ~ 3 天带鸡消毒 1 次。37 日龄后,可在饲料或饮水中加入抗病毒和抗球虫药,预防鸡发病,保证鸡群健康生长,一般要连续用药 3 ~ 5 天。注意温差,控制好舍温,加强通风换气。在炎热夏季,饮水中要加入维生素 C 或小苏打,以减小热应激、提高机体抵抗力。加强通风换气,维持良好的舍内环境。

28. 肉鸡 50 日龄至出栏

出栏前 1 周严禁使用任何药物。以维持舍内良好环境为工作重心,强化消毒管理。联系买主,准备出栏。出栏时抓鸡方法要正确,动作要轻缓,尽可能减少肉鸡的物理损伤。清点鸡数,算出肉鸡的总重量,做好记录。

第五节　肉杂鸡的饲养管理

肉杂鸡是 AA +、罗斯 308、艾维因等肉鸡父母代公鸡与商品蛋鸡如罗曼、海兰等进行杂交的后代,由于它具有生长速度快、饲养周期短、饲料报酬高等特点,越来越受到养殖者的青睐。

一、肉杂鸡的饲养方式

肉杂鸡最好采用棚架塑料网上平养的饲养方式。采用地面平养的饲养方式容易使鸡受凉而引起腹泻等症状,不利于肠道疾病尤其是大肠杆菌病、球虫病的控制。

二、进鸡前的准备工作

1. 清扫

彻底的清扫工作能够减少病原菌80%以上。

2. 养鸡设施的准备

备好饮水器、料桶,调试供温设施,维修鸡舍等。

3. 冲洗

对鸡架、饲喂饮水设施等进行2～3次的彻底冲洗。

4. 消毒

对耐腐蚀的墙壁、地面用2%～4%的氢氧化钠溶液或石灰水进行消毒,对饲养设施等用消毒剂进行消毒,最后应该将所有养鸡设备放入鸡舍进行密闭熏蒸消毒24～48小时(每立方米用高锰酸钾15克和甲醛30毫升,冬天时最好将舍温升到20℃以上,相对湿度达到50%以上)。

5. 注意事项

不要留下任何卫生死角(包括饲养人员居住的地方)。

三、肉杂鸡的饲养管理

1. 雏鸡的开食和饮水

进鸡后先饮水2～4小时(1～7日龄最好饮凉开水),鸡一般饮水的温度在20～25℃,要保证每只鸡都饮到水之后再开食。

先铺上蓝色塑料布(1米×1米)撒料喂3～4天,塑料布要多准备一些,保证所有的雏鸡都有采食位置,要勤翻勤换勤洗塑料布,保持鸡采食干净卫生,每2～3小时添1次料,少添勤添,第二天开始加小料桶,第四天开始逐渐撒去塑料布,3天撒完,7日龄后每天喂鸡3～4次。

要想方设法让鸡前期多采食,可增加鸡的采食面积(料桶数量)、增加鸡的饮水面积(饮水器数量)、增加鸡的活动范围(降低饲养密度),让鸡在舒适的环境(适宜的温度、通风)中生活。肉杂鸡一般采食量和体重数据见表4-40。

表 4 - 40　肉杂鸡一般采食量和体重

日龄(天)	累计采食量	体重(克)
7	90	—
14	290	230
21	650	455
28	1 000	700
35	1 600	973

2. 肉杂鸡所需温度

提倡采用火炕、暖气供温。育雏一般夏天保持在 34 ~ 35℃,冬天保持在 35 ~ 36℃,温度过低不利于卵黄吸收,以后每一天温度降低 0.5℃,直到 20℃ 稳定下来。

3. 肉杂鸡所需湿度

育雏室温度高,常造成育雏前舍内的相对湿度较低,雏鸡易感染呼吸道疾病和大肠杆菌病。湿度过小时可采用地面洒水、空中喷雾、火炉上加水盆等措施来保持相对湿度在 65% ~ 70%,坚决避免高温低湿现象,以免鸡脱水,同时注意通风换气。

4. 通风

前期不能只注意保温而忽视通风,后期在加强通风的同时也不要忽视保温,特别是在鸡群发病、气候更替和昼夜温差大的季节里,切忌贼风和穿堂风的侵袭。寒冷的冬季,鸡舍内空气污浊不堪,容易引起慢性呼吸道病、大肠杆菌病、腹水症等环境性疾病。应在晴朗温暖的中午适当通风换气;或在鸡舍内用过氧乙酸喷雾,既可消毒,也可中和氨气;还可在饲料中加入一些微生态制剂,减少粪便产生的氨臭味。

5. 光照

前 2 日龄 24 小时光照,自 3 日龄起 23 小时光照,1 小时黑暗。光照强度为:1 ~ 3 天:18 瓦/米²;4 ~ 14 天:3 瓦/米²;15 天至出栏:1 瓦/米²。

6. 密度

冬天不超过 18 只/米²,夏天不超过 12 只/米²(绝对密度),并且在保证温度的前提下及时扩栏(相对密度)。

四、肉杂鸡的饲养管理要点

1. 观察鸡群

（1）鸡群的冷热表现　热则鸡群远离热源靠墙边扎堆,冷则靠近热源扎堆,在适宜的温度下鸡在鸡舍内分布均匀。

（2）鸡群的精神状态　如在温度适宜的前提下,仍有鸡精神沉郁、翅膀下垂,说明鸡群可能有病,需请兽医及时进行诊断。

（3）采食量是否正常　肉杂鸡采食量应该是逐日上升的,一般全群日采食量(千克)＝饲养只数×天数×2.2÷1 000,如果采食量没有增长或下降,应及时查找原因。

（4）粪便的观察　正常粪便成小堆、灰褐色或稍偏黑。便稀、发黄、带料渣都为异常粪便。

（5）呼吸症状　轻微的呼吸道疾病在晚上才能听到。当鸡群有轻微呼吸道症状时,要采取在保温前提下,加大通风量,并及时清理粪便、扩群降低密度、加强消毒等,同时结合多西环素或红霉素进行治疗。若长时间呼吸道病不愈时,不仅要加入抗呼吸道病的药物,也要加入抗大肠杆菌药。

2. 重视挑雏

第一次挑雏应在鸡苗到达育雏室时进行,挑出弱雏、小雏单独隔离饲喂,残雏应予以淘汰;第二次挑雏在雏鸡6～8日龄进行,也可在雏鸡首次免疫时进行,把个头小、长势差的雏鸡单独隔离饲喂。

3. 换料

肉杂鸡换料应缓慢,如现用 A 料,想换 B 料,可采用如下办法:2/3 的 A 料加1/3 的 B 料混合饲喂 1～2 天;1/2 的 A 料加 1/2 的 B 料混合饲喂 1～2 天;1/3 的 A 料加 2/3 的 B 料混合饲喂 1～2 天,然后全喂 B 料。

4. 补喂沙砾

进鸡后就可添加沙砾,一般要求 1～14 日龄雏鸡,每 100 只每周喂给细沙砾约 500 克;15 日龄以后每 100 只鸡每周喂给粗沙砾600～800 克。要求沙砾干净,不溶解,没有被病原体污染,前期直径 1.5 毫米,后期 2 毫米即可。

5. 重视育成期的饲养管理

要依据季节、天气变化、鸡群健康状况确定脱温时间。冬春一般在 35 日龄以后脱温,夏秋一般在 20 日龄左右脱温。肉杂鸡进入育成期后,必须及时清除粪便、勤换垫料、搞好卫生消毒,给鸡群营造一个舒适的生活环境。

第六节　土鸡养殖

随着人们生活水平的提高,肉质细嫩、味道鲜美的农家放养土鸡,越来越受消费者的欢迎,因此放养土鸡的市场售价也大大高于快大型肉鸡。现将饲养优质放养土鸡的技术要点介绍如下:

一、精选良种

优良的品种是饲养优质肉鸡的基础。应选养皮薄骨细、肌肉丰满、肉质鲜美、抗逆性强、体型中小型的有色羽毛的著名地方品种,可以是三黄鸡,也可以是麻花青脚鸡,如宫廷黄鸡、河南固始鸡、广西岑溪三黄鸡及浙江仙居鸡等各地优良名鸡,也可以根据当地的饲养习惯及市场消费需求,选育适合当地饲养的优良肉鸡品种。

二、注重放牧

放牧是提高肉鸡肉质的重要措施之一。优质放养土鸡的育雏技术要求与快大型肉鸡无异,在育雏室内育雏 30 天左右转入大棚饲养。一般夏季 30 日龄,春、秋季 45 日龄,冬季 50～60 日龄开始放牧。放鸡场地宜选择地势高燥、避风向阳、环境安静、饮水方便、无污染、无兽害的竹园、果园、茶园、桑园等地较理想。鸡既可吃上述"四园"中的害虫及杂草,其粪便还可作为"四园"的肥料。放牧场地可设沙坑,让鸡沙浴。还要搭建避雨、遮阳、防寒的草棚或塑料大棚。土鸡早出晚归,放牧密度为 50～70 只/亩,每群规模约 500 只为宜。为防止鸡走失或危害附近农作物,放牧场可设置围栏,一直放养至出售。加强放牧可以提高鸡肉的结实度,促进体格健壮及羽毛紧密光亮;还可采食青草、草籽、枯叶、虫蝇等,节约饲料和提高肉质。有条件的可以放一批鸡换一个地方,既有利于防病,又有利于鸡觅食。

三、巧喂饲料

饲料是影响肉质的重要因素。优质土鸡育雏期应饲喂易消化、营养全面的雏鸡全价饲料。因其生长速度较慢,饲料中粗蛋白含量应低于快大型肉仔鸡全价料 2% ,并做到少量多餐,以促使雏鸡生长发育良好。育成、放牧期要多喂青饲料、农副产品、土杂粮,以改善肉质、降低饲料成本,一般仅晚归后补喂配合饲料。出售前 1～2 周,如鸡体较瘦,可增加配合饲料喂量,限制放牧进行适度催肥。中后期配合饲料中不能加蚕蛹、鱼粉、肉粉等动物性饲料,限量使用菜籽粕、棉籽粕等对肉质和肉色有不利影响的饲料,不要添加人工合成色素、化学合成的非营养添加剂及药物等,应加入适量的橘皮粉、松针粉、大蒜、生姜、茴香、桂皮、茶末等自然物质以改变肉色、改善肉质和增加鲜味。

四、严格防疫

搞好防疫是养好优质放养土鸡的重要保证。一般情况下,放养土鸡抗病力强,较圈养快大型肉鸡发病少。但因其饲养期长,加之放牧于野外,接触病原体机会多,必须认真按养鸡要求严格做好卫生、消毒和防疫工作,不得有丝毫松懈,要根据本地实际情况选择适合本场的防疫程序,做好疫病的防疫工作,此外还要特别注意防制球虫病、卡氏白细胞虫病及消化道寄生虫病。要经常检查,一旦发生,及时驱除。土鸡中后期防制疾病尽可能不用人工合成药物,多用中药及采取生物防制,以减少和控制鸡肉中的药物残留。

五、适时销售

合适的饲养期是提高肉质的重要环节。饲养期太短鸡肉中水分含量多,营养成分积累不够,鲜味素及芳香物质含量少,肉质不佳,味道不鲜,达不到优质土鸡的标准;饲养期过长,肌纤维过老,饲养成本太大,不合算。根据土鸡的生长生理和营养成分的积累特点,以及公鸡生长快于母鸡、性成熟早等特点,确定小型肉鸡公鸡 100 天,母鸡 120 天上市;中型肉鸡公鸡 110 天,母鸡 130天上市。此时上市鸡的体重、鸡肉中营养成分、鲜味素、芳香物质的积累基本达到成鸡的含量标准,肉质又较嫩,是体重、质量、成本三者的较佳结合点。

第七节　生态养鸡

近几年,在崇尚自然、回归自然生活观念的引导下,农村养鸡业出现了一种新型的养殖方式——生态养鸡。所谓生态养鸡,也叫“家鸡野养”,就是把鸡群放养到自然环境中,期望通过自然环境的熏陶和有机食物的养育,让鸡肉、鸡蛋恢复应有的天然优良品质。从已有的养殖实践看,生态养鸡能大幅度节省饲料、药物和人力投入,成本低、售价高,再加上纯天然,没有污染,鸡肉、鸡蛋风味独特,很受消费者的欢迎。如果再与生态旅游结合起来做文章,市场空间会更加广阔。但是,生态养鸡并不像一些人想象得那样,随随便便就可以取得成功,失败者也不乏其人,在实施养殖前,必须充分了解其中的学问和技巧。

一、选对品种

生态养鸡最好选用当地土鸡品种,如河北纯种柴鸡,浙江的仙居鸡、肖山

养鸡与鸡病防控关键技术

100

鸡,上海的浦东鸡,河南的固始鸡,湖南的桃源鸡,辽宁的庄河鸡,广东的惠阳鸡、杏花鸡、三黄鸡、清远麻鸡,山东的寿光鸡,北京的油鸡,吉林的草原鸡等都是优良的地方品种,它们大多体型小巧,反应灵敏,活泼好动,适应当地的气候与环境条件,耐粗饲,抗病力强,适宜放养。各种叫不上名称的土杂鸡,也都适宜于野外生态放养。相反,那些新型的品种蛋鸡和快大型肉鸡,大多体型笨重、神经敏感、抗病力差,野外放养很难成功。

二、建好鸡棚

生态养鸡也需要鸡棚,这是鸡晚间宿营的重要场所。鸡棚位置要高,背风向阳,视野开阔,不能积水,不能形成“窝风”,门前要有足够的空闲地。鸡棚可采用永久性的砖瓦结构,也可采用简易的草木结构,不管采用哪种方式,都必须有坚固的结构,有良好的遮风挡雨功能。简易鸡棚屋顶应覆盖3层,由内向外依次是苇箔、油毡或薄膜、草苫,顶部用草绳或铁丝固定结实。为防止敌害侵袭,窗户要钉铁丝网,门口封闭要严实,地面要夯实,也可使用三合土或水泥结构。鸡群白天外出觅食比较疲劳,晚上需要有一个良好的休息场地。因此,舍内地面应铺设5~10厘米厚的锯末或垫草。

三、改造环境

野外养鸡选用的生态区域,主要是草地、树林、山坡、果园以及高秆庄稼地等,鸡群的活动范围较大,尤其是荒山、树林中,野兽、野鸟较多,容易侵害鸡群的主要有狼、野狗、狐狸、黄鼠狼、獾、蛇等,雕、鹰等食肉猛禽也不容忽视。夏季雷雨多见,狂风、雷电、洪水也会对鸡群造成严重危害。为防止各种灾害和敌害侵袭,要对养殖环境进行必要的改造:鸡群活动范围的边界上,应埋设1.5~2米高的铁丝网或尼龙网;也可密集埋植树枝篱笆,配合栽种葫芦、扁豆、佛手瓜、南瓜等秧蔓植物加以隔离阻挡;种植带刺的洋槐枝条、野酸枣树或花椒树,阻挡人、兽的效果最为理想。草地、荒坡等野外放养环境内,适当搭建一些简易的小凉棚,凉棚顶部盖油毡,棚内铺垫干净的河沙,以便遮阳挡雨,满足鸡群临时休憩和沙浴的需要,凉棚地势要高,周边活动半径以不超过50米为宜。

四、适当训练

育雏期间,要在饲料中添加适量切碎的青菜叶,逐步锻炼鸡雏采食、消化粗饲料的能力。4周龄脱温后,只要天气合适,室内外温差不是很大,都应定时将鸡群放到棚前的空闲地上,并逐步扩大活动范围,延长活动时间,直至鸡群能自由活动。饲喂量要逐步减少,遵循“早少晚饱”的原则,以调动鸡群外出觅食的积极性。

为了能让在野外自由活动的鸡群，按时回舍补充料水、休息，在放养初期，就应进行必要的训练。有经验的养殖户，常使用打锣、吹哨子、敲脸盆等方式，以合适的响声，配合可口的食物，对鸡群进行召唤训练，让鸡群形成条件反射。召唤训练十分重要，尤其是在恶劣天气来临的时候，能保证迅速将鸡群召唤回来。

五、防制疾病

野外生态养鸡虽然空气新鲜，鸡群活动量大，并且主要吃野菜、嫩草、草籽、昆虫等无污染的饲料，机体健康，但如果不加预防，有些疾病如新城疫、马立克病、传染性法氏囊病、传染性支气管炎、禽痘、流行性感冒等，照样会侵害鸡群。预防传染病的方法是及时接种相应的疫苗，但一般不需要投喂预防性药物。

在野外生态环境中，鸡群采食蚯蚓、甲壳虫、蜗牛、淡水螺较多，最容易出现寄生虫病，特别是蛔虫病和绦虫病，一般在放养 1 个月后，就要进行第一次驱虫，隔 2～4 周后再进行第二次驱虫。常用驱虫药物主要有左旋咪唑、伊维菌素、硫氯酚、吡喹酮等，应尽量选用对多种线虫、绦虫均有效的阿苯达唑片剂，可在晚上鸡群回舍补料时拌料饲喂，每千克体重用量为 20 毫克。第二天早晨要及时检查鸡粪，如发现鸡粪里有成虫，第二天晚餐再驱虫一次。

六、重视管理

为使鸡体重均匀一致，应对鸡群实行分群管理，公鸡适时出售，母鸡用于产蛋。为便于捡拾鸡蛋，应在鸡群性成熟后，适当减少活动范围，在凉棚内设置产蛋箱，箱内放入"引蛋"，应尽量鼓励鸡群回鸡棚产蛋。

为了改善鸡肉品质，使鸡肉有更好的口感和风味，提高胴体眼观质量，提高鸡群体重，便于获得好效益，野外生态饲养的鸡群，尤其是分群饲养的公鸡，要适当进行催肥饲养。时间一般选在 10 周龄以后，催肥的手段主要是减少鸡群的活动范围，提高饲料能量含量，增加补饲的次数和饲喂量。

野外生态养鸡，要及时进行巡视，目的是检查鸡群状态，发现并隔离病弱鸡，防止猛禽、野兽伤害鸡群。缺水的养殖区应设置饮水槽，定时添加清洁的饮水。放养初期，中午可在凉棚内进行补饲，但要保证料槽干净，避免引来野鸟和鼠类。有的养殖户喜欢养几条狗帮助看门和巡视，起到良好的报警、追赶敌害、庇护鸡群的作用。但让狗做助手有一定的风险，因此，一定要加强驯养，发现狗恶意追逐鸡群时，及时通过处罚加以制止，让鸡群和狗建立起良好的亲和关系，同时，要给狗充足的食物，不得用死鸡、鸡骨头、鸡内脏等喂狗。

第五章　鸡病的临床诊断

鸡病种类繁多,症状复杂,在临床上常有许多相似表现。加之一些并发症又有较复杂的病理变化,要想把每一种疾病一一诊断分明殊非易事。为了及时对病鸡进行救治,必须运用正确的诊断方法和技巧对疾病做出诊断。

第一节 流行病学调查

根据具体疾病的不同情况,流行病学调查的内容和侧重点也有所不同。通常要弄清以下几方面的情况:

一、疾病的发生和流行情况

疾病最初发病的时间、地点、传染和蔓延情况,目前疫病分布状况;疫区内各种畜禽的数量和分布情况;发病鸡的种类、品种、数量、年龄、性别;鸡群的感染率、发病率和病死率。

二、传染源的情况调查

与发病鸡密切关联的各种因素调查,如该地区前不久是否从外面引进过鸡,其中是否有病鸡,引进时是否经过检疫或隔离观察;本地区和毗邻地区在此之前是否发生过类似家禽疫病,具体发病日期和流行情况,是否经过确诊;是否有资料记载等情况。

三、传播途径和传播媒介的情况调查

详细了解发病区域内鸡的饲养管理方式,鸡的放牧情况,鸡是散养还是圈养,该地区的家禽交易市场的交易量如何,市场防疫和检验的工作开展情况,动物的产地检疫和运输检疫开展情况;该地区的家禽销售和屠宰加工情况,病死家禽的无害化处理情况。

四、疫区内的政治、经济、自然、地理等基本情况

包括该地区人们的生活习惯情况;该地区的地理、地形、河流、气候、交通、植被和野生动物情况;该地区本季节吸血昆虫的活动情况等;当地居民对该次疫情的看法和分析如何等。

第二节 饲养管理调查

一、饲养环境调查

调查养鸡场的位置及周边有无污染源存在的威胁情况,如周边存在工业的"三废"(废水、废气、废渣)等污染源,或存在畜禽屠宰加工厂等。

调查养鸡场是否地势低洼,夏秋季节是否容易受到蚊、蝇、蠓等吸血昆虫的威胁。

调查养鸡场是否具有良好的天然隔离屏障,是否有人工建筑的隔离设施,如围墙、壕沟等。

二、饲养管理方式调查

调查养鸡场内是否存在场户过密、选址不良，由此造成养殖密度过高、舍与舍之间距离过近，易造成场内空气流通差，空气浑浊等。

调查养鸡场是否饲养人员集中住宿、禽舍内外一套衣帽，是否后勤人员不住生产区、设有专门物品交接间。

调查养鸡场是否实行"全进全出"制，是否存在种鸡和商品鸡在一个大院内不同鸡舍饲养的情况。

三、日粮配比和饮水调查

调查养鸡场所用日粮是场内自配饲料还是由饲料厂家供应的饲料。

调查养鸡场的饲料成品库与原料库的存货及保管情况，有无饲料霉变或受污染的可能情况。

调查养鸡场的人、禽饮水是统一使用自来水，还是人用自来水而鸡用自挖的井水或河沟水情况，水源是否保持定期的饮用标准监测，水源有否受到周围污染的可能。

调查养鸡场每天剩余饲料和冲洗废水的处理情况。

四、防疫措施调查

调查养鸡场内的生产区、生活区和管理区是否以围墙和一定距离隔开。

调查养鸡场的门卫消毒和各鸡舍门口的消毒池情况，消毒池内是否24小时保持有消毒液或浸有消毒液的草帘等。

调查养鸡场内是否净道、污道分开。垫料、进出用具等是否经过严格消毒，工作人员进出饲养区是否经过消毒和更换衣帽、鞋。

调查养鸡场在执行何种免疫程序，有无详细的免疫记录和免疫档案。调查养鸡场内有无病鸡防制室及化验室，有无病死鸡尸体处理设施及处理记录。

调查养鸡场有无每批种蛋或商品鸡出售前的检疫记录。

五、卫生消毒制度调查

调查养鸡场是否有周全而严格的消毒制度，特别是这些制度是否悬挂在管理者的办公室醒目位置。

调查养鸡场有无适合多种情况下使用的消毒设施和工具，如高压喷雾器、高压灭菌器、火焰喷射枪等。

调查养鸡场的消毒药保管室及其领发记录，调查养鸡场的常规消毒、突击消毒和期末消毒的记录档案。

第三节 临床症状调查

鸡的临床症状检查与鸡的产地检疫中的群体检查和个体检查相类似,所不同的是产地检疫中是检查鸡临床健康与否,而临床症状检查是诊断被检查的鸡患的是什么病。

鸡的临床检查包括静态检查、动态检查、体表检查、排泄物检查以及听诊检查、嗅诊检查和触诊检查等。

一、静态检查

观察群体鸡的营养状况、发育状况、精神状态、体态、姿势等;观察鸡群的粪便形态、颜色、有无异物等。

观察鸡的羽毛、皮肤、口角、眼睛及鸡冠、肉髯等有无异常。

观察鸡群中有无离群呆立一隅、无精打采、缩颈低头、闭目嗜睡状态的鸡。

观察有无喘息或张口呼吸、伸颈呼吸或甩鼻等姿势。

二、动态检查

当鸡群被驱赶运动时,观察其运步姿势,看是否正常有力,是否有掉队、跛行、卧地挣扎、行走迟缓而痛苦、运步不协调;看其是否有转圈、斜颈、角弓反张、抽搐等神经症状。有无瘫痪、腿呈劈叉状等表现。

驱赶鸡群运动时,总有一些鸡边走边排便,观察新排泄粪便是否正常、有无出血、腹泻、混有气泡异物等。

观察掉队和行走困难鸡的腿、关节、脚爪等是否正常。

三、体表检查

体表检查一般是指将病鸡抓在手里仔细观察,包括:观察鸡的冠、髯、肉垂的颜色、眼睑是否肿胀、有无结痂等。观察口角、口腔、鼻腔、眼睑有无分泌物、排泄物附着。观察羽毛是否有光泽,是紧贴在体表还是蓬乱;皮肤有无出血和皮下瘀血,有无皮肤结痂和粗糙皮屑等。观察腿、脚爪有无肿胀、出血(注意腿鳞出血),观察嗉囊是否肿大。

四、排泄物及粪便检查

主要检查排泄物及粪便的颜色、形态,看是否属于腹泻、干结,是否内含血液、气泡、异物等。看口角有无流涎,有无分泌物附着或堵塞呼吸道。

五、听诊、嗅诊、触诊检查

1. 听诊

用耳朵听鸡群发出的呼吸音是否正常,对个体可用听诊器来协助听诊;主要听诊甩鼻音、喘息音、啰音、呼噜音等。

2. 嗅诊

主要用鼻子闻鸡舍中氨气的浓度程度,以及垫料、饲料、分泌物、排泄物有无异常气味等(如霉变气味)。

3. 触诊

以手的感觉来检查鸡体皮肤表面的温度(鸡的正常体温为 40.5～42.5℃),嗉囊的充盈度和软硬度,还可用手触摸感觉鸡的皮下是否有气肿、瘀血等。

第四节 掌握临床诊断要点

一、营养与发育情况

当营养发育不良时应考虑到鸡群患慢性消耗性疾病如马立克病、白血病、结核病或寄生虫病。

二、精神状态

精神萎靡、食欲废绝、缩颈垂翅、闭目低头等,常见于急性、热性疫病,如鸡新城疫、鸡传染性法氏囊病、鸡霍乱等。

如在上诉症状的基础上病鸡蹲卧伏地,则病鸡已处于濒死期。

精神差、食欲不振,临床上见于慢性传染病和营养代谢病,如副伤寒、寄生虫病、维生素 E－硒缺乏症等。

三、动态行为表现

行走摇晃、步态不稳,见于急性传染病和寄生虫病,如鸡瘟、球虫病或严重的绦虫病等。

行走无力、行走有疼感,见于软骨病、缺钙病、笼养蛋鸡疲劳综合征,葡萄球菌及链球菌引起的关节炎、痛风等。

行走摇晃,双腿变形呈"X"形或"O"形状态,见于维生素 D 缺乏症、滑膜炎、骨质疏松症等。

行走运动失调,跗关节着地或呈角弓反张姿势,见于维生素 E、维生素 D 缺乏症,脑脊髓炎、维生素 B_1 缺乏症等。

两肢麻痹或趾爪卷曲、瘫痪等,见于维生素 B_2 缺乏症,马立克病(劈叉状)。

企鹅样行走,见于母鸡的卵巢腺癌引起的大量腹水症。

四、呼吸道症状

呼吸困难、气喘、咳嗽,见于支原体病、曲霉菌病、鸡交合线虫病等。

气喘、咳嗽、啰音,见于鸡新城疫、禽流感、鸡支原体病、传染性支气管炎、传染性鼻炎等。

张口呼吸、气喘,见于严重的传染病、寄生虫病、代谢病及濒死前症状,如传染性喉气管炎、传染性气囊炎、白喉型鸡痘、火鸡波氏杆菌病、气管交合线虫病等。

五、头颈症状表现

头颈弯曲、共济失调,见于新城疫、禽流感、禽霍乱、脑炎型白痢、维生素 A 缺乏症等。

头颈后仰、角弓反张,见于维生素 B_1 缺乏症、脑脊髓炎。

六、头颈部表现

头部肿大,见于禽流感、肉鸡肿头综合征。

头部皮下胶冻样水肿,见于慢性禽霍乱、雏鸡维生素 E – 硒缺乏症。

颌下水肿,见于鸡传染性鼻炎、火鸡波氏杆菌病、肉鸡肿头综合征。

头颈部肿大,见于油乳苗注射不当引起的炎性水肿。

头颈部皮下气肿,见于雏鸡颈部气囊或锁骨间气囊破裂。

鸡冠、肉髯呈紫黑色、触之高热,见于新城疫、传染性喉气管炎、禽霍乱、李氏杆菌病、有机磷农药中毒、鸡盲肠肝炎等。如触之发凉则见于濒死期。

鸡冠、肉髯苍白,见于住白细胞虫病、严重的绦虫或蛔虫病、鸡白痢、伤寒、副伤寒、马立克病、淋巴白血病等。

肉髯水肿、肥厚,见于鸡传染性鼻炎、慢性禽霍乱、肿头综合征等。

冠、髯有褐色结痂,见于皮肤型鸡痘。

喙色泽发紫,见于禽霍乱、传染性喉气管炎、传染性支气管炎。

喙变形上翘,见于钙磷缺乏、维生素 D 缺乏引起的佝偻病和骨软症。

眼睑肿胀、流泪,见于传染性鼻炎、喉气管炎、支气管炎等。

眼结膜充血、出血,见于禽流感、住白细胞虫病。

眼结膜有黏性或脓性分泌物,见于衣原体病、雏鸡大肠杆菌病、雏鸡生物素及泛酸缺乏症等。

眼窝下陷,见于某些传染病、寄生虫病引起的腹泻脱水。

鼻腔浆液性、脓性、干酪样分泌物,见于传染性鼻炎、喉气管炎、禽流感。

七、嗉囊表现

嗉囊空虚,见于重症末期、马立克病、寄生虫病等。

嗉囊胀满、积液,见于新城疫、有机磷农药中毒、蛔虫引起的肠梗阻。

嗉囊坚硬或呈捏粉状,见于禽霍乱、禽流感、传染性法氏囊病,干粉料引起的嗉囊秘结等。

八、腿、爪的表现

腿、爪发紫,有出血点,见于新城疫、禽流感、禽霍乱、维生素 E 缺乏症、卵黄性腹膜炎等。

腿、爪干燥,结痂,见于 B 族维生素缺乏症、腹泻病、痛风。

腿、爪苍白,见于肾型传染性支气管炎、马立克病、维生素 B_2 缺乏症。

九、肛门和泄殖腔表现

肛门肿胀、外翻、突出,见于雏鸡泛酸缺乏、前殖吸虫病、雏鸡白痢、卵黄性腹膜炎等。

泄殖腔黏膜充血、出血,见于新城疫、禽霍乱、前殖吸虫病等。

十、粪便表现

腹泻,见于多种鸡传染病、寄生虫病、中毒病。

粪便稀、混有暗红色、紫色血黏液,见于球虫病、吸虫病、盲肠肝炎、禽霍乱、鸡伤寒、副伤寒、出血性肠炎等。

粪便稀,呈青绿色或黄绿色,见于新城疫、禽流感、禽霍乱、蛔虫病等。

粪便稀,呈清水样带白色,见于传染性法氏囊病、肾型传染性支气管炎。

粪便呈乳白色奶油状,见于内脏型痛风、肾型传染性支气管炎、维生素 A 缺乏、磺胺药过量等。

十一、蛋壳、蛋形表现

薄壳蛋,见于日粮中钙含量不足、锰缺乏或过量,某些传染病如鸡新城疫、鸡大肠杆菌病等。

软壳蛋,原因与薄壳蛋相类似,以及缺锌所致。

砂壳蛋,因子宫内分泌物的钙质未得到酸化而以颗粒状沉积在蛋表面。见于日粮中缺锌、钙过量而磷不足,还可见于新城疫、传染性支气管炎等病。

血斑蛋,见于初产鸡,以及日粮中维生素 K 缺乏。

裂纹蛋,见于代谢病,如锰、磷缺乏,铜缺乏也是重要原因。

无黄蛋,见于病毒严重感染输卵管上部,或异物(寄生虫、脱落的组织)落入输卵管所致。

小黄蛋,见于饲料中黄曲霉毒素超标,阻碍了卵泡的成熟。

无壳蛋,见于沙门菌、大肠杆菌感染引起卵黄性腹膜炎,蛋鸡内服四环素类药物,均可影响蛋壳的形成。

双壳蛋,见于母鸡产蛋时受惊后输卵管发生逆向蠕动,蛋又退回蛋壳分泌部,刺激壳腺再次分泌出一层蛋壳,从而形成双壳蛋。

第六章　鸡病的剖检与诊断

　　鸡的剖检检查是诊断鸡传染病最常用最主要的方法。一般是采用濒死期的鸡放血后做剖检检查,或者采用刚死去不久的病鸡尸体做剖检检查。死亡太久(夏秋高温季节死亡 6 小时以上,冬春季节死亡 24 小时以上)的鸡的尸体不宜做剖检检查,因为腐败变质的家禽尸体剖检时,往往一些组织器官的形态颜色常会因腐败而变色、变形失去诊断意义。

第一节　尸体剖检的目的

随着养鸡业的发展,鸡病的发生频率和鸡病的种类越来越多,迫切需要提高鸡病的诊断和防制水平,尸体剖检是诊断鸡病、指导治疗的重要手段之一。

一、可以验证临床诊断和治疗的正确性

鸡发生各种疾病时,除少数症状外,临床症状多表现相似,没有什么特征症状,只靠临床表现很难确定鸡发生何种疾病。尸体剖检可以通过直接观察各种疾病的病理变化,结合临床症状对疾病做出初步诊断,有的可以确诊。还可根据病理变化进一步推断疾病的发生、发展和转归,从而检验治疗效果。

二、可以预防疾病的暴发

在养鸡场中,建立常规的尸体剖检制度,出现病、残、死鸡便进行尸体剖检,可以及时发现鸡群中存在的问题,采取防制措施,防止疾病的暴发和蔓延。

三、可以指导学术研究和科研工作

在兽医学术研究和科研工作中,离不开动物试验,鸡是理想的实验动物之一。动物试验的结论,除观察动物的临床表现外,必须进行尸体剖检。

第二节　尸体剖检的要点和剖检用具

一、尸体剖检的要点

在进行剖检检查时,一般要多剖检几只鸡,以确定某种病理变化具有普遍性和代表性。

在剖检时必须认真做好记录,必要时应现场摄影或摄影备案。

根据具体情况,做好病料的采集工作,以便为进一步诊断做准备。

根据具体情况,剖检时要做好现场消毒,防止病原扩散,还要做好剖检人员的自身保护。

二、剖检用具

对于鸡的尸体剖检,一般情况下,有剪子、镊子即可工作。根据需要还可准备骨剪、手术刀、标本缸、广口瓶、福尔马林等。其他的如工作服、胶靴、围裙、橡胶手套、肥皂、毛巾、水桶、脸盆、消毒剂等,根据条件准备。

第三节　尸体剖检程序

一、剖检术式与剖检程序

1. 术式

一般采用仰卧姿势进行剖检。

2. 程序

活鸡先放血,将尸体在消毒溶液中浸泡 5 分,以周身毛浸透为度,然后进行剖检。

3. 剖检程序为

先外后里依次为体表检查、腹腔检查、胸腔检查、头部检查(含眼、鼻、口腔、喉、气管、食管的检查)、颈部检查、脑部检查。

二、外部检查

主要检查全身羽毛的状况,是否光泽,有无污染、蓬乱、脱毛等现象;泄殖腔周围的羽毛有无粪便沾污,有无脱肛和血便;营养状况和尸体变化(尸冷、尸僵、尸体腐败);皮肤有无肿胀和外伤;关节及脚趾有无肿胀和其他异常;骨骼有无增粗和骨折;冠和髯的颜色、厚度,有无痘疹,脸部的颜色及有无肿胀;口腔和鼻腔有无分泌物及其性状,两眼的分泌物及虹彩的颜色;触摸腹部是否变软或有积液。

三、内部检查

(一)皮下检查

尸体仰卧(即背位),用力掰开两腿,致髋关节脱臼,使鸡的尸体固定。在胸骨嵴部纵行切开皮肤,然后向前、后延伸,剪开颈、胸、腹部皮肤,剥离皮肤,暴露颈、胸、腹部和腿部肌肉,观察皮下脂肪含量,皮下血管状况,有无出血和水肿;观察胸肌的丰满程度,颜色,胸部和腿部肌肉有无出血和坏死;观察龙骨是否弯曲和变形;检查颈椎两侧的胸腺大小及颜色,有无出血和坏死;检查嗉囊是否充盈食物,内容物的数量及性状。

(二)内脏检查

在后腹部,将腹壁横行切开(或剪开),顺切口的两侧分别向前剪断胸肋骨、乌喙骨和锁骨,掀除胸骨,暴露体腔。

注意观察各脏器的位置、颜色、浆膜的情况(是否光滑,有无渗出物及性状,血管分布状况),体腔内有无液体及其性状,各脏器之间有无粘连。

检查胸、腹气囊是否增厚、浑浊、有无渗出物及其性状,气囊内有无干酪样团块,团块上有无霉菌菌丝。

检查肝脏大小、颜色、质度、边缘是否钝,形状有无异常,表面有无出血点、出血斑、坏死点和大小不等的圆形坏死灶。然后在肝门处剪断血管,再剪断胆管、肝与心包囊、气囊之间的联系,取出肝脏。纵行切开肝脏,检查肝脏切面及血管情况,肝脏有无变性、坏死点及肿瘤结节。检查胆囊大小,胆汁的多少、颜色、黏稠度及胆囊黏膜的状况。

在腺胃和肌胃交界处的右方,找到脾脏。检查脾脏的大小、颜色,表面有无出血点和坏死点,有无肿瘤结节;剪断脾动脉取出脾脏,将其切开,检查淋巴滤泡及脾髓状况。

在心脏的后方剪断食管,向后牵拉腺胃,剪断肌胃与其背部的联系,再顺序地剪断肠道与肠系膜的联系,在泄殖腔的前端剪断直肠,取出腺胃、肌胃和肠道。

检查肠系膜是否光滑,有无肿瘤结节。剪开腺胃,检查内容物的性状,黏膜及腺胃乳头有无充血和出血,胃壁是否增厚,有无肿瘤。观察肌胃浆膜上有无出血,肌胃的硬度,然后从大弯部剪开,检查内容物及角质膜的情况,再撕去角质膜,检查角质膜下的情况,看有无出血和溃疡。检查胰腺的色泽,有无出血。从前向后,检查小肠、盲肠和直肠,观察各段肠管有无充血和扩张,浆膜血管是否明显,浆膜上有无出血、结节或肿瘤。然后沿肠系膜附着部剪开肠道,检查各段肠内容物的性状,有无寄生虫,黏膜有无出血和溃疡,肠壁是否增厚,肠壁上的淋巴集结和盲肠起始部的盲肠扁桃体是否肿胀,有无出血、坏死,盲肠腔中有无出血或土黄色干酪样的栓塞物,横向切开栓塞物,观察其断面情况。

将直肠从泄殖腔拉出,在其背侧可看到腔上囊,剪去与其连接组织,摘取腔上囊。检查腔上囊的大小,观察其表面有无出血、水肿,然后剪开腔上囊检查黏膜是否肿胀,有无出血,皱襞是否明显,有无渗出物及其性状。

纵行剪开心包囊,检查心囊液的性状,心包膜是否增厚和浑浊;观察心脏外形,纵轴和横轴的比例,心外膜是否光滑,有无出血、渗出物、尿酸盐沉积、结节和肿瘤,随将进出心脏的动、静脉剪断,取出心脏,检查心冠脂肪有无出血,心肌有无出血和坏死点,剖开左、右两心室,注意心肌断面的颜色和质度,观察心内膜有无出血。

其他脏器检查,从肋骨间挖出肺脏,检查肺的颜色和质度,有无出血、水

114

肿、炎症、实变、坏死、结节和肿瘤,观察切面上支气管及肺泡囊的性状。检查肾脏的颜色、质度、有无出血和花斑状条纹,肾脏和输尿管有无尿酸盐沉积及其含量。检查睾丸的大小及颜色,观察有无出血、肿瘤、两者是否一致。检查卵巢发育情况,卵泡大小、颜色和形态,有无萎缩、坏死和出血,卵巢是否发生肿瘤。剪开输卵管,检查黏膜情况,有无出血及病理性分泌物。产蛋母鸡,在泄殖腔的右侧常见一水泡样的结构,这是退化的右侧输卵管。

(三)口腔及颈部器官的检查

在两鼻孔上方横向剪断鼻孔,检查鼻腔和鼻甲骨,压挤两侧鼻孔,观察鼻腔分泌物及其性状。剪开一侧口角,观察后鼻孔、腭裂及喉头、黏膜有无出血,有无伪膜、痘斑,有无分泌物堵塞。再剪开喉头、气管和食管,检查黏膜的颜色,有无充血和出血,有无伪膜和痘斑,管腔内有无渗出物,黏液及渗出物的性状。

(四)周围神经的检查

在脊椎的两侧,仔细地将肾脏剔除,露出腰荐神经丛。在大腿内侧,剥离内收肌,寻出坐骨神经。将尸体翻转,使背朝上,在肩胛和脊椎之间切开皮肤,找出臂神经。在颈椎的两侧找到迷走神经。

对比观察上述两侧神经的粗细、横纹及色彩,光滑度。

(五)脑部检查

切开顶部皮肤,剥离皮肤,露出颅骨,用剪刀在两侧眼眶后缘之间剪断额骨,再从两侧剪开顶骨至枕骨大孔,掀去脑盖,暴露大脑、丘脑及小脑。观察脑膜有无充血、出血、脑组织是否软化等。

第四节　病理变化与相应的疾病

一、皮肤和肌肉

皮肤、肌肉、皮下脂肪有小出血点,多见于败血症;传染性法氏囊病时,常有腿肌、胸肌出血;皮肤型马立克病时,皮肤上有结节和肿瘤。

二、胸和腹膜

胸腹腔、腹膜上有出血点,见于白细胞原虫病、禽流感、禽霍乱等;卵黄性腹膜炎见于大肠杆菌病、鸡新城疫、禽霍乱、沙门菌病等;如胸腔渗出液清亮而发绿,则提示为维生素 E - 硒缺乏症;胸腹气囊浑浊并有黄色干酪样物则为霉形体的慢性病鸡;腹膜炎、腹水、腹腔脏器粘连,则为大肠杆菌、沙门菌的感染等;腹腔内血液不凝固,为热应激造成的鸡死亡,有时为脂肪肝破裂造成的急性出血。

三、呼吸系统

鼻腔(窦)渗出物增多或蓄脓多为鸡传染性鼻炎、鸡支原体病、禽流感或禽霍乱。

气管有伪膜或堵塞为黏膜型鸡痘、喉气管炎;如喉头、气管环黏膜有出血点,则为新城疫或喉气管炎初期;仅见气管内分泌物增多,则为鸡传染性支气管炎、鸡新城疫、传染性鼻炎和鸡支原体病。

雏鸡肺有黄色小结节,见于曲霉菌性肺炎;雏鸡白痢时,肺上有1~3毫米的白色病灶,其他器官也有坏死灶;禽霍乱时,可见到两侧大叶性肺炎;肺呈灰红色,表面有纤维素,常见于鸡大肠杆菌病。

气囊壁肥厚并有干酪样渗出物,见于鸡支原体病、传染性法氏囊炎、传染性鼻炎、传染性支气管炎和新城疫;有纤维素性渗出物,常见于大肠杆菌病;腹气囊有卵黄性渗出物,为鸡传染性鼻炎的特征。

四、消化道

食管至嗉囊内有白色小结节,提示为维生素A缺乏症或黏膜型鸡痘。

腺胃乳头或乳头间出血,多为新城疫、禽流感和腺胃型传染性支气管炎,但后者腺胃壁肿胀严重。如果胃壁为局灶性肿胀、黏膜面形成溃疡,则为马立克病引起的胃壁腺体肿瘤。

肌胃角质层溃疡,内容物变绿,多见于饲料中鱼粉含量过高或消化机能失调;肌胃创伤常见于异物穿刺;肌胃萎缩发生于慢性疾病及日粮中缺少粗饲料。

肠黏膜弥漫性出血,肠壁肿胀,见于禽霍乱、大肠杆菌病、中毒等。如小肠黏膜出血,见于鸡的小肠球虫病、禽流感、鸡新城疫、禽霍乱及中毒,火鸡的冠状病毒性肠炎和出血综合征。卡他性肠炎,见于鸡伤寒、鸡大肠杆菌病和蛔虫、绦虫感染。小肠坏死性炎症,见于慢性小肠球虫病、鸡厌氧细菌感染。肠浆膜性肉芽肿,常见于鸡马立克病、禽慢性结核病和鸡慢性大肠杆菌病。盲肠溃疡或干酪样栓塞,见于组织滴虫病。盲肠血样内容物,见于鸡盲肠球虫病。小肠黏膜的下1/3处,盲肠扁桃体肿胀、坏死、出血、溃疡,直肠、泄殖腔黏膜出血,可提示鸡新城疫。

五、心脏

心肌出现肿瘤,瘤体与周围组织界限明显的,为鸡马立克病。

心肌表面不平滑出现白色、灰黄或灰白突起的,与周围正常心肌组织界限不明显的,则为大肠杆菌或沙门菌引起的变性坏死灶。

心肌、心冠脂肪有出血点、斑,见于禽流感、禽霍乱、鸡新城疫、鸡伤寒等急性传染病,磺胺类药物中毒也可见此症状。

心肌坏死症,见于雏鸡和大小火鸡的白痢、鸡的李氏杆菌病和弧菌性肝炎。

心包有浑浊渗出液,见于鸡大肠杆菌病、鸡支原体病、鸡白痢等。

心包大量积液,见于鸡安卡拉病或各种原因造成的空气质量太差。

六、肝脏

显著肿大或有可见白色肿块时,见于鸡淋巴白血病和急性马立克病的淋巴细胞的浸润。

肿大变黄质脆为脂肪肝。

肝大质脆且有出血点或出血斑,为包涵体肝炎。

大的灰白色结节,见于鸡淋巴白血病、鸡急性马立克病、鸡结核和组织滴虫病。

肝肿大,散在点状灰白色坏死灶,见于鸡白痢、禽霍乱、弧菌性肝炎、黄曲霉毒素中毒、禽结核等。

肝包膜肥厚伴有胶冻样渗出物,可见于鸡大肠杆菌病、肝硬化和组织滴虫病等。

肝脏表面被白色尿酸盐附着,见于内脏痛风。

七、脾

肿大整个变灰白,可见于鸡的淋巴细胞性白血病和鸡急性马立克病的白色浸润。

如有小的硬结,则为结核。

散在的微细白点,见于鸡的淋巴白血病、鸡急性马立克病、结核病等。

慢性鸡白痢或腹膜炎病程长时,脾脏也会出现小的白色坏死点。

八、卵巢

产蛋鸡感染沙门菌后,卵巢变形萎缩,卵泡出现长蒂。

患急性新城疫、禽流感时,卵泡充血或卵泡破入腹腔。

马立克病时常见卵泡出现菜花样实质性增生肿瘤。

九、输卵管

输卵管浆膜面呈透明状水肿,见于急性败血症,如流感等。

117

输卵管黏膜面红肿,分泌物增多、浑浊呈絮状,常见于鸡的大肠杆菌和鸡的沙门菌引起的输卵管炎。

输卵管内充满半干状蛋块,是由于肌肉麻痹或局部扭转所致。

输卵管萎缩或某段不通,见于鸡减蛋综合征和鸡传染性支气管炎。

十、肾脏

肾呈不规则实质性肿大,常见于鸡淋巴白血病和鸡马立克病。

肾肿大呈花斑纹,并连带输尿管扩张,内有白色尿酸盐积聚;常见于肾型传染性支气管炎、法氏囊病、禽流感、维生素 A 缺乏症、内脏痛风,而后者又常在肾中、输尿管中形成结石;中毒病也常引起肾脏肿大。

十一、睾丸

萎缩、有小脓肿,见于沙门杆菌病。

十二、法氏囊

水肿并出血,为传染性法氏囊病的前期,后期则发生法氏囊萎缩。

鸡患霉形体病、传染性支气管炎、马立克病时,法氏囊常萎缩。

鸡淋巴白血病时,法氏囊常常有稀疏的直径 2 ~ 3 毫米的肿瘤。

十三、胰

雏鸡胰脏有坏死点,为维生素 E - 硒缺乏症。

胰脏肿胀、白色坏死点,胰脏边缘出血,见于禽流感。

胰脏有圆点状出血,见于白冠病。

十四、神经系统

小脑出血、软化,见于雏鸡维生素 E 缺乏症;外周神经肿胀、出血,见于鸡马立克病。

第五节　剖检记录

剖检记录是伴随着剖检检查的全过程而真实地记录下来的文书材料,是鸡病诊断的依据,也是将整个疫情综合分析的主要依据之一。包括剖检时记录的文字材料,还包括剖检时的录像和病理变化的照片材料。

剖检记录是形成剖检报告的主要依据和原始材料,应注明剖检日期,剖检鸡的性别、日龄、重量、死亡日期以及剖检过程中所看到的所有被检查组织和器官的形态、颜色、质地和病理变化等。最后由剖检术者和记录者分别签名,形成原始档案材料之一。

剖检记录的描述,大小、重量和体积一般用厘米、克、毫升为单位,也可以实物比喻:如针尖大小、米粒大、黄豆大等。性状一般用实物比拟,如菜花状、葡萄状、结节状,表面形状可用圆形、椭圆形、线状、点状、斑状等。描述色泽时,用鲜红、淡红、苍白等来描述,复杂色彩可用紫红、灰白等来形容。描述质地时,用坚硬、柔软、脆弱、水样、胶冻样、干酪样等。描述气味,用恶臭、酸败味等。描述湿度,用湿润、干燥等。描述透明度,用澄清、浑浊、透明、半透明等。

剖检工作完成后,要注意消毒工作,把尸体羽毛、血液等焚烧深埋,剖检用具用消毒液消毒,剖检人员用消毒液洗手消毒,衣服、鞋也要换洗,防止病原扩散。

第七章　鸡病的实验室诊断

实验室工作常和病原体接触,这就要求工作者既要工作谨慎,严防实验室感染,又要工作大胆细心。

鸡病的实验室诊断技术主要包括:抗凝剂的配制与鸡的采血方法,显微镜和油镜的使用方法,常用细菌染色法,细菌涂片标本的制作和分离培养方法,以及血清学诊断技术等。

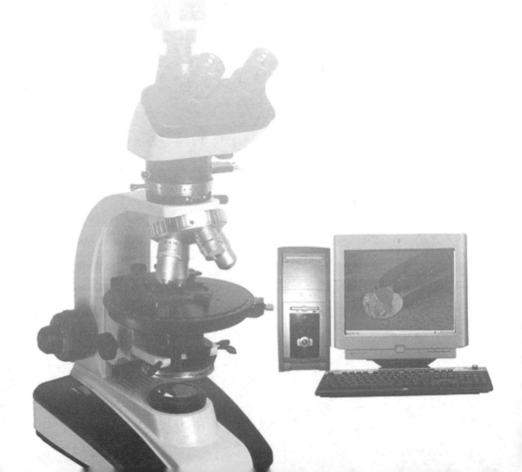

第一节 实验室工作基本要求

一、注意个人安全,避免病原传播

搞好个人防护,在实验室必须戴口罩和工作帽、穿工作服,必要时(接触或操作病料时)需穿戴围裙、袖套、胶靴、手套和眼镜,用后注意消毒。

在实验室工作时,不得进食、饮水、抽烟,不要用手指或其他器械接触口唇、眼、鼻及面部。操作时必须严肃认真,聚精会神,不得马马虎虎、顾此失彼。

在实验操作时,一定要注意无菌操作,沾有微生物的器皿要严格消毒,鸡尸体、内脏、血液等废弃病料要进行焚烧或深埋。万一病料溅出或打翻,要立即采取防护措施。如皮肤或手指被污染,要立即用2%～3%来苏儿洗涤,或用碘酒及乙醇棉球擦拭;如被溅入眼中,要立即用5%硼酸溶液冲洗;如吸入口中用1%硼酸溶液漱口。衣帽被污染,可用10%福尔马林或5%石碳酸等浸湿消毒;桌面、地面被污染时,要用10%福尔马林、5%石碳酸或其他消毒药浸湿布片覆盖,经30分后拭去洗净,或倾注多量药液,使其完全湿透。

二、病料处理的原则和注意事项

病料检验要体现快而准的原则,接到病料后要尽可能及时进行检查和细菌的分离培养。做细菌学检查的病料,冬季在室温下不得超过2天,夏季不得超过1天,需暂时放入冰箱时,不得在病料中加防腐消毒剂。

做血清学检查,需分离鸡的血清时,血液中不得加抗凝剂,要让其自然析出或离心分离,血清中一般不加防腐剂。

三、做好实验记录

所有实验应详细记录,包括鸡脏器的剖检变化,细菌和病毒的各种检测结果,都应有专门的记录本进行认真填写和记录。

四、做好防火、防水、防电及节约等工作

实验室容易发生着火、漏水及触电事故,实验人员要本着认真负责的精神,在实验中注意药品、水电的节约。离开实验室时,要对电源、煤气、自来水等开关检查一遍,注意安全。

第二节　抗凝剂的配制与鸡的采血方法

一、抗凝剂的配制

在做血液检验时,需用全血或血浆者,要加适当的抗凝剂,以使血液不发生凝集。常用的抗凝剂有以下几种:

1.10%草酸钾溶液0.1毫升(相当于10毫克草酸钾)

在80℃以下烘干,可使5毫升血不凝固。

2.肝素

为一种良好的抗凝剂,市售肝素注射液或肝素钠均可使用。

取无防腐剂的肝素注射液,用生理盐水稀释成500单位/毫升,分装于每支试管0.3毫升,可抗凝血1~3毫升。取肝素或肝素钠1瓶(含量1克左右,相当于12万~15万国际单位),以灭菌生理盐水配成0.5%溶液,每100毫升血液中加入1毫升肝素溶液,即可达到抗凝作用,在4℃条件下可保存1年。

3.草酸钾-草酸铵混合液

草酸钾0.8克,草酸铵1.2克,蒸馏水加至100毫升。取此液0.5毫升于小瓶内低温干燥后备用,可使5毫升血不发生凝固。

4.3.8%枸橼酸钠溶液

枸橼酸钠3.8克,蒸馏水加至100毫升。取此液1毫升,可使9毫升血不发生凝固。

二、鸡的采血方法

在血清学检测和实验研究中,采血技术是一项前提性工作,采血质量的好坏,直接影响实验和判定实验结果。在操作时,应注意严格消毒,无菌操作。

(一)鸡冠采血法

多用于需血量较少的采血,用针头刺破鸡冠吸取血液或在鸡冠的尖端部用剪刀剪去一小片即可。吸取血液时需用手挤压鸡冠一次可吸取30~80微升血液。此法操作简便,但要注意伤口的止血预防感染,最方便有效的消毒止血方法是用浓碘酒涂抹伤口。

(二)鸡颈静脉采血法

右侧颈静脉较左侧粗,故常采用右侧颈静脉取血。左手以食指和中指夹住家禽头部,并使头偏向一侧,无名指、小指和手掌握住躯干,拇指轻压颈椎部以使静脉充血怒张。右手持注射器,针头倾斜45°沿血管方向一侧0.3~0.5

厘米处挑破皮肤前行0.3~0.5厘米刺入静脉,再与血管平行进针0.2~0.5厘米抽取血液。采血完毕后压迫伤口处止血。这种方法采血可应用于15~45日龄的小鸡,成年鸡单人操作保定较难,皮色较深不易找到血管。

(三)鸡心脏采血法

将鸡侧位固定,右侧在下,头向左侧固定。找出从胸骨走向肩胛部的皮下大静脉,心脏约在该静脉分支下侧,在左侧胸部触摸心搏动最明显的地方进行穿刺;或由肱骨头、股骨头、胸骨前端三点所形成三角形中心稍偏前方的部位。用乙醇棉球消毒后在选定部位垂直进针,如刺入心脏可感到心脏跳动,稍回抽针栓可见回血,否则应将针头稍拔出,再更换一个角度刺入,直至抽出血液。心脏采血可大量采血,但不宜连续使用,因有一定的死亡率。特别是对雏鸡,常因针头刺破心脏导致出血过多而死亡,而且心脏的修复能力特别差,对鸡后期影响较大。

(四)胸外静脉采血法

胸外静脉采血该脉管在翼下无毛区前方,呈上下偏斜走向,清晰可见。但由于皮下质肌肉疏松,脉管固定力差,不易刺中血管,而且血流量不多,所以一般不用。

(五)鸡翼下静脉采血法

静脉又称容量血管,其内含血量较多且流速较慢,此静脉易找到,健康安全范围内在此可采血10~20毫升。而且操作方便,单人即可完成,采血量极易控制,止血彻底,对家禽影响小。

实验者右手持注射器,左手将家禽双翼提起,露出翼静脉的采血位置,把覆盖血管的羽毛拔开,即可见到明显一条较粗的静脉血管。采血时用左手大拇指夹住覆盖静脉的羽毛,食指协调大拇指夹住双翼,中指、无名指和手掌轻轻提起或轻按背部保定鸡,待其安静方可刺针。针头由翼根部向翅膀方向沿静脉平行刺入血管,再与血管平行进针0.2~0.4厘米后见有少量回血即可采集血液,采血完毕,用碘酒或乙醇棉球压迫针刺处止血。

(六)采血注意事项

采血场所要有充足的光线,室温夏季最好在25~28℃,冬季14~20℃为宜。采血所用器具:注射器或盛血容器等必须保持清洁干燥;消毒采用部位。采血时小心一些鸡顽强的挣扎而把翅膀弄断或抓伤实验者的双手,要待鸡保定平静下来,再实施采血工作。静脉采血时抽血速度要保持缓慢,静脉血管回血流速较慢,内压突然降低致使血管壁接触而阻塞了针头,影响继续采血量。

静脉采血时,若需反复多次,应自远离心脏端开始,以免发生栓塞而影响整条静脉。

第三节　显微镜和油镜使用方法

一、显微镜的使用方法

逆时针旋转聚光镜升降螺旋,使聚光镜升到最高点。移开滤光镜,打开聚光圈,然后用左眼看目镜。双手翻动反光镜迎向光源,使视场光线均匀,达到最大的亮度。

取一张玻片标本,盖片向上放于载物台通光孔正中,以片铗固定位置。

1. 低倍镜观察

自侧面注视着低倍镜,小心地顺时针旋动粗调节器螺旋,使镜筒及镜头下降,直到镜头下端距盖玻片6毫米处为止。用左眼检视着视场,两手握粗调节螺旋缓慢地逆时针转动,上提镜筒,到视场中出现物像为止,再旋转细调节螺旋,使物像更为清晰。

2. 高倍镜观察

先低倍镜观察,把准备进一步放大的部分置于低倍视野的正中,转动转换器,换高倍镜,旋转细调节螺旋,即可观察。

二、油镜使用方法

先用低倍镜和高倍镜观察,把准备进一步放大的部分移到视野的中央。放大调光圈,并将聚光镜调到最上端,转动粗调器螺旋,上提镜筒,换用油浸物镜,用细玻璃棒蘸少许柏油轻轻滴在位于光路正中的盖片上,特别小心地顺时针转动粗调节螺旋,并自侧方监视着油浸物镜的下降,到油浸物镜下端与盖片上的油刚刚接触形成一油柱后,停止调节粗调节器螺旋。全神贯注地检视目镜,缓慢而轻微地旋动细调节器手轮,下降油浸物镜,现出物像为止。观察完毕后,上提镜筒,旋动转换器使油浸物镜偏位,先用擦镜纸擦去油浸镜头上的油,再用擦镜纸蘸少许二甲苯擦拭,最后用干的擦镜纸把盖片表面擦干净。

使用完毕后,转动转换器,使物镜镜头不与载物台孔相对,然后把镜臂降到最低处。

第四节　常用细菌染色法

一、瑞氏染色法

1. 染色液配制

瑞氏染色剂粉末 0.1 克,甘油 1 毫升,中性甲醇 60 毫升。将染料和甘油置于乳钵中研磨均匀,加入中性甲醇使其溶解,装于棕色瓶中 1 周后过滤即成。该染色剂保存时间越久,染色效果越好。

2. 染色方法

滴加染色液于涂片上作用 1 ~ 2 分,然后加等量蒸馏水轻轻晃动玻片或用口吹气,使与染色液均匀混合,并防止染料沉淀,染色 3 ~ 4 分,至出现金属光泽为止,用蒸馏水冲洗 30 ~ 60 秒,待干燥后镜检。菌体染成蓝色,组织细胞等呈其他颜色。本法常用于血涂片和组织触片中的细菌染色。

二、革兰染色法

（一）染色液配制

1. 草酸铵结晶紫溶液

结晶紫 2 克,95% 乙醇 20 毫升,1% 草酸铵液 80 毫升。将结晶紫溶解于乙醇中,然后与草酸铵溶液混合,此液可长期保存。

2. 媒染剂—革兰碘溶液（鲁格液）

碘 1 克,碘化钾 2 克,蒸馏水 300 毫升。先将碘和碘化钾加入 5 ~ 10 毫升蒸馏水中,充分振摇,待完全溶解后,再加蒸馏水至 300 毫升。

3. 脱色剂

通常采用 95% 乙醇。

4. 复染剂

采用下列配方之一即可。

（1）沙黄液　沙黄（番红）0.25 克,95% 乙醇 10 毫升,蒸馏水 90 毫升。混合过滤即成,储于褐色瓶中备用。

（2）石碳酸复红液　碱性复红 0.3 克,95% 乙醇 10 毫升,5% 石碳酸复红液 90 毫升。混合过滤即成,储于褐色瓶中备用。

（二）染色方法

取经火焰固定的标本片,滴加草酸铵结晶紫数滴,染色 1 分,水洗。滴加革兰碘溶液媒染 1 分,水洗。倾尽玻片上的积水后,滴加适量 95% 乙醇脱色,滴加脱色剂后,要不断轻摇玻片,3~5秒后,斜持玻片,使乙醇流去,再滴乙醇,如此反复2~3次至无紫色脱落为止,脱色时间,可根据涂片的厚度灵活掌握,通常在15~60秒。水洗后,滴加复染液复染1分,水洗、干燥、镜检。革兰阳性菌呈蓝紫色,革兰阴性菌呈淡红色。

革兰染色法为细菌检验中最常用的方法,主要用于细菌的鉴别。用此法染色可以把细菌区分为革兰阳性和革兰阴性两大类。

三、亚甲蓝染色法

(一)染色液配制

亚甲蓝0.3克,95%乙醇30毫升,0.01%氢氧化钾溶液100毫升。将亚甲蓝溶于乙醇中,然后与氢氧化钾溶液混合即成。

(二)染色方法

取固定好的涂片,加染液数滴,经3~5分染色后,水洗、干燥、镜检。菌体呈蓝色。

亚甲蓝染色法用于检查细菌形态特征。巴氏杆菌用此法染色可显示出两极着色特性。

久藏的亚甲蓝染色液(6个月以上或更久)可染出细菌的荚膜,使其呈粉红色。

四、姬姆萨染色法

(一)染色液配制

取姬姆萨染料0.6克加于甘油50毫升中,置55~60℃水浴中1.5~2小时后,加入甲醇50毫升,静置1天以上,滤过即成姬姆萨染色液原液,储存备用。临染色前,于每毫升蒸馏水中加入上述原液1滴,即成姬姆萨染色液。注意所用蒸馏水必须为中性或微碱性,若蒸馏水偏酸,可于每10毫升左右加入1%碳酸钾1滴,使其变为微碱性。

(二)染色方法

抹片经甲醇固定3~5分并干燥后,加染液数滴,再加等量蒸馏水,染5分后,用水冲洗,自然干燥或吸干后镜检。慢染法可将玻片直立放入1:20稀释的新配制染液槽中,染0.5~1小时后取出,水洗,吸干水分、镜检。细菌呈蓝青色,组织、细胞等呈其他颜色,视野常呈红色。

第五节　细菌涂片标本的制作和分离培养方法

一、细菌涂片标本的制作

1. 涂片

取洁净无油脂的载玻片在乙醇灯火焰上略加烧灼、冷却后方可涂片。肝、脾等组织脏器可先用无菌镊子夹住脏器一端,再用无菌剪刀剪下一小块,将其切面在玻片上轻轻抹一薄层即可。也可做组织触片,即将剪下的组织块的切面在玻片上轻压一下,使玻片上留下一个组织切面的压迹(每张玻片可做 3～4 个压迹),触片在空气中自然干燥后随即固定。若病料是液体材料,如菌液、尿液等可用灭菌接种环蘸取少量材料,在玻片中央涂成一均匀薄层。若病料是粪便、浓汁、菌落等,需先用接种环蘸取生理盐水或蒸馏水 1 滴于玻片上,再用灭菌的接种环蘸取少量材料,在液体中使被检材料摊成一薄层。若病料是血液,可摊成血片,即以边缘整齐的玻片,一端蘸血液少许,在另一玻片上,以45°均匀地摊成一薄层的血涂片。制作血涂片时,应注意血片不能太厚,如果太厚则血细胞重叠,不便于观察;做好的血涂片,应在空气中迅速干燥、随即固定,否则血细胞会收缩;暂时不染色镜检的涂片,应用甲醇液滴在已干燥的涂片上固定 3～5 分,然后保存或送检。

2. 干燥

涂片一般让其自然干燥,但有时因天冷,标本不易干燥,可将标本面向上,小心地置于乙醇灯火焰的高处,略烘干燥。

3. 固定

涂片固定的方法有两种:一是火焰固定。即将标本涂片面向上,在乙醇灯火焰上较迅速地来回通过 3～4 次,这样标本就固定好了。二是化学固定法。常用的化学固定剂有乙醇、甲醇、丙酮等。取化学固定剂滴于玻片涂面上,摊开晾干或将玻片浸于固定剂的玻缸内,放 1 分,取出晾干即可。

4. 染色

有单染色和复染色等不同方法,可根据被检材料与检查目的的不同,采用不同的染色方法。

5. 水洗

在染色过程中,水洗可冲去多余的染色液、媒染剂、脱色剂等,便于镜检。水洗应采用缓慢流水冲洗,水流不能直接冲击标本,待冲下来的水呈无色时为止。

6. 干燥

涂片经水洗后，可直立玻片晾干或把涂片夹在两层滤纸之间，轻轻吸干水分，不能重压，以免把标本片压碎。

7. 镜检

镜检时先用低倍镜找到染色良好的部位，再用油浸镜仔细检查，注意细菌的染色特性和形态特征，特别要注意辨认细菌的特殊形态及构造，不要把组织细胞或杂质误认为细菌而发生误诊。

二、细菌分离培养

细菌的分离培养是细菌学诊断工作中一个十分重要的步骤，其目的在于：从被检材料中分离细菌并获得纯培养（即单独一种细菌的培养物）。然后根据菌落的形态、大小、结构、色泽、气味、透明度以及有无溶血等进行鉴定，并进一步用培养物制成涂片，染色镜检或进行特殊培养，以便进一步加以鉴定和研究，为确诊细菌性传染病提供病原学依据。

（一）常用营养基的制备

1. 肉水的制作

（1）材料 瘦牛肉 500 克，蒸馏水（或常水）1 000 毫升。

（2）方法 取瘦牛肉除去脂肪、肌腱，切成小块或绞碎，按 1 千克肉 2 千克水的比例，加水渍泡一夜（夏季置阴凉处），煮沸 1 小时，用纱布或粗布滤去肉渣挤出肉水，再用滤纸滤过，补足原有水量装入烧瓶中置高压蒸汽灭菌器内120℃经 20 分灭菌后，放阴暗处保存。

制作肉水的另一方法是：取牛肉浸膏 0.5～1 克，加蒸馏水 100 毫升，加热溶解，滤纸滤过，并用上述方法进行灭菌，制成肉水。

（3）用途 制作各种培养基的基础。

2. 营养肉汤的制作

（1）材料 肉水（肉浸出液）1 000 毫升，蛋白胨 10 克，氯化钠 5 克。

（2）方法 将蛋白胨和氯化钠加入肉水中，稍加热溶解。用氢氧化钠溶液调整 pH 至 7.4～7.6（一般用比色法调整），再加温使氢氧化钠溶液扩散均匀后，滤过并分装于试管中，120℃经 20 分灭菌备用。

（3）用途 可供一般细菌生长需要，检查细菌的生长表现（浑浊度、沉淀、菌膜等），并可作为制作固体培养基的基础。

3.普通琼脂(营养琼脂的制作)

(1)材料　营养肉汤 1 000 毫升,琼脂 20～30 克。

(2)方法　先将琼脂剪碎,用冷水洗净后加入肉汤中,加热使之融化。琼脂加热至 98℃才能融化.在加热过程中注意防止琼脂外溢。由于琼脂呈 pH 中性,融化后一般不再调 pH,然后用脱脂棉过滤,并分装于试管或三角瓶中,120℃经 30 分灭菌后,取出制成琼脂斜面或倒入无菌平皿,制成琼脂平板,供分离细菌使用。

(3)用途　为分离细菌纯培养及做血液琼脂和血清琼脂等的基础培养基。

4.血液琼脂的制作

(1)材料　脱纤维血液 5～10 毫升,普通琼脂 100 毫升。

(2)方法　自颈静脉以无菌操作采取绵羊血、牛血或马血,或自心脏采取兔血。先准备好灭菌并盛有玻璃珠的三角烧瓶。绵羊、牛、马的采血可用连接橡皮管的针头,橡皮管一端接装玻璃管连在三角烧瓶上,以便血液流入。家兔用 50～100 毫升玻璃注射器自心脏抽取血液后,立即以无菌操作注入三角烧瓶内,并不停摇动,直至血纤维分离为止,一般摇动 5～10 分。

普通琼脂融化后,冷却至 55～60℃时加入血液,必须无菌操作,若高过此温度时加入血液,血液会呈暗褐色,若温度太低,琼脂则凝固成块。因此,掌握好温度十分重要。加入血液后,轻轻摇动均匀,不使之产生泡沫,立即倒入无菌的平皿内或分装于试管中制成斜面备用。

(3)用途　常用于标本中病原菌的初次分离,或某些营养条件要求较高的病原菌的培养;观察细菌的溶血现象;血斜面常用于保存菌种。

5.沙门菌及志贺菌属琼脂

(1)材料　胨类蛋白胨 5 克,乳糖 10 克,琼脂 20 克,胆盐 10 克,枸橼酸钠 10～14 克,硫代硫酸钠 8.5 克,枸橼酸铁 0.5 克,牛肉膏 5 克,0.5% 中性红溶液 4.5 毫升,0.1% 煌绿溶液 0.33 毫升,蒸馏水 1 000 毫升。

(2)方法　除中性红及煌绿后加外,其他成分煮沸溶解,加 15% 氢氧化钠溶液约 1 毫升,调 pH 至 7.0～7.2,再加入中性红及煌绿,并煮沸之,然后冷却至 55℃左右,即可倒入平板。

(3)用途　培养沙门菌及志贺菌属细菌用。

(4)注意事项及说明　本培养基切忌高压灭菌或过久加热;煌绿溶液应在 10 天内用掉。枸橼酸钠、硫代硫酸钠对大肠杆菌有抑制作用,煌绿在这种浓度下对大肠杆菌无抑制作用,仅有助于致病菌的生长。除肠道各种革兰阴性菌能在此种培养基上生长外,其他细菌均被抑制。

6. 麦康凯琼脂

(1)材料 蛋白胨 2 克,琼脂 1.5 ~ 2 克,氯化钠 0.5 克,乳糖 10 克(或纯乳糖 1 克),胆盐 0.5 克,0.1% 中性红水溶液 0.5 毫升,蒸馏水 100 毫升。

(2)方法 除中性红水溶液外,将所有的各种成分在锅内混合,加热溶解,调 pH 至 7.0 ~ 7.2,煮沸,用脱脂棉过滤。然后加入 0.1% 中性红水溶液,摇匀,分装于烧瓶中,120℃经 15 分灭菌,待冷至 55℃,制作平皿培养基。

(3)用途 用于肠道菌分离与鉴定。培养基中的中心红为指示剂,pH 6.8 ~ 8.0,制成的培养基为淡黄色。能分解乳糖的细菌(如大肠杆菌)在此培养基上发酵乳糖产酸时,使菌落颜色呈红色。其他不能分解乳糖的细菌(如沙门菌和志贺菌等),其菌落颜色与培养基颜色相同。培养基中的胆盐有利于沙门菌等肠道菌的生长,根据培养基上生长菌落的颜色就可知分离菌是否为乳糖发酵菌。

7. 远藤氏培养基

(1)材料 无糖肉汤琼脂培养基(含 2% ~ 3% 琼脂,pH 7.6)100 毫升,20% 乳糖 5 毫升,碱性复红原液 0.3 毫升,10% 无水亚硫酸钠适量。

(2)方法 将乳糖、复红原液加入已溶解的琼脂内,用 10% 无水亚硫酸钠溶液滴定,使培养基呈淡红色或无色为止,做成平板备用。

(3)用途 鉴别大肠杆菌和沙门菌用。

(二)细菌分离培养

1. 平皿划线分离法

以消毒好的接种环(在乙醇灯火焰消毒冷却后即可)蘸取少量被检材料,在灭菌后新鲜的平皿培养基上做重复划线后,置 37℃培养箱中培养。

划线培养时须注意以下几点:①左手持平皿,并用左手拇指、食指及中指将平皿盖揭开成 20°左右的角度(角度越小越好,以免空气中的细菌进入平皿中将培养基污染)。②右手持接种环,将材料少许涂布于培养基边缘,然后将接种环上多余的材料在火焰上烧毁,待接种环冷却后,再与所涂材料之处轻轻接触,开始划线。③划线时先将接种环稍稍弯曲,这样易和平皿内琼脂面平行,不致划破培养基。④在划线时要注意各线的距离应适中,不宜太疏或太密。不宜过多地重复旧线,以免形成菌苔。

2.倾注培养法

取 3 支 45℃的琼脂试管,用接种环取 1 环被检材料移至第一管内,随即用两手掌搓转第一试管,振荡混匀后,由第一管取 1 接种环移至第二管,振荡混匀后,再由第二管取 1 接种环移至第三管,振荡混匀后,分别倒入 3 个灭菌平皿内做成平板,凝固后倒放于恒温箱内培养,24 小时观察结果。第一管的平板菌数甚多,而第二、第三管的平板菌数则逐渐减少。

3.芽孢需氧菌分离培养法

若可疑材料中有带芽孢的细菌先将检查材料接种于一个管的液体培养基中,然后将它置于水浴锅中,加热到 80℃,维持 15 ~ 20 分,以杀灭非芽孢菌,再行培养。材料中若有带芽孢的细菌仍可存活而发育生长,不耐热的细菌繁殖体则被杀死。然后再用接种环蘸此接种液在平板上划线。

4.利用化学药品的分离培养法

(1)抑菌作用 有些药品对某些细菌有极强的抑菌作用,而对另一些细菌则没有,故可利用此种特性来进行细菌的分离。如分离革兰阴性菌时常在培养基中加入结晶紫或青霉素以抑制革兰阳性菌的生长。

(2)杀菌作用 将病料如结核病料加入 15% 硫酸溶液处理,其他杂菌都被杀死,结核菌因具有抗酸性而存活。

(3)鉴别作用 根据细菌对某种糖的分解能力,通过培养基中指示剂的变化来鉴别某种细菌。如远藤氏培养基可以用作鉴别大肠杆菌与沙门杆菌。

第六节 血清学诊断技术

血清学诊断是鸡传染病实验室诊断的一种重要检查方法。由于病原微生物(包括细菌和病毒及其他微生物)的作用,可以刺激机体产生相应的抗体,这种抗体与其相应的抗原可发生特异性反应,所以在临床上根据这一原理,可利用已知抗原来鉴定病鸡血液中相应的抗体,或用特异性诊断血清(已知抗体)来鉴定其相应的病原体(抗原)。因此常利用血清学方法来协助对细菌性传染病、病毒性传染病和某些寄生虫病的诊断。在实际工作中,常用的血清学诊断方法有凝集试验、沉淀试验、补体结合试验、酶标记技术和荧光抗体检查等。下面主要介绍一些鸡常用的血清学诊断技术。

一、血凝试验(HA)与血凝抑制试验(HI)

(一)原理

有很多鸡的病毒如禽流感病毒、鸡新城疫病毒、传染性喉气管炎病毒、产蛋下降综合征病毒及用酶处理过后的传染性支气管炎病毒能使鸡或其他动物的红细胞发生凝集反应,且这种凝集反应可被其特异性抗体所抑制。因此,可采用 HA 和 HI 试验检测具有血凝性的病毒及其特异性抗体。

(二)血凝试验(HA)

血凝试验主要用于新分离的具有血凝特性的病毒的常规检测(确定血凝、测定血凝效价)和确定 HI 试验时病毒的血凝单位。

1. 材料

被检材料(病料接种鸡胚后收获的尿囊液或病毒细胞培养液)、0.85%生理盐水、1%鸡红细胞。

2. 操作

HA 试验有试管法和微量法,其中微量法是在 96 孔微量血凝反应板上进行,由于其使用材料少,操作便利,目前使用较为普遍。其操作步骤为:

第一,用 25 微升微量移液器在"V"形 96 孔微量血凝板上加入 0.85%生理盐水。

第二,取 25 微升被检鸡胚尿囊液,从第一孔开始依次做倍比稀释,至第十一孔,弃去微量移液器中的液体,第十二孔作为不加病毒的红细胞对照孔。

第三,每孔补加 0.85%生理盐水 25 微升。

第四,每孔加 1%鸡红细胞悬液 25 微升,立即在微量振荡器上摇匀,置室温 30 分左右观察结果。

第五,以鸡红细胞凝集 50%的稀释度,判定为该待检样品的血凝价。

HA 试验中应根据所检病毒确定红细胞的种属。红细胞的浓度是影响 HA 试验结果的一个因素。一般来说,红细胞浓度越高,其血凝效价越低,反之则高。但浓度若低于 0.5%,凝集时间延长,结果不易观察。另外,稀释液、反应的温度及判断结果的标准也都会影响 HA 试验结果,因而应根据具体情况选定一个适合于自身实验室条件的试验标准。

病毒的血凝特性源于病毒结构上的血凝素抗原,因而是非特异性的,HA 反应阳性的材料应进一步利用已知的特异性抗体做血凝抑制试验。

(三)血凝抑制试验(HI)

HI 试验除可用特异性抗体鉴定新分离的具有血凝特性的病毒外,还可应用标准病毒抗原鉴定血清中的相应抗体。HI 试验操作简便,无须特殊的仪器设备也无须活的试验宿主系统,因而是诊断和鉴定某些鸡病病毒及进行免疫监测和抗体流行病学调查的常用方法。其中以新城疫病毒(NDV)和减蛋综合征病毒(EDS-76)的 HI 试验应用最为普遍。

1. 材料

(1)待检血清 准备好需要检测的血清。

(2)血凝性病毒抗原 标准病毒接种鸡胚(NDV 等)或鸭胚(EDS-76)后收集的尿囊液作为血凝抗原。在进行 HI 试验时应预先进行 HA 试验,测定血凝效价,然后将血凝抗原稀释成含 4 个血凝单位病毒的病毒液,其计算公式为:抗原应稀释倍数=血凝滴度/4,如若测得血凝抗原的血凝效价为 1:256,则应做 1:64 稀释使用。

(3)1% 鸡红细胞 制作方法为:需采集至少 3 只非免疫鸡的红细胞,混匀使用。若采集的是免疫鸡的红细胞,必须进行多次反复洗涤。采血可用 4% 枸橼酸钠(4 体积血 +1 体积 4% 枸橼酸钠)或阿氏液(1 体积血 +1 体积阿氏液,阿氏液的配方是葡萄糖 2.05 克,枸橼酸钠 0.80 克,氯化钠 0.42 克,蒸馏水 100 毫升)抗凝。事先将抗凝剂装入抽血注射器内,与血轻轻混匀,慢慢倒入刻度锥形离心管中,加入一定量 0.85% 生理盐水,3 000 转/分,离心 10 分,吸去上清液,再加入 20~30 倍于红细胞的生理盐水,悬浮红细胞后,再离心,如此重复洗涤红细胞 3~5 次,最后弃去上清液,按红细胞的压积用生理盐水配成 1% 的红细胞悬液。

未经稀释的红细胞按 2 毫升加 30 毫升阿氏液,轻轻混匀后置 4℃ 保存,一般能保存 5~7 天。使用时,取出离心去掉阿氏液,按上述方法洗涤红细胞后配制成红细胞悬液。

(4)病毒及血清稀释液 用 0.85% 生理盐水或 pH 7.0~7.2 PBS 液。

2. 操作(以新城疫 HI 试验为例)

第一,预先进行 HA 试验,测定鸡新城疫病毒鸡胚尿囊液的血凝效价。

第二,根据血凝效价用生理盐水或 PBS 液稀释病毒抗原,使之含有 4 个血凝单位。

第三,用微量移液器往"V"形微量反应板上加入稀释液,每孔 25 微升。

第四,取 25 微升被检血清加入第一孔,混匀后取 25 微升移至下一孔,如此倍比稀释至倒数第二孔,最后一孔作为凝集抗原对照孔,每次试验均需设阳性血清对照和阴性血清对照。

第五，每孔加入 25 微升含 4 个血凝单位的 NDV 凝集抗原，然后把微量反应板放入 37℃ 温箱中孵育 15～30 分。

第六，取出反应板，每孔加入 25 微升红细胞悬液，在微量振荡器上震荡 30 秒。

第七，置室温下 30～45 分，直至阳性对照血清出现结果，即红细胞呈圆点沉淀孔底。如果红细胞呈单层凝集覆盖孔底，则表明待检血清中不含 NDV 抗体，判为血凝抑制阴性。

第八，以能完全抑制红细胞凝集的血清最高稀释度判为该被检血清的 HI 效价。

HI 试验中所用抗原的浓度会影响其结果，一般来说，提高抗原的浓度会降低试验的敏感性。但是血凝病毒抗原血凝单位的微小变化（2～8 个血凝单位）对被检血清的 HI 效价影响不是很大。此外，红细胞浓度、加抗原与加红细胞之间的时间间隔、反应的温度、判定结果的标准等均可影响 HI 试验的结果，因而需要根据具体情况固定试验条件与判定标准。

二、琼脂扩散

（一）原理

琼脂在高温时能溶于水，冷却后凝胶的孔径约 85 纳米，因此能允许各种抗原抗体在琼脂凝胶中自由扩散。抗原抗体在琼脂凝胶中扩散，由远及近形成浓度梯度，当抗原抗体在比例适当处相遇，即会发生沉淀反应，反应所形成的颗粒较大，在凝胶中不能再扩散，从而形成肉眼可见的沉淀线。免疫扩散的方法有单向单扩散、单向双扩散、双向单扩散、双向双扩散。该项技术具有准确、经济、简便等优点，因而经常用于鸡病病毒抗原和抗体的检测，如传染性法氏囊病、鸡马立克病、鸡新城疫、鸡痘、病毒性关节炎、鸡传染性支气管炎、支原体病等的诊断及免疫监测。

（二）材料

1. 1% 缓冲琼脂

取优质琼脂 1 克加入 8% 氯化钠磷酸盐缓冲液（高盐环境下鸡抗原抗体免疫沉淀物形成最多）100 毫升内水浴煮沸 30 分，中间振荡数次，促其融化均匀，融化后以两层纱布中间夹层脱脂棉过滤置玻璃瓶中加塞，4℃ 冰箱中保存备用。

2. 琼脂凝胶的支持物

清洁平皿、玻板或特制的塑料板（带盖）均可。吸取一定体积的融化琼脂浇于其中,琼脂凝胶厚度一般为 2~3 毫米,如直径 100 毫米的平皿需 15~17 毫升融化琼脂,直径 60 毫米平皿 6 毫升融化琼脂即可达到适当的琼脂厚度(约 2.8 毫米),一个普通用显微镜载玻片或特制的琼脂扩散塑料板,需加 4.5 毫升融化琼脂。

3. 根据不同的疫病和不同的目的采取不同的待检样品

检测抗原时,马立克病可拔取病鸡新换的羽毛或鸡的皮肤,传染性法氏囊病可采取病鸡囊组织,匀浆后制成组织悬液;检测抗体时,可用鸡血清或卵黄;检测卵黄中的抗体时,用等体积的生理盐水或 PBS 液稀释卵黄,搅拌混匀,取卵黄混匀液检测即可。

4. 磷酸盐缓冲液(含 8% 氯化钠的 0.01 摩尔/升 PBS 液,pH 7.4)

十二水磷酸氢二钠 2.9 克,二水磷酸氢二钠 0.3 克,氯化钠 80 克,叠氮钠(NaN_3)1 克,蒸馏水加至 1 000 毫升。

(三)操作(以检测血清中传染性法氏囊病病毒抗体的琼脂扩散试验为例)

1. 琼脂凝胶板打孔

取琼脂凝胶板,用打孔器在凝胶上打梅花 7 孔(中央 1 孔,周围 6 孔),用针头或小镊子将孔内琼脂块挑出,为防止在打孔时造成底部琼脂松动,可在打孔后把琼脂板底部在乙醇灯火焰上稍加热封底,也可用烧热后的针头烫融孔底周边的琼脂封底。一般载玻片可打 2 个梅花孔,平皿可打 3 个。

2. 加样

将已知传染性法氏囊病鸡囊组织提取物阳性抗原加于中央孔,周围 6 孔用记号笔按顺序做 1、2、3、4、5、6 标记,1、4 孔加阳性对照血清,2、3、5、6 孔加待检血清(检测病毒抗原时,则相反)。试验时,待检血清可做 2 倍比系列稀释,以测定琼扩效价。加样以满而不溢为度。加样完毕,将平皿或塑料板加盖,玻片可置湿盒中或装于带有湿纸巾的塑料袋中,然后置 37℃ 温箱中 24 小时或置室温(15~30℃)1~3 天,观察结果。

3. 结果判定

将平皿或玻板置于暗背景下观察,标准阳性血清与抗原孔之间应有明显致密的沉淀线。如若被检血清孔与抗原之间出现沉淀线,并与相邻的阳性血清沉淀线融合,判为阳性;如果沉淀线末端弯向待检孔,或者沉淀线有分支,判为弱阳性;如果待检血清与抗原孔之间不出现沉淀线或出现的沉淀线与阳性血清沉淀线交叉,则判为阴性。

三、直接凝集试验

(一)原理

细菌菌体与全血或血清中的特异性抗体反应会发生凝集或形成聚团块。凝集试验是广泛应用于鸡细菌性传染病的血清学诊断方法之一。常用凝集试验进行诊断的鸡病有鸡支原体病、沙门菌病和鸡传染性鼻炎。试验操作有平板法(在塑料板、载玻片或瓷板上进行)、试管法(在试管中进行)或微量法(在微量反应板上进行)凝集试验。其中微量法可减少血清用量、降低费用、减少时间。

(二)操作

1. 玻片法(以快速全血平板试验检测抗雏鸡白痢沙门菌抗体为例)

在玻片或塑料板上,加1滴结晶紫染色的雏鸡白痢多价 K 抗原(荚膜抗原),然后取1滴(或一满接种环)待检鸡的全血与之混合,摇晃平板,并在2分内判定试验结果。如在1分内出现可见的抗原凝块,则样品为阳性;如果抗原–全血混合物均匀无凝集,则样品为阴性。但需要注意的是,雏鸡白痢及鸡伤寒的快速全血试验可能出现假阳性反应,也可能出现假阴性反应。

该方法一般只做鸡血样本中细菌抗体的定性检测,若要进行新分离未知细菌的鉴定,需用已知的标准阳性血清与分离物作凝集试验。由于快速全血法可在野外进行,且待检鸡仅需检测一次,因而在检测鸡沙门菌阳性鸡群中使用最为广泛。

2. 试管法

本法一般用于抗体的定量检测,用于比较不同的鸡群或不同个体之间的血清抗体水平。试验时先在小试管中将血清样本用 PBS 液或生理盐水做2倍比系列稀释,然后加等量的一定稀释度的凝集抗原(雏鸡白痢试管凝集试验时抗原最常用的稀释度为1:25),充分混匀,置37℃或室温作用18~24小时,判定结果。阳性管出现致密的细菌凝块,上清液透明;阴性管浑浊,不出现凝块。以出现100%完全凝集(或50%凝集)的血清最高稀释度判定为该血清样本中的凝集效价。

3. 微量法

本试验是在一次性的塑料微量试验板中进行。由于使用的血清和抗原的量很少,因而可降低试验成本,缩短试验时间。

四、间接血凝试验

(一)原理

将可溶性抗原(如细菌裂解物、浸出液、病毒抗原)或抗体吸附(称之为致敏)于比其体积大千万倍的红细胞表面,此致敏的红细胞与相应的抗原或抗体结合,即可产生肉眼可见的凝集现象。若用抗原致敏红细胞,用以检测抗体者,称为间接血凝(PHA 或 IHA);而用抗体吸附于红细胞表面用以检测抗原者则称为反向间接血凝(RPHA 或 RIHA)。这种血清学技术具有快速、灵敏、简便、特异等特点,已广泛应用于鸡病的诊断与监测,如检测鸡霉形体抗体、传染性支气管炎抗体的间接血凝试验,检测鸡传染性法氏囊病病毒的反向间接血凝试验等。

(二)材料

1. 醛化红细胞的制备

新鲜红细胞也可用于间接血凝试验,但由于新鲜红细胞质脆易溶、保存时间短、重复性差等缺点,因而多将红细胞用醛类固定剂固定制成醛化红细胞。醛化红细胞可在 4℃ 下保存 6 个月以上,便于提高方法的重复性,也利于标准化。醛化后的红细胞仍可直接吸附抗原或抗体。

红细胞醛化剂常用的有甲醛、戊二醛和丙酮醛,分别采用的浓度为 3%、1%、3%,醛化的时间为 10 小时、30~60 分、17 小时。两种醛(如甲醛和丙酮醛)重复固定效果更好。双醛一次性固定的过程如下:将洗涤后的红细胞用 0.11 摩尔/升 pH 7.2 PB 液配成 8% 悬液,缓慢加入 3% 丙酮醛、3% 甲醛 PB 液(取丙酮醛 15 毫升、甲醛 8 毫升、0.1 摩尔/升 pH 7.2 PB 液 60 毫升,用 10% 氢氧化钠溶液调整 pH 至 7.2,再加同样 PB 液至 100 毫升),在 20℃ 左右缓慢搅拌 17 小时,醛化结束后,用缓冲液或生理盐水反复冲洗,最后用 0.11 摩尔/升 pH 7.2 PB 液配制成 10% 悬液,加入 0.1% 叠氮钠防腐,4℃ 冰箱中保存备用。

2. 醛化红细胞的致敏

(1)抗原和抗体 间接血凝试验时,致敏红细胞用的细菌或病毒抗原等应纯化以保证凝集效价及所测抗体的特异性,细菌抗原可应用其裂解物或浸出液;病毒抗体经纯化后即可使用。

反向间接血凝试验时,致敏用的抗体要求具有高效价,高特异性,高亲和力。一般情况下先用 1 次 50%、3 次 33% 饱和硫酸铵盐析提取抗血清中的 γ 球蛋白组分用于致敏,若进一步用葡聚糖凝胶和离子交换色谱技术提取 IgG

将可提高试验的敏感性。

在致敏红细胞时,需预先测定抗原或抗体含量。致敏抗原或抗体量不足时,凝集效价很低,敏感度达不到要求;致敏抗原或抗体量过剩时,则容易出现红细胞自凝及非特异性凝集。

(2)红细胞致敏 10%醛化红细胞先用0.1摩尔/升醋酸缓冲液(pH需通过预试验确定)洗1次,然后加9倍体积的该缓冲液,再加入1倍体积的抗原或抗体溶液(用相同的缓冲液稀释成一定浓度),混匀,37℃下作用一定时间(抗体致敏一般30~60分即可,抗原致敏则需根据致敏材料的不同筛选合适的时间),期间需吹打血球数次,以不让其下沉。致敏结束后,用PBS液洗涤红细胞3~5次,最后用样品稀释液配成1%浓度使用。

(3)样品稀释液(供稀释致敏红细胞和检测样品)

十二水磷酸氢二钠13.78克,二水磷酸氢二钠1.79克,氯化钠8.5克,牛血清白蛋白(BSA)0.4克或正常兔血清20毫升,叠氮钠(NaN₃)1.0克,蒸馏水加至1 000毫升。

(三)操作

血凝反应一般在96孔"V"形微量血凝板上进行。

第一,将96孔"V"形反应板横置,每孔中加入样品稀释液25微升。

第二,在各排第一孔中加入样品(IHA检测的是抗体样品,RIHA检测的是抗原样品)25微升,然后倍比连续稀释至倒数第二孔。最后一孔留作致敏红细胞对照。

第三,每孔加入1%致敏红细胞悬液25微升。

第四,混匀后,于37℃湿盒中或室温下静置1~2小时,观察结果。判定标准与HA和HI一致。

为证实血凝结果的特异性,阳性标本应做中和抑制试验。方法是按上述操作步骤将待检样品稀释2排,第一排为测定排,第二排为抑制排,在检样稀释完结后,测定排每孔补加样品稀释液25微升,而抑制排每孔中加25微升用稀释液稀释至最适浓度(预试选定)的标准抗原(间接血凝)或抗体(反向间接血凝),37℃孵育30~60分后再加致敏红细胞。判定结果时,凡两排结果相同者判为假阳性;中和抑制凝集效价低于测定排2个稀释孔时判为真阳性。

五、病毒中和(VN)试验

(一)原理

病毒与相应中和抗体结合后,会失去吸附易感细胞或穿入细胞的能力,因而丧失了其感染力。病毒中和试验不仅可用于鉴定未知病毒和区分不同血清型的病毒,还可用于中和抗体的效价滴定,是经常使用的血清学方法。该试验包括两部分:一是病毒中和部分,即经适当稀释的病毒和血清混合,在一定温度下作用一段时间;二是选用适当的宿主系统(如实验动物、鸡胚、细胞)检测未被中和的残余病毒。

(二)材料

1. 血清

中和试验所用血清应无菌(可过滤除菌),不含任何化学防腐剂(如福尔马林、苯酚等),56℃经30分灭活血清中对热敏感的非特异性病毒抑制物。

2. 病毒

中和试验所用病毒应有较高的滴度,并能较好地适应特定宿主系统。病毒最好是使用克隆化病毒株,且不能污染细菌、真菌和霉形体。

3. 稀释液

可选用细胞培养液或其他不损伤病毒和宿主系统的液体。

(三)操作

病毒中和试验的方法分固定病毒稀释血清法(β 中和试验法)和固定血清稀释病毒法(α 中和试验法)。

1. 固定病毒稀释血清法

该试验是用标准病毒测定系列稀释的待检血清,即测定血清的中和效价。

用细胞营养液将血清做倍比或递进稀释。用同样的营养液稀释病毒,使其 0.1 毫升中含 $100 \sim 200 TCID_{50}$(组织培养半数感染量,该病毒毒价需事先滴定,其计算方法参照中和效价的内插法)。若使用鸡等实验动物作为宿主系统时毒价单位,应为 LD_{50}(半数致死量)或 ID_{50}(半数感染量),用鸡胚进行试验时,则毒价单位为 ELD_{50}(鸡胚半数致死量)或 EID_{50}(鸡胚半数感染量)。

将稀释的病毒与等量稀释血清充分混匀置 37℃ 温箱中孵育 1 小时。病毒对照可用正常血清或细胞营养液与病毒混合。

每一血清稀释度接种 5 瓶细胞(或 5 只鸡胚、5 只鸡),每瓶接种 0.2 毫升,置 37℃ 温箱中测定剩余病毒。

根据所测病毒,在适当时间检查细胞生长情况,记录细胞病变(CPE)瓶数。若是用鸡胚或鸡做宿主系统,则记录每一稀释度下鸡胚或鸡的死亡数和存活数。

采用 Reed 和 Muench 法,内插法或 Spearmar – karbar 法计算半数保护量

（PD_{50}）即中和效价——能使半数宿主系统获得保护的血清最大稀释度，又称为50%中和终点。

2. 固定血清稀释病毒法

该法是系列稀释的病毒液和一定稀释血清混合（用未稀释血清效果较理想），孵育一定时间后，分别接种宿主系统（鸡胚、细胞或动物），检测残余病毒的毒力。中和法通常用于被检血清的定性，即确定是阳性还是阴性。

试验时，病毒液常做10倍递进稀释，分装两列试管，第一列加等量阴性血清（对照组），第二列加待检血清（中和组），混合后置37℃温箱中作用1小时，分别接种鸡胚（或细胞、实验动物），记录每组鸡胚死亡数，分别计算 ELD_{50}（鸡胚半数致死量）和中和指数（NI）。

六、免疫荧光抗体（IF）技术

（一）原理

免疫荧光抗体技术是利用抗原抗体反应的特异性与荧光显微技术的精确性、敏感性相结合的免疫学标记技术。其基本原理是：荧光色素（常用异硫氰酸荧光素）与抗体分子结合后，并不影响抗体蛋白分子的免疫活性，当标本涂片（或切片）中有特异性抗原存在时，荧光素标记的抗体可与之特异性结合，且这种结合较为牢固，用缓冲液浸洗时不会洗脱，在荧光显微镜下检查时，可见到荧光，从而判断抗原或抗体的存在、分布和定位情况。免疫荧光技术已用于多种鸡病抗原或抗体的检测，成为鸡病诊断的常用血清学手段。

（二）操作

1. 染色标本片的准备

（1）检测抗原的标本片　细菌检样如血液、粪便、脓汁、分泌物或细菌培养物可进行直接涂片或压印片，也可以将病毒材料接种细胞培养，做成单层细胞盖片或飞片。

（2）检测抗体的标本片　检测细菌抗体可将标准菌株做成涂片；检测病毒抗体可将标准毒株接种细胞培养，做成单层盖片或飞片。

2. 标本片的固定

标本片的固定有两个目的：一是防止被检材料从玻片上脱落；二是消除抑制抗原抗体反应的因素，如脂肪之类。标本片固定最常用的固定剂为丙酮和95%乙醇。固定的温度和时间要凭经验确定，一般用37℃经10分，室温15分或4℃经30分。固定后要随即用 PBS 液反复冲洗，干后即可用于染色。

3.染色方法

荧光抗体染色法分为直接法和间接法两种。

(1)直接法 本法用荧光素标记抗体或直接染色标本片,以检测相应的鸡病细菌或病毒的抗原,如用于传染性法氏囊病、传染性喉气管炎、传染性支气管炎等疫病病原的检测和诊断。直接法操作的基本程序如下:①直接滴加2~4个单位荧光标记抗体于标本片(涂片、切片或细胞单层盖片)的标本区,然后置湿盒中,37℃染色30分。②用大量0.01摩尔/升 pH 7.0~7.2 PBS液漂洗3次,每次5分。③吹干标本,滴加1滴缓冲甘油,加盖玻片封片。④荧光显微镜下镜检。

直接法染色时应设以下对照:标本自发荧光对照、阳性标本对照和抑制试验对照。

(2)间接法 本法是用荧光素标记抗鸡球蛋白(如兔抗鸡或羊抗鸡)抗体,制成荧光标记抗体。先将阳性血清(检测抗原)或待检血清(检测抗体)加到标本片中,与相应抗原结合,再加荧光抗抗体,形成抗原-抗体-荧光抗抗体复合物,在荧光显微镜下即可见荧光。本法既能检测鸡病病原的抗原又能检测其相应抗体,如用于传染性支气管炎病毒及其抗体的检测。间接法的另一个优点是只需制备一种标记的抗鸡抗体即可用于多种抗原抗体系统的检测。间接法操作的基本程序如下:①在制备好的标本片(涂片、切片或细胞单层盖片)上滴加阳性血清(检测抗原时)或待检血清(检测抗体时),置湿盒内,37℃孵育30分。②用0.01摩尔/升 pH 7.0~7.2 PBS液漂洗3次,每次5分。③吹干标本,滴加荧光素标记的兔抗鸡(或羊抗鸡)IgG 的抗抗体,置湿盒中,37℃染色30分。④同②,漂洗标本片。⑤吹干标本,封片(同直接法)。⑥荧光显微镜下镜检。

间接法操作时除设自发荧光、阳性和阴性对照外,还应设中间层对照(标本+标记抗抗体)和阴性血清对照(中间层用阴性血清代替阳性血清或待检血清)。

七、酶联免疫吸附试验(ELISA)

(一)原理

酶联免疫吸附试验是将抗原抗体反应的特异性与酶促反应的敏感性相结合而建立起来的免疫学标记技术。其基本原理是:酶分子(常用辣根过氧化物酶,HRP)与抗体或抗抗体分子可共价结合,这种结合既不改变抗体的免疫反应活性,也不影响酶的生物化学活性。这种酶标记抗体可与标本中的抗原或抗体特异性结合后,在底物溶液的参与下,产生肉眼可见的颜色反应,颜色反应的深浅与标本中抗原或抗体的量成正比。

免疫酶标记技术有免疫酶组化染色法(主要用于抗原或抗体的定位)、固相免疫测定技术(抗原或抗体的定量测定)等多种类型。在鸡病的血清学诊断中应用最广的是固相法中的酶联免疫吸附试验。酶联免疫吸附试验法具有简便、敏感、快速、特异等优点,已被广泛应用于鸡病诊断与监测,国内外学者已成功地应用了酶联免疫吸附试验对新城疫、马立克病、传染性喉气管炎、传染性支气管炎、传染性法氏囊病、产蛋下降综合征、鸡痘、鸡巴氏杆菌病等进行检测,获得了满意的效果。

(二)操作

酶联免疫吸附试验是将抗原(或抗体)吸附于聚苯乙烯酶标反应板等固相载体,在载体上进行免疫酶染色,加底物四甲基联苯胺 TMB – H_2O_2 或邻苯二胺 OPD – H_2O_2 显色后,用肉眼或分光光度计判定结果。在鸡病的诊断和血清抗体监测上,常用的 ELISA 法有间接法 ELISA、双抗体夹心 ELISA 和斑点 ELISA。

1. 间接法 ELISA

间接法 ELISA 主要用于检测鸡群抗体和抗体动态监测。如新城疫、传染性法氏囊病等抗体的检测。其基本程序如下:

第一,抗原(一般需提纯)包被聚苯乙烯酶标反应板,4℃过夜或37℃经2～4小时。

第二,用10%小牛血清或1%牛血清白蛋白(BSA)封闭,37℃经1～2小时。

第三,加待检血清,一般应做适当稀释,同时每块反应板要设阳性血清和阴性血清及空白对照,置湿盒中,37℃孵育1小时。

第四,加酶(HRP)标记兔抗鸡 IgG,置湿盒中,37℃孵育1小时。

第五,加底物溶液 TMB – H_2O_2,37℃或室温下显色10～30分。

第六,用2摩尔/升硫酸终止反应。

第七,酶标测定仪上测定吸收值 OD_{450}(用 TMB – H_2O_2 显色)或 OD_{490}(用 OPD – H_2O_2 显色),计算 P/N 比值(P 为阳性对照血清及待检血清的 OD 值,N 为对照血清的 OD 值),若 $P/N \geqslant 2$,则样品判为阳性。

在进行 ELISA 试验时,需经方阵法滴定选择包被抗原、酶标抗体等反应物的最佳工作浓度。另外,在上述基本程序第一至第五各步骤之间,需用

PBST(含0.05%吐温20的PBS溶液)充分洗涤。

2. 双抗体夹心 ELISA

本法主要用于检测病毒抗原,如传染性法氏囊病病毒等,夹心法的基本程序如下。

第一,病毒特异性抗体(IgG)包被酶标反应板,4℃过夜或37℃经2~4小时。

第二,加待检病料(要根据病的不同选用合适的病料,如诊断传染性法氏囊病时可取病鸡法氏囊组织匀浆上清液)置湿盒中,37℃孵育1小时。

第三,加酶标抗病毒特异性抗体(IgG),37℃孵育1小时。

第四,加底物显色,2摩尔/升硫酸终止反应。

同间接法一样,夹心法 ELISA 的各反应物最适工作浓度也需经方阵法滴定选出,各反应步骤之间亦应用 PBST 充分洗涤。

八、高新技术在动物传染病诊断上的应用

(一)单克隆抗体技术

传统的血清学诊断技术中使用的含抗体血清均为多克隆抗血清,即是由多个淋巴细胞克隆产生的,具有高度的异质性,因而影响了血清学诊断方法的特异性和敏感性。1975 年英国学者首次提出了单克隆抗体杂瘤技术,它是将产生特异性抗体(针对单个抗原决定簇)的 B 淋巴细胞与能无限生长的骨髓瘤细胞融合,形成 B 淋巴细胞杂交瘤,由该杂交瘤细胞所分泌的抗体即是单克隆抗体,简称单抗。由于单抗在分子结构、氨基酸排列顺序等方面都是一致的,因而其纯度高,特异性强,重复性好,并可以大量、快速、连续地在动物体内或体外产生同质性单抗。正由于此,使用单克隆抗体替代多克隆抗血清进行疫病的检测将更有利于各种血清学诊断方法的标准化和规范化,因而单抗已被广泛地用于疫病的诊断、毒(菌)株鉴定、检疫、预防及治疗等各个方面。

(二)核酸探针技术

核酸探针技术是 20 世纪 80 年代中期才异军突起的一种新的诊断技术。其基本原理是:将某种微生物特异的核苷酸序列与样品的核苷酸序列互补时,则发生杂交,形成双股核酸,不发生杂交的单股核酸被去除。杂交的探针可用放射自显影(放射性分子标记)检测或比色(非放射性分子标记)测定。

核酸探针是以病原体的核酸为检测目标,其诊断原理与以抗原-抗体特异性反应为基础的血清学诊断原理有着明显的区别。与各种血清学诊断方法

相比较,核酸探针可以检出样品中极微量的病原体,极其敏感(结合 PCR 技术),并具有特异、快速、结果可靠、核酸探针便于大批量生产等优点,它在鸡疫病诊断上已显示了极大的优越性,它既可检测临床或病理标本中的病原,也能用于特定病原的鉴定,还能区分疫苗株和野毒株。

在鸡病诊断方面,国外已报道了应用核酸探针检测新城疫、传染性喉气管炎、传染性支气管炎、马立克病、传染性法氏囊病、鸡痘、鸡传染性鼻炎、鸡大肠杆菌、鸡霉形体、多杀性巴氏杆菌等。国内研制的鸡核酸探针已见报道的有大肠杆菌、沙门菌、巴氏杆菌及马立克病病毒、传染性支气管炎病毒等核酸探针。

(三)基因体外扩增技术－多聚酶链式反应(PCR)

PCR 是 20 世纪 80 年代中后期兴起的一项新技术,是体外基因扩增技术的一次重大革新,被誉为分子生物学发展的一个新的里程碑。聚合酶链式反应模拟体 DNA 复制过程,它利用两个引物,经过高温(模板 DNA)变性、低温(模板 DNA－引物)退火和适温(在 DNA 聚合酶催化下发生引物链)延伸反应,组成一个周期,进行模板 DNA 的合成,新合成的产物再经高温变性后又可作为与引物退火的模板,并再发生引物链延伸反应,如此循环多次,可使靶 DNA 序列成几何级数量倍增。PCR 技术具有操作简便、快速、高度特异性、选择性和敏感性等特点,且对样品要求不高,无论新鲜组织或陈旧组织、细胞或体液、粗提或纯化 RNA 和 DNA 均可,加之 TaqDNA 聚合酶(一种耐热的 DNA 聚合酶)的使用促进了 PCR 技术自动化,因而 PCR 非常适合于感染性疫病的监测和诊断。PCR 已成功地用于鸡传染性喉气管炎病毒、传染性支气管炎病毒、禽流感病毒、新城疫病毒、产蛋下降综合征病毒、马立克病病毒、传染性法氏囊病病毒、鸡贫血病毒、鸡败血霉形体等的诊断和研究。

第八章　鸡场消毒的方法

病原微生物多种多样,微生物种类以及所处的环境条件不同,其适应能力和抵抗力存在差异,需要不同的消毒方法。消毒方法一般有物理消毒法、化学消毒法及生物消毒法。

第一节　物理消毒法

物理消毒法是指应用物理因素包括清除、辐射、煮沸、干热、湿热、火焰焚烧、滤过除菌、超声波、激光、X射线消毒等，是简便经济而较常用的一种消毒方法，常用于鸡场的场地、设施设备、卫生防疫器具和用具的消毒。

一、清扫消毒

通过清扫、冲洗、洗擦和通风换气等达到清除病原体的目的，是最常用的一种消毒方法，也是日常的卫生工作之一。

养鸡场的场地、鸡舍、设备用具上存在大量的污物和尘埃，含有大量的病原微生物，用清扫、铲刮、冲洗等机械方法清除浮尘、污物及沾染在墙壁、地面和设备上的粪便、残余的饲料、废物、垃圾等，可除掉70%的病原体，并为药物消毒创造条件。对清扫不彻底的鸡舍进行化学消毒，即使用高于规定剂量的消毒剂，效果也不理想，因为消毒剂只要接触少量的有机物便会迅速丧失杀菌能力。但机械清除不能杀灭病原体。所以，此法只能作为消毒工作中的一个辅助环节，必须结合其他消毒方法同时使用。

通风换气也是消毒的一种，由于清扫地面、鸡群排泄物等导致舍内空气含有大量的尘埃、水汽、氨气等，微生物容易附着。特别是鸡群发生呼吸道传染病时，空气中病原微生物的含量会增高，所以要适当通风，借助通风经常排出污秽气体和水汽，尤其是在冬、春季，通风可短时间内迅速降低舍内病原微生物的数量，加快舍内水分蒸发，保持干燥，可使芽孢、虫卵以外的病原失活，起到消毒作用。

二、辐射消毒

辐射消毒有两种，一种是紫外线照射消毒，另一种是电离辐射消毒。

（一）紫外线照射

紫外线照射是一种最经济方便的方法，将消毒的物品放在日光下暴晒或放在人工紫外线灯下，利用紫外线、灼热以及干燥等作用使病原微生物灭活而达到消毒的目的。此法较适用于鸡舍的垫料、用具、进出人员的消毒。

1. 紫外线作用机制

紫外线是一种肉眼看不见的辐射线，可划分为三个波段：UV－A（长波段），波长320～400纳米；UV－B（中波段），波长280～320纳米；UV－C（短波段），波长100～280纳米。强大的杀菌作用由短波段UV－C提供。由于

100~280 纳米具有较高的光子能量,当它照射微生物时,能穿透微生物的细胞膜和细胞核,破坏其 DNA 的分子键,使其失去复制能力或失去活性而死亡。空气中的氧在紫外线的作用下可产生部分臭氧,当臭氧的浓度达到 10~15 毫升/米³ 时也有一定的杀菌作用。

紫外线可以杀灭各种微生物,包括细菌、真菌、病毒和立克次体等。一般说来,革兰阴性菌对紫外线敏感,其次是革兰阳性球菌,细菌芽孢和真菌孢子抵抗力最强。病毒也可被紫外线灭活,其抵抗力介于细菌繁殖体与芽孢之间。

一般常用的灭菌消毒紫外灯是低压汞蒸气等,在 C 波段的 253.7 纳米处有一强线谱,用石英制成灯管,两端各有一对钨丝自燃氧化电极。电极上镀有钡和锶的碳酸盐,管内有少量的汞和氩气。紫外灯开启时,电极放出电子,冲击汞气分子,从而放出大量波长 253.7 纳米的紫外线。

2. 紫外灯消毒的应用

(1)对空气的消毒　紫外灯的安装可采取固定式,用于房间(鸡笼、鸡舍和超净工作台)消毒。将紫外线灯吊装在天花板或墙壁上,离地面 2.5 米左右,灯管安装金属反光板,使紫外线照射在与水平面成 30°~80°。这样全部空气会受到紫外线照射,而当上下层空气对流产生时,整个空气都会受到消毒。通常每 6~15 米³ 空间用 1 只 15 瓦紫外线灯。在直接照射时,普通地面照射以 3.3 瓦/米² 电能。例如:9 米² 地面需 1 支 30 瓦紫外线灯;如果是超净工作台,以 5~8 瓦/米² 电能。移动式照射主要应用于传染病病房的空气消毒,在养鸡场较少应用。在建筑物的出入口安装带有反光罩的紫外线灯,可在出入口形成一道紫外线的屏障。一个出入口安装 5 支 20 瓦紫外线灯管,这种装置可用于烈性菌实验室的防护,空气经过这一屏幕,细菌数量减少 90% 以上。

(2)对水的消毒　紫外线在水中穿透力,随着深度的增加而降低,也受水中杂质的影响,杂质越多紫外线的穿透力越差。常用的装置有:直流式紫外线水液消毒器,使用 30 瓦灯管每小时可处理 2 000 升水;一套管式紫外线水液消毒器,每小时可生产 10 000 升灭菌水。

(3)对污染表面的消毒　紫外线对固体物质的穿透力和可见光一样,不能穿透固体物质,只能对固体物质的表面进行消毒。照射时,灯管距离污染表面不宜超过 1 米,所需时间 30 分左右,消毒有效区为灯管周围 1.5~2 米。

3. 影响紫外线辐射强度和灭菌效果的因素

紫外线辐射强度和灭菌效果受许多因素的影响。常见的影响因素有电压、温度、湿度、距离、角度、空气含尘率、紫外灯的质量、照射时间和微生物数量等。

（1）电压对紫外灯辐射强度的影响 国产紫外灯的标准电压为220伏。电压不足时，紫外线的辐射强度大大降低。研究发现，当电压180伏时，其辐射温度只有标准电压的一半。

（2）温度对紫外灯辐射强度的影响 室温在10~30℃，紫外灯辐射强度变化不大。室温低于10℃，则辐射强度显著下降。研究发现，在其他条件不变的情况下，0℃辐射强度只有10℃的70%，只有30℃的60%。

（3）湿度对紫外灯辐射强度的影响 相对湿度不超过50%，对紫外灯辐射强度的影响不大。随着室内相对湿度的增加，紫外灯辐射强度呈下降的趋势。当相对湿度达到80%~90%时，紫外灯辐射强度和杀菌效果降低30%~40%。

（4）距离对紫外灯辐射强度的影响 受照物与紫外灯的距离越远，辐射强度越低。

（5）角度对紫外灯辐射强度的影响 紫外灯辐射强度与投射角也有很大的关系。直射光线的辐射强度远大于散射光线。

（6）紫外灯质量及型号对辐射强度的影响 紫外灯用久后即衰老，影响辐射强度。一般寿命为4 000小时左右。使用1年后，紫外灯的辐射强度会下降10%~20%。因此，紫外灯使用2~3年后应及时更新。

（7）空气含尘率对紫外灯灭菌效果的影响 灰尘中的微生物比水滴中的微生物对紫外线的耐受力高。空气含尘率越高，紫外灯灭菌效果越差。1毫升空气中含有800~900个微粒时，可降低灭菌率20%~30%。

（8）照射时间对紫外灯灭菌效果的影响 每种微生物都有其特定的紫外线照射下的死亡剂量阈值。杀菌剂量（K）是辐射强度（I）和照射时间（T）的乘积（即 K＝IT）。可见，照射时间越长，灭菌的效果越好。

4. 养鸡场紫外灯的合理使用

因为影响紫外灯消毒效果的因素是多方面的。养鸡场应该根据各自不同的情况，因地制宜，因时制宜，合理配置、安装和使用紫外灯，才能达到灭菌消毒的效果。

（1）紫外灯的配置和安装 养鸡场入口消毒室宜按照不低于1瓦/米^{2}配置相应功率的紫外灯。例如：消毒室面积15米^2，高度为2.5米，其空间为37.5米^3，则宜配置40瓦紫外灯1只，或20瓦紫外灯2只，而最好是配置20瓦紫外灯2只。

　　紫外灯安装的高度应距天棚有一定的距离,使被照物与紫外灯之间的直线距离在1米左右。有的养鸡场将紫外灯紧贴天棚安装,有的将紫外灯安装在墙角,这些都影响紫外灯的辐射强度和消毒效果。如果整个房间只需安装1只紫外灯即可满足要求的功率,则紫外灯应吊装在房间的正中央,与天棚有一定的距离。人工房间需配置2只紫外灯,则2只紫外灯最好互相垂直安装。

　　(2)紫外灯的照射时间　紫外灯的照射时间长短应根据气温、空气湿度、环境的卫生情况等决定。通常养鸡场入口消毒室按照1瓦/米^{2}配置紫外灯,其照射的时间应不少于30分。如果配置的紫外灯功率大于1瓦/米^2,则照射时间可适当缩短,但不能低于20分。

　　(3)照射时间和照射强度的选择　在欲达到相同照射剂量的情况下,高强度照射比延长时间的低强度照射,灭菌效果要好。

　　(4)其他注意事项　为保持电压的稳定,在电压不稳定的地区,应使用稳压器,同时保持消毒室的环境卫生,保持干燥,尽量减少灰尘和微生物的数量。

　　因紫外线不能穿透不透明的物体和普通玻璃,受照物应在紫外灯的直射光线下,被消毒物品应尽量展开。紫外灯管应经常擦拭,保持清洁,否则亦影响消毒效果。

　　(二)电离辐射消毒

　　电离辐射是利用γ射线、伦琴射线或电子辐射能穿透物品,杀死其中微生物的低温灭菌方法,统称为电离辐射。电离辐射是低温灭菌,不发生热的交换、压力差别和扩散层干扰。所以,适用于怕热的灭菌物品,具有优于化学消毒、热力消毒等其他消毒灭菌方法的许多优点,也是在医疗、制药、卫生、食品、养殖业应用广泛的消毒灭菌方法。

　　三、高温消毒和灭菌

　　高温对微生物有明显的致死作用。所以,应用高温进行灭菌是比较确实可靠而且也是常用的物理方法。高温可以灭活包括细菌及繁殖体、真菌、病毒和抵抗力最强的细菌芽孢在内的一切微生物。

　　(一)高温消毒或灭菌的机制

　　高温杀灭微生物的基本机制是通过破坏微生物蛋白质、核酸的活性导致微生物的死亡。蛋白质构成微生物的结构蛋白和功能蛋白。结构蛋白主要包括构成微生物细胞壁、细胞膜和细胞质内含物等。功能蛋白构成细菌的酶类。湿热对细菌蛋白的破坏机制是通过使蛋白质分子运动加速,互相撞击,致使肽链连接的副键断裂,使其分子由有规律的紧密结构变为无秩序的散漫结构,大量的疏水基暴露于分子表面,并互相结合成为较大的聚合体而凝固、沉淀。干热灭菌主要通过热对细菌细胞蛋白质的氧化作用,并不是蛋白质的凝固。因为干燥的蛋白质加热到100℃也不会凝固。细菌在高温下死亡加速是由于氧化速率增加的缘故。无论是干热或湿热,对细菌和病毒的核酸均有破坏作用,加热可使RNA单链的磷酸二酯键断裂;而单股DNA的灭活是通过脱嘌呤。实验证明,单股RNA的敏感性高于单股DNA对热的敏感性,但都随温度的升高而灭活速率加快。

(二)高温消毒和灭菌的常用方法

高温消毒和灭菌方法主要分为干热消毒灭菌和湿热消毒灭菌。

1. 干热消毒和灭菌法

(1)灼烧或焚烧消毒法　灼烧是指直接用火焰灭菌,适用于笼具、地面、墙壁以及兽医使用的接种针、剪、刀等不怕热的金属器材,可立即杀死全部微生物。在没有其他灭菌方法的情况下,对剖检器材也可灼烧灭菌。接种针、注射器针头等体积较小的物品可直接在乙醇灯火焰上或点燃的乙醇棉球火焰上直接灼烧,笼具、地面、墙壁的灼烧必须借助火焰消毒器进行。焚烧主要是对病鸡尸体、垃圾、污染的杂草、地面和不可利用的物品器材采用焚烧的方法,点燃或在焚烧炉内烧毁,从而消灭病原体。体积较小,易燃的杂物可直接点燃;体积较大,不易燃烧的病死鸡尸体、污染的垃圾和粪便等可泼上汽油后直接点燃,也可在焚烧炉内或架在易燃的物品上焚烧。焚烧处理是最为彻底的消毒方法。

(2)热空气灭菌法　即在干燥的条件下,利用热空气灭菌的方法。此法适用于干燥的玻璃器皿,如烧杯、烧瓶、吸管、试管、离心管、培养皿、玻璃注射器、针头、滑石粉、凡士林及液状石蜡等的灭菌。在干燥的情况下,由于热的穿透力较低,灭菌时间较湿热法长。干热灭菌时,一般细菌的繁殖体在100℃经1.5小时才能杀死,芽孢则需在140℃经3小时才能被杀死,真菌的孢子在100~115℃经1.5小时才能杀死。干热灭菌法是在特别的电热干烤箱内进行的。灭菌时,将待灭菌的物品放入烘烤箱内,使温度逐渐上升到160℃维持2小时,可以杀死全部细菌及其芽孢。干热灭菌时需注意以下几点:

第一,不同物品器具干热灭菌的温度和时间不同。见表8-1。

表8－1 不同物品器具干热灭菌的温度和时间

物品类别	温度（℃）	时间（分）
金属器材（刀、剪、镊等）	150	60
注射油剂、口服油剂（甘油、石蜡等）	150	120
凡士林、粉剂	160	60
玻璃器材（试管、吸管、注射器、量筒、量杯等）	160	60
装在金属筒内的玻璃器材	160	120

第二，消毒灭菌器材应洗净后再放入电烤箱内，以防附着在器械上面的污物炭化。玻璃器材灭菌前应洗净并干燥，勿与烤箱底壁直接接触，灭菌结束后，应待烤箱温度降至40℃以下再打开烤箱，以防灭菌器具炸裂。

第三，物品包装不宜过大，干燥物品体积不能超过烤箱容积的2/3，物品之间应留有空隙，有利于热空气流通。粉剂和油剂不宜太厚（小于1.3厘米），有利于热的穿透。

第四，棉制品、合成纤维、塑料制品、橡胶制品、导热差的物品及其他在高温下易损坏的物品，不可用干烤灭菌。灭菌过程中，高温下不得中途打开烤箱，以免引燃灭菌物品。

第五，灭菌时间计算应从温度达到要求时算起。

2. 湿热消毒和灭菌法

湿热灭菌法是灭菌效力较强的消毒方法，应用较为广泛。常用的有以下几种：

（1）煮沸消毒 利用沸水的高温作用杀灭病原体，是使用较早的消毒方法之一，该方法简单、方便、安全、经济、实用、效果可靠，常用于金属器械、针头、工作服、工作帽等物品的消毒。煮沸消毒温度接近100℃、10～20分可以杀死所有细菌的繁殖体，若在水中加入5%～10%的肥皂、碱或1%碳酸钠，使溶液中pH偏碱性，可使物品上的污物易于溶解，同时还可提高沸点，增强杀菌力。水中若加入2%～5%的苯酚，能增强消毒效果。应用此法消毒时，要掌握消毒时间，通常以水沸腾时算起，煮沸20分左右，对于寄生虫性病原体，消毒时间应加长。

（2）流通蒸汽消毒 又称常压蒸汽消毒，此法是利用蒸笼或流通蒸汽灭菌器进行消毒灭菌。通常在100℃加热30分，可杀死细菌的繁殖体，但不能杀死芽孢和霉菌孢子，因此常在100℃、30分灭菌后，将消毒物品置于室温下，待其芽孢萌发,第二天、第三天再用同样的方法进行处理和消毒。这样连续3天3次处理,即可保证杀死全部细菌及其芽孢。这种连续流通蒸汽灭菌的方法,称为间歇灭菌法。此消毒方法常用于易被高温破坏的物品如鸡蛋培养基、血清培养基、牛乳培养基、糖培养基等的灭菌。若为了不破坏血清等,还可用较低一点温度如70℃加热1小时,连续6次,也可达到灭菌的目的。

(3)巴氏消毒法 此法常用于啤酒、葡萄酒、鲜牛奶等食品的消毒以及血清、疫苗的消毒。主要是消毒怕高温的物品,温度一般控制在61~80℃。根据消毒物品性质确定消毒温度,牛奶62.8~65.6℃,血清56℃,疫苗56~60℃。

(4)高压蒸汽灭菌 通常情况下,1个大气压下水的沸点是100℃,当超过1个大气压时,水的沸点则超过100℃,压力越大,水的沸点越高。高压灭菌就是根据这一原理,在一个密封的金属容器内,通过加热来增加蒸汽压力,提高水蒸气温度,达到短时间灭菌的效果。

高压蒸汽灭菌具有灭菌速度快、效果可靠的特点,常用于玻璃器皿、纱布、金属器械、培养基、橡胶制品、生理盐水、针具等的消毒灭菌。

高压蒸汽灭菌应注意以下几点:①排净灭菌器内冷空气,排气不充分易导致灭菌失败。一般当压力升至0.014兆帕或0.021兆帕时,缓缓打开气门,排出灭菌器中的冷空气,然后再关闭气门,使灭菌器内的压力再度上升。②合理计算灭菌时间,要从压力升到所需压力时计算。③消毒物品的包装和容器要合适,不要过大、过紧,否则不利于空气穿透。④注意安全操作,检查各部件是否灵敏,控制加热速度,防止空气超高热。

(三)影响高温消毒和灭菌的因素

1.微生物方面

(1)微生物的类型 由于不同的微生物具有不同的生物学与理化特性,故不同的微生物对热的抵抗力不同,如嗜热菌由于长期生活在较高的温度条件下,因而对高温的抵抗力较强;无芽孢细菌、真菌和细菌的繁殖体以及病毒对高温抵抗力较弱,一般在60~70℃下短时间内即可死亡。细菌的芽孢和真菌的孢子均比其繁殖体耐高温,细菌芽孢常常可耐受较长时间的煮沸。

(2)细菌的菌龄及发育的温度 在对数生长期的细菌对热的抵抗力相对较小,老龄菌的抵抗力较大。一般在最适温度下形成的芽孢比其在最高和最低温度下产生的芽孢抵抗高温的能力要大。

(3)细菌的浓度 细菌和芽孢在加热时,并不是在同一时间内全部被杀灭,通常来说,细菌的浓度越大,杀灭最后的细菌所需要的时间也越长。

2.介质(水)的特性

水作为消毒杀菌的介质,在一定范围内,其含量越多,杀菌所需要的温度越低。这是由于水具有良好的传热性能,能促进加热时菌体蛋白的凝固,使菌体死亡。芽孢之所以耐热,是由于它含水分比繁殖体要少。若水中加入2% ~ 4%的苯酚可增强杀菌力。细菌在非水的介质中比水作为介质时对热的抵抗力大。如热空气条件下,杀菌所需温度要高、时间要长。在浓糖和盐溶液中细菌脱水,对热的抵抗力增强。

3.加热的温度和时间

许多无芽孢杆菌(如伤寒杆菌、结核杆菌等)在 62 ~ 63℃下,20 ~ 30 分死亡。大多数病原微生物的繁殖体在 60 ~ 70℃条件下 30 分内死亡,通常细菌的繁殖体在100℃下数分钟内死亡。

第二节　化学消毒法

化学消毒法就是利用化学药物(或消毒剂)杀灭或清除微生物的方法。因微生物的形态、生长、繁殖、致病力、抗原性等都受外界环境因素,特别是化学因素的影响。各种化学物质对微生物的影响是不相同的,有的使菌体蛋白质变性或凝固而呈现杀菌作用,有的可阻碍微生物新陈代谢的某些环节而呈现抑菌作用。即使是同一种化学物质,由于其浓度、作用时的环境温度、作用时间的长短及作用对象等的不同,也表现出不同的作用效果。生产中,根据消毒的对象,选用不同的药物(消毒剂),进行清洗、浸泡、喷洒、熏蒸,以杀灭病原体。化学药物消毒是生产中最常用的消毒方法,主要应用于养殖场内外环境中、鸡笼、鸡舍、饲槽、各种物品表面及饮水消毒等。

一、化学消毒的作用机制

通常来说,消毒和防腐之间并没有严格的界限,消毒药在低浓度时仅能抑菌,而防腐药在高浓度时也可能有杀菌作用,因此,一般统称为消毒防腐药。各种消毒防腐药的杀菌或抑菌作用机理也有所不同,归纳起来有以下几个方面:

1.使病原体蛋白变性、发生沉淀

大部分消毒防腐药都是通过这个原理而起作用,其作用特点是无选择性,可损坏一切生活物质,属于原浆毒,可杀菌又可破坏宿主组织,如酚类、醇类、醛类等,此类药仅适用于环境消毒。

2. 干扰病原体的重要酶系统,影响菌体代谢

有些消毒防腐药通过氧化还原反应损害细菌酶的活性基因,或因化学结构与代谢物相似,竞争或非竞争地同酶结合,抑制酶活性,引起菌体死亡。如重金属盐类、氧化剂及卤素类消毒剂。

3. 增加菌体细胞膜的通透性

某些消毒药能降低病原体的表面张力,增加菌体细胞膜的通透性,引起重要的酶和营养物质漏失,水渗入菌体,使菌体破裂或溶解,如双链季铵盐类消毒剂。

二、化学消毒的方法

化学消毒的方法常用的有浸洗法、喷洒法、熏蒸法和气雾法。

1. 浸洗法

如接种或打针时,对注射局部用乙醇棉球、碘附擦拭;对一些器械用具、衣物等的浸泡。通常应洗涤干净后再行浸泡,药液要浸过物体,浸泡时间要长些、水温要高些。养鸡场入口和鸡舍入口消毒槽内,可用浸泡药物的草垫或草袋对人员的鞋靴消毒。

2. 喷洒法

喷洒地面、墙壁、舍内固定设备等,可用细眼喷壶;对舍内空间消毒,则用喷雾器。喷洒要全面,药液要喷到物体的各个部位。通常喷洒地面,药液量2升/米^2;喷洒墙壁、顶棚1升/米^2。

3. 熏蒸法

适用于可以密闭的鸡舍和其他建筑物。这种方法简便、省事,对房屋结构无损,消毒全面。如育雏育成舍、饲料仓库等常用。常用的药物有福尔马林(40%的甲醛水溶液)、过氧化氢水溶液。为加速蒸发,常利用高锰酸钾的氧化作用。实际操作中要严格遵守以下两点:一是鸡舍及设备必须清洗干净,因为气体不能渗透到粪便和其他污物中去,如不干净不能发挥应有的效力;二是鸡舍要密封,不能漏气,应将进出气口、门窗和排风扇等的缝隙糊严。

4. 气雾法

气雾粒子是悬浮在空气中的气体与液体的微粒,直径小于200纳米,分子量极小,能悬浮在空气中较长时间,可到处飘移穿透到鸡舍周围及其空隙。气雾是消毒液倒进气雾发生器后喷射出的雾状微粒,是消灭气携病原微生物的理想方法。鸡舍的空气消毒和带鸡消毒等常用。如全面消毒鸡舍空间,每立方米用5%的过氧乙酸溶液25毫升喷雾。

三、化学消毒剂的类型

用于杀灭或消毒外环境中病原微生物或其他有害微生物的化学药物,称为消毒剂,包括杀灭无生命物体上的微生物和生命体皮肤、黏膜、浅表体腔微生物的化学药品。消毒剂一般并不要求其能杀灭芽孢,但能杀灭芽孢的化学药物是更好的。

消毒剂按用途分为环境消毒剂和带鸡体表消毒剂(包括饮水、器械等);按杀菌能力分为灭菌剂、高效消毒剂、中效消毒剂、低效消毒剂;常用的是按化学性质划分:

(一)含氯消毒剂

含氯消毒剂是指在水中能产生杀菌作用的活性次氯酸的一类消毒剂,包括有机含氯消毒剂和无机含氯消毒剂,目前生产中使用较为广泛。

含氯消毒剂通常有以下几种:

漂白粉:5%~20%的混悬液用于鸡舍喷洒消毒;饮水消毒每50升水加1克;1%~5%的澄清液消毒食槽、玻璃器皿、非金属用具消毒等,宜现用现配。

漂白粉精:0.5%~1.5%用于地面、墙壁消毒;0.3~0.4克/千克用于饮水消毒。

氯胺-T:0.2%~0.5%水溶液喷雾用于室内空气及表面消毒;1%~2%浸泡物品、器械消毒;3%的溶液用于排泄物和分泌物的消毒;黏膜消毒用0.1%~0.5%溶液冲洗;饮用水消毒,1升水用2~4毫克。配制消毒液时,如果加入一定量的氯化铵,可大大提高消毒能力。

二氯异氰尿酸钠:通常0.5%~1%溶液可以杀灭细菌和病毒;5%~10%的溶液用作杀灭芽孢;环境器具消毒,0.015%~0.02%;饮水消毒,每升水加4~6毫克,作用30分。本品宜现用现配。

另外,三氯异氰尿酸钠的性质特点及作用和二氯异氰尿酸钠基本相同,球虫卵囊消毒时每100升水中加入10~20克。

二氧化氯:可用于鸡舍、场地、器具、种蛋、屠宰场、饮水消毒和带鸡消毒。含有效氯5%时,环境消毒,每升水加药5~10毫升,泼洒或喷雾消毒;饮水消毒,每100升水加药5~10毫升;用具、食槽消毒,每升水加药5毫升,浸泡5~10分。现用现配。

(二)碘类消毒剂

碘类消毒剂是碘与表面活性剂(载体)及增溶剂等形成稳定的络合物。包括传统的碘制剂,如碘水溶液、碘酊(俗称碘酒)、碘甘油和碘附类制剂。碘附类制剂又可分为非离子型、阳离子型及阴离子型三大类。其中非离子型碘附是使用最安全、最广泛的碘附,主要有聚维酮碘和聚醇醚碘,尤其是聚维酮碘,被世界各国药典收入在内。常用碘类消毒剂的使用方法:

碘酊(碘酒):2%~5%用于注射部位和皮肤消毒。

碘附(络合碘):0.5%~1%用于皮肤消毒;10毫克/升浓度用于饮水消毒。

威力碘:1%~2%用于鸡舍、鸡体表及环境消毒。5%用于手术器械、手术部位消毒。

(三)醛类消毒剂

能产生自由醛基,在适当条件下与微生物的蛋白质及某些其他成分发生反应。包括甲醛、戊二醛、聚甲醛等。

1. 常用醛类消毒剂的使用方法

福尔马林(含36%~40%甲醛水溶液):1%~2%环境消毒,与高锰酸钾配伍熏蒸消毒鸡舍等,可使用不同级别的浓度。

戊二醛:2%水溶液,用0.3%碳酸氢钠调整pH在7.5~8.5可消毒,不能用于热灭菌的精密仪器、器材的消毒。

多聚甲醛(聚甲醛含甲醛91%~99%):多聚甲醛的气体与水溶液均能杀灭各种类型病原微生物。1%~5%溶液作用10~30分,可杀灭除细菌芽孢以外的各种细菌和病毒;杀灭芽孢时,需8%浓度作用6小时。用于熏蒸消毒时,用量为每立方米3~10克,消毒时间为6小时。

2. 醛类熏蒸消毒的应用与方法

甲醛熏蒸消毒可用于密闭的舍、室或容器内的污染物品消毒,也可用于饲养大棚、仓库及饲养用具、种蛋、孵化机(室)污染表面的消毒。其穿透性差,不能消毒用布、纸和塑料薄膜包装的物品。

(1)气体的产生 消毒时,最好使气体在短时间内充满整个空间。产生甲醛气体有以下4种方法:第一种方法是福尔马林加热法。每立方米空间用福尔马林25~50毫升,加等量水,然后直接加热,使福尔马林变成气体,舍(室)温度不低于15℃,相对湿度为60%~80%,消毒时间为12~24小时。第二种方法是福尔马林化学反应法。福尔马林为强有力的还原剂,当与氧化剂反应时,能产生大量的热将甲醛蒸发。常用的氧化剂有高锰酸钾和漂白粉等。第三种方法是多聚甲醛加热法。将多聚甲醛干粉放在平底金属容器(或铁板)上,均匀铺开,置于火上加热(150℃),即可产生甲醛气体。第四种方法是多聚甲醛化学反应法。醛氯合剂:将多聚甲醛与二氯异氰尿酸钠干粉按24:76的比例混合,点燃后可产生大量有消毒作用的气体。由于两种药物相混可逐渐自然产生反应,因此本合剂的两种成分平时要用塑料袋分开包装,临用前混合。微胶囊醛氯合剂:将多聚甲醛用聚氯乙烯微胶囊包裹后,与二氯异氰尿酸钠干粉按10:90的比例混合压制成块,使用时用火点燃,杀菌作用与没有包装胶囊的合剂相同。此合剂由微胶囊将两种成分隔开,因此虽混在一起也可保存1年左右。

(2)熏蒸消毒的方法 甲醛熏蒸消毒,在养鸡场可用于鸡舍、种蛋、孵化机(室)、用具及工作服的消毒。

消毒时,要充分暴露舍、室及物品的表面,并去除各角落的灰尘和蛋壳上的污物。消毒前将舍、室密闭,避免漏气。室温保持在20℃以上,相对湿度在70%~90%,必要时加入一定量的水(30毫升/米^3),随甲醛蒸发。达到规定消毒时间后,敞开门、窗通风换气,必要时用25%氨水中和残留的甲醛(用量为甲醛的1/2)。

操作时,先将氧化剂放入容器中,然后注入福尔马林,而不要把高锰酸钾加入福尔马林中。反应开始后药液沸腾,在短时间内即可将甲醛蒸发完毕。由于反应产生的热较高,容器不要放在地板上,避免把地板烧坏,也不要使用易燃、易腐蚀的容器。使用的容器容积要大些(为药液的10倍左右)。徐徐加入药液,防止反应过猛药液溢出。为调节空气中的湿度,需要蒸发定量水分时,可直接将水加入福尔马林中,这还可减弱反应强度。

(四)氧化剂类

氧化剂是一些含不稳定结合态氧的化合物。氧化剂的使用方法为:

过氧乙酸:400~2 000毫克/升,浸泡2~120分;0.1%~0.5%擦拭物品表面;0.5%~5%环境消毒;0.2%器械消毒。

过氧化氢(双氧水):1%~2%创面消毒;0.3%~1%黏膜消毒。

过氧戊二酸:2%器械浸泡消毒和物体表面擦拭;0.5%皮肤消毒,雾化、气溶胶用于空气消毒。

臭氧:30毫克/米^3,15分室内空气消毒;0.5毫克/升,10分,用于水消毒;15~20毫克/升,用于传染源污水消毒。

高锰酸钾:0.1%溶液可用于鸡的饮水消毒,杀灭肠道病原微生物;0.1%创面和黏膜消毒;0.01%~0.02%消化道清洗;用于体表消毒时使用的浓度为0.1%~0.2%。

(五)酚类消毒剂

酚类消毒剂是消毒剂中种类较多的一类化合物,含酚 41% ~ 49%。醋酸为 22% ~ 26% 的复合酚制剂,是我国生产的一种新型、广谱、高效的消毒剂。

酚类消毒剂的使用方法为:

苯酚:杀菌力强,3% ~ 5% 用于环境与器械消毒,2% 用于皮肤消毒。

复合酚(农福、消毒净、消毒灵):由冰醋酸、混合酚、十二烷基苯磺酸、煤焦油按一定比例混合而成,为棕色黏稠状液体,有煤焦油臭味,对多种细菌和病毒有杀灭作用。用水稀释 100 ~ 300 倍后,用于环境鸡舍、器具的喷雾消毒,稀释用水温度不低于 8℃;1:200 可用于烈性传染病;1:(300 ~ 400)药浴或擦拭皮肤,药浴 25 分,可以防制皮肤寄生虫病。

煤酚皂(来苏儿):由煤酚和植物油、氢氧化钠按一定比例配制而成。3% ~ 5% 用于环境消毒;5% ~ 10% 器械消毒、处理污物;2% 的溶液用于术前、术后和皮肤消毒。

氯甲酚溶液:为甲酚的氯代衍生物,一般为 5% 的溶液。杀菌作用强,毒性较小,主要用于鸡舍、用具、污染物的消毒。用水稀释 33 ~ 100 倍后用于环境、鸡舍的喷雾消毒。

(六)表面活性剂

表面活性剂又称清洁剂或除污剂,生产中常用阳离子表面活性剂,其抗菌谱广,对细菌、霉菌、真菌、藻类和病毒均具有杀灭作用。表面活性剂的使用方法为:

新洁尔灭(苯扎溴铵):市售的通常为 5% 浓度的苯扎溴铵水溶液。皮肤、器械消毒用 0.1% 的溶液(以苯扎溴铵计);黏膜、创口消毒用 0.02% 以下的溶液;0.5% ~ 1% 溶液用于手术局部消毒。

度米芬(杜米粉):皮肤、器械消毒用 0.05% ~ 0.1% 的溶液,带鸡消毒用 0.05% 的溶液喷雾。

楤甲溴铵溶液(百毒杀):市售浓度通常为 10% 楤甲溴铵溶液。饮水消毒,日常 1:(2 000 ~ 4 000)倍稀释,可长期使用;疫病期间 1:(1 000 ~ 2 000)倍稀释,连用 7 天。鸡舍及带鸡消毒,日常 1:600 倍稀释;疫病期间 1:(200 ~ 400)倍稀释后喷雾、洗刷、浸泡。

双氯苯双胍己烷:0.5% 用于环境消毒,0.3% 用于器械消毒,0.02% 用于皮肤消毒。

环氧乙烷(烷基化合物):50 毫克/升密闭容器内用于器械、敷料等消毒。

(七)醇类消毒剂

可快速杀灭多种微生物,如细菌繁殖体、真菌和多种病毒。醇类消毒剂与戊二醛、碘附等配伍,可以增强其作用。醇类消毒剂的使用方法:

乙醇:70%～75%用于皮肤、手术、注射部位、器械和手术台、实验台面消毒,作用时间3分,注意不能作为灭菌剂使用,不能用于黏膜消毒。浸泡消毒时,消毒物品不能带有过多水分,物品要清洁。

异丙醇:50%～70%的水溶液涂擦与浸泡,作用时间5～60分。只能用于物品表面和环境消毒。杀菌效果优于乙醇,但毒性也高于乙醇。有轻度的蓄积和致癌作用。

(八)强碱类

消毒效果好,尤其是对病毒和革兰阴性杆菌的杀灭作用最强,但其腐蚀性也强。强碱类消毒剂的使用方法为:

氢氧化钠(火碱):2%～4%溶液可杀死病毒和繁殖期细菌;30%溶液10分可杀死芽孢;4%溶液45分杀死芽孢,如加入10%食盐能增强杀芽孢能力。2%～4%的热溶液用于喷洒或洗刷消毒,鸡舍、仓库、墙壁、工作间、入口处、运输车辆、饮饲用具等。

生石灰(氧化钙):加水配制10%～20%石灰乳涂刷鸡舍墙壁消毒。

草木灰:取筛过的草木灰10～15千克,加水35～40千克,搅拌均匀,持续煮沸1小时,补足蒸发的水分即成20%～30%草木灰。20%～30%草木灰可用于鸡舍、活动场、墙壁及饲槽的消毒。应注意水温在50～70℃。

(九)重金属类

重金属指汞、银、锌等,因其盐类化合物能与细菌蛋白结合,使蛋白质沉淀而发挥杀菌作用。硫柳汞高浓度可杀菌,低浓度时仅有抑菌作用。重金属类消毒剂使用方法为:

甲紫(龙胆紫):1%～3%溶液用于浅表创面消毒、防腐。

硫柳汞:0.01%用于生物制品防腐;1%用于皮肤或手术部位消毒。

(十)酸类

酸类的杀菌作用在于高浓度时能使菌体蛋白质变性和水解,低浓度时可以改变菌体蛋白两性物质的离解度,抑制细胞膜的通透性,影响细菌的吸收、排泄、代谢和生长。还可以与其他阳离子在菌体表现为竞争性吸附,妨碍细菌的正常活动。有机酸的抗菌作用比无机酸强。酸类消毒剂使用方法为:

无机酸(硫酸和盐酸):0.5摩尔/升的硫酸处理排泄物、痰液等,30分可杀死多数结核杆菌。2%盐酸用于消毒皮肤。

乳酸:蒸汽用于空气消毒,也可用于与其他醛类配伍。

醋酸:5~10毫升/米^{3}加等量水,蒸发消毒房间空气。

十一烯酸:5%~10%十一烯酸醇溶液用于皮肤、物体表面消毒。

(十一)高效复方消毒剂

在化学消毒剂长期应用的实践中,单方消毒剂存在的不足,已不能满足消毒的需要,使用新型、复方消毒剂可以提高消毒的质量、应用范围和使用效果。

1. 复方化学消毒剂配伍类型

复方化学消毒剂配伍类型主要有两大类:

(1)消毒剂与消毒剂 两种或两种以上消毒剂复配,例如季铵盐类与碘的复配、戊二醛与过氧化氢的复配,其杀菌效果达到协同和增效。

(2)消毒剂与辅助剂 一种消毒剂加入适当的稳定剂和缓冲剂、增效剂,以改善消毒剂的综合性能,如稳定性、腐蚀性、杀菌效果等。

2. 常用的复方消毒剂

(1)复方含氯消毒剂 复方含氯消毒剂中,常用的含氯成分主要为次氯酸钠、次氯酸钙、二氯异氰尿酸钠、氯化磷酸三钠、二氯二甲基海因等,配伍成分主要为表面活性剂、助洗剂、防腐剂、稳定剂等。在复合含氯消毒剂中,二氯异氰尿酸钠有效氯含量较高,易溶于水,杀菌作用受有机物影响较小,溶液的pH不受浓度的影响,故作为主要成分应用最多。如用二氯异氰尿酸钠和多聚甲醛配成醛氯合剂用于室内消毒的烟熏剂,使用时点燃合剂,在3克/米^{3}剂量时,能杀灭99.99%的白色念珠菌;用量提高到13克/米^3,作用3小时对蜡样芽孢杆菌的杀灭率可达99.94%,该合剂可长期保存,在室温下32个月杀菌效果不变。

(2)复方季铵盐类消毒剂 表面活性剂通常有和蛋白质作用相同的性质,特别是阳离子表面活性剂的这种作用比较强,具有良好的杀菌能力,特别是季铵盐型阳离子表面活性剂使用较多。作为复配的季铵盐类消毒剂主要以十二烷基、二甲基乙基苄基氯化铵、二甲基苄基溴化铵为多,其他的季铵盐为二甲乙基苄基氯化铵以及双癸季铵盐如甲癸甲溴化铵、溴化双(十二烷基二甲基)乙甲二胺等。

常用的配伍剂主要有醛类(戊二醛、甲醛)、醇类(乙醇、异丙醇)、过氧化物类(二氧化氯、过氧乙酸)以及氯己啶等。另外,还有两种或两种以上阳离子表面活性剂配伍,如用二甲基苄基氯化铵与二甲基乙基苄基氯化铵配合能增加其杀菌力。

（3）含碘复方消毒剂　碘液和碘酊是含碘消毒剂中最常用的两种剂型，但并非复配的首选。碘与表面活性剂的不定型络合物碘附，是碘类复方消毒剂中最常用的剂型。阳离子表面活性剂、阴离子表面活性剂和非离子表面活性剂均可作为碘的载体制成碘附，但其中以非离子型表面活性剂最稳定，所以被较多选用。

常见的为聚乙烯吡咯烷酮、聚乙氧基乙醇等。

（4）醛类复方消毒剂　在醛类复方消毒剂中应用较多的是戊二醛，这是因为甲醛对人体的毒副作用较大并有致癌作用，限制了甲醛复配的应用。常见的醛类复配形式有戊二醛与洗涤剂的复配，降低了毒性，增强了杀菌作用；戊二醛与过氧化氢的复配，远高于戊二醛和过氧化氢的杀菌效果。

（5）醇类复方消毒剂　醇类消毒剂具有无毒、无色、无特殊气味及较快速杀死细菌繁殖体及分枝杆菌、真菌孢子、亲脂病毒的特性。由于醇的渗透作用，某些杀菌剂溶于醇中有增强杀菌的作用，并可杀死任何高浓度醇类都不能杀死的细菌芽孢。因此，醇与物理因子和化学因子的协同应用逐渐增多。

醇类常用的复配形式中以次氯酸钠与醇的复配为最多。用50%甲醇溶液和浓度2 000毫克/升有效氯的次氯酸钠溶液复配，其杀菌作用高于甲醇和次氯酸钠水溶液。乙醇与氯己定复配的产品很多，也可与醛类和碘类等复配。

四、影响化学消毒效果的因素

（一）药物方面

1. 药物的特异性

同其他药物一样，消毒剂对微生物具有一定的选择性，某些药物只对某一部分微生物有抑制或杀灭作用，而对另一些微生物效力较差或不发生作用。也有一些消毒剂对各种微生物均具有抑制或杀灭作用（称为广谱消毒剂）。不同种类的化学消毒剂，因为其本身的化学特性和化学结构不同，所以对微生物的作用方式也不相同。有的化学消毒剂作用于细胞膜或细胞壁，使之通透性发生改变，不能摄取营养；有的消毒剂通过进入菌体内使细胞质发生改变；有的以氧化作用或还原作用毒害菌体；碱类消毒剂是以其氢氧离子，而酸类是以其氢离子的解离作用阻碍菌体正常代谢；有些则是使菌体蛋白质、酶等生物活性物质变性或沉淀而达到灭菌消毒的目的。因此，在选择消毒剂时，一定要考虑到消毒剂的特异性，科学地选择消毒剂。

2. 消毒剂的浓度

消毒剂的消毒效果,通常与其浓度成正比,也就是说,化学消毒剂的浓度愈大,其对微生物的毒性也愈强。但这并不意味着浓度加倍,杀菌力也随之加倍。有的消毒剂,低浓度时对细菌无作用,当浓度增加到一定程度时,可刺激细菌生长,再把消毒剂浓度提高时,可抑制细菌生长,只有将消毒剂浓度增高到有杀菌作用时,才能将细菌杀死。如0.5%的苯酚只有抑制细菌生长的作用而作为防腐剂,当浓度增加到2%~5%时,则呈现杀菌作用。但是消毒剂浓度的增加是有限的,超越此限度时,并不一定能提高消毒效力,有时一些消毒剂的杀菌效力反而随浓度的增高而下降,如70%~75%的乙醇杀菌效力最强,使用95%以上浓度,杀菌效力反而降低,并造成药物浪费。

(二)微生物方面

1. 微生物的种类

由于不同种类微生物的形态结构及代谢方式等生物学特性的不同,其对化学消毒剂所表现的反应也不同。不同种类的微生物,如细菌、真菌、病毒、衣原体、霉形体等,即使同一种类中不同类型如细菌中的革兰阳性细菌与革兰阴性细菌对各种消毒剂的敏感性并不完全相同。因革兰阳性细菌的等电点比革兰阴性细菌低,所以在一定的值下携带的负电荷多,容易与带正电荷的离子结合,易于碱性染料的阳离子、重金属盐类的阳离子及去污剂结合而被灭活;而病毒对碱性消毒剂比较敏感。因此,在生产中要根据消毒和杀灭的对象选用消毒剂,效果才能比较理想。

2. 微生物的状态

同一种微生物处于不同状态时对消毒剂的敏感性也不相同。如同一种细菌,其芽孢因有较厚的芽孢壁和多层芽孢膜,结构坚实,消毒剂不易渗透进去,所以比繁殖体对化学药品的抵抗力要强得多,静止期的细菌要比生长期的细菌对消毒剂的抵抗力强。

3. 微生物的数量

同样条件下,微生物的数量不同对同一种消毒剂的作用也不同。通常来说,细菌的数量越多,要求消毒剂浓度越大且消毒时间也越长。

(三)外界因素方面

1. 有机物质的存在

当微生物所处的环境中有如粪便、痰液、血液及其他排泄物等有机物质存在时,会严重影响到消毒剂的效果。其原因有:①有机物能在菌体外形成一层保护膜,而使消毒剂无法直接作用于菌体。②消毒剂可能与有机物形成一种不溶性化合物,而使消毒剂无法发挥其消毒作用。③消毒剂可能与有机物进行化学反应,而其反应产物并不具杀菌作用。④有机悬浮液中的胶质颗粒状物可能吸附消毒剂离子,而将大部分抗菌成分由消毒液中滤除。⑤脂肪可能会将消毒剂去活化。⑥有机物可能引起消毒剂的 pH 变动,而使消毒剂不活化或效力低下。所以要先用清水将地面、器具、墙壁、皮肤或创口等清洗干净,再使用消毒药。对于有痰液、粪便及有鸡的鸡舍消毒要选用受有机物影响比较小的消毒剂,同时提高消毒剂的用量,延长消毒时间,才能达到较好的效果。

2. 消毒时的温湿度与时间

许多消毒剂在较高温度下消毒效果比较低温度下好,湿度升高可以增强消毒剂的杀菌能力,并能缩短消毒时间。温度每升高 10℃,金属盐类消毒剂的杀菌作用增强 2～5 倍,苯酚则增加 5～8 倍,酚类消毒剂增加 8 倍以上。湿度作为一个环境因素也能影响消毒效果,如用过氧乙酸或甲醛熏蒸消毒时,保持温度在 24℃ 以上,相对湿度 60%～80% 时,效果最好。如果湿度过低,则效果不良。在其他条件都一定的情况下,作用时间越长,消毒效果越好。消毒剂杀灭细菌所需时间的长短取决于消毒剂的种类、浓度及其杀菌速度,同时也与细菌的种类、数量和所处的环境有关。

3. 消毒剂的酸碱度及物理状态

许多消毒剂的消毒效果受消毒环境 pH 的影响。如碘制剂、酸类、来苏儿等阴离子消毒剂,在酸性环境中杀菌作用增强。而阳离子消毒剂如新洁尔灭等,在碱性环境中杀菌力增强。如 2% 戊二醛溶液,在 pH 4～5 的酸性环境下,杀菌作用很弱,对芽孢无效,若在溶液中加入 0.3% 碳酸氢钠碱性激活剂,将 pH 调到 7.5～8.5,即成为 2% 的碱性戊二醛溶液,杀菌作用显著增强,能杀死芽孢。另外,pH 也影响消毒剂的电离度。通常来说,未电离的分子,较易通过细菌的细胞膜,杀菌效果较好。物理状态影响消毒剂的渗透,只有溶液才能进入微生物体内,发挥应有的消毒作用,而固体和气体则不能进入微生物细胞中。因此固体消毒剂必须溶于水中,气体消毒剂必须溶于微生物周围的液层中,才能发挥作用。所以,使用熏蒸消毒时,增加湿度有利于消毒效果的提高。

第三节　生物消毒法

　　生物消毒法是利用自然界中广泛存在的微生物在氧化分解污物(如垫草、粪便等)中的有机物时所产生的大量热能来杀死病原体。在养鸡场中常用粪便和垃圾进行堆积发酵,它是利用嗜热细菌繁殖产生的热量杀灭病原微生物。但这种方法只能杀灭粪便中的非芽孢性病原微生物和寄生虫卵,不适用于芽孢菌及患危险疫病时鸡的粪便消毒。粪便和土壤中有大量的嗜热菌、噬菌体及其他抗菌物质,嗜热菌可以在高温下发育,其最低温度界限为35℃,适温为50~60℃,高温界限为70~80℃。在堆肥内,开始阶段由于一般嗜热菌的发育使堆肥内的温度高到30~35℃,此后嗜热菌便发育而将堆肥的温度逐渐提高到60~75℃,在此温度下,大多数病毒及除芽孢以外的病原菌、寄生虫和虫卵在几天到3~6周死亡。粪便、垫料采用此法比较经济,消毒后不失其作为肥料的价值。生物消毒方法多种多样,在生产中常用的有地面泥封堆肥发酵法、地上台式堆肥发酵法以及坑式堆肥发酵法等。

一、地面泥封堆肥法

　　堆肥地点应选择在距离鸡舍、水池、水井较远处。挖一宽3米,两侧深25厘米向中央稍倾斜的浅坑,坑的长度根据粪便的多少而定。坑底用黏土夯实。用小树枝条或小圆棍横架于中央沟上,以利于空气流通。沟的两端冬天关闭,夏天打开。在坑底铺一层30~40厘米厚的干草或非传染病的鸡的粪便。然后将要消毒的粪便堆积于上。粪便堆放时要疏松,掺10%马粪或稻草。干粪需加水浸湿,冬天应加热水。粪堆高1.2米。粪堆好处,在粪堆的表面覆盖一层厚10厘米的稻草或杂草,然后再在草外面封盖一层10厘米厚的泥土。这样堆放1~3个月后即达消毒目的。

二、坑式堆肥发酵法

　　在适当的场所设粪便堆放坑池若干个,坑池的数量和大小视粪便的多少而定。坑池内壁最好用水泥或坚实的泥土筑成。堆粪之前,在坑底垫一层稻草或其他秸秆,然后堆放待消毒的粪便,上方要堆一层稻草等或其他健康鸡的粪便,堆好后表面盖约10厘米厚的土或草泥。粪便堆放发酵1~3个月即达目的。堆粪时,若粪便过于干燥,应加水浇湿,以便迅速发酵。另外,在生产沼气的地方,可把堆放发酵与生产沼气结合在一起。值得注意的是,生物发酵消毒法不能杀死芽孢。因此,若粪便中含有芽孢杆菌时,则应焚毁或加有效化学药品处理。

堆肥发酵应注意以下几点：

1. 微生物的数量

堆肥是多种微生物作用的结果，但高温纤维分解菌起着更为重要的作用。增加高温纤维菌的含量，可加入已腐熟的堆肥土(10%~20%)。

2. 堆料中有机物的含量

有机物含量占25%以上，碳、氮比例(C∶N)为25∶1。

3. 水分

30%~35%为宜，过高会形成厌氧环境；过低会影响微生物的繁殖。

4. pH

中性、弱碱性环境适合纤维分解菌的生长繁殖。为减少堆肥过程中产生的有机酸，可加入适量的草木灰、石灰等调节pH。

5. 空气状况

需氧性堆肥需氧气，但通风过大会影响堆肥的保温、保湿、保肥，使温度不能上升到50~70℃。

6. 堆表面封泥

对保温、保肥、防蝇和减少臭味都有较大作用，通常以5厘米厚为宜，冬季可增加厚度。

7. 温度

堆肥内温度一般以50~60℃为宜，气温高有利于堆肥效果和堆肥速度提高。

第四节　鸡场消毒措施

一、鸡场入口消毒

鸡场入口是鸡场的通道，也是预防疫病的第一道防线，消毒非常重要。

1. 车辆消毒池

生产区入口必须设置车辆消毒池，车辆消毒池的长度为进出车辆车轮2个周长以上。消毒池上方最好建有顶棚，防止日晒雨淋。消毒池内放入2%~4%的氢氧化钠溶液，每周更换3次。北方地区冬季严寒，可用石灰粉代替消毒液。有条件的可在生产区入口设置喷雾装置，喷雾消毒液可采用0.1%百毒杀溶液、0.1%新洁尔灭或0.5%过氧乙酸。

2. 消毒室

场区门口与鸡舍门口要设置消毒室,人员及用具进入要消毒。消毒室内安装紫外线灯(1～2瓦/米^3);有脚踏消毒池,内放2%～5%的氢氧化钠溶液。进入人员要换鞋、工作服等。如有条件,可以设置淋浴设备,洗澡后方可入内。脚踏消毒池中消毒液每周至少更换2次。

二、场区环境消毒

1. 平时消毒

平时应做好场区环境和卫生工作,定期使用高压水枪冲洗路面及其他硬化的场所,每月对场区环境进行一次环境消毒。

2. 进鸡前的消毒

进鸡前对鸡舍周围5米以内的地面用0.2%～0.3%过氧乙酸或5%的氢氧化钠溶液进行彻底喷洒;鸡场道路使用3%～5%的氢氧化钠溶液喷洒;鸡舍内使用3%氢氧化钠(笼养)或百毒杀喷洒消毒。

3. 进鸡后的消毒

鸡场周围环境应保持清洁卫生,不乱堆放垃圾与污物,道路每天要清扫。鸡场、鸡舍周围和场内的道路每周要消毒1～2次,生产区的主要道路每天或隔日喷洒消毒,使用3%～5%氢氧化钠或0.2%～0.3%过氧乙酸喷洒,每平方米面积药液用量为300～400毫升;如果发生疫情,场区环境每天都要消毒。

三、鸡舍门口消毒

每栋鸡舍的门前也要设置脚踏消毒槽,消毒槽内放置5%氢氧化钠溶液,进出鸡舍最好换穿专用橡胶长靴,在消毒槽中浸泡1分,并进行洗手消毒,穿戴消毒过的工作衣和工作帽进入鸡舍。

四、鸡舍消毒

1. 空舍消毒

鸡转入前或淘汰后,对空舍要进行彻底的清洗和消毒,为下一批鸡创造一个洁净卫生的条件,有利于减少疾病和维持鸡体健康。为了获得确实的消毒效果,鸡舍全面消毒应按鸡舍排空、清扫、洗净、干燥、消毒、干燥、消毒的顺序进行,鸡群更新原则是"全进全出",特别是肉鸡,每批饲养结束后要有2～3周的空舍时间。对所有的鸡尽量在短期内全部清转,对不同日龄共存的,可将某一日龄的鸡舍与附近的舍排空。鸡舍消毒的步骤如下:

(1)清理清扫　新建鸡舍,将鸡舍清扫干净;使用过的鸡舍,移出能够移出的设备与用具,如料槽、饮水器、加温设备等,清理舍内杂物。然后将鸡舍各个部位、任何角落所有灰尘、垃圾和粪便清理、清扫干净。为减少尘土飞扬,清洁前要用3%的氢氧化钠溶液喷洒地面、墙壁等。通过清扫,可使环境中的细菌含量减少21%左右。

（2）冲洗　经过清扫后,用动力喷雾器或高压水枪进行冲洗,冲洗按照从上至下、从里至外的顺序进行。对较脏的地方,可事先进行人工刮除,并注意对角落、缝隙、设施背面的冲洗,做到不留死角、不留一点污垢,真正达到清洁的目的。有些设备不能冲洗,可以使用抹布擦净上面的污垢。清扫、洗净后,鸡舍环境中的细菌可减少50%~60%。

（3）消毒药喷洒　鸡舍经彻底洗净、检修维护后即可进行消毒。待鸡舍冲洗干燥后,用5%~8%的氢氧化钠溶液喷洒地面、墙壁、屋顶等各2~3次。对于不宜用氢氧化钠喷洒的设备可以用抹布蘸取消毒药擦拭。为了提高消毒效果,通常要求鸡舍消毒应使用2~3种不同类型的消毒药进行2~3次消毒。一般第一次使用碱性消毒药,第二次使用表面活性剂类、卤素类、醛类等消毒药。

（4）移出的设备消毒　鸡舍内移出的设备用具应放到指定地点,先清洗再消毒。如果能够放入消毒池内浸泡的,最好放在3%~5%的氢氧化钠溶液或3%~5%的福尔马林溶液中浸泡3~5小时,不能放入池内的,可以使用3%~5%的氢氧化钠溶液彻底全面喷洒。消毒2~3小时后,用清水清洗,放在阳光下暴晒备用。

（5）熏蒸消毒　能够密闭的鸡舍,特别是雏鸡舍,将移出的用具和设备移入舍内,密闭熏蒸。熏蒸常用的药物是福尔马林和高锰酸钾,熏蒸时间为24~48小时,熏蒸后待用。经过甲醛熏蒸消毒后,舍内环境中的细菌减少90%。

熏蒸操作方法如下:①封闭鸡舍的窗户和所有缝隙。如果使用的是能够关闭的玻璃窗,可以关闭窗户,用纸条把缝隙粘贴起来,防止漏气。如果不能关闭的窗户,可以使用塑料布封闭整个窗户。②准确计算药物用量。根据鸡舍的空间分别计算好福尔马林和高锰酸钾的用量。要依据鸡舍的污染程度选用不同的浓度,如果新的鸡舍一般每立方米用30毫升甲醛和15克高锰酸钾;使用过的鸡舍每立方米可以用40毫升甲醛和20克高锰酸钾。③熏蒸操作:选择的容器通常是瓦制的或陶瓷的,禁用塑料的(反应腐蚀性较大,温度较高,容易引起火灾)。容器容积是药液量的8~10倍(熏蒸时,两种药物反应剧烈,因此盛装药品的容积尽量大一些,否则药物易流到容器外,反应不充分)。鸡舍面积大时可以多放几个容器。把高锰酸钾放入容器内,将福尔马林溶液缓慢倒入,迅速撤离,封闭好门。熏蒸后可以检查药物反应情况,若残渣是一些微湿的褐色粉末,则表明反应良好;若残渣呈紫色,则表明福尔马林量不足或药效降低;若残渣太湿,则表明高锰酸钾量不足或药效降低。④熏蒸的最佳条件:熏蒸效果最佳的环境温度是24℃以上,相对湿度在75%~80%,熏蒸24~48小时,熏蒸后打开门窗通风换气1~2天,使其中甲醛气体逸出。不立即使用的可以不打开门窗,待用前再打开门窗通气。⑤停留指定时间后,打开通风器,如有必要,升温至15℃,先开出气阀后开进气阀。可喷洒25%的氨水溶液来中和残留的甲醛。

2. 带鸡消毒

带鸡消毒是指鸡入舍后至出舍整个饲养期使用有效的消毒剂对鸡舍环境和鸡体表喷雾,以杀死悬浮于空气中和附着在体表的病原菌。

进雏时,应在雏鸡进入鸡舍之前,在舍外将运雏箱进行全面消毒,防止把附着在箱上的病原微生物带入舍内。遇到禽流感、新城疫、传染性法氏囊炎等流行时,须揭开箱盖连同雏鸡一并进行喷雾消毒。进雏前1周,育雏舍每天轻轻消毒1~2次,以后每周2~3次,发生疫情时可每天消毒1~2次。

喷雾消毒以地面、墙壁、天花板均匀湿润和鸡体表微湿的程度为止,最好有2~3种消毒药交替使用。喷雾时应将舍内温度比平时提高3~4℃,冬季寒冷不要把鸡体喷得太湿,也可使用温水稀释。夏季带鸡消毒有利于降温和减少热应激死亡。

3. 鸡舍中设备用具消毒

饲喂、饮水用具每周洗刷消毒1次,炎热季节应增加消毒次数,饲喂雏鸡的开食盘或塑料布,正、反两面都要清洗消毒。可移动的料槽和饮水器要放入水中清洗,刮除食槽上的饲料结块,放在阳光下暴晒。固定的料槽和饮水器,应彻底水洗干净。待干燥后,用常用阳离子清洁剂或两性清洁剂消毒,也可用高锰酸钾、过氧乙酸或漂白粉消毒,如可使用5%漂白粉溶液喷洒消毒。拌饲料的用具及工作服每天用紫外线照射1次,照射20~30分。其他用具、医疗器械必须冲洗后再煮沸消毒。

五、人员消毒

饲养人员在接鸡前,需洗澡、换洗随身穿着的衣服、鞋、袜等,并换上用过氧乙酸消毒过的工作服和工作鞋、工作帽等。饲养员每次进舍前需换工作服、鞋,脚踏消毒池,并用紫外线照射消毒10~20分,手接触饲料和饮水前需要用过氧乙酸或次氯酸钠、碘制剂等溶液浸洗消毒。本场工作人员出去回来后应彻底地消毒,如果去发生过传染病的地方,回场后要进行彻底消毒,并经短期隔离确认安全后方能进场。饲养人员要固定,不得窜舍。发生烈性传染病的鸡舍饲养人员必须严格隔离,按规定的制度解除封锁。其他管理人员进入鸡场和鸡舍也要严格消毒。

六、饮水消毒

鸡饮水应清洁无毒、无病原菌,符合人的饮用水标准。生产中使用干净的自来水或深井水。但进入鸡舍后,露在空气中的饮水可被舍内空气、粉尘、饲料中的细菌污染。病鸡可通过饮水系统将病原体传给健康者,从而引发呼吸系统、消化系统疾病。如果在饮水中加入适量的消毒药物则可以杀死水中带的病原体。

临床上常见的饮水消毒剂多为氯制剂、碘制剂和复合季铵盐类等,但季铵化合物只适用于 14 周龄以下禽饮用水的消毒,不能用于产蛋禽。消毒药可以直接加入水塔或水箱中,用药量应以最远端饮水器或水槽中的有效浓度达该消毒药的最适饮水浓度为宜。但应注意,鸡喝的是经过消毒的水而不是喝的消毒药水,任意加大水中消毒药物的浓度或长期使用,除可引起急性中毒外,还可杀死或抑制肠道内的正常菌群影响饲料的消化吸收,对鸡健康造成危害,另外影响疫苗防疫效果。饮水消毒应该是预防性的,而不是治疗性的,因此消毒剂饮水要谨慎行事。在饮水免疫的前后 2 天(共 5 天),不可在饮水中加入消毒剂。

七、垫料

使用碎草、稻壳或木屑作垫料时,必须在进雏前 3 天用消毒液(10% 百毒杀 400 倍液、新洁尔灭 1 000 倍液或过氧乙酸 2 000 倍液)进行掺拌消毒。这不仅可以杀灭病原微生物,而且还能补充育雏舍内的湿度,以维持适合育雏需要的湿度。

清除的垫料与粪便应集中堆放,如无传染病可疑时,可以用生物热消毒法;如确认某种传染病时,应将全部垫料和粪便深埋或焚烧。

第五节　人工授精器械消毒

人工授精需要集精杯、储精器和授精器及其他用具,使用前需要进行彻底清洁消毒,每次使用后也要清洗干净消毒后以备下次再用。其消毒方法如下:

一、新购器具消毒

新购的玻璃器具常附着有游离的碱性物质,可先用肥皂水浸泡和洗刷,然后用自来水洗净,浸泡在1%~2%盐水溶液中4小时,再用自来水冲洗,后用蒸馏水煮沸0.5小时,晾干备用。

二、使用过程消毒

每次使用的采精杯、储精器浸在清水中,然后用毛刷或大骨鸡毛细心刷洗,用自来水冲洗干净后放在干燥箱内高温消毒备用;或用蒸馏水煮沸0.5小时,晾干备用。

授精器应该反复冲洗,然后再用自来水冲洗干净煮沸消毒,或浸在0.1%的新洁尔灭溶液中过夜消毒,第二天再用蒸馏水冲洗,晾干备用。如果使用的是塑料制微量吸液器,则不能煮沸消毒。每操作一只母鸡后使用70%的乙醇溶液擦拭授精器的头部,防止由于授精而相互污染。

第六节 种蛋消毒

种蛋产出后,经过泄殖腔会被泌尿和消化道的排泄物所污染,蛋壳表面存在有多种细菌,如沙门菌、大肠杆菌、亚利桑那菌等。随着时间的推移,细菌繁殖很快。虽然种蛋有胶质层、蛋壳和内膜等几道自然屏障,但它们都不具备抗菌性能,所以部分细菌可以通过一些气孔进入蛋内,严重影响种蛋的质量,对孵化极为不利。因此需要对种蛋进行认真消毒。

一、种蛋的消毒时机

种蛋的细菌数量与种蛋产出的时间和种蛋的污浊程度呈高度的正相关。如刚产出的蛋细菌数量为300~500个;产出15分后增至1 500~3 000个;1小时后增至20 000~30 000个。清洁的蛋,细菌数为3 000~3 400个;沾污蛋细菌数为25 000~28 000个;脏蛋为39 000~43 000个。另外,气温高低和湿度大小也会影响种蛋的细菌数。所以,种蛋的消毒时机应该在蛋产出后立即消毒,可以消灭附着在蛋壳上的绝大部分细菌,防止细菌侵入蛋内,但在生产中不易做到。生产中,种蛋的第一次消毒是在每次捡蛋完毕,立即进行消毒。为缩短蛋产出到消毒的间隔时间,可以增加捡蛋次数,每天可以捡蛋5~6次。种蛋在入孵前和孵化过程中,还要进行多次消毒。

二、消毒方法

(一)蛋产出后的消毒

蛋产出后,通常采用熏蒸消毒法。

1.福尔马林熏蒸消毒

在鸡舍内或其他合适的地方设置一个封闭的箱体,箱的前面留一个门,为方便开启和关闭箱体用塑料布封闭。箱体内据地面30厘米处设钢筋或木棍,下面放置消毒盆,上面放置蛋托。按照每立方米空间用福尔马林30毫升、高锰酸钾15克。根据消毒容器称好高锰酸钾放入陶瓷或玻璃容器内(其容积比福尔马林溶液大5~8倍),再将所需福尔马林量好后倒入容器内,二者相遇发生剧烈化学反应,可产生大量甲醛气体杀死病原菌。密闭20~30分后排出余气。

2.过氧乙酸消毒法

过氧乙酸是一种高效、快速、广谱消毒剂,消毒种蛋每立方米用含16%的过氧乙酸溶液40~60毫升,加高锰酸钾4~6克熏蒸15分。过氧乙酸遇热不稳定,如40%以上浓度加热至50℃易引起爆炸,应在低温下保存。过氧乙酸无色透明、腐蚀性强,不能接触衣服、皮肤,消毒时可用陶瓷或搪瓷盆盛装,现配现用。

(二)种蛋入孵前消毒

种蛋入孵前可以使用熏蒸法、浸泡法和喷雾法消毒。

1.熏蒸法

将种蛋码盘装入蛋车后推入孵化箱内进行福尔马林或过氧乙酸熏蒸。

2.浸泡法

使用消毒液浸泡种蛋。常用的消毒剂有0.1%新洁尔灭溶液、0.05%高锰酸钾溶液、0.1%的碘溶液、0.02%的季铵溶液等。浸泡时水温控制在43~50℃。此法适合孵化量少的小型孵化场的种蛋消毒,在消毒的同时,可对入孵种蛋起到预热的作用。散养鸡脏蛋较多时,较为常用此法。如取浓度为5%的新洁尔灭原液一份,加50倍40℃温水配制成0.1%的新洁尔灭溶液,把种蛋放入该溶液中浸泡5分,捞出沥干入孵。如果种蛋数量多,每消毒30分后再添加适量的药液以保证消毒效果。

使用新洁尔灭时,不要与肥皂、高锰酸钾、碱等并用,以免药液失效。

3.喷雾法

(1)新洁尔灭溶液喷雾　新洁尔灭原浓度为5%,加水50倍配成0.1%的溶液,用喷雾器喷洒于种蛋表面(注意上、下蛋面均要喷到),经 3 ~ 5 分,药液干后即可入孵。

(2)过氧乙酸溶液喷雾消毒　用 10% 的过氧乙酸原液,加水稀释 200 倍,用喷雾器喷于种蛋表面。过氧乙酸对金属及皮肤有损害,用时应注意避免使用金属容器盛药和勿与皮肤接触。

(3)二氧化氯溶液喷雾消毒　用浓度为 80 微克/毫升微温二氧化氯溶液对蛋面进行喷雾消毒。

(4)季铵盐溶液喷雾消毒　200 毫克/千克季铵盐溶液,直接用喷雾器把药液喷洒在种蛋的表面,消毒效果良好。

4. 温差浸蛋法

对于受到某些疫病病原,如败血支原体、滑液囊支原体污染的种蛋可以采用温差浸蛋法。入孵前将种蛋在 37℃ 下预热 3 ~ 6 小时,当蛋温度升到 32.2℃ 左右时,放入抗菌药(硫酸庆大霉素、泰乐菌素、红霉素)中,浸泡 15 分取出,可杀死大部分支原体。

5. 紫外线及臭氧发生器消毒法

紫外线消毒法是安装 40 瓦紫外线灯管,距离蛋面 40 厘米,照射 1 分,翻过种蛋的背面再照射一次即可。臭氧发生器消毒是把臭氧发生器装在消毒柜或水房内,放入种蛋后关闭所有气孔,使室内的氧气变成臭氧,达到消毒的目的。

三、注意事项

(一)种蛋保存前消毒(在种鸡舍内进行)

通常不使用溶液法,因为使用溶液法容易破坏蛋壳表面的胶质层。保护膜破坏后,蛋内水分容易蒸发,细菌也容易进入蛋内,不利于蛋的存放和孵化。

(二)熏蒸消毒的空间密闭要好

要达到理想的消毒效果,要求消毒的环境温度在 24 ~ 27℃,相对湿度 75% ~ 80%。熏蒸消毒只能对外表清洁的种蛋有效,外表粘有粪土或垫料等的脏蛋,熏蒸消毒效果不好,所以要将种蛋中的脏蛋淘汰或用湿布擦洗干净再熏蒸消毒。

(三)使用浸泡法消毒时,溶液的温度要高于蛋温

如果消毒液的温度低于蛋温,种蛋内容物收缩,使蛋形成负压,这样反而会使少数蛋表面微生物或异物通过气孔进入蛋内,影响孵化效果。另外,溶液的温度高于蛋温可使种蛋预热。传统的热水浸蛋(不加消毒剂)只能预热种蛋,起不到消毒作用。

　　另外,运载工具、种蛋的蛋箱、雏鸡箱和笼具等频繁出入鸡舍,必须经过严格消毒。

　　所有运载工具应事先洗刷干净,干燥后进行熏蒸消毒备用。种蛋收集后经熏蒸后方可进入仓库或孵化室。

第九章 鸡的免疫程序

　　国内外没有一个免疫程序可以适合所有地区的各个规模养鸡场,不同的规模鸡场应该根据当地传染病流行特点来确定免疫接种的疫苗种类、先后次序及间隔时间,制订出适合本场的免疫接种程序。切忌没有根据地胡乱照搬,结果导致该防的没防或没防好,不该防的反而防了,既增加了免疫成本,又人为把病原(疫苗毒)带进本场,给以后疫病的防控增加了困难。

第一节　免疫程序的制订

一、疫病流行情况

制订免疫程序首先考虑的是了解本地区以往及目前疫病流行的情况,对于当地经常流行、危害性大的疫病必须列入免疫范围,对当地没有发生过也没有从外地传入可能性的传染病不必进行免疫接种,对于某些未查清楚流行情况的新病要谨慎对待,不能盲目使用疫苗,以免疫苗接种后引入新的病原造成该病在本地区流行。

二、首免时间

首免时间要根据疫病发生规律和鸡的母源抗体水平确定。

1. 疫病发生规律

不同的疫病有不同的发展规律。有的对各种年龄的鸡都有致病性,如禽流感、新城疫、大肠杆菌病等;有的只是对某一阶段的鸡有易感性,如马立克病雏鸡的易感性最高、喉气管炎成年鸡易感性高、法氏囊病主要危害 2~6 周龄鸡等;有的传染病发生有一定的季节性,如鸡痘以蚊子活跃的季节最易流行、禽流感以寒冷的冬季多发等;有的传染病一年四季均可发生,如鸡传染性支气管炎、鸡慢性呼吸道病等。因此,要依据不同疫病发生的日龄、季节等确定首免时间。首免一般安排在该病发生高峰前 1~2 周进行。

2. 母源抗体水平

母源抗体可以使雏鸡在一定日龄内抵抗疫病的侵袭。但随着日龄的增长,母源抗体水平会逐渐降低。若在母源抗体水平较高时给鸡接种,会有较多的疫苗被母源抗体中和,导致免疫失败。若母源抗体水平过低未及时接种疫苗,容易形成免疫空白期,加大传染病的发生风险。因此在免疫时应注意鸡群的日龄和有无这种疫病的母源抗体,根据不同情况,正确选择免疫时机,在母源抗体水平下降到临界值时进行免疫接种。

三、免疫次数及免疫间隔

1. 免疫次数

免疫接种的次数,应根据鸡免疫接种后产生免疫力的强弱、免疫力维持时间的长短、免疫应答能力的高低、不同品种生产需要等因素来确定。

初次免疫时,动物产生的主要是 IGM 抗体,该抗体产生速度较慢,抗体水平较低,一般需要再加强免疫才能起到理想的免疫效果。对于不同品种生产需求的鸡,其免疫次数也不一样。如种鸡和蛋鸡因饲养周期较长其免疫次数相对较多,而肉杂鸡和柴鸡免疫次数相对较少,商品代肉鸡免疫次数最少。

2. 免疫间隔时间

免疫间隔时间主要根据免疫后抗体水平的高低和维持时间来决定。一般首免产生的 IgM 抗体水平低且维持时间短,二免产生的 IgG 抗体水平高且持续时间长,所以一免与二免的时间间隔不易太长,而二免与三免的时间间隔可以延长。有些需经常维持较高抗体水平的疫病,如鸡新城疫、禽流感等,要根据定期抗体检测的结果来确定最好的加强免疫时间。对于有季节性流行特点的疫病,可以在该病的流行季节前后缩短或延长免疫接种的间隔时间,如禽流感在寒冷的冬季多发,所以冬季预防禽流感时其间隔时间可相对缩短。

四、生产需要

不同的生产需要应该有不同的免疫程序,以达到其相应的防疫目的,如种鸡,其免疫后合格的抗体水平不仅是自身健康生长的需要,也是其所供雏鸡较高母源抗体的保证。所以,对于种鸡不仅要做好常规预防接种,还要在产蛋期做好法氏囊等苗的预防,以使其所供雏鸡对早期的法氏囊感染有一定的抵抗力。

五、疫苗种类及疫苗间的干扰

疫苗的种类很多,按毒株的强弱来区分包括:活苗(弱毒苗和强毒苗)、死苗(灭活苗);按佐剂不同来区分包括:冻干苗、油苗、铝胶苗、蜂胶苗等;按防病数量来区分包括:单价苗、双价苗、多价苗、联苗等。各种苗有各种苗的特点,如活疫苗抗体产生快,免疫剂量小,免疫应答全面且免疫效果好,但存在散毒的危险,并由于其免疫原性强,对机体应激较大,对隐性感染鸡群容易引起群体发病。灭活疫苗安全性高,免疫期长,但不易产生局部黏膜免疫,用量大,成本高,用后 2~3 周才能刺激机体产生免疫保护力。联苗能减少防疫次数,成本较低,可同时预防两种或多种疫病,但实践中发现防疫效果往往不如单苗单用。在制定免疫程序时,同一种疫苗一般应根据毒力先弱后强安排,不同疫苗应考虑死苗活苗同时使用,以获得我们需要的预期免疫。在疫苗搭配使用时,要尽量选用相互之间无干扰或干扰较小者配合使用,以确保防疫的有效性。

六、免疫途径

目前常用的接种方法有:点眼、滴鼻、刺种、饮水、皮下或肌内注射、气雾等,不同疫苗或同一疫苗使用不同的免疫途径,其免疫效果也不同。点眼、滴鼻多用于弱毒苗的免疫,该方法免疫均匀度高,能提高局部免疫和全身免疫,但需逐只接种,且产生的免疫抗体效价较低,需多次接种。刺种一般只适用于鸡痘疫苗。饮水免疫方法最简便,为使每只鸡都能喝到疫苗,免疫前需断水一段时间,但其免疫效果不均匀。气雾免疫可节省劳动量,对嗜呼吸道冻干疫苗效果较好,但其诱导鸡群发生呼吸道病。注射免疫主要用于灭活疫苗的预防接种,其中皮下注射主要通过淋巴管吸收,肌内注射通过淋巴管和血管吸收,该方法剂量准确,可产生高而均匀的抗体,但其工作量大,对鸡的应激也大。设计免疫程序时,应根据实际情况选择合理的免疫途径。

第二节　鸡的参考免疫程序

因为品种、用途等不同,鸡的免疫程序也不同,种鸡的参考免疫程序见表9-1,商品蛋鸡的参考免疫程序见表9-2,柴鸡的参考免疫程序见表9-3,红麻鸡、商品肉鸡的参考免疫程序见表9-4。

表9-1　种鸡的参考免疫程序

日龄	疫苗种类	免疫方法	免疫剂量	备注
1	马立克	颈背部皮下注射	1羽份/只鸡	
	新支H120(含肾传染性支气管炎)	滴鼻或点眼	1.2羽份/只鸡	
7	新支流三联	颈背部皮下注射	0.3毫升/只	
	鸡痘	刺种	2羽份/只	
11	法氏囊	滴口	1.2羽份/只	
16	支原体	点眼	2羽份/只	
21	新支H52	饮水	3羽份/只	
28	法氏囊	饮水	3羽份/只	
35	H5流感	颈背部皮下注射	0.3~0.4毫升/只	
40	三价鼻炎	颈背部皮下注射	0.3~0.4毫升/只	
	喉气	点眼	1羽份/只	非疫区不用
60	新流二联	皮下或肌内注射	0.5毫升/只	
	新支H52	饮水	3羽份/只	
	鸡痘	刺种	3羽份/只	

日龄	疫苗种类	免疫方法	免疫剂量	备注
70	H5 流感	皮下或肌内注射	0.5 毫升/只	
90	三价鼻炎	皮下或肌内注射	0.5 毫升/只	
	喉气	点眼	1 羽份/只	非疫区不用
100	脑脊髓炎	饮水	1 羽份/只	
110	H5 + H9 流感	皮下或肌内注射	0.8 毫升/只	
120	新支减三联	皮下或肌内注射	0.5 毫升/只	
	新城疫	饮水	5 羽份/只	
130	法氏囊油苗	皮下或肌内注射	0.5 毫升/只	

表 9 - 2　商品蛋鸡参考免疫程序

日龄	疫苗种类	免疫方法	免疫剂量	备注
1	马立克	颈背部皮下注射	1 羽份/只	
7	新支流三联	颈背部皮下注射	0.3 毫升/只	
	鸡痘	刺种	2 羽份/只	
	新支 H120(含肾传染性支气管炎)	滴鼻或点眼	1.2 羽份/只	
11	法氏囊	滴口	1.2 羽份/只	
16	支原体	点眼	2 羽份/只	
21	新支 H52	饮水	3 羽份/只	
28	法氏囊	饮水	3 羽份/只	
35	H5 流感	颈背部皮下注射	0.3~0.4 毫升/只	
40	二价或三价鼻炎	颈背部皮下注射	0.3~0.4 毫升/只	
	喉气	点眼	1 羽份/只	非疫区不用
70	新流二联	皮下或肌内注射	0.5 毫升/只	
	新支 H52	饮水	3 羽份/只	
	鸡痘	刺种	3 羽份/只	
80	H5 流感	皮下或肌内注射	0.5 毫升/只	
90	二价或三价鼻炎	皮下或肌内注射	0.5 毫升/只	
	喉气	点眼	1 羽份/只	非疫区不用
110	H5 + H9 流感	皮下或肌内注射	0.8 毫升/只	
120	新支减三联	皮下或肌内注射	0.5 毫升/只	
	新城疫	饮水	5 羽份/只	

表9-3　柴鸡参考免疫程序

日龄	疫苗种类	免疫方法	免疫剂量	备注
1	马立克	颈背部皮下注射	1羽份/只	
7	新支流三联	颈背部皮下注射	0.3毫升/只	
	鸡痘	刺种	2羽份/只	
	新支H120(含肾传染性支气管炎)	滴鼻或点眼	1.2羽份/只	
14	法氏囊	滴口	1.2羽份/只	
21	新支H52	饮水	3羽份/只	
28	法氏囊	饮水	3羽份/只	
35	H5流感	颈背部皮下注射	0.3~0.4毫升/只	
	喉气	点眼	1羽份/只	非疫区不用
70	新流二联	皮下或肌内注射	0.5毫升/只	
	新支H52	饮水	3羽份/只	
	鸡痘	刺种	3羽份/只	
100	H5+H9流感	皮下或肌内注射	0.6毫升/只	
120	新支减	皮下或肌内注射	0.5毫升/只	
	新城疫	饮水	5羽份/只	

表9-4　红麻鸡、商品肉鸡参考免疫程序

日龄	疫苗种类	免疫方法	免疫剂量	备注
7	新支流三联	颈背部皮下注射	0.3毫升/只	
	鸡痘	刺种	2羽份/只	
	新支H120(含肾传染性支气管炎)	滴鼻或点眼	1.2羽份/只	
14	法氏囊	滴口	1.2羽份/只	
21	新支H52	饮水	3羽份/只	
28	法氏囊	饮水	3羽份/只	
40	新城疫	饮水	4羽份/只	

第三节　免疫接种的方法

一、滴鼻或点眼

滴鼻或点眼方法免疫效率高,但劳动强度大,一般用于呼吸道疾病疫苗的免疫,如传染性支气管炎病。这种方法滴在鼻或眼中的稀释疫苗约为0.03毫升。稀释剂染色有助于观察鼻或眼周围的颜色来检查免疫的质量。免疫鸡一般见喙、鼻裂周围或舌边缘有颜色。

操作方法:

第一,用一瓶疫苗与一瓶稀释液成比例调配疫苗。

第二,将封口和塞子从疫苗瓶子上去掉。

第三,去掉稀释液瓶上的铝封盖和塞子,将一个接合器的一端插入瓶中。

第四,平稳垂直地握住稀释液的瓶子,将疫苗瓶子插在长接合器的另一端上。

第五,颠倒两瓶的位置,使疫苗瓶在下,稀释液可以注入疫苗瓶。

第六,拿住上述液瓶的两端,用力震荡,使疫苗完全溶解。

第七,去掉与稀释液瓶对接的疫苗瓶,并配上滴液器。

第八,将稀释好的疫苗瓶倒置,滴头向下拿在手中。

第九,滴鼻时,操作者用一只手将鸡拿起,拇指、食指擒住鸡头,将一侧鼻孔向上,顺势用食指盖住鸡的下侧鼻孔,滴头和鼻保持1厘米左右距离,将一滴疫苗滴入上侧鼻孔,稍等片刻,在确保其完全吸入前不要放开手。

第十,点眼时,在滴完鼻后,滴一滴疫苗在鸡的一侧眼内,待疫苗完全吸收后放鸡。

第十一,疫苗稀释后,应在1小时以内用完。

二、饮水免疫

饮水免疫是商品化养鸡场普遍使用的一种免疫方法。其操作方法为:

第一,免疫前24小时水中禁用药物及清洁剂,不要在免疫后24小时内恢复用药。

第二,用于活毒疫苗免疫的饮水必须是无氯的,可加入适量脱脂奶粉或其他免疫增效剂。

第三,要提供足够的饮水器,使2/3的鸡能够同时饮到水,提前擦洗饮水器的水,必须新鲜、清洁、无氯,不可使用清洁剂;自动上水系统要提前用清水冲洗水管,冲洗后关掉自动饮水器,以确保饮水用的水为免疫药水。

第四,免疫前需停止供水,一般约2小时,使鸡群达到轻度口渴的程度,这样才能取得最好的效果。气候因素决定着停水时间的长短。如果从开始饮加疫苗的水到最后一只饮加疫苗的水之间持续约2小时说明渴欲控制在最佳状态。2小时一般所有的鸡都能喝到加疫苗的水。这些需要根据气候的变化不断地进行调整,若温度很高则需减少停水时间,若温度很低则需延长停水时间。

第五,饮水免疫要适当增加疫苗的用量,而且水温不宜过高,以免影响疫苗的效力。

第六,加入的水量要适当,既要使每只鸡都能喝到水,又要保证疫苗水在短时间内饮用完毕。

三、气雾免疫

气雾免疫接种是通过气雾发生器,用压缩空气将稀释的疫苗喷射出,使之形成雾化粒子悬浮于空气中,通过呼吸作用而刺激鸡口腔或呼吸道等部位黏膜以达到免疫作用。其操作方法为:

第一,喷雾免疫前24小时开始停止使用消毒药,喷雾免疫后48小时也不能使用任何消毒药。

第二,在喷雾免疫前鸡舍内应用清水进行加湿以降低鸡舍内的灰尘,增加环境湿度以达到最佳喷雾免疫效果。

第三,喷雾免疫前中后鸡群可投用一些抗应激的药物。

第四,设备准备:调整好空气压缩机,如机油、接线、开关等;调整好送气管,如长度、接口、不要打结等;调整好喷雾颗粒大小(只要颗粒大小在100~150微米,喷雾免疫的效果一般都很好。而直径不超过20微米的小雾滴可进入到呼吸道的深部,如果是呼吸道病疫苗可能会引起免疫反应过强),喷枪进气、水管畅通。

第五,一般用蒸馏水稀释疫苗。尽管因为所选择的喷雾器不同造成用水量的不同,比较普遍的推荐量为每20 000只免疫鸡用22.7升水。免疫鸡群时,应关闭排风扇,将光线调到尽可能暗的程度,只要不影响免疫人员在鸡舍中的行动即可。

第六,操作人员在鸡舍内缓慢匀速前进,使喷出的雾滴在鸡头上部30厘米悬浮,直至喷完所有疫苗。有效的喷雾免疫技术应让鸡接触雾化的疫苗5~10秒。

第七，气雾完毕立即开灯。如果可能，免疫后打开排风扇调到最低风速持续15分。

四、注射免疫

1. 连续注射器的准备与消毒

在免疫前兽医人员应准备好足够数量的连续注射器及配件，按生产厂家规定的方法进行消毒，安好针头、调好计量。

2. 注射用疫苗准备

冻干苗的稀释：先去掉疫苗瓶封口，再将专用稀释液注入疫苗瓶至半满，将疫苗摇匀至完全溶解；然后吸出疫苗至稀释液瓶中，并用稀释液2~3次清洗疫苗瓶。

灭活苗应提前从冰箱中取出，置于鸡舍内预温，使用前充分摇匀。

3. 颈背部皮下注射

操作方法：首先将鸡固定好，用大拇指和食指捏住颈中线的皮肤向上提起，使皮下出现一个空囊，然后将针头从颈部下1/3处，针孔向下与皮肤呈45°从前向后方向从两指间插入空囊将疫苗注入。特别注意针头不要插得太深或在其中搅动，以避免损伤皮下血管和神经。

4. 胸部皮下注射

适用于10~30日龄的鸡，也可用于成鸡。

操作方法：将鸡固定仰放，用食指与中指将一侧胸部皮皱挤出一个空囊，或用针头挑出一个空囊，注入疫苗。

5. 肌内注射

适用于肌肉比较发达的鸡，即已进入育成阶段的鸡。

操作方法：注射部位以胸部肌肉为好，操作者抓住鸡的两翅，使鸡安静后，从胸肌最肥厚处，鸡胸大肌上1/3处，与胸大肌注射点切面成30°~45°斜向进针注射疫苗，要尽量不超过45°，以免刺入胸腔，伤及内脏。也可于腿部肌内注射，以大腿无血管处为佳。

注射免疫时应注意如下几点：①皮下注射使用7号短针头；胸肌注射使用9号短针头。②至少每千只鸡更换一次针头，已污染的针头和一切能与疫苗接触的东西在重新消毒之前不能使用。每打50只鸡摇动一次疫苗瓶。③在注射过程中发现未注入疫苗或量不足时，应及时查明原因，进行补免；注射过程中有漏免鸡应及时抓回，避免漏免现象。④灭活疫苗打开后最好当天用完，当天未用完的要加入一定量的双抗(青霉素+链霉素)，针孔处覆盖消毒棉球或用胶布封严,储存于冰箱内,3~5天仍可使用。

五、翅下刺种免疫

翅下刺种免疫需要对鸡群逐个进行免疫,但相对较快,主要用于鸡痘的预防。有两种常用的刺种工具:第一种有约3厘米长的塑料把,顶端有两根坚硬的不锈钢尖头叉,约2厘米长,针尖端均有一个斜面,这种刺种针每次刺种前都要将刺种针在疫苗瓶中蘸一下,且要经常检查疫苗瓶中疫苗液的深度,少时要及时添加;第二种是一种较新的工具,形状像一把小注射器,这种工具能蓄积一定量的疫苗,避免了一刺一蘸的烦琐,加快了刺种速度,降低了劳动强度。

翅蹼是翅上羽毛、骨头和肌肉相对较少的区域。免疫人员拿着刺种针,将针尖完全刺穿翅上的两层皮肤,接种针要从翅蹼下边的皮肤进针。不出血或很少出血,通过针孔将疫苗接种了。7~10天后可触摸翅蹼疫苗接种部位是否有结节状疤块或肉芽肿来检查翅蹼免疫的质量。

六、滴口

主要用于雏鸡法氏囊免疫。首先将疫苗进行稀释,使用滴瓶或连续注射器(用前调整好注射器刻度,去掉针头)进行。

操作方法:首先将鸡固定好,用大拇指和食指捏住头部略偏下处毛皮并向后提起使鸡嘴角略微地张开,然后将针管头端从嘴角压着舌头插入,将疫苗注射入口腔;或用滴瓶将疫苗直接滴入口内,待鸡出现吞咽反应以后再将鸡放开。

七、免疫接种应注意事项

1. 疫苗的供应须来自有信誉、有质量保证的厂家

效果良好的疫苗要具备下列条件:安全性高,用苗后没有或很少有不良反应;能产生坚强的免疫力(保护率高)和持久的保护力;疫苗性质稳定,易于保存;使用方法简便,易于大批使用;价格低廉,来源充足。

2. 注意检查

使用前要逐步检查瓶子是否破损、疫苗是否变质或过期、标签说明详尽与否。

3. 免疫接种时注意事项

免疫接种人员的手指甲应剪短,然后穿消毒工作服或防护服、戴口罩、穿胶靴等,注意无菌操作和个人防护,免疫过程中不准吸烟或吃食物。

另外,疫苗稀释后要立即使用,活疫苗应在3~6小时用完,灭活疫苗一般应当天用完。注射疫苗的各种用具要洗净、煮沸消毒方可使用。饮水免疫时

要注意水质,水中要不含氯化物。除紧急接种外,免疫鸡群必须是健康鸡群。免疫接种后要加强饲养管理,减少各种应激,使机体产生足够的免疫力。免疫接种后将注射器、针头、滴瓶等可用器械清洗后煮沸消毒备用;用完的疫苗瓶、乙醇棉球等废弃物应消毒后深埋,并填写好免疫接种记录表。免疫接种后,在接种反应时间内,要对接种鸡进行反应情况检查,详细观察其精神、饮食、粪便等情况,如有异常及时采取补救措施。

第四节 免疫失败原因分析及对策

免疫失败是指免疫动物在免疫期内出现发病的现象。在实际生产中,免疫失败的现象较为常见。现就引起免疫失败的几种主要原因及对策介绍如下:

一、免疫失败的原因

1. 疫苗及稀释剂原因

(1)疫苗的质量问题 如疫苗不是正规生物制品厂生产,质量不合格或已过期失效;疫苗因运输、保存不当或疫苗取出后在免疫接种前受到日光的直接照射,或取出时间过长,或疫苗稀释后未在规定时间内用完,影响疫苗的效价甚至失效。

(2)疫苗血清型不符 选用的疫苗株血清型与疫病流行血清型不符,不能产生足够的保护。

(3)疫苗间干扰作用 在同一时间或间隔较短时间内,给鸡以同一途径或不同途径接种两种或两种以上的疫苗,不同种疫苗间就会产生干扰作用。机体对其中一种抗原的免疫应答水平显著降低,如新城疫和传染性支气管炎。

(4)稀释液选用不当 除少数疫苗有专用的稀释液外,大部分活疫苗使用灭菌生理盐水、蒸馏水或凉开水作为稀释即可。但是如果所选稀释液中含氯(如含有漂白粉的自来水)就会大大降低疫苗的免疫属性,从而导致免疫失败。

2. 非疫苗方面的原因

(1)遗传因素 动物机体对接种抗原的免疫应答在一定程度上是受遗传控制的。鸡的品种繁多,免疫应答各有差异,即使同一品种不同个体的鸡,对同一疫苗的免疫反应其强弱也不一致。有的鸡甚至有先天性免疫缺陷,从而导致免疫失败。

（2）母源抗体干扰　母源抗体是雏鸡通过卵从母体内获得的抗体。母源抗体虽然能使雏鸡具有抵抗某些疾病的能力，但又严重干扰了疫苗接种后机体免疫应答的产生。如果预防接种时母源抗体水平过高，疫苗就会被母源抗体中和，不能达到预期的免疫效果。对 1 日龄的雏鸡进行法氏囊免疫时常会被其体内过高的母源抗体水平中和。另外，由于母体间个体免疫应答差异造成母源抗体水平参差不齐。当集中于同一日龄接种疫苗时，若母源抗体水平过高反而干扰后天免疫，不利于免疫应答的产生。

（3）营养因素　蛋白质、维生素及其他养分都对鸡免疫力有显著影响。营养缺乏，特别是缺乏维生素 A、维生素 D、维生素 E 和多种微量元素及优质蛋白质时，能影响机体对抗原的免疫应答。免疫反应明显受到抑制。

（4）应激因素　恶劣的环境条件，如高温高湿、通风不良，都会使鸡出现不同程度的应激反应，导致免疫应答能力下降，对抗原刺激不能产生有效的免疫应答，影响免疫效果。

（5）疾病的影响　患病的鸡和病愈不久的鸡自身免疫能力差，接种疫苗后不会产生免疫应答。有些病毒能影响鸡的免疫机能，常见的有法氏囊病毒、马立克病毒、淋巴白血病病毒、传染性贫血病病毒。一般地说，凡是病毒主要攻击的系统，或多或少都会抑制动物机体的免疫功能，此时免疫应答降低，免疫接种效果不好，从而导致免疫失败。已处于潜伏期的患病鸡，因疫苗的抗原刺激，反而会加速疫病的暴发。紧急免疫接种主要针对的是群内还未感染的鸡，对已感染的鸡进行疫苗接种，结果会使免疫失败。

（6）饲料中霉菌毒素的存在　在高温、高湿的环境条件下，特别是梅雨季节，饲料中时常含有霉菌毒素，从而严重干扰了鸡体的免疫系统，其中以曲霉菌最为常见，它能降低鸡体的抗病力，导致免疫抑制。

（7）免疫程序不合理　现在很多养鸡场和专业户照搬别人的免疫程序或借用多个免疫程序重组一个程序，由此带来的问题是：首次免疫因母源抗体水平高而不产生免疫应答反应；加强免疫间隔时间过长，形成免疫空白期而造成发病；有的养殖户只重视体液免疫，而忽视局部细胞免疫的重要性，缺乏局部免疫而引起非典型疫病。

（8）药物作用　有许多药物能够干扰免疫应答，如某些肾上腺皮质激素、某些抗生素、消毒药等。抗生素、抗病毒药、消毒药可使活疫苗中的细菌或病毒灭活，使疫苗免疫接种失败。

（9）人员操作的影响　器械用具消毒不严，接种方法错误，饮水操作欠妥,喷雾免疫雾滴过大过小,随便改变免疫途径,带毒防疫等。

(10)环境污染　近年来随着养鸡业的发展,养鸡数量猛增,饲养形式大多数属于高密度开放式饲养,对疾病没有采取综合性防制措施,消毒制度不严格,死鸡到处乱扔,更有甚者把病鸡卖出,污染了鸡舍内外环境,致使鸡群在污染有大量病原微生物的环境里生活。因此,即使有良好的免疫程序,也很容易感染发病,造成免疫失败。这也是某些新建鸡场由于重视环境消毒,防疫效果很好,经2~3年后思想麻痹大意,消毒不严格,病原微生物的污染越来越严重,以致不断出现免疫失败的缘故。

二、主要对策

1. 正确选择和使用疫苗

选择信誉度高的生产厂家生产的优质疫苗,到保存条件好、有责任感的生物制品销售商那里购买。使用前首先检查瓶体有无裂缝,封口是否严密,是否在有效期内。有一项不合格就不能使用。并且在选购疫苗时需根据本地疫病流行情况,病毒血清型等选择适合本地区使用的疫苗。

2. 制定合理的免疫程序

免疫程序必须根据鸡群母源抗体的影响、鸡群的抗体水平、本场的疾病威胁、疾病的敏感时期、多种疫苗之间的干扰、气候条件等诸多因素综合考虑,及时进行调整和完善。

(1)考虑母源抗体的影响　必须监测雏鸡的母源抗体水平,确定首先免疫的时机,对于母源抗体水平低而个体差异又较小的雏鸡,首免时间应在早期进行,母源抗体水平高的雏鸡应推迟接种。对于母源抗体水平参差不齐,而又受到疫情威胁的雏鸡应尽早接种,以提高母源抗体水平较低的鸡免疫力,以后再接种1次,使原来母源抗体水平较高的雏鸡,也能对疫苗接种有良好的应答。

(2)避免各种疫苗相互干扰　新城疫疫苗,传染性支气管炎疫苗,传染性喉气管炎疫苗的接种,时间间隔必须在1周以上;新城疫疫苗和法氏囊疫苗应分开使用。为保证免疫效果,对当地流行严重的传染病最好单独接种。

(3)避免免疫麻痹　有的养鸡户对新城疫疫苗,每隔10天左右就超大剂量接种一次,扰乱了鸡体的免疫机制,无法产生免疫应答,出现了免疫麻痹现象。

(4)慎重选择疫苗的种类　对当地流行的或可能受到威胁的疾病,才进行疫苗接种。对当地没有威胁的疾病可以不接种,尤其是毒力强的活苗,不要轻率地引入本地从未发生此病的鸡群进行接种。

3. 采用正确的免疫操作方法

疫苗严格按照说明书进行使用,所有疫苗都要求做到现配现用。饮水免疫不得使用金属容器,饮水必须用蒸馏水或凉开水,水中不得含有消毒剂、金属离子,可在疫苗溶液中加入 0.3% 的脱脂奶粉作保护剂。在疫苗饮水前可适当限水以保证疫苗在 2 小时内饮完,并设置足够的饮水器以保证每只鸡都能同时饮到疫苗水。点眼、滴鼻免疫要保证疫苗进入眼内、鼻腔。刺种痘苗必须刺一下、浸一下刺种针,保证刺种针每次都浸入疫苗溶液中。用连续注射器接种疫苗时,注射剂量要反复校正,使误差小于 0.01 毫升,针头不能太粗,以免拔针后疫苗流出。

4. 加强饲养管理,搞好环境卫生

饲喂全价配合饲料,保证鸡群生长发育的各种营养需要。不喂已发霉变质的饲料。做好日常管理工作,降低饲养密度,保持舍内空气流通,减少对鸡群的应激。在接种前后 3 天内,在饮水或饲料中加入抗应激药物,如电解多维、维生素 C。在免疫前后两天内一般不使用消毒药、抗生素等药物。接种前对个别病鸡应该挑出,隔离,然后接种健康鸡。做好平时消毒工作,良好的环境卫生质量是提高免疫接种效果的基本保证。

5. 免疫效果观察

疫苗接种经过一定时间后应检查免疫效果。一般来说,弱毒苗在接种后10 天,灭活苗在接种后 20 天,测定新城疫、法氏囊等疫苗接种后抗体滴度。对于鸡痘苗接种后要多观察是否结痂。对于喉气管炎苗接种后要观察眼结膜是否潮红。若免疫效果不佳,达不到保护水平,应对鸡群重新免疫。

第十章　鸡病防控关键技术

近年来,随着养鸡业的规模发展,危害养鸡业的疾病也变得越来越复杂,正确了解和认识鸡病动态,对于及时、有效地防制鸡病的发生和发展,最大限度地减少由于疫病所带来的损失,提高养鸡业的经济效益具有重大意义。

第一节　鸡的病毒病

禽　流　感

一、病原

禽流感病毒属于正黏病毒科、流感病毒属、A型流感病毒。根据流感病毒糖蛋白(NP)和基质蛋白(MS)抗原性的不同,可将流感病毒分为A型、B型和C型3个血清型。

二、流行病学

在商品化养禽场,火鸡的发病率最高,其次是鸡。AIV主要通过消化道和呼吸道传播,还可通过蛋托、储蛋箱、运输车、饲养管理人员的流动等水平传播,目前还没有确定禽流感病毒垂直传播的报道。

禽流感一年四季均可发生,但多发生在寒冷的冬季和温差较大的秋末、早春。很少单独发病,常伴有其他病的并发或继发,如大肠杆菌病、新城疫病、支原体病等。

三、临床症状

温和型禽流感临床表现为呼吸道、消化道、泌尿生殖器官的病变。呼吸道感染最常见的症状有咳嗽、打喷嚏、呼吸啰音和流泪。产蛋鸡表现为喜欢伏窝但产蛋量下降。另外,无明显特征的临床症状包括扎堆、羽毛蓬乱、精神沉郁、少动、采食和饮水量下降,以及间歇性腹泻等。有时也有消瘦现象,但不常见,因为AI是一种急性疾病。

高致病型禽流感感染后出现的临床症状,反映了病毒在其体内的复制水平以及多个内脏器官、心血管和神经系统的损伤情况。临床表现与特异性器官和组织的损伤程度有关。在大多数情况下,感染的鸡会在没有任何临床症状的情况下突然死亡。在不是暴发的情况下,存活的鸡在感染后3～7天内会出现神经症状,比如头和颈部颤动、站立不稳、歪脖子等。鸡群采食和饮水量明显减少,拉绿色或黄绿色稀便,打呼噜、咳嗽、呼吸困难,产蛋鸡表现为产蛋量陡降,蛋色发白,蛋壳变薄,畸形蛋、软壳蛋增多。

鸡群感染禽流感后,其发病率和死亡率随临床症状、病毒的致病力、宿主年龄、环境和并发感染等因素的变化而变化。对于温和型禽流感,高发病率和低死亡率是其典型的特征。死亡率一般不到50%,除非伴随有其他感染或感染的是幼龄鸡。对于高致病性禽流感,发病率和死亡率都非常高,可达50% ~ 89%,个别鸡场甚至达到100%。

四、病理变化

温和型禽流感鸡的病变主要发生在呼吸道尤其是鼻窦,典型特征是出现卡他性、纤维蛋白性、浆液纤维素性、黏脓性和纤维素性脓性的炎症。气管黏膜充血水肿,偶尔出血。气管渗出物从浆液性变为干酪样,有时会发生通气闭塞导致窒息。出现纤维素性及脓性的炎症通常是由于伴随有细菌的继发感染。眶下窦肿胀,鼻腔流出黏液性或黏脓性的分泌物。在腹腔会出现卡他性到纤维蛋白性炎症和卵黄性腹膜炎。卡他性到纤维蛋白性腹膜炎也可发生在肠道,尤其是火鸡。产蛋鸡的输卵管也有炎性分泌物,蛋壳上的钙沉积减少,这样的蛋形状怪异并且易碎,色素沉着少。卵巢衰退,开始表现为大滤泡出血,进而溶解。输卵管水肿,有卡他性、纤维蛋白性分泌物。少数产蛋鸡和静脉接种鸡会出现肾肿胀及内脏尿酸盐沉积。其他病变也有零星报道,如胰腺变硬并有白色斑点和出血。

高致病型禽流感病鸡会出现头、面部和颈上部的肿大,腿部皮下水肿并伴随有出血点或渗出性出血。淤血性水肿较普遍。无羽毛部位皮肤出现坏死灶、出血和苍白现象,尤其是鸡冠和肉髯。内脏器官的病变随病毒毒株而变化,浆膜和黏膜表面出血和内脏器官软组织出现坏死灶是共有的典型特征。心外膜、胸肌、腺胃和肌胃黏膜的出血尤为明显。对大部分高致病性禽流感来说,坏死灶主要发生在胰脏、心脏和脾脏,偶尔也发生在肝脏和肾脏。肾损伤可能同时还伴随有尿酸盐沉积。肺脏首先在中部出现间质性肺炎,最后呈弥散状,并伴有水肿。肺充血或出血。法氏囊和胸腺萎缩。

禽流感的特征性病理组织学变化为水肿、充血、出血和"血管套"(血管周围淋巴细胞聚集)的形成,主要表现在心肌、肺、脑、脾等。肝、脾及肾有实质性变化和坏死。脑的变化包括:坏死灶、血管套、神经胶质细胞增生等从轻微到严重的非化脓性脑炎。此外,还有严重的坏死性胰腺炎和心肌炎。

五、诊断

根据流行特点、临床症状及病理变化进行综合分析,可做出初步诊断。禽流感的确诊可以通过病毒的分离鉴定或血清学试验确定。

(一)实验室检测

1. 病毒的分离鉴定

A型流感病毒常在呼吸道和消化道中复制增殖,所以,活鸡采取病料多从喉头、气管或泄殖腔中采集。死鸡采集气管、肺、肝、脾、肾等组织样品。

以无菌棉花或其他材料制成的拭子、器具采集病料样品,放入加有青霉素(10 000 国际单位/毫升)、链霉素(10 毫克/毫升)、泰乐菌素(300 微克/毫升)的无菌肉汤或20%～50%甘油生理盐水中。最好低温(4℃)或-70℃下保存,以液态氮或干冰较好。病料样品在保存或运输前可先行处理,制成10%的悬液,并进行低速离心澄清。经离心的病料上清液取0.1毫升,经尿囊腔接种(或同时羊膜腔接种)10～11日龄的SPF鸡胚,置37℃孵育3～7天,弃去24小时内死亡的鸡胚,收集48～96小时的胚液和绒毛尿囊膜做无菌检查,检查鸡胚尿囊液对红细胞的凝集活性,血凝阴性者,用尿囊液盲传2～5代,如仍未出现血凝时,判为阴性,弃去。如出现血凝活性则判为阳性。

一般说来,如果样品中有病毒存在,初次传代后就足以产生红细胞凝集作用。出现血凝活性的病毒量一般为 10^{-5}～$10^{-6} EID_{50}$/毫升。

用于病毒鉴定的标准方法是以鸡红细胞来检测胚液的血凝活性,常量法和微量法都可使用。

确定尿囊液或其他胚液的血凝活性后,还要鉴定是否由鸡新城疫病毒所致。因此,首先要用新城疫抗血清做HI试验,以排除新城疫病毒的可能性。如果新城疫病毒HI阴性,才可以进行下一步工作,即确定A型流感病毒NP抗原的存在。可用血清学方法,如双向双扩散、免疫电泳或单辐射溶血试验等方法来检测型特异性的核心抗原NP或MP。A型流感病毒都具有相同的型特异性抗原。

鉴定的下一步工作是确定血凝素和神经氨酸酶这两种表面抗原的亚型。用一系列制备好的抗不同血凝素的抗血清以HI试验来测定其HA的型别。NA亚型通常用制备的抗10种已知神经氨酸酶的抗血清鉴定。微量神经氨酸酶抑制试验(NI)操作更简便。

2. 血凝试验(HA)与血凝抑制试验(HI)

用血凝试验和血凝抑制试验可证实流感病毒的血凝活性及排除NDV。简单的方法是:取1滴1∶10稀释的正常鸡血清(最好是SPF鸡)和1滴ND抗血清,分别滴于瓷板上,再各加1滴有血凝活性的鸡胚尿囊液,混匀后各加1滴5%的鸡红细胞悬液,若两份血清均出现血凝现象,则表明尿囊液中不含有新城疫病毒;如果 ND 抗血清出现 HI 现象,表明尿囊液中含有新城疫病毒。

一般情况下,新分离毒株要鉴定出型特异性 NP 或 MP 抗原型(用琼脂扩散法),确定为流感病毒时,再做 HA 亚型的鉴定。

新分离的 AIV 毒株可用 HI 试验与以前分离的毒株或标准毒株进行比较。多用 4 个血凝单位的病毒与以前的阳性血清和 0.5% 鸡红细胞进行 HI 试验,或与新近发生的 AIV 的血清进行 HI 试验,可鉴定新分离毒株与已知株是否具有相同的 HA 亚型。准确的鉴定还是要用特异性的 H1 ~ H16 亚型的抗血清进行交叉 HI 试验。

血凝试验和血凝抑制试验除常量法和微量法外,还有加敏法。即抗原与抗体 4℃或室温下结合 1 ~ 2 小时后,再加入 1% 鸡红细胞,该法测抗体的效价比常规法高 2 ~ 4 倍。如果抗原用乙醚裂解,敏感性比常规法高 4 ~ 16 倍。但观察时间不宜太久,以 30 分内为好,否则易出现假阳性。

许多禽类血清(包括其他多种动物血清)都含有非特异性的血凝抑制因子(抑制素)。这是一种与红细胞表面受体相似的黏蛋白物质,能与红细胞表面受体竞争性地与病毒表面的血凝素所吸附。因此,血凝抑制试验时,首先要除去这些非特异性的血凝抑制因子。常用的处理方法有受体破坏酶(RDE)法(即霍乱滤液)和高碘酸钠法。

血凝和血凝抑制试验操作相对复杂一些,加上需制备抗血清,所以比较费时间。但特异性好,是亚型鉴定中必须进行的项目。用于型的鉴定就不如琼脂扩散试验那样简便和快捷。

(二)鉴别诊断

禽流感与新城疫、传染性支气管炎、传染性喉气管炎等在临床症状和病理变化上有很大的相似性,实践中应做好鉴别诊断,其鉴别要点见表 10 - 1。

表 10 - 1　禽流感、新城疫、传染性支气管炎、传喉鉴别表

病名	病毒	临床症状	病理变化
禽流感	正黏病毒	冠、肉髯发紫、水肿,腿和跖部鳞片下黑色出血,拉黄绿色稀便	皮下胶冻样浸润,腺胃乳头、黏膜出血,腺胃与肌胃交界处有出血带,气管内有黏性分泌物,卵泡充血坏死

病名	病毒	临床症状	病理变化
新城疫	副黏病毒	鸡冠发紫,有点头、扭颈等神经症状,嗉囊积气、积液,倒提鸡只口流大量酸臭液体,拉黄绿色、黄白色稀便	腺胃乳头出血,肌胃角质层出血或溃疡,肠道黏膜斑点状出血,十二指肠"纽扣状"溃疡
传染性支气管炎	冠状病毒	主要发生于雏鸡,发病日龄越早,伤亡越严重。病鸡主要表现为伸颈张口呼吸,产蛋鸡主要表现为气管啰音、软壳蛋、畸形蛋增多等	气管、支气管内有干酪样或黏液性分泌物阻塞气管,卵泡变性、充血;生殖型传染性支气管炎卵泡变性、充血;肾型传染性支气管炎表现肾肿大,有白色尿酸盐沉积;腺胃传染性支气管炎表现为:腺胃肿大,腺胃黏膜出血、溃疡
传染性喉气管炎	疱疹病毒	主要发生于成年鸡,典型病症为流涕和湿性啰音,之后出现咳嗽和气喘,严重时呈现明显的呼吸困难并咳出血样黏液	喉头、气管发炎,有纤维素性干酪样物或黏液团附着,严重者在气管内形成血块或血液中混合黏膜及坏死组织

六、防制措施

鸡场大门口和每栋鸡舍门外应设有消毒池,以便进出人员和车辆消毒。有条件的养鸡场,饲养管理人员进入鸡舍前应沐浴、更衣;不具条件的,人员进入鸡舍前应更换工作服、换鞋和洗手消毒。鸡舍要装有防雀门、窗,防止飞鸟进入饲料间和鸡舍。养鸡场不可同时饲养鸭、鹅等水禽,鸡场周围 500 米内也不应有水禽存在,以杜绝禽流感最危险的传染源。

注射禽流感疫苗进行预防:对于禽流感疫苗的应用,实践证明 H5 + H9 联苗效果不如单苗,建议养殖朋友预防禽流感应用 H5 和 H9 单苗分别皮下或肌内注射。蛋鸡开产前一般应防疫 3 次,建议接种时间为第一次,7 ~ 20 日龄;第二次,60 日龄左右;第三次,110 日龄或 130 日龄。提倡在 260 日龄左右加强接种 1 次。有条件的养殖场应定期对禽群进行血清学检测,根据禽群抗体水平的高低来决定禽流感疫苗的适时加防。

我国一旦发生可疑禽流感时,要组织专家及早确诊。当确定发生高致病型禽流感时,应及时报告当地兽医主管部门,划定疫点、疫区、受威胁区,进行封锁,封锁应采用"早、快、严、小"的原则,同时对病鸡、死鸡、鸡粪和垃圾进行无害化处理,鸡舍及周围环境需认真彻底消毒。

同场未发病鸡舍内的健康鸡应立即注射禽流感灭活苗,并加强饲养管理和增加消毒次数,杜绝饲管人员串舍,力争将病原排斥于鸡舍之外;在发病场周围地区的易感家禽,应在兽医防检部门的指导下开展紧急预防接种,以建立禽流感免疫带,防止疫病向周围安全地区扩散。

鸡 新 城 疫

一、病原

新城疫病毒(NDV)属于副黏病毒科副黏病毒属单股 RNA 病毒。根据不同毒力毒株感染鸡表现的不同,将新城疫归纳为几种类型或致病型:

1. 嗜内脏速发型

可致各种年龄的鸡急性、致死性感染,常见的是消化道出血性病变。

2. 嗜神经速发型

急性、致死性感染,所有日龄鸡均易感,其特征是表现有呼吸道和神经症状。

3. 中发型

感染后仅引起幼禽死亡。

4. 缓发型

表现轻度或隐性呼吸道感染,可用作活疫苗。

5. 无症状型

主要为肠道感染,不引起明显的疾病,某些商品活疫苗属于此类。

二、流行病学

鸡、火鸡及野鸡对新城疫都有易感性,其中以鸡最易感,其次是野鸡。哺乳动物对本病有很强的抵抗力,但人可感染,表现为结膜炎或类似流感症状。

本病的主要传染来源是病鸡和带毒鸡,其次是其他带毒动物,多种野鸟可作为传播媒介。受感染的鸡在出现症状前 24 小时,其口、鼻分泌物和粪便中已能排出病毒。新城疫的传播途径主要是消化道和呼吸道,鸡感染后 2 天或出现症状前 1 天,开始将病毒释放出呼吸道散布在空气中,持续几天,当健康鸡吸入病毒后发生感染。

本病一年四季均可发生,但以春、秋两季较多,这取决于不同季节中新鸡的数量,鸡流动情况和适于病毒存活及传播的外界条件。购入貌似健康的带毒鸡,并将其合群饲养或宰杀,可使病毒散播。污染的环境和带毒的鸡群,是造成本病流行的常见原因。易感鸡群一旦被速发性嗜内脏型鸡新城疫病毒所感染,可迅速传播呈毁灭性流行,发病率和死亡率可达90%以上。但近年来,由于免疫程序不当,或有其他疾病存在抑制新城疫抗体的产生,常引起免疫鸡群发生新城疫而呈现非典型的症状和病变,其发病率和病死率略低。

三、临床症状

潜伏期长短与病毒毒力、侵入鸡体内的病毒量以及个体的抵抗力有关。自然感染的潜伏期一般为3～5天,人工感染为2～5天,毒力弱的可延至20天。根据临诊表现和病程的长短,病鸡的症状可分为最急性、急性、亚急性和慢性4种类型。

1. 最急性型

突然发病,常无特征症状而突然死亡。多见于流行初期和雏鸡。

2. 急性型

病初体温升高达43～44℃,食欲减退或废绝,有渴感,精神萎靡,不愿走动,垂头缩颈或翅膀下垂,眼半开或全闭似昏睡状态,鸡冠及肉髯渐变暗红色或暗紫色。母鸡产蛋下降或停止,而且软壳蛋增多,蛋壳颜色变浅。随着病程的发展,出现比较典型的症状:病鸡咳嗽,呼吸困难,有黏液性鼻漏,常伸头张口呼吸,并发出“咯咯”的喘鸣声或尖锐的叫声。嗉囊内充满液体内容物,将病鸡倒提时常有大量酸臭液体从口中流出。粪便稀薄,呈黄绿色或黄白色,后期排出蛋清样的排泄物。有的病鸡还出现神经症状,如两腿麻痹,站立不稳,共济失调或做圆圈运动,头颈向后仰翻或向下扭转,有时置于背部上。最后体温下降,不久在昏迷中死亡。病程2～5天。1月龄内的小鸡病程较短,症状不明显,病死率高。

3. 亚急性或慢性型

初期症状与急性相似,不久后症状渐见减轻,同时出现神经症状,患鸡翅膀和腿麻痹,跛行或站立不稳,头颈向后或向一侧扭转。有的病鸡貌似正常,但受到惊动时,突然伏地旋转,动作失调,反复发作,最终瘫痪或半瘫痪,一般经10～20天死亡。此型多发生于流行后期的成年鸡,病死率较低。

个别患鸡可以康复,部分不死的病鸡遗留有特殊的神经症状,表现为腿翅麻痹或头颈歪斜。有的鸡看似健康，但若受到惊扰刺激或抢食时，会突然后仰倒地，全身抽搐就地旋转，数分钟后恢复正常。

免疫鸡群中发生新城疫，是由于雏鸡的母源抗体高、疫苗质量差、其他疫病的干扰等，使鸡接种新城疫疫苗后，不能获得坚强免疫力，当有 NDV 病毒侵入时，仍可发生新城疫，症状不是很典型，仅表现呼吸道和神经症状，其发病率和病死率较低。

火鸡和珍珠鸡感染 NDV 后，一般与鸡症状相同，但成年火鸡症状不明显或无症状。

四、病理变化

新城疫的主要病理变化是全身黏膜和浆膜出血，淋巴系统肿胀、出血和坏死，尤其以消化道和呼吸道最明显。嗉囊充满酸臭味的稀薄液体和气体。腺胃黏膜水肿，其乳头或乳头间有出血点或溃疡和坏死，肌胃角质层下也常见有出血斑。小肠前段出血明显，尤其是十二指肠黏膜和浆膜出血。肠黏膜上有纤维素性坏死性病变，有的形成假膜，假膜脱落后即成溃疡。盲肠扁桃体常见肿大、出血和坏死。呼吸道病变见于鼻腔及喉充满污浊的黏液和黏膜充血，偶有出血。气管内积有大量黏液，气管环出血明显。肺有时可见瘀血或水肿。心冠脂肪有细小如针尖大的出血点。产蛋母鸡的卵泡和输卵管显著充血，卵泡膜极易破裂以致卵黄流入腹腔引起卵黄性腹膜炎。肾多表现充血及水肿，输尿管内有尿酸盐沉积。脑膜充血或出血，而脑实质无眼观变化，仅于组织学检查时见有明显的非化脓性脑炎病变。

免疫鸡群发生新城疫时，其病变不很典型，仅见黏膜卡他性炎症，喉头和气管黏膜充血，腺胃乳头出血少见，但剖检数只，可见有的病鸡腺胃乳头和黏膜有少数出血点，直肠黏膜和盲肠扁桃体多见出血。

新城疫组织学检查时，在病鸡不同器官中可见充血、出血和水肿病变，有的还发现坏死变性。如用新城疫病毒以气雾法感染鸡时，在感染后 4～5 天，经组织学检查，消化道黏膜明显充血、水肿和细胞浸润，这种细胞以淋巴细胞为主，而且充满黏膜层。气囊由于结缔组织增生，可见有水肿、细胞浸润及密度增加。神经系统组织学检查见有明显的急性非化脓性脑炎病变。脑血管呈局灶性充血，小静脉中有血栓形成，血管周围有淋巴细胞和胶质细胞聚集，形成血管套。在血管和胶质细胞反应特别明显的地方，可见神经节细胞发生营养不良性的变化和坏死。

五、诊断

根据新城疫的流行病学、症状和病变进行综合分析,可做出初步诊断。实验室检查有助于对本病的确诊。病毒分离和鉴定是诊断新城疫最可靠的方法,常用的是鸡胚接种、HA 和 HI 试验、中和试验及荧光抗体。但应注意,从鸡分离出 NDV 不一定是强毒,还不能证明该鸡群流行新城疫。因为有的鸡群存在弱毒和中等毒力的 NDV,所以分离出 NDV 还得结合流行病学、症状和病变进行综合分析,必要时对分离的毒株做毒力测定后,才能做出确诊。

由于鸡新城疫在发病初期症状不典型,主要表现为呼吸道症状,这样很容易与传染性支气管炎和传染性喉气管炎相混淆。有的呈现败血症很容易与禽霍乱相混淆。就新城疫症状和病理变化容易与禽流感相混淆。所以,在诊断上还要注意与这些病的鉴别。

1. 新城疫与禽霍乱的区别

禽霍乱可侵害各种家禽,呈急性败血经过,病程短,病死率高,慢性的可见肉髯肿胀,关节炎,无神经症状,肝脏有灰白色坏死点,心血涂片和肝触片,染色镜检可见两极染色的巴氏杆菌,抗生素治疗有效。而新城疫有呼吸道和神经症状,腺胃乳头出血,消化道黏膜出血,盲肠扁桃体出血和坏死,肝脏没有坏死点。

2. 新城疫与传染性支气管炎的区别

传染性支气管炎主要侵害雏鸡,成年鸡表现为产蛋下降。病毒接种鸡胚,胚胎发育受阻成为侏儒胚,无神经症状,消化道无明显病变。

3. 新城疫与传染性喉气管炎的区别

传染性喉气管炎传播很快,发病率较高,死亡率低。主要症状是呼吸困难,咳嗽,喉头水肿、充血和出血,有时喉头附着一层黄白色假膜,消化道没有变化,无神经症状。

4. 新城疫与禽流感区别

禽流感又称真性鸡瘟,潜伏期和病程比新城疫短,人工感染的潜伏期为18～24 小时,病程 10～24 小时,嗉囊没有大量积液。头部常有水肿,眼睑、肉髯肿胀。剖检时常见皮下水肿和黄色胶样浸润,黏膜、浆膜和脂肪组织出血较新城疫更为明显和广泛,肠黏膜常不形成溃疡。但确切区别还需通过病毒分离鉴定和血清学试验。

六、防制措施

目前对于新城疫尚无有效的方法治疗,加上发生后传播快、病死率高,往往往给鸡群以毁灭性的打击。因此,对于养鸡业来说,预防本病是一切防疫工作的重点,对于集约化养鸡场来说,更是如此。其防制措施为:

1. 高度警惕病原侵入鸡群

控制和消灭新城疫流行,最根本措施是杜绝新城疫病毒侵入易感鸡群,这就需要有严格的卫生防疫制度,防止一切带毒动物(特别是鸟类)和污染物品进入鸡群;进出鸡场的人员和车辆必须经过消毒;饲料来源安全;严禁从疫区引进种蛋和鸡苗;新购进的鸡需经检疫,并隔离饲养2周以上,再经新城疫疫苗免疫接种后,证明健康者方可与原有鸡合群饲养,随时观察鸡群的健康情况,发现有可疑病鸡,立即隔离,并采取紧急措施。

2. 严格执行消毒措施

消毒是防止新城疫传播的一项重要措施,其目的是切断病原的传播途径,特别是大型养鸡场,应该有完善的消毒设施,鸡场进出口应设消毒池。饲养、管理人员进入饲养区要经消毒后,更换工作服和鞋靴方可进入,进入场区的车辆和用具也要经消毒,应该形成一个制度,做到临时性和定期消毒相结合。

肉用鸡场可以采取“全进全出”制的饲养方法,在进鸡前对鸡舍进行1~2次严格消毒,待全群鸡出售完毕再进行1~2次鸡舍清洁和彻底消毒,这样可避免鸡群疾病的传播机会,但平时对鸡舍内和周围环境也应定期进行消毒。

3. 合理做好预防接种,增强鸡群的特异免疫力

目前我国使用的鸡新城疫疫苗有活疫苗和灭活疫苗两大类。活疫苗又分为4种,即Ⅰ系苗、Ⅱ系苗、Ⅲ系苗、Ⅳ系苗。Ⅰ系苗是一种中等毒力的疫苗。用于经过两次弱毒力的疫苗免疫后的鸡或2月龄以上的鸡。多采用肌内注射的方法接种。幼龄鸡使用后会引起较重的接种反应,甚至发病和排毒,所以最好不用。以前常用作发病地区的紧急预防接种,因其安全度不高,逐渐被进口新城疫疫苗所替代。Ⅱ系、Ⅲ系、Ⅳ系苗都是属于弱毒力的疫苗,大鸡、小鸡均可使用,多采用滴鼻、点眼、饮水和气雾等方法接种。灭活苗对鸡安全,多与弱毒苗配合使用。

4. 发生新城疫时防制办法

鸡场一旦发生本病,应采取紧急措施,防止疫情的扩大。首先采取隔离饲养,报告兽医检查,经确诊为新城疫后,及时报告当地政府,划定疫区进行封锁。其次,及时应用新城疫疫苗进行紧急接种,接种的顺序是:假定健康群→可疑群→病鸡群。对于病情严重的鸡群,可以先用高免血清和卵黄抗体进行注射,待病情稳定后再用疫苗接种。加强鸡场的消毒(使用疫苗时前后3天

不消毒，以免影响疫苗效果），对鸡舍、运动场以及用具等，用5%～10%漂白粉或2%～4%氢氧化钠溶液等进行彻底消毒。同时做好病死鸡及排泄物的无害化处理。当疫区最后一个病鸡死亡或扑杀后2周，经严格的终末消毒后，可解除封锁。

传染性法氏囊病

一、病原

传染性法氏囊病毒属于双RNA病毒科禽双RNA病毒属。该病毒具有单层衣壳，无囊膜，呈20面体立体对称，直径55～65纳米。病毒无红细胞凝集特性。

二、流行病学

自然感染仅发生于鸡，各种品种的鸡都能感染，主要发生于2～15周龄的鸡，3～6周龄的鸡最易感。据报道，138日龄的鸡也可发生本病。成年鸡感染一般呈隐性经过。人工感染3～6周龄的火鸡仅表现亚临诊症状，法氏囊病变见有组织学变化。

三、临床症状

本病潜伏期为2～3天。易感鸡群感染后发病是突然的，病程经过7～8天，呈"一过性"，典型发病群的死亡曲线呈尖峰式。初起症状见到有些鸡啄自己肛门羽毛，随即病鸡出现腹泻，排出白色黏稠或水样稀便。一些鸡身体轻微震颤，走路摇晃，步态不稳。随着病程的发展，食欲减退，翅膀下垂，羽毛逆立无光泽，严重发病鸡的头垂地，闭眼呈昏睡状态。感染72小时后体温升高1～1.5℃，仅10天左右，随后体温下降1～2℃，后期触摸病鸡有冷感，此时因脱水严重，趾爪干燥，眼窝凹陷，最后极度衰竭而亡。由IBDV的亚型毒株或变异株感染的鸡，表现为亚临诊症状，炎症反应弱，法氏囊萎缩，死亡率较低，但由于产生免疫抑制严重，而危害性更大。

四、病理变化

死于法氏囊的鸡表现脱水，胸肌色泽发暗，大腿侧和胸部肌肉常见条纹或斑块状紫红色出血，翅膀的皮下、心肌、肌胃浆膜下、肠黏膜、腺胃黏膜的乳头周围有暗红色或淡红色的出血点或出血斑。法氏囊的病变具有特征性，其中一种变化是：法氏囊因水肿，体积增大，重量增加，比正常的肿大2～3倍，囊壁增厚 3~4 倍,比正常值重 2 倍,质硬,外形变圆,呈浅黄色;另一种变化是:法氏囊明显出血,黏膜皱褶上有出血点或出血斑,水肿液淡粉红色。

本病主要的病理组织学变化是在具有淋巴细胞性结构的法氏囊、脾脏、胸腺和盲肠扁桃体中出现程度不等的坏死性炎症。法氏囊滤泡的皮质和髓质部出现淋巴细胞变形和坏死,淋巴细胞明显减少,被异染细胞、细胞残屑的团块和增生的网状内皮细胞所取代。淋巴滤泡的皮质部变薄,几乎被网状细胞和结缔组织所代替,髓质部呈网状,见有大小不等的囊泡,囊泡内有团块状玻璃样物。法氏囊上皮细胞增生,形成一种柱状上皮细胞组成的腺体状结构,在这些细胞内有黏蛋白小体。脾发生滤泡和小动脉周围的淋巴细胞鞘发生淋巴细胞变性、坏死。胸腺的淋巴细胞变性、坏死。盲肠扁桃体的淋巴细胞大量减少。肾组织可见异染细胞浸润。肝血管周围可见到轻度的单核细胞浸润。

五、诊断

根据本病的流行病学和病变的特征可做出诊断。由 IBDV 变异株感染的鸡,只有通过法氏囊的病理组织学观察和病毒分离才能做出诊断。病毒分离鉴定、血清学实验和易感鸡接种是确诊本病的主要方法。

六、防制措施

目前法氏囊还没有特效的治疗方法,预防和控制本病需要采取综合防制措施。

(一)严格的卫生消毒措施

在预防本病时,首先要注意对环境的消毒,特别是育雏室。将有效消毒药对环境、鸡舍、用具、笼具进行喷洒,经 4~6 小时后,进行彻底清扫和冲洗,然后再经 2~3 次消毒。因为雏鸡从疫苗接种到抗体产生需要一段时间,所以必须将免疫接种的雏鸡放置在彻底消毒的育雏室内,以预防 IBDV 的早期感染。如果被 IBDV 污染后的环境,不采取严格、认真、彻底的消毒措施,在污染环境中饲养的雏鸡,由于大量 IBDV 先于疫苗侵害法氏囊,再有效的疫苗也不能获得有效的免疫力。

(二)提高种鸡的母源抗体水平

种鸡经疫苗免疫后,可产生高的抗体水平,并能将其母源抗体传递给后代。如果种鸡在 18~20 周龄和 40~42 周龄经 2 次接种法氏囊油佐剂灭活苗,雏鸡可获得较整齐和较高的母源抗体,在 2~3 周龄内得到较好的保护,能防止雏鸡早期感染和免疫抑制。

（三）雏鸡的免疫接种

雏鸡的母源抗体只能维持一定的时间。确定弱毒疫苗首次免疫日龄是很重要的，首次接种应于母源抗体降至较低水平时进行。因为母源抗体高会影响疫苗免疫效果，太晚接种疫苗会使 IBDV 感染低或无母源抗体的雏鸡，而失去免疫接种的意义。确定首免日龄可以应用琼扩试验测定雏鸡母源抗体消长情况，当 1 日龄雏鸡测定，阳性率不到 80% 的鸡群在 10 ~ 16 日龄首免；阳性率达 80% ~ 100% 的鸡群，在 7 ~ 10 日龄再检测一次抗体，此时阳性率在 50% 以下时，可于 14 ~ 21 日龄首免；此时阳性率在 50% 以上时，可于 17 ~ 24 日龄首免。目前我国常用的疫苗有两大类：活毒疫苗和灭活疫苗。活毒疫苗多选用中等毒力的类型，该类型疫苗接种后对法氏囊有轻度损伤，这种反应在 10 天后消失，对血清 I 型的强毒保护率高，在污染场使用效果也较好。灭活苗有鸡胚细胞毒或鸡胚毒；还有用病死鸡的法氏囊组织制备的灭活苗，可使鸡获得很好的免疫效果，但要严格控制在消毒设备条件完善的单位制苗。母源抗体低的雏鸡在 7 ~ 10 日龄进行免疫，母源抗体高的雏鸡可推迟在 18 ~ 25 日龄进行免疫。

（四）发病时的防制办法

除对鸡舍和环境进行严格消毒外，发病早期用法氏囊高免血清或康复血清进行注射，每只鸡皮下注射 0.5 毫升，也可以用高免鸡所产的蛋制备卵黄抗体进行注射，对鸡群有较好的疗效。高免血清和卵黄抗体对法氏囊发病鸡群治疗，一般只能维持 10 天左右，因此在治愈后还应对鸡群进行主动免疫。

临床实践中，在应用法氏囊高免血清或高免蛋黄的同时，应用一些药物，对法氏囊的治疗有很好的效果。

方一：用大青叶 100 克，蒲公英 100 克，连翘 100 克，黄芪 50 克，金银花 50 克，苍术 50 克，板蓝根 50 克，神曲 50 克，甘草 30 克，水煎，供 2 000 只鸡饮用或灌服。

方二：用金银花 22 克，连翘 22 克，蒲公英 22 克，仙鹤草 25 克，熏蒸治疗本病，熏蒸前先把鸡舍门窗关严，按以上方剂，每 1 000 只鸡用药 3 000 克，混合后把药放在容器内用火点燃，熏蒸 30 ~ 40 分，连用 2 ~ 3 天。

方三：用板蓝根、大青叶、蒲公英各 450 克，金银花、黄芩、黄柏、甘草各 250 克，藿香、石膏各 100 克，水煎 2 遍，合并药液约 10 千克，供 1 000 只鸡饮用，少数不能饮者，每只鸡人工灌服 5 ~ 10 毫升，每天灌 3 ~ 4 次。

方四：用板蓝根 100 克，金银花 100 克，侧柏 100 克，大青叶 50 克，黄柏 50

克,黄芩 50 克,地榆 50 克,白芍 50 克,大黄 30 克,藿香 20 克,甘草 20 克,清水煎半小时,冷却后饮水,每只鸡用药 1 克,连用 3 ~ 5 天。

方五:用葛根 250 克,板蓝根 250 克,延胡索 150 克,大青叶 100 克,山豆根 100 克,绿豆 100 克,黄芩 50 克,黄连 50 克,甘草 20 克,雄黄 5 克,混合粉碎拌料,每只鸡用药 1.5 克,连用 3 ~ 5 天。

另外,由于 IBDV 变异株的出现,使得法氏囊的免疫失败增多,接种血清 I 型的法氏囊疫苗对变异株的感染起不到很好的保护作用。国外报道用变异株病毒制成灭活苗或弱毒疫苗,不仅可以预防法氏囊,而且对血清 I 型 IBDV 也能产生保护性免疫应答,可显著减少法氏囊的发病率和死亡率。

传染性喉气管炎

一、病原

鸡传染性喉气管炎的病原属疱疹病毒 I 型,病毒核酸为双股 DNA。病毒颗粒呈球形,为二十面立体对称,核衣壳由 162 个空心的长壳粒组成,在细胞核内呈散在或结晶状排列。该病毒分成熟和未成熟病毒两种,成熟的病毒粒子直径为 195 ~ 250 纳米。成熟粒子有囊膜,囊膜表面有纤突。未成熟的病毒颗粒直径约为 100 纳米。

二、流行病学

在自然条件下,本病主要侵害鸡,各种年龄及品种的鸡均可感染。但以成年鸡症状最为明显。幼龄火鸡、野鸡、鹌鹑和孔雀也可感染。鸭、鸽、珍珠鸡和麻雀不易感染。哺乳动物也不易感染。病鸡、康复后的带毒鸡和无症状带毒鸡是主要传染来源。本病一年四季均可发生,但以秋、冬寒冷季节多发。鸡群拥挤、通风不良、饲养管理不好、缺乏维生素、寄生虫感染等,都可促使本病的发生和传播。

本病一旦传入鸡群,会迅速传开,感染率可达 90% ~ 100%,死亡率一般在 20% 或以上,最急性型死亡率可达 50% ~ 70%,急性型一般在 10% ~ 30%,慢性型或温和型死亡率约 5%。

三、临床症状

感染 LTV 病毒后一般在 6 ~ 12 天出现临床症状。在气管内人工接种的潜伏期较短,为 2 ~ 4 天。潜伏期的长短与病毒株的毒力有关。

发病初期,常有数只病鸡突然死亡。患鸡初期有鼻液,半透明状,眼流泪,伴有结膜炎,其后表现为特征的呼吸道症状,呼吸时发出湿性啰音,咳嗽。病鸡蹲伏地面或栖架上,每次吸气时头和颈部呈向前向上、张口、尽力吸气的姿势,有喘鸣叫声。严重病例,高度呼吸困难,痉挛咳嗽,可咳出带血的黏液,并污染喙角、颜面及头部羽毛。在鸡舍墙壁、垫料、鸡笼、鸡背羽毛或邻近鸡身上沾有血痕。若分泌物不能咳出造成堵塞时,病鸡可窒息死亡。病鸡食欲减少或消失,迅速消瘦,鸡冠发紫,有时还排出绿色稀粪,最后多因衰竭死亡。产蛋鸡的产蛋量迅速减少(可达35%)或停止,康复后1~2个月才能恢复。

最急性病例可于24小时左右死亡,多数5~10天或更长,不死者多经8~10天恢复,有的可成为带毒鸡。

有些毒力较弱的毒株引起发病时,流行比较缓和,发病率低,症状较轻,只是无精打采,生长缓慢,产蛋减少,有结膜炎,眶下窦炎、鼻炎及气管炎。病程较长,长的可达1个月。死亡率一般较低(2%),大部分病鸡可以耐过。若有细菌继发感染和应激因素存在时,死亡率则会增加。

四、病理变化

本病主要典型病变在气管和喉部组织,病初黏膜充血、肿胀,高度潮红,有黏液,进而黏膜发生变性、出血和坏死,气管中含有血黏液或血凝块,气管管腔变窄,病程2~3天后有黄白色纤维素性干酪样假膜。由于剧烈咳嗽和痉挛性呼吸,咳出分泌物和混血凝块以及脱落的上皮组织,严重时,炎症也可波及支气管、肺和气囊等部,甚至上行至鼻腔和眶下窦。肺一般正常或有肺充血及小区域的炎症变化。

五、诊断

根据流行病学,特征性症状和典型的病变,即可做出诊断。在症状不典型,与传染性支气管炎、鸡败血支原体病不易区别时,需进行实验室诊断。

六、防制措施

本病无特异性治疗方法,可采取综合措施防制。严格隔离、消毒、检疫制度,保持鸡舍通风良好、环境清洁、饲养密度合理。接种活疫苗后的鸡会出现排毒情况,从未发生过该病的地方最好不要接种疫苗。

目前较正规的是弱毒疫苗,种类很多,有进口疫苗,也有国产疫苗,无论哪种疫苗均有一定毒力。国产苗有单苗和二联苗,前者为鸡胚冻干苗。首免在4~6周龄点眼、滴鼻,二免在14周龄,也有人用饮水法剂量加倍;后者为喉-痘二联苗,皮下或肌内注射,有一定预防效果。强毒苗可涂擦于泄殖腔黏膜,

4～5天后,黏膜出血水肿和出血性炎症,表示接种有效,但排毒的危险性很大。有报道可用二联或三联(新城疫、传染性支气管炎和传染性喉气管炎)灭活苗进行免疫接种。

如果在本病暴发前能进行早期诊断,对未感染鸡进行免疫接种,就能使鸡在感染前产生足够的保护力。若本病已暴发,用抗生素药物防止其他病原菌的继发感染对加快本病的康复有重要意义,临床上用具有抗病毒作用的中药对本病的控制或缓解也有很大作用。

方一:板蓝根、金银花、蒲公英、地丁、射干、甘草、连翘、鱼腥草各100克,麻黄、茯苓、黄芪各80克,冰片、薄荷各50克。以上药物混合粉碎后拌料50千克,让鸡全天食用,连用5～7天。

方二:用冰硼散(冰片50克,朱砂60克,硼砂、玄明粉各500克,混合研为细末)轻轻喷撒在鸡喉头上,每天早、晚各1次,连用3天。

方三:板蓝根、大青叶、防风、荆芥各100克,蒲公英、桔梗、杏仁、远志、麻黄、山豆根、白芷各60克,甘草40克,粉碎煎汁过滤,加食用糖50克,维生素C 800毫克。上方为体重1.5千克左右的鸡200只用量,小鸡可减半,分早、晚两次饮服,药渣拌料,每天1剂,连用5天。

方四:金莲花100克,金银花30克,射干30克,牛蒡子40克,山豆根40克,地丁40克,蒲公英40克,白芷40克,板蓝根50克,菊花30克,桔梗30克,甘草30克,将诸药共研细末,每只鸡每天2克,均匀拌于饲料中,分上、下午集中喂服,连用3～5天。

方五:黄芩100克,桔梗80克,麦冬120克,甘草60克,牛蒡子140克,射干80克,板蓝根240克,花粉60克,白芍120克,将上药粉碎后按1.5%的比例均匀拌在饲料中让鸡自由采食,连用3～5天。

方六:用山豆根、射干、牛蒡子各15克,玄参、麦冬、板蓝根各10克,紫苏、桔梗各20克,猪胆汁60毫升,上药研末与胆汁拌匀,成鸡每只0.3～0.5克,雏鸡每只0.1～0.2克,拌入饲料喂给,每天3～4次,连用3～5天。

传染性支气管炎

一、病原

鸡传染性支气管炎病毒属于冠状病毒科冠状病毒属中的一个代表种,为单股 RNA 病毒。多数呈圆形，直径 80～120 纳米，有囊膜，其上有 12～24 纳米长、末端呈圆形的梨状纤突，纤突间的间隙较宽，形成规则排列，宛如皇冠状，直接从鸡体分离的病毒，纤突较齐全，而在体外传代的毒株往往部分缺失。病毒主要存在于病鸡呼吸道渗出物中，肝、脾、肾和法氏囊中也能发现病毒。病毒在肾和法氏囊内停留的时间可能比在肺和气管中还要长。

二、流行病学

尽管不同品种和不同品系的鸡对传染性支气管炎的敏感性不同，但普遍认为鸡是唯一感染 IBV 的禽，并可导致发病。所有年龄的鸡均易感染，但以雏鸡病情最为严重，可引起死亡，有母源抗体的雏鸡有一定抵抗力（约 4 周）。随着日龄的增大，鸡对 IBV 感染引起的致肾炎效应、输卵管病变及死亡的抵抗力增强。过热、严寒、拥挤、通风不良、维生素、矿物质和其他营养缺乏以及疫苗接种等均可促进本病的发生。

本病的主要传播方式是病鸡从呼吸道排出病毒，经空气飞沫传染给易感鸡。此外，通过饲料、饮水等，也可经消化道传染。病鸡康复后可带毒 49 天，在 35 天内具有传染性。本病无季节性，传播迅速，几乎在同一时间内有接触史的易感鸡都发病。

三、临床症状

本病潜伏期 36 小时或更长一些，人工感染为 18～36 小时。

呼吸型传染性支气管炎主要发生于雏鸡，病鸡无明显的前驱症状，常突然发病，出现呼吸道症状，并迅速波及全群。4 周龄以下病鸡常表现张口伸颈呼吸、咳嗽、啰音。随着病情的发展，全身症状加剧：精神沉郁，食欲废绝，羽毛松乱，嗜睡，常挤在一起，借以保暖。个别鸡鼻窦肿胀、流黏性鼻液，眼泪多，逐渐消瘦。6 周龄以上鸡，突出症状是啰音、气喘和微咳，同时伴有减食、沉郁或下痢症状。成年鸡出现轻微的呼吸道症状，产蛋鸡则表现为产蛋量下降，并产软壳蛋、畸形蛋或粗壳蛋，蛋的质量变差，如蛋白稀薄呈水样，蛋黄和蛋白分离以及蛋白黏着于蛋壳表面等。病程一般为 1～2 周，有的拖延至 3 周。雏鸡的死亡率可达 25%，6 周龄以上的鸡死亡率很低。康复后的鸡具有免疫力，血清中的相应抗体至少有 1 年可被测出，但其高峰期是在感染后 3 周左右。

生殖型传染性支气管炎临床发病不明显，死亡率也不高。雏鸡感染后可造成输卵管永久性损伤或畸形。成年鸡表现为鸡外观发育良好，产软壳蛋、薄壳蛋，蛋清稀薄如水，个别鸡甚至不产蛋，即常说的"假母鸡"。

鸡肾型传染性支气管炎以肾脏病变为主而呼吸道症状轻微或不表现，或呼吸道症状消失后,病鸡沉郁、持续白色或水样下痢,迅速消瘦,饮水量增加。该病可引起雏鸡死亡;产蛋鸡产蛋量下降;肉鸡增重减缓和饲料利用率下降。肾型传染性支气管炎多发生于 20~40 日龄的雏鸡,发病率可达 100%,死亡率为 5%~25%,耐过鸡生长受抑制,至成年后部分鸡出现生殖器官永久性损伤,是造成"假母鸡"的原因之一。

腺胃型传染性支气管炎多发于 60 日龄内的雏鸡,其特点是鸡整群状态良好,零星出现病鸡。临床症状为精神沉郁、羽毛蓬乱、呆立于角落、采食量下降、生长停滞、明显消瘦并伴有腹泻。

四、病理变化

呼吸型传染性支气管炎主要病变是气管、支气管鼻腔和窦内有浆液性、卡他性和干酪样渗出物。气囊可能浑浊或含有黄色干酪性渗出物。在死亡鸡的后段气管或支气管中可能有一种干酪性的栓子。在大的支气管周围可见到小灶性肺炎。

生殖型传染性支气管炎主要病变是产蛋母鸡卵泡充血、出血或变形,输卵管短粗、肥厚,局部充血、坏死,或输卵管不发育、浆液性囊肿。

肾病变型传染性支气管炎主要病变为病鸡脱水,肾脏明显肿大、色泽不均、有白色尿酸盐沉积、呈典型"花斑肾",肾小管及输尿管内充满尿酸盐。心、肝表面也有沉积的尿酸盐似一层白霜。有时可见法氏囊有炎症和出血症状。

腺胃型传染性支气管炎主要病变为腺胃肿胀,如圆球状;腺胃壁水肿增厚,剪开自动外翻;腺胃黏膜增厚出血;浆膜变性、质地硬;腺胃乳头肿大、出血和溃疡,严重的腺胃乳头消失、周边出血,个别乳头融合形成火山口样病变;肌胃和腺胃交界处有溃疡灶;法氏囊、胸腺萎缩。

组织学变化:气管黏膜上皮脱落坏死,固有膜层增厚、充血、水肿,有淋巴样细胞和嗜酸性粒细胞浸润。肺小叶结构不清楚。支气管内有嗜酸性粒细胞、淋巴样细胞和脱落上皮细胞。部分支气管周围淋巴样细胞增生,管腔狭窄。动脉周围结缔组织增生,腔内有多量红细胞。病变区肺泡消失,为细胞增生所代替,增生的细胞有嗜酸性粒细胞、淋巴样细胞、中性粒细胞。部分支气管腔内有嗜伊红均质渗出液。心肌纤维疏松、水肿,有淋巴样细胞浸润。肝门静脉充满红细胞,小叶间细胞浸润、淋巴细胞渗出,少数肝细胞水肿变性。肾病变型以肾的变化为特征,肾小管上皮颗粒变性,集尿管和部分肾小管腔扩张,上皮变扁或呈空泡状,管腔内充积已破碎的异嗜性白细胞以及多量的淋巴细胞、浆细胞。部分病例血管内形成血栓。病变以小叶区最明显。发生内脏型痛风的病例,除上述变化外,尚见集尿管中有痛风石形成,管腔中央为红染结晶,周围多核巨细胞和淋巴细胞,有的病例肾小管上皮细胞坏死钙化。

五、诊断

根据流行病学、临床症状和特殊病变可对本病做出初步诊断,但确诊需进行实验室检验。

鉴别诊断:有几种鸡的呼吸道疾病需与传染性支气管炎(IB)加以区别。①鸡新城疫:传播速度稍比 IB 慢,体温升高 43℃ 以上,死亡率一般也比较高,有的病鸡出现神经症状。②传染性鼻炎:传播迅速,面部肿胀和鼻、眼分泌物增多,小鸡较少发生。鼻分泌物抹片可见两极杆菌,抗菌药物有疗效。③传染性喉气管炎:小鸡较少发生,有出血性气管炎,久病鸡气管黏膜上形成干酪样假膜,气管上皮细胞切片可见核内包涵体。④鸡慢性呼吸道病:传播缓慢且病程长。病原为支原体,抗菌药物有疗效。⑤禽曲霉菌病:发生在温暖、潮湿季节,肺、气囊有粟粒大小灰白色或黄色结节。

六、防制措施

严格执行隔离、检疫等卫生防疫措施。鸡舍要注意通风换气,防止过挤,注意保温,加强饲养管理,补充维生素和矿物质饲料,增强鸡体抗病力。同时配合疫苗进行人工免疫。

对于呼吸型传染性支气管炎,搞好疫苗接种是控制本病的重要手段。常用 M41 型的弱毒苗如 H120、H52 及其灭活油剂苗。H120 毒力较弱,对雏鸡安全;H52 毒力较强,适用于 20 日龄以上鸡;油苗各种日龄均可使用。一般免疫程序为 5 ~ 7 日龄首免,用 H120 滴鼻或点眼,同时油苗颈背部皮下注射;20 ~ 25 日龄二免,用 H52 滴鼻、点眼或饮水;60 ~ 70 日龄三免,用 H52 饮水。使用弱毒苗应与新城疫弱毒苗同时或间隔 10 天再进行新城疫弱毒苗免疫,以免发生干扰作用。鸡群发病后要及时隔离病鸡,淘汰病重鸡,大群投药抑制病毒、止咳平喘、防止继发感染。临床上用金银花、连翘、板蓝根、黄连、黄芩、穿心莲各 30 克,前胡、百部、枇杷叶、瓜蒌、桔梗、杏仁、陈皮、甘草各 10 克。煎汁加红糖少许饮服,一般雏鸡每只 0.03 ~ 0.05 克,中鸡每只 0.08 ~ 0.1 克,成鸡每只 0.15 ~ 0.7 克,每天 2 次,连用 3 ~ 5 天;同时用吉他霉素或红霉素配合治疗,有很好的治疗效果。

生殖型传染性支气管炎目前还没有很好的防制方法,对于发病鸡只能淘汰,同时全群鸡投服抗病毒、抗菌消炎、保健药以增强鸡群对本病的抵抗能力。

肾型传染性支气管炎发病日龄早,发病后无特效药治疗,故应注重疫苗的预防,加强饲养管理,严格检疫、隔离、消毒等综合防制措施。目前预防肾型传染性支气管炎多用进口疫苗,一般接种进口的鸡新城疫、传染性支气管炎二联冻干疫苗(克隆30)C30 + H120 + 28/86 株,在临床应用中免疫效果较好。发病后对鸡群减少饲料蛋白含量、增加维生素 A 的补充,投喂抗病毒药配以通肾利尿剂可减少感染鸡的死亡率。

临床上用中草药方:车前子 30 克,甘草 30 克,黄芪 40 克,红花 60 克,绞股蓝 100 克,北豆根 100 克,桔梗 100 克,混合水煎。或用中药:甘草 10 克,肉桂 20 克,细辛 20 克,杏仁 30 克,炙麻黄 30 克,黄芩 60 克,紫菀 60 克,龙胆草 60 克,大腹皮 100 克,泽泻 100 克,均有很好的治疗效果。

腺胃型传染性支气管炎的治疗原则是:抑制病毒复制,健胃消炎。预防采用"全进全出"的饲养制度,不同日龄的鸡不能同舍饲养。加强饲养管理,防止饲料发霉变质,做好马立克病、传染性法氏囊病的疫苗接种,控制鸡传染性贫血病毒病、网状内皮增生症等免疫抑制病,减少各种不良应激对鸡群的影响。

鸡马立克病

一、病原

马立克病毒(MDV)是一种细胞结合性疱疹病毒,已发现的有 3 个血清型:Ⅰ型为致瘤的 MDV,Ⅱ型为不致瘤的 MDV,Ⅲ型是指火鸡疱疹病毒(HVT)。

二、流行病学

鸡是 MD 最重要的自然宿主,但鹌鹑、火鸡和雉也很易感染病毒和发病。实际上所有鸡,包括观赏鸡、土种鸡和热带丛林鸡都易感并形成肿瘤。

病鸡和带毒鸡是最主要的传染源。病毒主要从呼吸道进入体内,经吸入感染后 24 小时肺内可查到病毒病原,可能是吞噬性肺细胞摄取病毒并将其带到其他器官中去。很多外表正常的鸡是可以传递感染的带毒鸡,感染可能无限期持续下去,有些鸡从皮肤排出病毒的时间持续 76 周。感染鸡的不断排毒和病毒对外界的抵抗力强是造成感染流行的原因。MDV 不能垂直传播,由于很少有病毒能在孵化的温度和湿度条件下存活,因此由蛋外污染造成的母体到子代的传播也是不可能的。

三、临床症状

1. 神经型

主要侵害外周神经,由于所侵害神经部位不同,症状也不同。以坐骨神经和臂神经最易受侵害。当坐骨神经受损时病鸡一侧腿发生不全或完全麻痹,站立不稳,两腿前后伸展,呈劈叉姿势,为典型症状。当臂神经受损时,被侵侧翅膀下垂。支配颈部肌肉的神经受损时病鸡头下垂或头颈歪斜。迷走神经受损时鸡嗉囊麻痹或膨大,食物不能下行,失声和呼吸困难。腹神经受损时常有拉稀症状。一般病鸡精神尚好,并有食欲,但往往由于饮不到水而脱水,吃不到饲料而衰竭,或被其他鸡践踏,最后均以死亡而告终,多数情况下病鸡被淘汰。发病期由数周到数月,死亡率为 10%～15%。

2. 内脏型

内脏型多为急性暴发 MD 的鸡群,常见于 50～70 日龄的鸡,病鸡精神委顿,食欲减退,羽毛松乱,鸡冠苍白、皱缩,有的鸡冠呈黑紫色,黄白色或黄绿色下痢,迅速消瘦,胸骨似刀锋,触诊腹部能摸到硬块。病鸡脱水、昏迷,最后死亡。急性死亡数周内停止,也可延至数月,一般死亡率为 10%～30%,也有高达60%的。

3. 眼型

在病鸡群中很少见到,一旦出现则病鸡表现瞳孔缩小,严重时仅有针尖大小;虹膜边缘不整齐,呈环状或斑点状,颜色由正常的橘红色变为弥漫性的灰白色,呈鱼眼状。轻者表现对光线强度的反应迟钝,重者对光线失去调节能力,最终失明。

4. 皮肤型

较少见,往往在禽类加工厂屠宰鸡时褪毛后才发现,主要表现为毛囊肿大或皮肤出现结节。

临床上以神经型和内脏型多见,有的鸡群发病以神经型为主,内脏型较少,一般死亡率在 5% 以下,且当鸡群开产前本病流行基本平息。有的鸡群发病以内脏型为主,兼有神经型,危害大损失严重,常造成较高的死亡率。

四、病理变化

最恒定的病变部位是外周神经,以腹腔神经丛、前肠系膜神经丛、臂神经丛、坐骨神经丛和内脏大神经最为常见。受害神经横纹消失,变为灰白色或黄白色,有时呈水肿样外观,局部或弥漫性增粗可达正常的 2～3 倍。病变常为单侧性,将两侧神经对比有助于诊断。内脏型主要表现为内脏多种器官出现肿瘤,肿瘤多呈结节性,为圆形或近似圆形,数量不一,大小不等,略突出于脏器表面,灰白色,切面呈脂肪样。常侵害的脏器主要是卵巢,其次为肝脏、脾脏、肾脏、心脏、肺脏、胰脏、肠系膜、腺胃和肠道,肌肉和皮肤也可受害。有的病例肝脏上不具有结节性肿瘤,但肝脏异常肿大,比正常大 5~6 倍,正常肝小叶结构消失,表面呈粗糙或颗粒性外观。性腺肿瘤比较常见,甚至整个卵巢被肿瘤组织代替,呈花菜样肿大,腺胃外观有的变长,有的变圆,胃壁明显增厚或薄厚不均,切开后腺乳头消失,黏膜出血、坏死。

五、诊断

MD 一般发生于 1 月龄以上的鸡,2~7 月龄为发病高峰时间;病鸡常有典型的肢体麻痹症状;在不存在网状内皮组织增生症的情况下出现外周神经淋巴组织性肿大;16 周龄以内的鸡发生多种组织的淋巴肿瘤(肝脏、心脏、性腺、皮肤、肌肉和腺胃);16 周龄或 16 周龄以上的鸡,在没有发生法氏囊肿瘤的情况下,出现内脏淋巴肿瘤;虹膜褪色和瞳孔不规则。MD、LL 和非法氏囊型网状内皮组织增殖病(RE)的鉴别诊断见表 10-2。

表 10-2 MD、LL 和 RE 的鉴别诊断

病名		MD	LL	RE
发病年龄	高峰期	2~7 月龄	4~10 月龄	2~6 月龄
	限制	大于 1 月龄	大于 3 月龄	大于 1 月龄
临床症状	麻痹	常见	无	少见
眼观变化	肝脏肿瘤	常见	常见	常见
	神经肿瘤	常见	无	常见
	皮肤肿瘤	常见	少见	少见
	法氏囊肿瘤	少见	常见	少见
	法氏囊萎缩	常见	少见	常见
	肠道肿瘤	少见	常见	常见
	心脏肿瘤	常见	少见	常见
组织学变化	多形性细胞	是	不是	是
	均一的淋巴细胞	不是	是	不是
	法氏囊细胞增生	滤泡间	滤泡内	少见

病名		MD	LL	RE
表面抗原	MATSA	5%~40%	无	无
	IgM	小于5%	91%~99%	未知
	B细胞	3%~25%	91%~99%	少见
	T细胞	60%~90%	少见	常见

注意:表10-2中RE指非法氏囊型RE,法氏囊型RE的特点基本与LL的相同。

(二)实验室检测

1. 病毒分离

(1)病料的采取与处理 一般选取病鸡的肝脏、肾脏,加磷酸盐缓冲液,研磨后制成1:3悬液或全血作为分离病毒的材料。

(2)分离方法

1)雏鸡接种 用被检病鸡的血液或肿瘤组织悬液接种于易感的1日龄雏鸡腹腔内,2~10周后,检查鸡的神经、脏器,如肉眼或镜检时见有马立克病特异性病变,即可证实有马立克病毒的存在。

2)组织培养法 首先制备好鸡胚成纤维细胞或肾细胞,置37℃温箱中培养,待长成单层细胞后,接种于可疑病鸡的白细胞、血液或经0.25%胰酶消化的肾细胞继续培养4~5天,若出现典型症状的,而对照组不出现,即可证明分离到马立克病毒。

六、防制措施

疫苗接种是防制本病的关键,以防止出雏和育雏阶段的早期感染以及减少鸡群污染强度为中心的综合性防制措施,对提高MD的免疫效果和减少损失亦起重要作用。

用于制造疫苗的毒株有3种:第一种是人工致弱的Ⅰ型MDV,如荷兰Rispens等的CV1988、美国Witter氏的MD11/75/R2,国内哈尔滨兽医研究所的K株(814)等;第二种是自然不致瘤的Ⅱ型MDV,如美国的SB-1、301/1和国内的Z4;第三种是Ⅲ型MDV(HVT),如全世界广泛使用的FC126。HVT疫苗使用广泛,因为制苗经济,而且可制成冻干制剂,保存和使用较方便。多价疫苗主要由Ⅱ型和Ⅲ型病毒组成。Ⅰ型毒和Ⅱ型毒只能制成细胞结合疫苗,需在液氮条件下保存。

免疫失败原因及防制措施:

接种剂量不当:常用的商品疫苗要求 2 000PFU/羽的剂量,若疫苗储存过久或稀释不当、接种程序不合理或稀释好的冻干苗未在 1 小时内用完,均会导致雏鸡接受的疫苗剂量不足而引起免疫失败。

早期感染:疫苗接种后需 7 天才能产生坚强免疫力,而这段时间内在出雏室和育雏室都有可能发生感染。且 HVT 疫苗不能阻止马立克病强毒株的感染。为此需改善卫生措施,以避免早期感染,但难以预防多种日龄混群的鸡群感染。

母源抗体的干扰:血清Ⅰ型、血清Ⅱ型、血清Ⅲ型疫苗病毒易受同源的母源抗体干扰,细胞游离苗比细胞结合苗更易受影响,而对异源疫苗的干扰作用不明显。为此,免疫接种时可进行下列调整:①增加 HVT 免疫剂量或使用其他疫苗病毒,被动抗体消失时于 3 周龄再次免疫接种。②对鸡不同代次选用不同血清型的疫苗,如父母代鸡用减弱血清Ⅰ型疫苗,子代可用血清Ⅲ型(HVT)疫苗。③使用细胞结合苗,尤其Ⅱ型和Ⅲ型双价苗。

超强毒株的存在:传统的疫苗不能有效地抵抗马立克病超强毒株的攻击从而引起免疫失败,对可能存在超强毒株的高发鸡群使用 814 + SB - 1 二价苗或 814 + SB - 1 + FC126 三价苗,具有满意的防疫效果。

品种或品系的遗传易感性:某些品种或品系的鸡对马立克病具有高度的遗传易感性,难以进行有效免疫,甚至免疫接种后仍然易感,为此需选育生产性能好的抗病品系商品鸡。

免疫抑制和应激:感染传染性法氏囊病、REV、呼肠孤病毒和鸡贫血因子等免疫抑制病原均可干扰疫苗诱导致免疫力。另外,不良应激也可导致马立克病疫苗的免疫失败。总之,采用疫苗接种是控制本病的极为重要的措施,但是它们的保护率均不能达到 100%。因此,鸡群中仍有少量病例发生,故不能完全依赖疫苗接种,应加强综合防制。

综合防制措施:①加强养鸡环境卫生与消毒工作,尤其是孵化卫生与育雏鸡舍的消毒,防止雏鸡的早期感染,这是非常重要的,否则即使出壳后即刻免疫有效疫苗,也难防止发病。②加强饲养管理,改善鸡群的生活条件,增强鸡体的抵抗力,对预防本病有很大的作用。饲养管理不善、环境条件差或某些传染病如球虫病等常是重要的诱发因素。③坚持自繁自养,防止因购入鸡苗的同时将病毒带入鸡舍。采用"全进全出"的饲养制度,防止不同日龄的鸡混养于同一鸡舍。④防止应激因素和预防能引起免疫抑制的疾病如鸡传染性法氏囊病、鸡传染性贫血病毒病、网状内皮组织增殖病等的感染。⑤对发生本病的处理。如果暴发本病,在感染的场地清除所有的鸡,将鸡舍清洁消毒后,空置数周再引进新雏鸡。一旦开始育雏,中途不得补充新鸡。

鸡安卡拉病

一、病原

禽腺病毒根据其抗原结构不同分为 3 个群。Ⅰ 群主要是传统的禽腺病毒,来自鸡、火鸡、鹅等禽类,代表株是鸡胚致死孤儿病毒(CELO),它们共享有一种共同的群特异抗原,其中从鸡分离到的 12 个血清型,火鸡 2 个血清型,鹅 3 个血清型和鸭 1 个血清型。Ⅱ 群禽腺病毒包括火鸡出血性肠炎病毒(HEV)、大理石脾病病毒和鸡脾肿大症病毒,它们有与 Ⅰ 群禽腺病毒相区别的群特异抗原。Ⅲ 群禽腺病毒目前只有一个成员,即产蛋下降综合征病毒(EDSV),具有与 Ⅰ 群禽腺病毒部分相同的共同抗原。

二、流行特点

潜伏期短,发病急,发病之后迅速波及全群。发病率高,群体发病率100%;个体平均发病率30%,严重的鸡群发病率高于80%。肉鸡的发病日龄比较早,最早 5 天就会发现有心包积液情况,且日龄越小发病率越高,死亡越多。蛋鸡主要发生在 25 ~ 80 天的青年鸡,300 天左右的产蛋鸡也有出现,但是死亡低,特别是没有免疫基础的青年鸡一旦出现心包积液,死亡率都在30% 以上。大约于 3 周龄时,在看上去明显健康的肉鸡中突然发生,以至鸡在临死前仍很活泼,毫无病态。死鸡就是该病存在的信号。发病鸡群多于 3 周龄开始死亡,4 ~ 5 周龄达到高峰,高峰持续期 4 ~ 8 天,5 ~ 6 周龄死亡减少,病程通常 8 ~ 15 天,死亡率可达20% ~ 80% ,一般在30% 左右。本病可垂直传播,也可水平传播,鸡感染后可成为终身带毒者,并可间歇性排毒。易与传染性法氏囊和传染性贫血病并发。该病扩散能力强,很易在鸡群和鸡场间传播,康复鸡群对再感染有免疫力。当饲养管理不当、天气突然变化、营养不良、机体抵抗力减弱和细菌毒力增强时即可发病。维生素缺乏症、蛋白质及矿物质饲料缺乏、感冒等皆可成为发生本病的诱因。

三、临床症状

发生日龄一般在 15 日龄以后,因发病环境和周边养殖密度而异,有的在三四十天也有发生。这种病没有前兆,发病鸡群前期采食不见下降,鸡群精神不见明显变化,多突然死亡,以中等和偏大鸡为主。发病头2~3天多表现突然死亡,但死亡率极低,2~3天后死亡猛地增加,死亡率上升特快,高峰持续1周左右,每天死亡率可以达到5%左右,病程15天左右,总死亡率可达10%~80%。死亡严重的多混有别的疾病,霉菌毒素和对肝肾有损害的药以及免疫抑制病如法氏囊,传染性贫血症可以加速本病的死亡。由于本病无特效药物,初期死亡养殖户多不注重,发病速度快,高峰死亡率高,养殖户难承受压力,多以早卖为归宿。发病前期出现的伤亡,多是集中于鸡舍内某一个或几个片状区域(如靠南方向的区域由于温差过大等原因死亡就会多一些),其他区域零星出现。鸡群精神沉郁,食欲减退,采食量下降50%左右。病鸡不愿活动,羽毛蓬乱,鸡冠苍白,呼吸困难,排黄绿色稀粪。个别鸡无明显先兆而突然倒地,两腿划空,数分钟内死亡。

四、病理变化

病鸡喉头出血、气管有出血和黏液。心包积有淡黄色透明的渗出液,有的是清水,有的是发黄浑浊的水,也有的呈胶冻样,心脏肿大松软,心肌变薄。除心脏特征性剖检病变外,通常可见肺水肿、充血并出现灰白色渗出物;肝脏肿大、充血、边缘钝圆、质地变脆,色泽变暗,并出现灰白色坏死灶;盲肠扁桃体肿胀,有的肠道淋巴结肿胀突起;部分病鸡肾脏肿大、苍白或暗黄色,输尿管见有尿酸盐沉积。较少见的其他病变有脾肿大、有白色坏死点,腺胃有出血点,法氏囊萎缩、内有乳白色干酪样物,骨髓灰白、体脂发黄和肌肉出血。特征的组织学病变见于肝脏,内有小的多灶性、凝固性坏死区,许多肝细胞中有大而圆的核内包涵体。

五、诊断

一般凭典型的心包积水及肝脏切片中见到嗜碱性核内包涵体可做出初步诊断,确诊需做鸡胚肝细胞培养进行病毒分离。

六、防制措施

1. 疫苗预防

要选用正规厂家生产的禽腺病毒疫苗,必须包括当前我国流行的禽腺病毒血清型,另外,必须没有禽白血病病毒、鸡传染性贫血病毒、网状内皮组织增殖病病毒和法氏囊病毒等外源病毒污染。疫苗注射后5天即能产生免疫力,但免疫期不长,某些鸡群注射4~5周后仍可发病。一般认为在15~18日龄免疫注射效果好,或在10日龄和20日龄进行两次免疫效果更佳。

2. 卵黄抗体

就目前来说,精制卵黄抗体是治疗禽腺病毒感染的最有效方案,粗制抗体由于杂质较多,容易造成机体过大的应激反应。建议 30 日龄以内,每只鸡 1 毫升,30～60 日龄,每只鸡 1.5 毫升,60 日龄以上,每只鸡 2 毫升(胸肌两侧分点注射),且注射时要注意勤换针头,最好每只鸡用 1 个针头。抗体注射后 2～3 天,会出现一个小的死亡波峰,原因是一些带毒鸡已经形成核内包涵体,而抗体是在体液中循环并发挥作用,注射应激造成快速死亡,这也是该病抗体治疗的一般规律,3 天后死亡快速下降,鸡群康复转归。

3. 药物治疗

治疗的原则是抗病毒,利水消肿,保肝护肾,防止继发感染。

(1)抗病毒　可以用荆防败毒散或板青颗粒,同时配合干扰素干扰病毒复制、转移因子口服液增强机体抵抗力。

(2)保肝护肾利尿　可以使用大剂量的维生素 C、葡萄糖全天饮水来护肝解毒补充能量;用牛磺酸或樟脑磺酸钠来强心;用利尿药来缓解心包积液、肝肾水肿现象;用保肝护肾中药来减轻肝肾负担。

防制本病,还要做好鸡传染性法氏囊和鸡传染性贫血因子的控制或消除,同时加强饲养管理,减少应激,不喂霉变饲料,做好鸡舍内外的环境卫生和消毒工作。

鸡 白 血 病

一、病原

在国际病毒分类委员会(ICTV)新的分类中,将白血病－肉瘤群归为反转录病毒科的－反转录病毒属。

二、流行病学

鸡是禽白血病病毒(ALV)群的自然宿主。虽从某些品种的野鸡、鹧鸪中分离到 ALV 毒株,但属于其他亚群病毒,与从鸡群中分离的 ALV 亚群不同。至今尚未见从其他禽类中分离到 ALV 的报道。但 ALV 中某些毒株的实验室宿主范围较广;Rous 肉瘤病毒可人工感染野鸡、珍珠鸡、鸭、鸽、日本鹌鹑、火鸡、石鸡。肉瘤中某些毒株甚至可使哺乳动物,包括猴产生肿瘤。据报道,成骨髓细胞增殖病病毒(AMV)血管内注射 1 日龄鹌鹑可产生淋巴瘤、肾细胞瘤及慢性骨髓细胞瘤,不表现急性成髓细胞增生症。火鸡易感性低于鸡,病变也不如鸡明显。我国对 AMV 研究较多。据王建宁(1989)报道,不同品种鸡对 AMV 的易感差异很大。AA 鸡和艾维因鸡对 AMV 易感性高,而罗斯鸡、星布罗鸡和京白鸡易感性较低。

三、临床症状

淋巴白血病的外观症状不具特异性,表现精神沉郁、虚脱、腹泻、脱水和消瘦。有的淋巴白血病病例还可见到腹部肿大,鸡冠苍白、皱缩或偶见发绀。成红细胞增多病和髓样细胞瘤的羽毛囊有时发生出血。一旦出现明显的临床症状,病程进展很快,一般数周内即发生死亡。一些感染鸡可能没有出现明显的症状就已经死亡。

在髓样细胞增多病的病鸡中,骨骼的髓样细胞肉瘤可以引起头、胸骨和跗骨的肿大增生。髓样细胞肉瘤发生在眼内,可引起出血或失明。血管瘤发生在皮肤,呈现"血管聚积状",破裂后导致出血。肾瘤压迫坐骨神经,导致瘫痪。肉瘤和其他结缔组织肿瘤可以发生在皮肤和肌肉。随着肿瘤产生,还可能伴随出现一些上面所述的非特异性症状。良性肿瘤一般病程较长,而恶性肿瘤一般病程较短。

在骨硬化病中,感染的骨骼通常为胫骨的长骨。检查或触诊可检测到骨干或干骺端部位的均一或不规则增厚。病变部位通常异常灼热。病鸡见"长筒靴样"小腿。病鸡经常生长缓慢、苍白,且步态蹒跚或跛行。

禽白血病感染率高的鸡群产蛋量很低。据王建宁报道,用 AMVBAI – A 株血浆毒感染 1 日龄雏鸡,接种后 2 周左右开始出现并非特异性的临诊症状,此后陆续发病死亡,一般 16 天开始,有的鸡死亡很快,死前无明显临诊症状;有的一直延续到接种后第八周左右才停息。

四、病理变化

淋巴细胞性白血病大体病变是 4 月龄或更大日龄的鸡肉眼可见肿瘤几乎都要波及肝脏、脾脏和法氏囊。其他脏器还包括肾脏、肺、性腺、心脏、骨髓和肠系膜也可形成肿瘤。肿瘤质地柔软、光滑且发亮;切面呈淡灰色到乳白色,坏死灶很少见。瘤体可能是结节状、粟粒状或弥散性的,或者是这些类型的结合。结节型的淋巴细胞性肿瘤,直径从 0.5 毫米到 5 厘米不等,单个或大量出现。这些肿瘤一般呈球形,但当靠近器官表面时可能被压扁。颗粒型或粟粒型肿瘤在肝脏最明显,由大量直径小于 2 毫米的小结节组成,均匀地分布于整个实质中。发生弥散型肿瘤时,器官均匀地肿大,呈淡灰色,一般很脆,少数情况下肝脏结实、纤维化,几乎呈沙砾样。从组织病理学检查来看,本病肿瘤由聚积的大淋巴细胞组成,细胞的大小稍有不同,但都处于相同的原始发育阶段。这些细胞的胞浆膜不清楚,胞浆高度嗜碱性;胞核空泡状,核内染色质边移并聚集成丛,具有一个或多个明显的嗜酸性核仁。多数肿瘤细胞的胞浆中含有大量的 RNA,用甲绿派洛宁染色成红色,表明细胞未成熟,正处于快速分裂期。超微结构观察发现,在患 LL 的鸡的淋巴细胞中很少看到空泡,但在成淋巴细胞的胞浆膜上可看到有些病毒粒子出芽。

五、诊断

禽白血病主要根据流行病学、临床症状、血液的变化及病理变化进行综合分析诊断。由于 ALV 在鸡群中广泛存在,病毒的分离和抗原或抗体的检测对临床淋巴瘤的诊断意义不大。但是 ALV 的检测方法对新毒株的鉴定和分类、疫苗的安全性检验、无病原体和其他种鸡群无病毒的检验非常有用。

六、防制措施

1. 治疗

目前对鸡白血病尚无切实有效的治疗方法。

2. 预防和控制措施

因为鸡白血病的传播主要是经垂直传播,水平传播仅占次要地位。所以,国内外控制鸡白血病都从建立无鸡白血病的净化鸡群着手,即每批即将产蛋的鸡群,经 ELISA 或其他血清学方法检测,阳性鸡进行一次性淘汰。每批蛋鸡只需这样淘汰 1 次,经三四代淘汰后,鸡群的鸡白血病将会显著降低,并逐步消灭。每批鸡多次检测和多次淘汰,从经济效益来看是不划算的,没有必要这样做。净化鸡群重点是在原种鸡场、种鸡场。但某些商品鸡场也进行了这方面工作,包括肉鸡场,目的是提高生产力。

从种鸡群中消灭 LLV 的步骤包括:从蛋清和阴道试子试验阴性的母鸡选择受精蛋进行孵化;在隔离条件下小批量出雏,避免人工性别鉴定,接种疫苗每雏换针头;测定雏鸡血液是否 LLV 阳性,淘汰阳性雏和与之接触者;在隔离条件下饲养无 LLV 的各组鸡,连续进行 4 代,建立无 LLV 替代群。上述方法由于费时长,成本高,技术复杂,一般种鸡场还不能实行。

肉用鸡普遍对 A 亚群白血病病毒有遗传抵抗力,但产蛋鸡群几乎没有这种情况,目前正从遗传抵抗力方面努力改良产蛋鸡的品质。

目前正努力研制疫苗防制鸡白血病,但尚无有效疫苗可降低鸡白血病肿瘤死亡率。疫苗主要是提高雏鸡的母源抗体。

鸡病毒性关节炎

一、病原

病毒性关节炎的病原为禽呼肠孤病毒。该病毒在胞浆内复制,病毒粒子无囊膜,呈20面体对称并具有双层衣壳结构。

二、流行病学

鸡呼肠孤病毒广泛存在于自然界,可从许多种鸟类体内分离到。但是鸡和火鸡是目前已知唯一可被 Reov 引起关节炎的动物。病毒在鸡中的传播有两种方式:水平传播和垂直传播。虽然有资料表明,Reov 可通过种蛋垂直传播,但水平传播是该病的主要传播途径。病毒感染鸡之后,首先在呼吸道和消化道复制后进入血液,24~48 小时后出现病毒血症,随后即向体内各组织器官扩散,但以关节腱鞘及消化道的含毒较高。排毒途径主要是经过消化道。试验表明,由口腔感染 SPF 成年鸡,4 天后可从呼吸道、消化道、生殖道和股关节分离到病毒,14~15 天后含毒量明显降低。感染后的 Reov 在股关节内存在 3 周,14~16 周后,仍能从感染鸡的泄殖腔发现病毒。因此,带毒鸡是重要的传染源。

鸡病毒性关节炎的感染率和发病率因鸡的年龄不同而有差异。鸡年龄越大,敏感性越低,10 周龄之后明显降低。一般认为,雏鸡的易感性可能与雏鸡的免疫系统尚未发育完全有关。

病毒性关节炎自然感染病例多见于 4~7 周龄鸡,也有更大鸡龄发生关节炎的报道。发病率可高达 100%,而死亡率一般低于 6%。病毒在腱内至少可以存活 22 周。

三、临床症状

本病大多数野外病例均呈隐性感染或慢性感染,要通过血清学检测和病毒分离才能确诊。在急性感染的情况下,病鸡表现跛行,部分鸡生长迟缓。慢性感染的鸡跛行更加明显,少数病鸡跗关节不能运动。病鸡食欲和活力减退,不愿走动,喜坐在关节上,驱赶时或勉强移动,但步态不稳,继而出现跛行或单脚跳跃。

病鸡因得不到足够的水分和饲料而日渐消瘦,贫血,发育迟滞,少数逐渐衰竭而死。检查病鸡可见单侧或双侧跖部、跗关节肿胀。在日龄较大的肉鸡中可见腓肠腱断裂导致顽固性跛行。

种鸡群或蛋鸡群感染后，产蛋量可下降 10% ~ 15%。也有报道种鸡群感染后种蛋受精率下降，这可能是病鸡因运动功能障碍而影响正常的交配所致。

四、病理变化

自然感染鸡的肉眼病变是趾屈肌腱和跖伸肌腱肿胀，从跗关节上部触诊能明显感觉到跖伸肌腱的肿胀，拔毛后则更容易观察到病变。爪垫和跗关节肿胀比较少见。跗关节常含有少量草黄色或血样渗出物；少数病例有大量的脓性渗出物，与传染性滑膜炎病变相似，这可能与某些细菌的继发感染有关。感染早期跗关节和跖关节腱鞘有明显水肿，跗关节内滑膜经常有点状出血。根据病程的长短，有时可见周围组织与骨膜脱离。大雏或成鸡易发生腓肠腱断裂。换羽时发生关节炎，可在患鸡皮肤外见到皮下组织呈紫红色。慢性病例的关节腔内渗出物较少，腱鞘硬化和粘连，在胫跗关节远端关节软骨上出现凹陷的点状溃烂，溃烂逐渐变大、融合并延伸到下方的骨质，关节表面纤维软骨膜常过度增生，殃及髁骨和上髁骨。有的在切面可见到肌和腱交接部发生的不全断裂和周围组织粘连，关节腔有脓样、干酪样渗出物。有时还可见到心外膜炎，肝、脾和心肌上有细小的坏死灶。

五、诊断

病毒性关节炎的初期诊断比较困难，关节肿胀与滑液囊支原体病、大肠杆菌病、沙门菌病和葡萄球菌病等引起的症状不易区分，同时也极易与这些病菌混合感染。因此，对此病的诊断，一般是根据症状和病变做出初步诊断，再根据实验室检查进行确诊。

虽然此病的类症鉴别颇为困难，但根据症状和病变的特点，在临诊中可对该病做出初步诊断。以下几点具有诊断价值：病鸡跛行，跗关节肿胀。心肌纤维之间有异嗜细胞浸润。患病毒性关节炎的鸡群中，常见有部分鸡呈现发育不良综合征现象，病鸡苍白，骨钙化不全，羽毛生长异常，生长迟缓或生长停止。

六、防制措施

对该病目前尚无有效的治疗方法，所以预防是控制本病的唯一方法。由于 Reo 病毒本身的特点，加上现代养鸡的高密度，要防止鸡群接触病毒是困难的，因此，预防接种是目前条件下防制鸡病毒性关节炎的最有效方法。为了防止本病流行，在国外研制出了许多种弱毒苗和灭能的禽呼肠孤病毒疫苗，并制定了相应的免疫程序。目前国外应用的弱毒疫苗有通过鸡胚 72 代致弱的

S1133 弱毒株,可饮水免疫 30 周龄或 10 ~ 17 周龄种鸡,其后代能抵抗经口攻毒;完全减毒疫苗 P100 苗,此苗是用 S1133 毒株通过鸡胚传 235 代后,再通过鸡胚成纤维细胞培养 100 代致弱而成。P100 苗可用于 1 日龄雏鸡,皮下接种,经 14 日后免疫雏鸡能抵抗同源病毒的攻击。还有 UMI203 弱毒苗,该苗对 8 ~ 18 周龄的种鸡无致病力,但对雏鸡的毒力很强。该苗的优点是交叉免疫比 S1133 株强,因其抗原性较宽。

由于雏鸡对致病性 Reo 病毒最易感,而至少要到 2 周龄开始才具有对 Reo 病毒的抵抗力,因此对雏鸡提供免疫保护应是防疫的重点。接种弱的活疫苗可以有效地产生主动免疫,一般采用皮下接种途径。但用 S1133 弱毒苗与马立克病疫苗同时免疫时,S1133 会干扰马立克病疫苗的免疫效果,故两种疫苗接种时间应相隔 5 天以上。无母源抗体的后备鸡,可在 6 ~ 8 日龄用活苗首免,8 周龄时再用活苗加强免疫,在开产前 2 ~ 3 周注射灭活苗,一般可使雏鸡在 3 周内不受感染。这已被证明是一种有效的控制鸡病毒性关节炎的方法。将活疫苗与灭活疫苗结合免疫种鸡群,可以达到很好的免疫效果。但在使用活疫苗时要注意疫苗毒株对不同年龄的雏鸡的毒性是不同的。

一般的预防方法是加强卫生管理及鸡舍的定期消毒。采用"全进全出"的饲养方式,对鸡舍彻底清洗和用3%氢氧化钠溶液对鸡舍消毒,可以防止由上批感染鸡留下的病毒的感染。由于患病鸡长时间不断向外排毒,是重要的传染源,因此,对患病鸡要坚决淘汰。

鸡脑脊髓炎

一、病原

鸡脑脊髓炎病毒(AEV)属于小 RNA 病毒科。以前的研究认为 AEV 属于肠道病毒属,但最近的研究发现该病毒与 A 型肝炎病毒具有很高的蛋白同源性,因此,暂时定在肝病毒属中。

二、流行病学

鸡脑脊髓炎在全世界均有发生。几乎所有鸡群,最终都会被病毒感染,但临床发病率较低,除非种鸡不接种疫苗并在开产后被感染。血清学调查发现火鸡群自然感染率实例也很高。

AEV 的宿主范围很窄。自然感染见于鸡、雉鸡、鹌鹑和火鸡珍珠鸡等,鸡对本病最易感。各种日龄均可感染,但雏禽才有明显的临诊症状。雏鸭、雏鸽可被人工感染,但小鼠、豚鼠、家兔和猴对病毒的脑内接种有抵抗力。

三、临床症状

经胚垂直传播而感染的雏鸡潜伏期 1~7 天,经接触或口服水平传播感染的雏鸡,其潜伏期至少为 11 天,通常为 12~30 天。

脑脊髓炎主要发生于 3 周龄以内的雏鸡,但也有 6~7 周龄的鸡发生该病的病例。脑脊髓炎在自然暴发时,虽然在出雏时便可观察到感染的病鸡,但只有在 1~2 周龄时雏鸡才表现症状。病雏最初表现为眼睛反应轻微的迟钝,精神沉郁,小鸡不愿走动或走几步就蹲下来,常以跗关节着地,紧接着由于肌肉运动不协调而出现渐进性共济失调,走路蹒跚,步态不稳,驱赶时勉强用跗关节走路并拍动翅膀。病雏通常在发病 3 天后出现麻痹而倒地侧卧,头颈部震颤一般在发病 5 天后逐渐出现,常呈阵发性音叉式的震颤;人工刺激如给水加料、驱赶、倒提时可激发。有些病鸡趾关节卷曲、运动障碍、羽毛不整和发育受阻,平均体重明显低于正常水平。部分存活鸡可见一侧或两侧眼球的晶状体浑浊或浅蓝色褪色,眼球增大及失明。

自然发病仅见于雏鸡。若雏鸡全部来自感染鸡群,发病率一般为 40%~60%,平均死亡率为 25%,甚至可能超过 50%;若雏鸡大部分来自免疫后的种鸡群,其发病率和死亡率较低。发病早期雏鸡食欲尚好,但因运动障碍,病鸡难以接近食槽和水槽而饥渴衰竭死亡。在大群饲养条件下,鸡也会因互相践踏或继发细菌性感染而死亡。中成鸡感染除出现血清学阳性反应外,无明显的临诊症状及肉眼可见的病理变化。产蛋鸡感染后产蛋下降 16%~43%,产蛋下降后一般在 1~2 周可恢复正常。孵化率通常下降 10%~35%,蛋重减少,除畸形蛋稍多外,蛋壳颜色基本正常。

四、病理变化

鸡脑脊髓炎一般内脏器官无特征性的肉眼病变,个别病例能见到脑膜血管充血、出血。由于大量淋巴细胞浸润,在雏鸡肌胃的肌层有散在的灰白区。成年鸡感染,除了晶状体浑浊外,未见其他病理变化。

五、诊断

根据雏禽出壳后陆续出现瘫痪、早期食欲尚好、剖检无明显的特征性肉眼变化,追踪到其种鸡有短暂的产蛋下降,且某段时间内孵出的多批小鸡需分发到不同地方饲养,但均出现麻痹、震颤和死亡等情况,结合组织病理学特征性变化,即可做出初步的诊断。确诊应进行实验室诊断。

六、防制措施

1. 预防

加强消毒与隔离措施,防止从疫区引进种苗和种蛋。鸡感染后1个月内的蛋不宜孵化。AE发生后,目前尚无特异性疗法。将轻症鸡隔离饲养,加强管理并投喂抗生素预防细菌感染,维生素E、维生素B_1、谷维素等维生素可保护神经和改善症状。重症鸡应挑出淘汰。全群还可用抗AE的卵黄抗体(康复鸡或免疫后抗体滴度较高的鸡群所产的蛋制成)做肌内注射,每只雏鸡0.5~1.0毫升,每天1次,连用2天。

2. 免疫接种

(1)活毒疫苗 通常用1143毒株制成的活苗,可通过饮水法接种,鸡接种疫苗后1~2周排出的粪便中能分离出AE病毒,因这种疫苗可通过自然扩散感染且具有一定的毒力,所以小于8周龄的鸡不可使用此苗,以免引起发病。处于产蛋期的鸡群也不能接种这种疫苗,否则可能使产蛋量下降10%~15%,持续时间为10天至2周。建议于10周以上,但不能迟于开产前4周接种疫苗。在接种后不足4周所产的蛋不能用于孵化,以防雏鸡由于垂直传播而导致发病。

另一种AE活苗常与鸡痘弱毒苗制成二联苗。一般于10周龄以上至开产前4周之间进行翼膜刺种,接种后4天,在接种部位出现微肿,结出黄色或红色肿起的痘痂,并持续3~4天,第九天于刺种部位形成典型的痘斑为接种成功。因制苗的种毒为鸡胚适应毒株,病毒难以在个体间扩散,那些没有接种的鸡就会处于易感状态。为了避免遗漏接种鸡,应至少抽查鸡群中5%的鸡做痘痂检查,无痘痂者要再次接种。使用这种胚适应苗,疫苗在鸡胚连续传代会发生神经适应性,因而可能偶见部分后备鸡群翼翅接种AE苗后2周内出现神经系统疾病的免疫副反应。

(2)灭活疫苗 AE灭活苗用AEV野毒或AR-AE胚适应株接种SPF鸡胚,取其病料灭活制成油乳剂苗。这种疫苗安全性好,免疫接种后不排毒、不带毒,特别适用于无AE病史的鸡群。可于种鸡开产前即18~20周龄或产蛋鸡做紧急预防接种。灭活苗价格较高,且要逐只抓鸡注射,但免疫效果确实,从而达到通过母源抗体保护雏鸡的目的。

鸡产蛋下降综合征

一、病原

用氯化铯梯度离心获得的纯病毒呈典型的腺病毒形态,每边带有 6 个壳粒的三角面组成,从每一顶点突出一根 25 纳米的纤突。

二、流行病学

易感动物主要是鸡,鸡在人工感染后出现病毒血症,在感染后 5~7 天,病毒广泛分布于各内脏器官,以输卵管、消化道、呼吸道和肝、脾的病毒滴度最高。尽管都是在产蛋鸡发病,但病毒的自然宿主可能是鸭和鹅。

三、临床症状

人工感染经 7~9 天开始出现症状,但也有延至 17 天才出现症状的。

最初的症状是有色蛋的色泽消失,随之产出薄壳、软壳或无壳蛋。薄壳蛋经常是壳质粗糙,如砂纸样,或是蛋的一端壳上有粗颗粒。倘若弃去有明显异常的蛋,对受精率及孵化率没有影响,并对蛋的质量不会形成长期影响。如果鸡在产蛋后期收到感染,对鸡群实行强制换羽后似乎可以使产蛋恢复到正常。EDS 暴发后产蛋量下降迅速并持续几周。通常产蛋率下降 20%~30%,甚至可达 50%,一般持续 4~10 周。本病在产蛋上通常存在后期补偿作用,这样总的产蛋损失数量一般为每只鸡 10~16 枚。如果因为潜伏的病毒被激活而发病,产蛋下降通常是在产蛋率达到 50% 与高峰期之间出现。有报道称在自然发生疫病中有小型蛋出现,但在实验感染中没有发现对蛋的大小存在影响。虽然有些学者没有发现对蛋白有影响,但已有关于水样蛋白的报道。感染的日龄可能很重要,在 1 日龄感染的鸡,以后在产蛋中除蛋白质量受影响和蛋较小外,蛋的外表很正常。感染鸡群如仔细检查常可发现部分病鸡表现一些轻微症状,如暂时性腹泻、减食、贫血、冠髯发绀、羽毛蓬松和精神呆滞等,但都不具有诊断价值。在自然情况下 EDS-76 病毒对育成鸡并不致病,口服感染 1 日龄易感雏鸡后,第一周可引起死亡率增加,但感染鸡群所产后代雏鸡的死亡率并无增多。

四、病理变化

在自然流行中未见有明显的肉眼病变,仅见有些病鸡卵巢静止不发育和输卵管萎缩,但也并非经常可见。人工感染的病鸡常见子宫黏膜皱褶水肿性肿胀,有些则见卵巢萎缩,在 9 ~ 14 天内常见卵壳腺有渗出液。脾脏轻度肿大,卵泡无弹性,腹腔中有不同发育阶段的卵。

五、诊断

多种因素可以引起密集饲养的鸡群发生产蛋量下降,因此在诊断时应注意综合分析和判断。一个鸡群如临诊上无特异表现而出现产蛋率突然下降,异常蛋很多,尤其是褐壳蛋品种鸡在产蛋下降前 1 ~ 2 天出现蛋壳褪色、变薄、变脆时,就应考虑到是否存在 EDS – 76 病毒感染。根据病史和症状做出初步诊断后,尚需进一步做病毒分离鉴定和血清学检查才能进行确诊。

六、防制措施

本病尚无成功的治疗办法。曾试图采用多种疗法,包括饲料中添加维生素、钙或蛋白质,但在有对照的试验中证明并无明显效果。只能从加强管理、淘汰病鸡、免疫预防等多方面进行综合防制。在发病时,如有必要,也可喂抗菌药物以防混合感染,实践中用黄连、黄芩、黄柏、板蓝根、大青叶、金银花、甘草各 50 克,黄药子、白药子各 30 克,加水 5 000 毫升煎至 2 500 毫升,连煎两次,共获药液 5 000 毫升,加白糖 1 千克,供 50 只鸡饮服,每天 1 剂,连用 3 ~ 5 天,有一定的疗效。

鸡包涵体肝炎

一、病原

包涵体肝炎病毒属于腺病毒科、禽腺病毒属。病毒粒子直径为 80 ~ 90 纳米,无囊膜,病毒核酸类型为双股 DNA。病毒在核内复制,产生嗜碱性或嗜酸性包涵体。本病毒对热较稳定,对脂溶剂如乙醚和氯仿、脱氧胆酸钠、胰蛋白酶、2% 酚和 50% 乙醇具有抵抗力,可耐受 pH3 ~ 9。

二、流行病学

本病多发生于 4 ~ 10 周龄鸡,以 5 周龄最易感,产蛋鸡却很少发病。病死率 10% 左右,如有其他疾病混合感染时,病情加剧,死亡率上升。本病可垂直传播是非常重要的特点,所以一旦传入很难根除。此外与病鸡接触或被病鸡污染的鸡舍、饲料、饮水可经消化道而传染,本病多发生于春、秋两季。

三、临床症状和病理变化

包涵体肝炎(IBH)自然感染潜伏期为 1 ~ 2 天,特征是发病 3 ~ 4 天后突然出现死亡高峰,一般第五天停止,但偶尔也持续 2～3 周。发病率低,病鸡表现精神沉郁、嗜睡、下痢、羽毛粗乱。有的病鸡出现贫血和黄疸。48 小时内死亡或康复,死亡率可达 10%,偶尔达到 30%。正常情况下,包涵体肝炎多见于 3～7 周龄的肉用鸡,但早至 7 日龄,晚至 20 周龄也有发生。

四、诊断

根据流行病学、临床症状和病理变化综合分析,一般可做出初步诊断,确诊需进行病原分离和血清学等实验室诊断。

五、防制措施

目前对鸡包涵体肝炎尚无有效疗法,也无良好疫苗用于预防。防制本病需采取综合的防疫措施。因该病经蛋传播,引种谨防引进病鸡或带毒鸡。此外,本病也可经水平传播,故对病鸡应淘汰,经常用次氯酸钠进行环境消毒。增强鸡体抗病能力,在饲料中补充复合维生素及微量元素如铁、铜、钴等,并尽量减少应激因素。为了防止并发细菌性疾病,可在发病日龄前的 2～3 天喂给一些抗生素药物。传染性法氏囊病病毒和传染性贫血病毒可以增加本病毒的致病性,因此,首先必须要控制和消灭这两种病毒。

鸡传染性贫血病

一、病原

鸡传染性贫血病的病原为鸡传染性贫血病毒(CIAV),现归类于圆环病毒科。在 1% 醋酸铀负染样本中,鸡传染性贫血病毒呈球形或六角形,无囊膜,病毒颗粒呈 20 面体对称,平均直径为 25～26.5 纳米,在氯化铯中的浮密度为 1.33～1.35 克/毫升或介于 1.35～1.37 克/毫升。

二、流行病学

鸡是传染性贫血病毒的唯一宿主。各种年龄的鸡均可感染,自然感染常见于 2～4 周龄的雏鸡,不同品种的雏鸡都可感染发病。随着日龄的增加,鸡对该病的易感性迅速下降,肉鸡比蛋鸡易感染,公鸡比母鸡易感染。当与 IB-DV 混合感染或有继发感染时,日龄稍大的鸡,如 6 周龄的鸡也可感染发病。有母源抗体的鸡也可感染,但不出现临诊症状。

三、临床症状

本病的唯一特征性症状是贫血。一般在感染后 10 天发病,14～16 天达到高峰。血细胞比容介于 6%～27%，这是贫血的特征。病鸡表现为精神沉郁，虚弱，行动迟缓，羽毛松乱，喙、肉髯、面部皮肤和可视黏膜苍白，生长不良，体重下降；临死前还可见到拉稀。试验感染后病鸡 10～12 天增重下降，在接种毒后 12～28 天出现死亡，但死亡率通常不超过 30%。

四、病理变化

病鸡贫血，消瘦，肌肉与内脏器官苍白、贫血；肝脏和肾脏肿大，褪色，或淡黄色；血液稀薄，凝血时间延长。胸腺萎缩是最常见的病变，有时可见胸腺小叶几乎完全消失，特别是当病鸡年龄和抵抗力增加时，胸腺残留物常呈现暗红色。骨髓萎缩是在病鸡所见到的最具特征性病变，大腿骨的骨髓呈脂肪色、淡黄色或粉红色。有些病例骨髓的颜色呈暗红色。法氏囊萎缩不很明显，有的病例法氏囊体积可能缩小，在许多病例的法氏囊的外壁呈半透明状态，以至于可见到内部的皱襞。有时可见到腺胃黏膜出血和皮下与肌肉出血，这与严重贫血有关。若有继发细菌感染，可见到坏疽性皮炎，肝脏肿大呈斑驳状以及其他组织的病变。

五、诊断

根据流行病学特点、症状和病理变化可对本病做出初步诊断，确切诊断需做病原学和血清学两方面的工作。

1. 现场诊断

本病主要发生于鸡，2～3 周龄的鸡最易感，日龄增大对本病的易感性迅速下降，日龄越小发病和死亡越严重。剖检病变以贫血为主要特征，可见贫血变化，胸腺萎缩，骨髓萎缩，呈脂肪色。病鸡的红细胞、白细胞和血小板均显著减少，红细胞压积值在 20% 以下。

2. 病毒分离

肝脏含有高滴度的传染性贫血病毒，是分离病毒的最好材料，可将肝脏制成匀浆，离心取上清液，加热 70℃经 5 分或用氯仿处理以去除或灭活可能的污染物，用于雏鸡、鸡胚或细胞培养接种。

（1）接种雏鸡　用肝脏病料 1∶10 稀释后肌肉或腹腔接种 1 日龄 SPF 雏鸡，每只 0.1 毫升，观察典型症状和病理变化。

（2）接种鸡胚　用肝脏病料卵黄囊接种 4～5 日龄鸡胚，无鸡胚病变，孵出小鸡发生贫血和死亡。

（3）接种细胞培养物　用病料接种 MDCC－MSB1 细胞，每隔 2～4 天进行病毒继代培养，经 1～6 次继代培养后出现细胞病变，表明有传染性贫血病毒感染。

六、防制措施

本病目前尚无特效的治疗方法。通常可用广谱的抗生素控制与 CIA 相关的细菌继发感染。加强鸡群的日常饲养管理和兽医卫生措施,防止由环境或其他传染病导致的免疫抑制,及时接种鸡传染性法氏囊疫苗和马立克病疫苗。目前国外有两种商品活疫苗,一是由鸡胚生产的有毒力的 CIAV 活疫苗,可通过饮水途径免疫,对种鸡在 13 ~ 15 周龄进行免疫接种,可有效地防止子代发病,本疫苗接种不能晚于收集种蛋前 3 ~ 4 周,以防止通过种蛋传播疫苗病毒。二是减毒的 CIAV 活疫苗,可通过肌肉、皮下或翅膀对种鸡进行接种,这是十分有效的。如果后备种鸡群血清学呈阳性反应,则不宜进行免疫接种。有人将一种灭活疫苗在 SPF 种鸡上进行测试,接种的母鸡血清转阳,攻毒试验表明其后代可以抵抗强毒的攻击。但 MSB1 细胞中病毒滴度通常很低,因而灭活疫苗的成本很高。加强检疫,防止从外引入带毒鸡而将本病传入健康鸡群。

禽网状内皮组织增殖病

一、病原

REV 属反转录病毒科禽 C 型肿瘤病毒,核酸为线状正单股 RNA。病毒粒子直径约为 100 纳米,表面突起长约 6 纳米,直径约 10 纳米。有囊膜。

二、流行病学

RE 常见感染火鸡、鸭、鸡群和其他某些禽类,呈世界分布,但并非无处不在。本病主要通过接触水平传播。试验条件下,REV 能够通过与感染鸡、鸭和火鸡的直接接触而传播。水平传播受宿主种类及病毒毒株的影响,而用金属网将鸡隔开便见不到水平传播现象。

三、临床症状

矮小综合征包含有一系列非肿瘤性疾病过程,它们出现的时间因病毒毒株和其他因素的不同而异。鸡在感染 3 天后就出现法氏囊和胸腺萎缩,在 6 日龄时出现消瘦,并持续终身。鸡在接种 REV 后第二周出现神经组织学病变,并且免疫应答降低。在中等或长时间潜伏期后,可出现慢性肿瘤性反应。鸡在接种后 17 ~ 43 周出现法氏囊 B 细胞淋巴瘤。传播性研究表明,火鸡淋巴瘤出现在 8 ~ 11 周龄或 11 ~ 12 周龄,鸭发生在 4 ~ 24 周龄,家鹅慢性淋巴瘤出现在 20 ~ 30 周龄。对于急性网状细胞肿瘤,潜伏期可短至 3 天,病禽常在接种后 6 ~ 21 天出现死亡。因为潜伏期短和死亡率高,Boss 认为缺陷型 REVT 株是反转录病毒中毒力最强的毒株。

鸡的矮小综合征,通常是由于 1 日龄雏鸡接种了污染 REV 生物制品造成的。病鸡表现明显发育受阻、苍白。感染鸡在感染后 3 ~ 5 周,其体重比对照组低 20% ~ 50%。有些鸡羽毛生长不正常,翼羽的羽支黏附到局部的毛干上。禽类即使有肉眼神经病变,也很少出现跛行和麻痹。鸡很少出现死亡,但对于商品鸡群,感染鸡常在死亡之前就被淘汰。慢性淋巴瘤的情况少见,但病鸡从发病到死亡的整个期间,精神委顿,食欲不振。而接种缺陷型的 T 株引起急性网状细胞瘤的新生雏鸡和火鸡,因为疾病发生迅速,很少表现临床症状,死亡率常高达 100%。1988 年郁晓岚报道,用 REV 感染 1 日龄雏鸡后,1 ~ 5 周龄的体重资料经统计学处理,试验组与对照组间体重差异极显著($P < 0.001$)。用 RV - 1 人工感染鸭,在 4 ~ 6 个月的试验期内,死亡率达 80% ~ 100%,无论法氏囊是否已人工切除,大部分死亡鸭无肿瘤出现,约 25% 感染鸭可查出肿瘤,肿瘤包括淋巴肉瘤、淋巴细胞肉瘤和梭状细胞肉瘤。

四、病理变化

1. 急性网状细胞瘤

急性网状细胞瘤是由复制缺陷型 REVT 株引起的,病鸡表现为肝脏和脾脏肿大,并伴有局灶性或弥散性浸润病变。病变还常见于胰腺、性腺、肾脏和心脏。血液中异嗜性白细胞减少,淋巴细胞增多,导致死亡前几小时出现明显的白血病,血清的转铁蛋白水平升高,球蛋白含量升高、白蛋白浓度下降。组织学变化的一般特征是大的空泡状细胞(或称为原始间质细胞、网状内皮系统的单核细胞)的浸润及增生。有些病变差不多全部由这样的细胞组成,有些还含有中等到大量的较小的淋巴样细胞成分,这也许是宿主对原发病变的一种免疫应答。也经常见到一些与肿瘤病变有关的坏死区域。接种复制缺陷型的急性转化 T 株 REV,鸡肝内急性网状细胞肿瘤形成,肝脏被大的原始网状细胞所浸润。

2. 矮小综合征

矮小综合征是指与几种非缺陷型 REV 毒株感染有关的非肿瘤病变,它包括矮小、胸腺和法氏囊萎缩、外周神经肿大、羽毛发育异常、贫血、腺胃炎、肠炎、肝和脾坏死,同时伴有细胞及体液免疫应答低下。临床病例可见进行出血和慢性溃疡性腺胃炎。肿大外周神经的增生性病变是肿瘤性还是炎性还不清楚,但神经病变发生于没有其他肿瘤的情况下。眼观神经中度肿大,直径不及正常神经的 2 倍。接种非缺陷型的 T 株 REV 鸡外周神经的浸润细胞由成熟和未成熟的淋巴细胞及浆细胞组成。对马立克病易感性有差异的不同品系鸡,接种 REV 后表现易感性相同,引起神经病变。大多数非缺陷型的 REV 毒株,在孵出时接种鸡常引起眼观病变,但鸡合胞体病等其他毒株常不引起病变,即使有也可能很少。

3. 慢性肿瘤

(1)鸡法氏囊淋巴瘤　鸡接种非缺陷型鸡合胞体毒株或 T 株出现 B 细胞淋巴瘤,病变主要限于肝脏及法氏囊。肉眼可见肝脏及其他内脏器官出现结节或弥散性淋巴病变,包括法氏囊的结节性病变,与淋巴白血病难以区别。一些鸡可能出现肉瘤及腺癌。淋巴瘤出现的频率受毒株及是否引起耐受性感染的影响。用血清 Ⅱ 型 MDV 协同感染鸡将增加 REV 法氏囊淋巴瘤的发生率。经 IgM 及其他 B 细胞特异性标志证实肿瘤细胞属于 B 细胞,组织学上和成淋巴细胞相一致。经化学法或外科手术切除法氏囊的鸡对肿瘤形成有抵抗作用,从而证实了这种肿瘤有法氏囊依赖性。法氏囊淋巴瘤并非见于所有临床病例,Grimes 等接种 REV 野毒株后,在 22 周和 24 周有两只鸡出现了类似的淋巴瘤,但法氏囊没有受到侵害。然而,在用 REV 污染的禽痘疫苗免疫接种的两个鸡群中,出现了典型的法氏囊淋巴瘤。

(2)鸡非法氏囊淋巴瘤　用非缺陷型 REV 的脾坏死或鸡合胞体毒株实验感染某些品系的鸡可引起慢性非法氏囊淋巴瘤。肉眼观察,这些淋巴瘤表现局部或弥散性淋巴浸润,一般出现肝脏、脾脏及胸腺的肿大或心肌的局灶性病变,法氏囊没有发现病变。可见神经肿大,这可能伴随着矮小综合征出现。

(3)火鸡淋巴瘤　火鸡的慢性淋巴瘤以肠道、肝脏、脾脏及其他内脏出现广泛性淋巴浸润为特征。肉眼观察,肝脏肿大到正常的 3 ~ 4 倍。有些脾脏肿大,其他存在局灶性病变,但很少肿大。肠管变粗,有些出现环形病变。组织学病变是由均一的淋巴网状细胞组成。

五、诊断

根据典型的肉眼病变和组织学变化可以做出本病的初步诊断,但确诊还需要进一步证明 REV 或抗 REV 抗体的存在。

六、防制措施

本病无特异性防制方法,应注意不使用本病毒污染的疫苗消毒,做好卫生、消毒、隔离等日常管理工作。

鸡　痘

一、病原

禽痘病毒属于痘病毒科、禽痘病毒属,包括鸡、火鸡、金丝雀、灯芯草雀、鸽、八哥、麻雀、孔雀、鹦鹉、乌鸦、鹌鹑、企鹅、秃鹫及鸥椋鸟痘病毒。在自然情况下每一只病毒仅对同种宿主有易感性,然而通过人工感染也有可能传给异种宿主,但致病性有很大差异,如从麻雀分离到的痘病毒,对麻雀和金丝雀致病性比较强,却对鸡、鸽和火鸡只产生局部皮肤痘。所以,做初次分离病毒,最好用原发病的禽类。

二、流行病学

家禽中以鸡的易感性最高,不分品种、年龄和性别都可感染,其次是火鸡,其他如鸭、鹅等家禽也会发生,但易感性很低,也少见明显症状。鸟类如麻雀、燕雀、金丝雀、鸽等也常发痘疹,但因病毒类型不同,一般不交叉感染,偶有例外。鸡以雏鸡和中鸡最常发病,尤其是对雏鸡引起高的死亡率,造成更为严重的损失。本病一年四季均可发生,以秋、冬两季最易流行,通常在秋季和冬初皮肤型鸡痘发生较多,在冬季黏膜型(白喉型)鸡痘发生较多,在肉用雏鸡群中夏季也常流行鸡痘。

三、临床症状

1. 皮肤型

皮肤型鸡痘主要发生在鸡体的无毛和毛稀少部位,特别是在鸡冠、肉髯、眼睑、嘴角及耳球上,也可出现于泄殖腔周围、翅内侧、腹部、腿和脚等处,起初出现细薄的灰色麸皮状覆盖物,迅速长出灰白色小结节,渐次成为带红色的小丘疹,很快增大如绿豆大小,呈黄色或黄灰色,表面凹凸不平,呈干而硬的结节,内含有黄脂状糊块。有时痘疹数目很多,邻近痘疹互相连接融合,形成干燥、粗糙、呈棕褐色的大的疣状结节,突出于皮肤表面。痘痂皮存留 3～4 周,然后逐渐脱落,留下一个平滑的灰白瘢痕,在轻的病鸡也可能没有这种可见瘢痕。皮肤型鸡痘一般比较轻微,无明显的全身症状,但病重的雏鸡有精神萎靡、食欲消失、体重减轻等症状,甚至引起死亡,产蛋鸡则表现为产蛋减少或停止。

2. 黏膜型

黏膜型鸡痘多发于小鸡和中鸡,病死率较高,严重时可达50%。此型鸡痘的病变主要在口腔、咽喉及气管等黏膜表面。病初呈鼻炎症状。病禽委顿厌食,流鼻液,初为浆性黏液,后转为脓性。如蔓延至眶下窦和眼结膜,则眼睑肿胀,结膜充满脓性或纤维蛋白渗出物,甚至引起角膜炎而失明。鼻炎出现后2~3天,口腔、咽喉等处的黏膜上生成一种圆形、黄白色的小结节,略突起于黏膜表面,以后小结节逐渐增大并互相融合在一起,形成一层黄白色干酪样假膜,覆盖于黏膜上面,这层假膜是由坏死的黏膜组织及炎性渗出物凝固而形成,很像人的"白喉",所以称白喉型鸡痘为鸡白喉。假膜随后变厚而成棕色痂块,凸凹不平,且有裂缝。痂块不易剥落,如果强行用镊子撕脱,则露出易出血的红色溃疡面。随着病的发展,上述假膜逐渐扩大和增厚,阻塞在口腔和咽喉部位,使病鸡尤其雏鸡呼吸和吞咽困难,严重时嘴也无法闭合,病鸡往往张口呼吸,发出"嘎嘎"的声音。因为采食困难,病鸡体重迅速减轻,精神委顿,最后窒息而死。

3. 混合型

混合型是指皮肤和口腔黏膜同时发生病变,病情严重,死亡率高。

4. 败血型

败血型很少见,如果发生则以严重的全身症状开始,继而发生肠炎,病禽有时迅速死亡,有时急性症状消失,转变慢性腹泻而死。

四、病理变化

鸡皮肤型鸡痘的特征性病变是局灶性上皮组织增生(包括羽毛囊和表皮),初期为小的白色病灶,很快体积增大、变黄、形成结节。鸡皮肤感染后,在第四天可见到少量原发性病变,到第五或第六天形成丘疹,接着是水泡期,并形成广泛的厚痂。邻近的病变可能融合,变得粗糙,呈灰色或暗棕色。在大约2周或更短的时间内,病灶基部发炎且出血,之后形成痂块,这种过程也许要持续1~2周,且随着变性上皮层的脱落而结束。如果在早期除去痂皮,可看到湿润、浆液脓性渗出物覆盖着的颗粒状出血表面。如果等痂自然脱落,在脱落后可看到光滑的瘢痕,但轻微的病例没有可见瘢痕。使用弱毒疫苗只产生局限性病灶,引起轻微病变。

白喉型鸡痘可在黏膜表面形成微隆起、白色不透明结节或在口腔、食管、舌和上呼吸道黏膜出现黄白色斑点。这些结节快速增大,并融合成黄色、奶酪样坏死的伪白喉或白喉样膜,若将膜撕去,可见有出血性糜烂。炎症还能延伸至窦腔,引起眶下窦肿胀。也能危及咽喉部(引起呼吸道症状)和食管。通常以冠、肉髯皮肤型感染并发口腔及呼吸道白喉型病变为比较常见。皮肤其他部位出现病变及白喉型常伴有眼和眼睑病变。

有些情况下,禽痘感染以皮肤型、白喉型、全身型及致瘤型病变为特征,但也有一些感染呈局限性,主要特征是在有的内脏器官形成小的、白色的坚实结节。

火鸡感染后,先是在脸部垂肉、肉冠及头部的其他部位出现细小的淡黄色疹块。这些痘疹在脓疱期柔软,易除去,炎性部位覆盖着黏稠浆液性的渗出物。眼睑、嘴角及口腔黏膜也经常受到侵害。病灶进一步扩大且覆盖有一层干痂或红黄色至棕色的疣状组织。幼龄火鸡的头部、腿部及足趾部能完全被病灶覆盖。有时病变甚至涉及身体有羽毛的部位。有一起罕见的种火鸡暴发痘病的病例,输卵管、泄殖腔和周围皮肤出现增生性病灶。

禽痘感染(不管是皮肤型还是白喉型病灶,甚至被污染的绒毛尿囊膜)最重要的组织病理学特征上皮的增生及细胞肿大和与之相关的炎性反应。

五、诊断

通常根据典型痘疹症状、流行特点不难做出诊断。对于病情较轻或非典型病例,需进一步做实验室检查。

六、防控措施

(一)预防措施

康复的鸡能获终生免疫。人工接种疫苗是预防本病的可靠方法。

目前使用最广泛的是鹌鹑化鸡痘弱毒疫苗。用鸡痘强毒株经羽毛囊涂擦途径感染成年鹌鹑,连续传代适应 50 代后,对鸡毒力明显下降,选用 162 ~ 200 代后的鹌鹑化鸡胚毒做种毒,接种于 10 ~ 12 日龄鸡胚绒毛尿囊膜上,经 4 ~ 5 天孵育后收获,制成冻干疫苗。首免在 7 ~ 10 日龄进行,二免在 60 ~ 70 日龄进行。

在刺种后 4 ~ 6 天,按约 10% 比例抽查鸡在接种部位是否有痘肿、水疱和结痂,2 ~ 3 周痂块脱落。如抽检的鸡 80% 以上有反应,表示刺种成功。如接种部位不发生反应或反应率低,要考虑重新接种。

鸡通常在接种后 2 ~ 3 周产生免疫力,雏鸡免疫期为 2 个月,3 周龄以上的鸡免疫期为 4 ~ 5 个月。

加强鸡群的卫生、消毒、管理和消灭吸血昆虫对预防鸡痘也有重要作用。

（二）治疗

目前尚无特效治疗药物,主要采用对症疗法,以减轻病鸡的症状和预防并发症。皮肤型鸡痘如果发病数量较少,可用刀片小心剥离,伤口涂碘酊或红汞、紫药水。白喉型鸡痘可用镊子剥掉咽喉部黏膜上的假膜,然后用0.1%高锰酸钾冲洗,再用碘甘油或鱼肝油、氯霉素软膏涂擦,以减少窒息死亡。病鸡眼部如果发生肿胀,眼球还未损坏,可把眼部蓄积的干酪样物质挤出,再用2%硼酸溶液或0.1%高锰酸钾液冲洗,然后滴入5%蛋白银溶液。剥离下的痘痂、假膜和干酪样物质要集中烧掉,严禁乱丢,以防散毒。

在饲料中补充一定的维生素A、鱼肝油等,有利于组织和黏膜的新生,促进食欲,增强鸡体对病毒的抵抗力。在饮水中加入抗生素对防止继发感染有一定作用。

实践中用以下配方,也有较好的效果:

方一:黄柏、大黄、姜黄、白芷各50克,甘草、厚朴、陈皮、生南星、苍术各30克,天花粉100克,共研细末,临用时取适量药粉置于干净容器内,用水酒各半调成糊状。剥去痘痂,创面呈红色,有的甚至渗血或滴血,痘痂不易剥离时,可用温盐水浸湿患处,待软化后剥除,将调好的药涂于创面,每天2次,连用2天。

方二:板蓝根10克,连翘6克,栀子5克,金银花5克,车前子4克,赤芍3克(10~30只鸡用量),1剂煎2次,合药液拌食内,让鸡自由采食。连用3天。

方三:对患皮肤型鸡痘或白喉型鸡痘的病鸡,用镊子剥去痘痂或假膜;患眼型鸡痘时用小刀把眼肿胀部位切开,挤出内含物,然后将鱼腥草(注射液或煎液)涂擦于患部,每天2次,连用2~3天。如将鱼腥草液作为饮水口服,也能收到满意的效果。

方四:白矾、明雄黄各2份,冰片1份,混合研成细末,陈醋调和(醋药比例为3∶1),每天外涂患处2次,至痊愈。

方五:用1%盐酸黄连素注射液,每千克体重2毫升,进行胸部肌内注射,每天早、晚2次,同时内服六神丸,每次2粒,每天服3次,连服3天。对口咽黏膜病灶,轻轻剥去上层伪膜,用0.1%的高锰酸钾液冲洗后,将六神丸研细用冷开水调敷患处,为清肠健胃内服大黄苏打片,每次1片,每天2次,疗效较好。

方六:紫草100克,明矾、龙胆草各60克(100只鸡1天量),共研细末分早、晚2次混于饲料中喂服,每天2次,连用数天。

方七:蒲公英15克,黄芩12克,栀子12克,甘草10克,大黄10克,荆芥穗9克,薄荷9克,防风9克,川芎9克,赤芍9克(50只成年鸡用量),水煎取汁加入饮水中,或研末拌入饲料内喂服。

方八:金银花80克,连翘80克,蝉蜕60克,薄荷60克,桴柳40克,胡荽40克,煎汁200毫升,100羽用量,连用1周。或用板蓝根150克,生地黄100克,麦冬100克,连翘100克,丹皮100克,莱菔子100克,知母50克,生甘草30克,煎汁2 000毫升,1 000羽用量。拌料口服或灌服,并用5%的碘酒涂擦剥离痂皮后的患部。

方九:全群鸡使用吗啉胍每千克体重30毫克拌料,每天2次,连用3~5天。个别鸡口服吗啉胍每羽30~50毫克,每天2次,连用2~3天。或用中药:牛蒡子、金银花、连翘各60克,全蝎、当归、紫草、枳实各50克,黄芪45克,甘草25克(60日龄500羽鸡用量),每天1剂,连用3天,煎水后混水饮服,病重灌服。

方十:通常是在患处涂擦碘甘油,也可用蟾酥鲜浆早、晚涂擦患处(涂药前先用镊子将鸡痘结痂剥去),连涂2~4天。或用甘草粉15克,生姜20克,酒糟40克,混合捣烂混拌0.5千克精饲料内喂鸡,每天2次。连用6~7天。在本病流行季节,用碘甘油1~2滴滴入健康鸡嘴中,可起到很好的预防效果。

方十一:栀子90克,金银花20克,丹皮70克,板蓝根70克,山豆根80克,防风70克,白芷60克,桔梗50克,黄柏80克,黄芩70克,升麻100克,甘草80克,紫草60克,葛根50克,共研细末,拌料喂服。

方十二:葛根80克,甲紫20克,苍术75克,紫草70克,黄连60克,穿心莲20克,板蓝根20克,绿豆150克,水煎后加白糖200克,候温,供成年鸡500只或仔鸡1 000只自由饮用,每天1剂,连用2天。

鸡病毒性腺胃炎

一、病原

切片中观察到有明显的六角形病毒排列(粒子平均大小为68.9纳米)。在细胞核已经溶解的细胞内病毒和无包膜的浓缩染色质相连,在胞浆的空泡腔中可见有病毒(粒子平均大小为62.3纳米)。

二、流行病学

鸡传染性腺胃炎自然感染途径还不清楚,但经口腔和体腔内接种可实验感染雏鸡。

本病可发生于不同品种、不同日龄的蛋鸡和肉鸡,其中以蛋用雏鸡和育成鸡发病较多且较严重,肉鸡发病较少,发病后腺胃肿胀也没有蛋用雏鸡和育成鸡肿胀严重。尽管大多数患 TVP 的鸡为雏鸡,但这可能是这一日龄段的鸡送诊最多的缘故。在大约 23 周龄鸡中也发现与 TVP 一致的组织学病变。该病流行广泛,发病地区鸡发病率可达 100%,一般为 7.6% ~ 28%,死亡率为 3% ~ 95%,大多是 30% ~ 50%,发病最早的为 21 日龄,25 ~ 50 日龄为发病高峰期,80 日龄左右的鸡较少发生该病,但也有 100 日龄鸡发病的报道。

三、临床症状

该病潜伏期的长短取决于病毒的致病力、宿主年龄和感染途径。自然发病鸡群腺胃肿大,全身苍白,无渴感,生长迟缓,饲料转化率低,消化不良,粪便中可见到未消化的饲料颗粒,生产水平下降。病鸡初期表现精神沉郁,畏寒,呆立,缩头垂尾,耷翅或羽毛蓬乱不整,采食和饮水急剧减少;流泪,肿眼,严重者导致失明;排白色、绿色稀粪,咳嗽、张口呼吸、有啰音,有的甩头欲甩出鼻腔和口中的黏液;少数鸡可发生跛行,鸡群体重严重下降,可比正常体重下降50%。发病中后期,病鸡极度消瘦,苍白,最后因衰竭而死亡。部分病鸡逐渐康复,但体形瘦小,不能恢复生长,鸡群鸡大小参差不齐。本病在鸡群中传播迅速,病程可达 15 ~ 20 天。

四、病理变化

自然或人工感染雏鸡明显小于没有感染的鸡。剖检时可见腺胃肿大,外观呈灰白黄色斑驳样。福尔马林固定的标本中,腺胃呈格状外观,其特征是在浆膜下有散在灰白色多角形病灶,说明单个腺体受到侵害。从切面上来看,腺胃胃壁增厚,灰白色病灶是单个腺体,部分腺体肿胀,被手指轻压后可见腺体流出白色黏性物。腺胃腔表面黏膜变厚、有皱褶,腺胃乳头不明显。

五、诊断

除了通过透射电镜观察到腺胃超薄切片中的病毒形态以外,还没有对 TVP 病原进行分离与鉴定。根据肉眼及光镜下组织学病变能做出初步诊断,若病灶内观察到 62 ~ 69 纳米的六边形病毒粒子时便可确诊。

鉴别诊断:发病初期因临床症状基本一致,容易误诊为肾型传染性支气管炎,只有通过剖检,才能进行鉴别,肾型传染性支气管炎肾脏肿大苍白,外表呈槟榔花斑状,输尿管变粗,切开有白色尿酸盐结晶。发病中期容易误诊为新城疫或维生素 E、硒缺乏症。新城疫感染时,病鸡有神经症状,除腺胃乳头有出血外,喉头、气管、肠道、泄殖腔及心冠脂肪均见出血,气囊浑浊,多呈急性、全身性败血症,病死鸡往往不表现生长迟缓等症状而突然死亡。用卵黄抗体治疗有效,经注射优质新城疫冻干苗后,一般可以控制死亡。而腺胃炎主要表现为患病鸡生长迟缓,消瘦,病死鸡除腺胃壁水肿增厚外,其他器官病变少见。而维生素 E、硒缺乏症,主要表现为小脑软化、渗出性素质、鸡营养不良、胰腺萎缩纤维化等症状和病变,有的腺胃水肿,肌肉苍白,但通过补充亚硒酸钠维生素 E,可以很快治愈,死亡率不高。所以,通过观察临床症状,剖检病变,防疫治疗可以进行鉴别诊断。发病后期腺胃肿大明显,容易误诊为马立克病(MD),以及饲料生物胺、霉菌毒素、变质鱼粉等中毒引起的腺胃炎疾病。腺胃型 MD 主要发生于性成熟前后,病鸡以呆立、厌食、消瘦、死亡为主要特征,鸡群或许有眼型、皮肤型、神经型的病鸡出现。而腺胃炎发病日龄远远早于 MD 的发病日龄,而且不见特殊姿势;该病的腺胃肿胀是腺泡的肿胀而不是肿瘤,由此可与 MD 区别。腺胃型 MD 腺胃肿胀一般超出正常的 2~3 倍,且腺胃乳头周围有出血,乳头排列不规则,内膜隆起,有的排列规则,但可能伴有其他内脏型 MD 发生,即除可见腺胃肿胀外,其他内脏器官如肝、肺、肾等也可见肿胀,且有黄豆大、蚕豆大灰白色油质样结节,有的还有灰白色肿块;有的病鸡坐骨神经干肿大变粗、横纹消失,所以通过临床症状和剖检病变可鉴别诊断,而且腺胃型 MD 通过病理组织切片可观察到由多形态淋巴细胞组成的肿瘤。饲料中毒引起腺胃肿大剖检时胃内有黑褐色、腐臭味的内容物,也可以通过检查饲料质量进行鉴别。另外,鸡传染性法氏囊病一般发病为 30 日龄左右,病鸡精神沉郁、缩头、垂翅、排黄白色稀粪,同时伴有肌肉出血,腺胃与肌胃交界处出血,法氏囊肿胀、皱褶水肿、出血,内有浆液性渗出物等表现,腺胃无变化。用传染性法氏囊病高免卵黄抗体治疗效果明显。患腺胃炎的病鸡也出现精神沉郁、缩头、垂翅、拉稀等症状,但对发病鸡群用传染性法氏囊病高免卵黄抗体注射无效,且能促进死亡。

六、防控措施

目前,对 TVP 没有特异性疗法,也没有特异性预防和控制措施。

第二节　鸡的细菌病

鸡大肠杆菌病

一、病原

鸡大肠杆菌病的病原是埃希大肠杆菌。本菌为革兰阴性、非抗酸性、染色均一、不形成芽孢的短小杆菌,有的有荚膜,一般为(2~3)纳米×0.6纳米,其大小和形态有一定的差异。许多菌株具有运动性,菌体周身鞭毛。

二、流行病学

各种血清型大肠杆菌是人和动物肠道内的定居菌群,能感染大多数哺乳动物和禽类,具有全球分布性。在正常的雏鸡体内,肠道中 10%~15% 的大肠杆菌属于潜在致病菌。致病性大肠杆菌经蛋传播比较常见,能导致雏鸡的高致死率。刚孵出的雏鸡消化道内存在的致病性大肠杆菌比鸡胚中的细菌更多,表明孵化后发生了快速的感染。

三、病理变化及临诊分型

鸡感染大肠杆菌病的类型主要根据感染的组织类型或发病过程来区分:

1. 脐炎 – 卵黄囊感染

脐炎是脐部发生炎症,对于鸡而言,由于其和卵黄囊有较近的解剖学关系,所以也常包括卵黄囊感染。未愈合的脐部污染了大肠杆菌的强毒菌株后便发生感染。被粪便污染的鸡蛋是最重要的感染来源。当母鸡患有输卵管炎、卵巢炎或人工授精时,细菌容易进入受精卵。卵黄囊感染也可因肠道或血流中的细菌移位而引起,在这种情况下,脐部可能不受感染。

许多鸡胚也许在孵出前就已经死亡,特别是在孵化后期,一些雏鸡在孵出时或孵出后不久便死亡。鸡脐炎的感染率一般在孵出后增多,6 天后开始减少,并持续 3 周左右。

急性脐炎的特征是充血、肿胀、水肿,并可能出现小的脓肿。病鸡表现精神沉郁,少食或不食,腹部膨胀,脐孔及其周围皮肤发红,水肿。此种病雏多在 1 周内死亡或淘汰。另一种表现为下痢,除精神、食欲差,可见排出泥土样粪便,病雏 1~2 天内死亡,死亡不见明显高峰。

卵黄由于未被吸收而增大,并且有可见的炎性分泌物附着,其颜色、气味、密度异常,卵黄囊血管突出。感染的卵黄囊壁水肿,有轻微的炎症。囊壁外层结缔组织内有异嗜细胞和巨噬细胞构成的炎性细胞层,然后是一层巨细胞,接着是由坏死性异嗜细胞与大量细菌构成的区域,最内层为异常的卵黄。有些卵黄囊内含有少量的浆细胞。卵黄囊感染能造成养分供应和母源抗体丧失、毒素被吸收,并使细菌扩散到体腔或全身而引发大肠杆菌性败血症。耐过的雏鸡发育迟缓且十分弱小。感染后期,卵黄囊收缩,但脓肿还会持续一段时间,大肠杆菌在卵黄囊内能持久存在数周或数月。收缩的卵黄囊有可能黏附于肠道或其他内脏器官,偶尔可见卵黄囊茎环绕肠道导致肠绞窄的情况。

2. 大肠杆菌性败血症

大肠杆菌性败血症的特征是大肠杆菌存在于血液中。细菌的毒力及宿主的抵抗力决定了本病的持续时间、发病程度、疾病暴发和病变的模式以及严重性。该病的发展阶段包括急性败血症、亚急性多发性浆膜炎和慢性肉芽肿性炎症。

急性败血型病鸡不显症状而突然死亡或症状不明显,部分病鸡离群呆立或鸡堆,羽毛松乱,食欲减退或废绝,拉黄白色稀粪,肛门周围羽毛污染。发病率和死亡率较高,是目前危害最大的一个型,通常所说的鸡大肠杆菌病指的就是这个型。主要病理变化是:

(1)纤维素性心包炎 表现为心包积液,心包膜浑浊、增厚、不透明,甚至心包囊内充满纤维素性渗出物,与心肌相粘连。

(2)纤维素性肝周炎 表现为肝脏不同程度肿大,表面有不同程度的纤维素性渗出物,甚至整个肝脏被一层纤维素性薄膜所包裹。

(3)纤维素性腹膜炎 表现为腹腔有数量不等的腹水,混有纤维素性渗出物,或纤维素性渗出物充斥于腹腔肠道和脏器间。

3. 输卵管炎－腹膜炎(成年鸡)

由大肠杆菌引起的输卵管炎可以导致产蛋鸡和种鸡产蛋下降以及散发性死亡,是蛋鸡死亡的最常见病因之一。当大肠杆菌从泄殖腔上行到输卵管时便发生感染。从腹气囊感染传播到输卵管也是有可能的,而且这种形式的输卵管炎也常是青年鸡全身性感染的局部表现。产超重蛋和相关的雌激素作用可使阴道及盲肠间的括约肌松弛而诱发输卵管炎。炎性产物使输卵管伞部粘连,漏斗部的喇叭口在排卵时不能打开,卵泡因此不能进入输卵管而跌入腹腔引发本病。广泛的腹膜炎产生大量毒素,能引起发病母鸡死亡。这种死亡或发病母鸡,外观腹部膨胀、重坠,剖检可见腹腔积有大量卵黄,呈广泛性腹膜炎景象,肠道或脏器间相互粘连。输卵管炎的一般病变是输卵管充血、出血,显著膨胀,管壁变薄,并附有单个或大量干酪样渗出块。干酪样渗出块可能蔓延且充满整个体腔。渗出物呈迭层状,其中心是带有卵壳或膜的蛋,并伴有恶臭。如果通过变薄的输卵管壁蔓延到体腔则会导致腹膜炎并发。在没有发生输卵管炎的时候,因为卵黄落入体腔仍会导致腹膜炎。当发生大肠杆菌上行性感染时,腹膜炎会更加严重。发生腹膜炎的鸡往往产蛋停止。输卵管炎会伴有腹腔产蛋及产异常蛋,且促使腹膜炎的发生。输卵管组织学病变比较轻微,表现为上皮下异嗜细胞弥散性聚集形成多发性病灶。

4. 肿头综合征

肿头综合征是鸡头部皮下组织和眼眶发生急性或亚急性蜂窝织炎。首次报道肉仔鸡发生该病是在南非发现的有关大肠杆菌及一种还未鉴定的冠状病毒的混合感染。肿头是因为上呼吸道病毒性感染(如传染性支气管炎病毒)继发大肠杆菌等细菌感染而导致的皮下炎性渗出物积聚而引起的。氨的存在可加重本病的发生。细菌的侵入门户是结膜或有炎症的鼻腔黏膜或窦黏膜,通过咽鼓管也可能会引起感染。在肿头综合征高发鸡群的大肠杆菌的分离株中已鉴定到一种独特的细胞毒素,这种毒素可能也是本病发病过程中的重要因素。组织学病变包括纤维蛋白异嗜性炎症,颅骨、气囊、中耳、面部皮肤的异嗜性肉芽肿,淋巴浆细胞性结膜炎及气管炎。

5. 生殖器官病

患病母鸡卵泡膜充血,卵泡变形,局部或整个卵泡红褐色或灰褐色,有的硬变,有的卵黄变稀。有些病例卵泡破裂,输卵管黏膜有出血斑与黄色絮状或块状的干酪样物;公鸡睾丸膜充血,交媾器充血、肿胀。

6. 大肠杆菌性肉芽肿

鸡和火鸡的大肠杆菌性肉芽肿的特征是肝、盲肠、十二指肠及肠系膜多处出现肉芽肿,但脾脏没有病变。此病是一种较少见的全身性大肠杆菌病,但其死亡率能高达75%。浆膜上的病变类似于白血病的肿瘤样病变。在疾病早期,肝脏可见有融合的凝固性坏死,能遍及半个肝脏。坏死灶中散在异嗜细胞,其边缘有少量巨细胞,随后感染的组织出现典型的异嗜细胞性肉芽肿。

7. 脑膜炎

大肠杆菌定植于大脑的病例不太常见。除了感染脑膜(脑膜炎)外,还可感染大脑(脑炎)及脑室(脑室炎)。剖检发现,脑膜病变较为突出,大多数血管周边变淡。在感染初期显微镜下可观察到异嗜性渗出物和异嗜性纤维蛋白,随着感染时间的延长,肉芽肿不断变大。

8. 全眼球炎

全眼球炎病例不太常见,但一旦感染全眼球炎,将十分严重。典型症状是一侧眼睛出现眼前房积脓或失明。开始时眼睛肿大、浑浊不透明、有时会充血;最后眼睛由于萎缩而收缩,整个眼中充满异嗜性纤维蛋白渗出物,并且存在大量的细菌。特别是坏死组织周围出现炎症,并发展成为肉芽肿。能看到不同程度的视网膜脱离、萎缩和晶状体裂解。细菌可在有病变的眼球中长期存在。

9. 腹泻

鸡感染黏附细胞毒性大肠杆菌会出现腹泻及脱水,表现为肠道苍白、膨胀、有液体积聚。特别是盲肠,可充满含有气体的液体。电子显微镜下能观察到细菌紧密地黏附在肠细胞表面,引起微绒毛消失、纹孔和叶枕的形成。盲肠部位的病变最常见。经姬姆萨染色或免疫组化染色可以很容易地鉴定出组织中的细菌。

四、诊断

根据流行病学、临床症状及病理变化可做出初步诊断,确诊需进行细菌学检查。

1. 被检材料的采取

采取未经治疗过的鸡的粪便或从直肠用棉拭(即灭菌棉拭经生理盐水或甘油缓冲盐水浸湿)插入肛门轻轻转动揩拭后取出,放入灭菌试管中送检。或从新鲜的尸体采取肝、脾病料做细菌分离材料。如果从小肠前段或空肠后段内容物取样,可先用灭菌生理盐水冲洗后再用接种环从黏膜上蘸取材料划线做细菌培养。

2. 显微镜检查

取病死鸡肝脏直接涂片,用亚甲蓝染色法染色镜检,可见两极浓染的小杆菌,革兰染色阴性。如未发现细菌,再做分离培养。

3. 分离培养

将上述被检材料,划线接种于麦康凯或远滕氏培养基,置37℃温箱中培养,24～48小时后,挑取可疑菌落(在麦康凯培养基上呈粉红色菌落,在远滕氏培养基上则为红色菌落,并常见闪烁金属光泽),做溶血试验和生化试验,进一步鉴定是否为大肠杆菌。

4. 溶血试验

该菌在鲜血琼脂上呈 B-溶血。

5. 生化试验

发酵葡萄糖、甘露醇、乳糖等多种糖类,产酸产气。靛基质和甲基红试验为阳性。通常不利用枸橼酸钠,不产生硫化氢,能使硝酸盐还原为亚硝酸盐。

6. 动物试验

取可疑大肠杆菌的肉汤培养物 0.1 毫升,接种于小白鼠腹腔内,可于 24 小时内致死,并从死亡小鼠尸体中可重新分离出该菌。

五、防控措施

(一)预防措施

1. 一般措施

鉴于该病的发生与外界各种应激因素有关,预防本病首先是在平时加强对鸡群的饲养管理,逐步改善鸡舍的通风条件,认真落实鸡场兽医卫生防疫措施。种鸡场应加强种蛋收集、存放和整个孵化过程的卫生消毒管理。另外,应搞好常见多发疾病的预防工作。

2. 使用灭活苗

国内已试制了大肠杆菌灭活疫苗,有鸡大肠杆菌多价氢氧化铝苗和多价油佐剂苗,经现场应用取得了较好的防制效果。由于大肠杆菌血清型较多,制苗菌株应该采自本地区发病鸡群的多个毒株,或本场分离菌株制成自家苗使用效果较好。种鸡在开产前接种疫苗后,在整个产蛋周期内大肠杆菌病明显减少,种蛋受精率、孵化率,健雏率有所提高,减少了雏鸡阶段本病的发生。在给成年鸡注射大肠杆菌油佐剂苗时,注苗后鸡群有程度不同的注苗反应,主要表现精神不好,喜卧,采食减少等。一般 1~2 天后逐渐消失,无须进行任何处理。因而在开产前注苗较为合适,开产后注苗往往会影响产蛋。

(二)治疗

鸡群发病后可用药物进行防制。近年来在防制本病过程中发现,大肠杆菌对药物极易产生抗药性,如青霉素、链霉素、土霉素、四环素等抗生素几乎没有治疗作用。庆大霉素、卡那霉素、新霉素有较好的治疗效果。但对这些药物产生抗药性的菌株已经出现且有增多趋势。因此防制本病时,有条件的养殖场应进行药敏试验选择敏感药物,或选用本场过去少用的药物进行全群给药,可收到满意效果。早期投药可控制早期感染的病鸡,促使痊愈,同时可防止新发病例的出现。

实践中用以下中药治疗鸡大肠杆菌病,也有较好的效果。

方一:黄连 10 克,黄柏 10 克,大黄 5 克,温开水煮熬 3 次(100 只成鸡用药量),供鸡自由饮服。

方二:黄连、黄柏各 100 克,大黄 50 克,加水 1 500 毫升,微火煎至 1 000 毫升,药渣按上法再煎 1 次,合并 2 次药液,10 倍稀释于饮水中,供 1 000 中雏鸡自由饮用,每天 1 剂,连用 3 天。

方三:白头翁 150 克,黄连 75 克,黄柏 45 克,秦皮 75 克,水煎 3 次,混合煎滤液,均分 3 次饮服,每天 1 剂,连用 3 天。

方四:金银花、黄连、黄芩、连翘、茵陈、鹅不食草各 30 克,培氟沙星 10 克,组成复方制剂。经试验证明,1.2% 中西药复方制剂添加于饲料中,对鸡败血霉形体和大肠杆菌混合感染有较好的治疗效果。

方五:黄芩、大青叶、马齿苋、白头翁、蒲公英各 30 克,柴胡 15 克,白术、地榆、茯苓、茵陈、神曲各 20 克,水煎 2 次,取汁待温放入鸡群中自饮或拌入饲料中饲喂。

方六:葛根 350 克,苍术、黄芩各 300 克,黄连 150 克,厚朴、生地黄、陈皮、牡丹皮各 200 克,甘草 100 克,研末拌料喂服,连用 3 天。

方七:黄芩 100 克,黄连 30 克,地榆 100 克,木通 60 克,栀子 50 克,牡丹皮 50 克,赤芍 50 克,知母 50 克,板蓝根 100 克,紫花地丁 100 克,肉桂 20 克。混合后研末混饲投喂,连用 3 天。

鸡沙门菌病

一、鸡白痢

(一)病原

鸡白痢沙门菌属肠杆菌科,具有高度适应专一宿主的特点,它与鸡伤寒沙门菌是沙门菌属中仅有的无鞭毛、不能运动的细菌。

鸡白痢沙门菌是两端稍钝圆的细长杆菌,大小为(0.3 ~ 0.5)微米 ×(1.0 ~ 1.2)微米,菌体多单个存在,偶尔见到两个或多个菌体连在一起。在抹片中有时可见到长丝状的大菌体。本菌对普通碱性苯胺染料易于着色,不运动、不产生芽孢、不产生色素、不液化明胶,为需氧或兼性厌氧。

鸡白痢沙门菌能在普通肉汤琼脂或肉汤中生长,也能在其他营养培养基上生长。分离本菌时要避免使用选择性培养基,因为鸡白痢沙门菌有些菌株特别敏感,如有的菌株对去氧胆酸盐敏感,有的菌株则不能在亮绿琼脂上生长。与其他沙门菌比较,鸡白痢沙门菌生长缓慢,这是因为它不能氧化利用多种氨基酸的缘故。

(二)流行病学

鸡是鸡白痢沙门菌的自然宿主,但在自然条件下,也有火鸡、珍珠鸡、雉鸡、鹌鹑、麻雀、鹦鹉暴发鸡白痢的报道。另外,金丝雀、红腹灰雀也有鸡白痢的自然暴发。不同品种的鸡对鸡白痢的易感性存在着明显差异。轻型鸡,特别是来航鸡比重型鸡的抵抗能力要强。根据孵化后头 6 天内体温的高低不同,育成了对鸡白痢易感和不易感洛岛红、新汉普夏及二者杂交品系。高体温的纯系鸡有很好的温度调节机制,在攻击后对死亡的抵抗力明显高于体温低的纯系鸡。另外,鸡的 MHC 位点 B 基因复合体影响抗体应答,也可能影响死亡率。母鸡的带菌率比公鸡要高,这可能与卵泡的局部感染有关。在自然或试验条件下可感染鸡白痢的哺乳动物包括家兔、黑猩猩、绒鼠、豚鼠、狐狸、猫、猪、狗、奶牛、水貂和野鼠。偶尔有鸡白痢沙门菌引起人类沙门菌病的报道。

鸡白痢的死亡病例一般限于 2～3 周龄的雏鸡,偶尔也有成年鸡急性感染的报道,特别是产褐壳蛋鸡。也有人观察到育成和成年火鸡的死亡病例。感染存活的鸡与火鸡,有相当大部分可成为带菌者,这些鸡有的带有病变,有的不带有病变。

感染的种蛋是本病传播的重要途径。感染的母鸡有 1/3 的蛋带有鸡白痢沙门菌,主要是排卵后卵子污染所致,因而是真正的经蛋传播。虽然产蛋后鸡白痢沙门菌能穿入蛋壳,但这一感染途径仅有次要意义。有些感染母鸡所产种蛋的蛋黄内含有和其血清中相同水平的凝集素,如果把鸡白痢沙门菌接种到这些蛋的蛋黄内,它们存活的时间比对照胚长得多,有时能孵出雏鸡,后来死亡。这种抗体保护作用可能是防止感染种蛋胚胎死亡而使经蛋传播得以成功的关键。在孵化过程中从感染雏到没有感染雏的感染传播可导致广泛散布,出雏器的熏蒸只能起到部分防止作用。随着雏鸡胎绒的飞散、粪便的污染,使孵化室、育雏室中的所有用具、垫料、饲料、饮水及其环境都被严重污染,造成群内感染的散布。本病在鸡群中可通过感染鸡互啄、啄食带菌蛋及皮肤伤口传播。饲料在本病的传播中作用不大,这一点和鸡副伤寒不同。同群没有发病的带菌鸡,在长大后将会有大部分成为带菌鸡,产出带菌蛋,又孵出带菌的雏鸡或病雏。因而有鸡白痢的种鸡场,每批孵出的雏鸡均有鸡白痢病,常年受此病的困扰。

（三）临床症状

1. 雏鸡和雏火鸡

用感染的种蛋进行孵化,在孵化过程中可出现死胚、不能出壳的弱雏或在出壳后短时间内在出雏器中看到弱雏和死雏。病雏表现嗜睡、虚弱、食欲减退、生长不良、肛门周围黏附白色物,继之出现死亡。有时在孵出后 5 ~ 10 天才能见到鸡白痢症状,再过 7 ~ 10 天才有明显的表现,死亡高峰一般发生在 2 ~ 3 周龄。在这种情况下,患鸡表现为精神委顿、喜爱在加热器周围缩聚一团、两翅下垂、闭眼、缩颈、拱背、姿态异常。由于肺部有广泛的病理变化,可见到病雏呼吸困难及喘息症状。耐过病雏生长严重受阻,似乎就不生长,并且羽毛不丰。这些鸡不可能发育成为精神旺盛或生长良好的产蛋鸡或种鸡。病愈雏长大后,大多数成为带菌者。有些雏鸡感染鸡白痢沙门菌可引起失明,或出现胫跗、肱桡和尺关节肿胀,表现跛行。严重时蹲伏地上,不久即死亡。

2. 育成和成年鸡

正在成熟或已成年的鸡群和环境群,鸡白痢通常不表现急性感染的特征。感染能在群内长时间传播而不产生明显症状。感染的鸡可不显症状,根据体况不能检测出来。但一般能看到不同程度的产蛋下降和受精率与孵化率下降,这主要取决于鸡群感染的严重程度。

在半成熟或成熟鸡群偶尔可看到急性感染,最初表现饲料消耗量突然下降、精神萎靡、羽毛松乱、面色苍白、鸡冠萎缩。感染后 4 天内可出现死亡,但一般是发生于 5 ~ 10 天。感染后的 2 ~ 3 天,体温上升 1 ~ 3℃。

3. 发病率和死亡率

鸡的发病率和死亡率差异都很大,受品种、年龄、鸡群管理、营养、并发疾病、感染菌数量和感染途径的影响。鸡白痢所引起的死亡率从 0 到 100% 不等。在孵化后第二周内的损失最大,在第三和第四周龄时死亡迅速下降。发病率常常比死亡率要高得多,因为总有一些雏鸡会自然康复。感染鸡群所孵出的幼雏和与这群雏同舍饲养者一般要比遭受运输应激者的死亡率低。火鸡的损失和鸡严重程度相同。

（四）病理变化

1. 眼观变化

雏鸡与成年鸡的眼观变化有很大区别,因而分开介绍。

（1）雏鸡 在育雏早期的最急性病例的表现是突然死亡而没有病变。急性病例可见肝脏肿大、充血,并有条纹状出血。在败血型除肝脏外其他器官也可见到充血,但卵黄囊及其内容物病例变化不大。病程稍长的病例可见卵黄吸收不良,卵黄囊内容物可能有奶油状或干酪样黏稠物。肝脏、肺脏、心肌、肌胃、胰脏和大肠有坏死结节。有的病鸡有心包炎。肝脏点状出血并有灶性坏死。肾脏充血或贫血,输尿管因充满尿酸盐而明显扩张。脾脏肿大。盲肠中可见有干酪样栓子,有时混有血液。肠壁增厚,常有腹膜炎变化。肝脏是眼观变化出血频率最多的部位,依次为肺脏、心脏、肌胃和盲肠。在只有几日龄的幼雏,肺仅仅表现为出血性肺炎,日龄再大一点的可见带黄灰色的肝变区。心肌上的结节增大时,有时能使心脏显著变形。这种情况可导致肝脏的慢性充血和腹水。

(2)成年鸡　慢性带菌母鸡最常见的病变是卵泡变形、变色、呈囊状,腹膜炎,急性或慢性心包炎。受侵染的卵泡常常含有油性和干酪样物质,外面包有增厚的包膜。变形卵泡有的仍附着在卵巢上,有的脱落于腹腔内并被脂肪组织所包围。输卵管含有干酪样渗出物,由于卵巢和输卵管的机能紊乱,可出现向腹腔排卵或输卵管阻塞,进而引发广泛性的腹膜炎和腹腔脏器的粘连。有时可出现纤维素性腹膜炎与肝包膜炎,并发或无生殖道的炎症。也可形成腹水,特别是火鸡常发生。有时从以上慢性病变组织中难以分离到沙门菌。

心包炎在公鸡和母鸡都经常见到。心外膜、心包膜和心包液的病变可能取决于病程的长短。在有些病例中,心包膜仅见轻微的透明度,心包液增多而浑浊。进一步发展,则心包膜增厚且不透明,心包液积聚增加,内含大量的渗出物。随后即可发生心包膜和心外膜的永久性增厚,并因为粘连而使心包腔闭塞。偶尔可见到内含琥珀色干酪样物质的小囊包埋在腹腔脂肪中或附着在肌胃和肠壁上。胰腺也常见有白色坏死灶或结节。公鸡睾丸可见白色坏死灶或结节,偶尔在肺脏和气囊上能见干酪样肉芽肿。

急性感染的成年鸡,其病变和鸡伤寒急性感染不能区分。主要病变是心脏肿大变形,心肌有灰白结节;肝脏肿大呈黄绿色,质地粗糙;脾脏肿大、质脆;肝和脾常有灰色坏死灶;肾脏肿大,并有实质变性;各脏器表面覆有纤维素性渗出物。

2. 显微变化

在雏鸡,肝脏充血、出血、灶性变性和坏死。内皮－白细胞积聚以取代变性或坏死的肝细胞为鸡白痢感染肝脏的特征性细胞反应。其他显微变化广泛,但不是特异的,包括卡他性支气管炎,卡他性肠炎,心肌灶性坏死,肺、肝和肾的间质性炎症,胸腹膜、心包、肠道和肠系膜等浆膜炎。炎性变化包括淋巴性细胞、淋巴细胞、浆细胞及异嗜细胞浸润,成纤维细胞及组织细胞增生,但不伴有渗出性变化。

(五)诊断

鸡白痢的确诊需要分离和鉴定鸡白痢沙门菌。鸡群病史及症状对诊断的价值有限。因为它和许多其他疾病相似。其病理变化,特别是受害严重的雏鸡病变,可作为初步诊断的依据。血清学试验能检测出感染鸡,因而在控制规划中很有价值,但是还不足以确诊本病。

雏鸡白痢要与禽曲霉菌病、球虫病等进行鉴别诊断。雏鸡感染曲霉菌后的发病日龄、症状、病变及死亡规律均与鸡白痢相似。这两种病的肺部都有结节性变化,但曲霉菌病的肺结节明显突出于肺表面,柔软有弹性,内容物呈干酪样,与雏鸡白痢的肺部病变有所不同,并且气管、肺、气囊等处有霉菌斑。鸡球虫病有血性下痢,在盲肠或小肠损害部刮取黏膜做显微检查能发现球虫卵囊。鸡白痢有时出现关节肿大、跛行等症状,这和病毒性关节炎及滑液囊支原体感染相似,要按各病的特点加以区别。

较大的幼龄鸡与成年鸡感染后往往眼观变化不明显或仅为卵巢、心包等处的局部病变,与大肠杆菌、葡萄球菌及其他沙门菌引起的病变有时难以区分,确诊必须做细菌分离与鉴定。

有些鸡群,尤其是饲养管理不善、卫生防疫措施不力的鸡群,在发生鸡白痢的同时还存在一种或多种其他疾病,如马立克病、曲霉菌病、大肠杆菌病、其他沙门菌病等,这会使诊断更加复杂。

(六)防制措施

1. 预防措施

因为经蛋传播在本病的散布方面占主导作用,所以要从确知无白痢的鸡群引进种蛋或鸡苗,至少也应该从已知阳性率较低的种鸡群引进。孵化器与出雏器用福尔马林熏蒸可以减少鸡白痢的散布,并摧毁孵化批次间残留的感染。从无白痢鸡群来的种蛋不能与感染鸡群的种蛋在同一孵化室孵化。任何时候都不应将无白痢的鸡和未确知无白痢的鸡混群饲养。

2. 药物治疗

磺胺类抗生素对本病均有一定疗效。磺胺类药物如磺胺二甲基嘧啶与磺胺增效剂(TMP)按5:1的比例混合后,按0.02%的浓度加入饲料中。因磺胺类药可抑制机体生长,并干扰饲料和饮水的摄入,影响产蛋量,所以仅有短期经济价值。也可用土霉素按 0.1% ~0.2% 浓度拌料。

实践中用以下方剂进行治疗,也取得了较好效果。

方一:蒲公英、甘草按 10∶3 混合粉碎,在日粮中按 2% 加入饲料饲喂。

方二:苍术 100 克,川椒 50 克(花椒也可以)为 30 日龄以内 100 只雏鸡治疗日用量。用法:先将苍术用食醋 50 毫升浸泡,后加入川椒、水 2 000 毫升,煮沸 15 分取出药液,再加水 1 000 毫升,煎 20 分取出药液,将两次的药液合在一起,大约 1 000 毫升,每次 50 毫升,按雏鸡 1 次饮水量加适当常用水使之饮用,每天早、晚各 1 次,7 天为 1 个疗程。

方三:白头翁、黄芩、黄连、黄柏、苍术各 60 克,秦皮、神曲、山楂、诃子肉各 30 克,将诸药混合、烘干、粉碎,每只每天用药 1.5 克,分 3 次拌料饲喂。

方四:蒲公英、败酱草、紫花地丁、白头翁各等份,煎汤饲喂(饮)鸡,鲜品每只鸡用 7 克;干品为末按 2% 比例拌料。敌菌净按 0.04% 比例拌料。连用 5 天。

方五:金银花 50 克,连翘 40 克,黄芩 30 克,混合按 0.1% 拌料饲喂,连用 10 天。

方六:黄连 30 克,黄芩 30 克,白头翁 40 克,白芍 20 克,乌梅 20 克,白术 20 克,常山 20 克,混合后按 2% 比例拌料,让鸡自由采食,对不能采食的严重病鸡,可灌服药液,每千克体重用生药 4 克,连用 6 天。

方七:石榴皮 30 克,虎杖 20 克,白术 30 克,地榆 15 克,黄芪 20 克,云苓 20 克,甘草 10 克,混合研末,按 1% 比例拌料,连用 5 ~7 天。

方八:"三白散"(白头翁、白芍、白术各等份研末),每只鸡 0.2 克,每天 1 次。

方九:金银花 2 份,马齿苋 2 份,黄连 2 份,白头翁 2 份,黄柏 1 份,黄芩 1 份,混合研末,按 1% 添加到饲料中饲喂。

3. 消灭带菌鸡

鸡白痢主要是通过种蛋传播的,因而消灭种鸡群中的带菌鸡是控制本病的有效方法。只靠一次检测淘汰阳性反应者,一般不足以完全消除群内的全部感染者。这可能是因为存在有 3 种影响因素:①感染鸡的血清凝集素滴度有变动的倾向,常用的血清稀释度(1∶25 或 1∶50)在短时间内不能出现明显的凝集反应。②在感染与凝集素出现之间有一定的间隔期,至少数天。③在淘汰阳性反应鸡后,环境的污染依然存在,可成为以后的感染源。因此,要试图建立无感染鸡群,需每隔 2 ~4 周对感染鸡群做一次检疫,至连续 2 次全群都是阴性为止,最后两次检验的间隔需不少于 21 天。在大多数情况下,可以通过 2 ~ 3 次的重复检疫,一般能检出全部感染鸡,偶尔也有重复检疫未能消除本病而继续在群内传播的情况。

二、禽伤寒

(一)病原

禽伤寒的病原体是鸡沙门菌,在形态上比鸡白痢沙门菌粗短,长 1.0 ~ 2.0 微米,直径 1.5 微米,两端染色略深。能在选择性增菌培养基如亚硒酸盐与四硫磺酸盐肉汤中及鉴别琼脂培养基上生长。鸟氨酸培养基不脱羧,能利用 D - 酒石酸盐,能在半胱氨酸盐酸明胶培养基上生长,这些特性可用来与鸡白痢沙门菌相区别。其他生化特性和鸡白痢沙门菌相同。

(二)流行病学

鸡是鸡伤寒沙门菌的自然宿主,但在自然条件下,也有火鸡、珍珠鸡、雉鸡、鹌鹑、麻雀、鹦鹉暴发禽伤寒的报道。另外,鸵鸟、孔雀、斑尾斑鸠也可自然发生禽伤寒。鸭、鹅、鸽对禽伤寒沙门菌的敏感性不确定,它们似乎对其有抵抗力。感染试验表明,鸭对禽伤寒沙门菌有抵抗力。尽管禽伤寒一般被认为是成年禽类的疾病,但仍以幼雏鸡死亡率高。1 月龄内雏鸡禽伤寒的死亡率可达 26%。种鸡群如果有禽伤寒阳性鸡,像鸡白痢一样,死亡可从出壳时开始,1 ~ 6 月龄能造成严重损失。与鸡白痢不同的是,禽伤寒的死亡可持续到产蛋期。

与其他细菌病一样,鸡伤寒可通过几种途径传播。受感染的鸡(阳性反应鸡和带菌鸡)是本病蔓延与传播的最重要形式。这种鸡不仅能感染同代的鸡,而且能通过蛋传播感染后代。感染的粪便、污染的饲料、饮水或笼具也是鸡伤寒沙门菌的来源。饲养员、购鸡者、饲料商和参观者穿梭于鸡舍之间与鸡场之间,除非认真地将鞋靴、衣服和手进行消毒,否则就能够携菌传染。同样,运输车辆、板条箱和饲料袋等也可能被污染。野鸟、哺乳动物与苍蝇可成为本菌的重要机械传播者。

本病的潜伏期为 4 ~ 5 天,因细菌的毒力而异,对易感雏鸡与成年鸡致病性相等。病程约 5 天,在群内死亡能延续 2 ~ 3 周,有复发倾向。发病率和死亡率因鸡群而异。据报道,鸡伤寒引起雏鸡的死亡率为 10% ~ 93%。

(三)临床症状

虽然鸡伤寒较常见于育成和成年的鸡,但经蛋传播也可发生雏鸡感染。雏鸡发病的症状与鸡白痢几乎相同。在出雏器中可见到濒死雏与死雏,病雏表现嗜睡、虚弱、食欲下降、生长不良、肛门周围粘有白色粪便。常因肺部受害而出现呼吸困难与喘息症状。在育成和成年鸡,急性暴发者表现突然停食,精神萎靡,羽毛松乱,冠与垂肉苍白、皱缩。感染后 2～3 天内体温可升高 1～3℃,并保持到死亡前几小时,感染后 4 天内可发生死亡,但一般在 5～10 天内。

(四)病理变化

鸡的病理变化是:最急性病例无眼观变化。病程稍长的病例会出现明显病变,以肝、脾与肾的肿大和变红最为常见,这些变化多见于幼龄鸡。在亚急性及慢性阶段肝脏肿大并呈古铜色或棕绿色。其他变化包括肝和心肌中有粟粒样灰白小灶,心包炎,卵出血、变形和变色,卵破裂引起的腹膜炎,肠道卡他性炎症。在幼雏和鸡白痢一样,心、肺和肌胃有时也可看到灰白小灶。公鸡感染后睾丸有灶性损害。

火鸡和鸡的病变相似。因为病程短,死亡鸡大多膘情好。心与肾等脏器有出血点、肠道有溃疡、嗉囊积食是其特点。心脏有坏死区,肝脏肿大有红木色或古铜色条纹,肺呈灰色,这些具有诊断意义。明显的肠道溃疡和出血性肠炎也与鸡的病变不同。雏火鸡的病变包括卵黄吸收不良,肝肿大、呈奶油样白色外观并杂有出血斑,嗉囊、肌胃与肠道内无食物。成年带菌者生殖器官易受害。

(五)诊断

本病确诊需要分离和鉴定鸡沙门菌。群体病史、临床症状和病理变化是初步诊断的依据。在育成鸡和成年鸡,血清学检查可能有助于做出大致诊断。对于急性病例,可以从大多数组织中分离细菌,但肝脏和脾脏是首选器官。雏鸡也可取卵黄培养。牛肉浸液或胰蛋白琼脂培养基都适于初代分离。如果组织已变质,还可用增菌培养基或选择性培养基。

(六)防制措施

本病与鸡白痢一样,鸡和火鸡是其主要宿主,其他禽类不是主要的宿主,经卵传播在感染循环中起重要作用。因而,检疫种鸡群,淘汰阳性鸡,逐步净化建立无病鸡群是控制本病的主要方法。实施消灭鸡白痢与鸡伤寒的计划,需要所有的种鸡场及孵化场参加,并要有一整套的防疫措施与法规来保证,才能取得成功。

防止传染因子传入的广泛的管理方法同样适用于鸡伤寒沙门菌的传入。应采取全面的饲养管理措施防止鸡伤寒传入鸡群,主要有以下几点:①应该从无鸡伤寒的养殖场引起雏鸡与雏火鸡。②无鸡伤寒的鸡群不能与其他家禽或舍饲禽混养。③雏鸡和雏火鸡应该置于能够清理与消毒的环境中,以消灭上批鸡群残留的沙门菌。④雏鸡与雏火鸡应饲喂颗粒料,以最大限度地减少鸡伤寒沙门菌经污染的饲料原料传入鸡群的可能性。饲料原料必须无沙门菌。⑤通过采取严格的生物安全措施,最大限度地减少外界沙门菌的传入。如鸡舍做好防鸟、防啮齿动物、防昆虫等。

鸡伤寒的治疗药物与鸡白痢相同,虽然多种抗生素对本病有疗效,但许多国家禁止在食用家禽中使用。实践中用甘草 35 克,雄黄 15 克,白矾 25 克,黄芩 25 克,黄柏 25 克,知母 30 克,桔梗 25 克,混合粉碎拌料,上述方药为每 100 只鸡的用量,注意多饮清洁水,连用 3 天,有较好的治疗效果。

三、鸡副伤寒

(一)病原

沙门菌属肠杆菌科,依据其生化特性,可分成 5 个不同的亚属。然而沙门菌之间的遗传关系非常密切,一些学者认为它们实际上只由两个种组成。其中之一为肠道沙门菌,包括 2 400 多个具有运动性的非宿主专一性的血清型,一般被称作 PT 沙门菌,包括肠道沙门菌肠炎血清型与肠道沙门菌鼠伤寒血清型。但个别血清型还常常使用传统的名称,如肠炎沙门菌或鼠伤寒沙门菌,以方便诊断分类及流行病学的分析。

(二)流行病学

禽副伤寒沙门菌能感染大多数温血动物与冷血动物。本病原体的广泛分布使得它们可迅速传播。大多数禽类在其生命的某些阶段均可感染沙门菌。本病有多种传播途径,其中之一是经卵传播,包括经卵巢直接传播与穿入蛋壳的间接经卵传播。

1. 易感宿主

禽副伤寒沙门菌在家禽中以鸡和火鸡最为易感,幼龄鹅和鸭也很易感,鸽也能发生感染。在其他禽类和所有家养及野生的哺乳动物感染也很常见。

(1)鸡 可以由多种禽副伤寒沙门菌血清型引起。死亡通常仅见于幼龄鸡,以出壳后最初 2 周最为常见,6～10 日龄为死亡高峰,死亡率从20%～100% 不等。1 月龄以上很少死亡。鸡对沙门菌感染的抵抗力随日龄增加而迅速上升,到 3～5 周龄时感染水平显著下降。3 周龄以上很少引起临诊疾病,只有在其他不利条件存在时才可能出现高死亡率。但这些存活鸡中有很大一部分仍然带菌,成为无症状的排菌者。通过带菌鸡污染的新鲜垫料能使感染在群内迅速散布。肉用鸡群感染能把沙门菌带进加工厂,在销售的鸡肉中发现的沙门菌血清型都和肉鸡场发现的相似。加工过的鸡肉可带有沙门菌,最可能的来源是塑料运输箱,因为水洗不能降低其污染率。

随着鸡群的成熟,感染的鸡数减少,其盲肠与粪便中的细菌数下降。成年鸡感染不显外部症状,但长时间存在肠道内而带菌。鸡经运输应激不会增加排菌和感染。禽副伤寒沙门菌在易感性方面对不同品种和品系的鸡差异不大。经口感染后大约25%的产蛋鸡在粪便中排菌,这些鸡所产的蛋中有10%为沙门菌阳性,但仅有1只为蛋内带菌。生殖道上行感染试验表明,95枚蛋有30枚蛋的蛋壳带菌,1枚蛋卵黄带菌。有人检测5个种鸡群,发现1个种鸡群把副伤寒沙门菌垂直传播给后代。

(2)火鸡 流行率比其他的禽类都高。主要血清型是鼠伤寒沙门菌,群间的感染率存在差异,以0～72%不等,有1/3的暴发感染率超过了10%。公鸡、母鸡与仔鸡的感染水平区别不大。饲料和饲料成分是新血清型进入火鸡群的主要来源。

(3)鹅和鸭 幼龄鹅和鸭很易感,暴发常变为流行性。主要的血清型是鼠伤寒沙门菌、鸭沙门菌及莫斯科沙门菌。开放或放牧饲养鸭的肠道内鼠伤寒沙门菌的分离率可能很高。适当清洗种蛋与隔离饲养种鸭能减少雏鸭的副伤寒。

(4)鸽 鸽的副伤寒绝大多数由鼠伤寒沙门菌哥本哈根变种引起,它和典型的鼠伤寒沙门菌不同,不含 O_5 抗原,不发酵麦芽糖,具有宿主特异性,发生于其他动物时都直接或间接和鸽有关。暴发副伤寒后存活的鸽常成为慢性带菌者,间歇性地从粪便中排菌。

(5)其他禽类 野禽的副伤寒最为常见的是鼠伤寒沙门菌哥本哈根变种引起。奥兰尼堡鼠伤寒和海德尔堡沙门菌也可引起发病。因为野禽的种类繁多,沙门菌的分离率很高,所以人们认为野禽的副伤寒没有特定的血清型区别,只需要接触就可以感染。野禽的感染可造成病原在人类和畜禽中传播。

(6)其他动物 副伤寒沙门菌是野生哺乳动物和家畜的常见病原体。牛、猪、绵羊、山羊、马、狗、猫、貂、狐及爬行类可慢性感染,成为健康带菌者,并通过粪便大量排菌。急性疾病仅在很幼龄的动物或在极度应激条件下变得虚弱的老龄动物中发生。大鼠与小鼠常是副伤寒沙门菌的肠道带菌者,特别是带有鼠伤寒和肠道沙门菌,它们可以将病原体传播到家禽群中。

2. 传播途径

禽副伤寒沙门菌能通过多种途径传播,如通过卵、饲料、野鸟、啮齿动物、昆虫等传播。

(1)经卵传播　可分为经卵巢的直接蛋内传播与蛋壳污染并穿入蛋壳引起的经卵传播。经卵巢的直接蛋内传播可偶尔见于火鸡,但蛋感染率低,鸡则很少见。有些副伤寒沙门菌可能产生卵巢和腹膜局部感染,因而在蛋壳形成前污染蛋内容物。虽然这样的蛋内感染率低,但研究结果表明有时可发生真正的蛋传播。肠炎沙门菌偶尔可经卵传播,但不同菌株之间有差异。产蛋过程中粪便污染蛋壳或产蛋后在产蛋箱、地面或孵化器内污染蛋壳在本病的传播中有重要意义。在蛋壳表面的副伤寒沙门菌可以穿入蛋壳,在蛋内繁殖,造成经卵传播。进入蛋内的沙门菌在蛋黄内繁殖很快,进而感染发育中的胚,引起胚胎死亡,或孵出感染雏鸡,成为感染其他雏鸡的来源。蛋白对穿入蛋壳中的沙门菌抑制作用很小,蛋壳的质量决定进入蛋内的程度。相对湿度高有利于沙门菌在蛋壳上繁殖。污染蛋把沙门菌带入孵化器,还能感染出壳的雏鸡。

(2)经饲料传播　饲料是禽副伤寒沙门菌很重要且常见的来源。污染水平一般不高,但污染量达到 1 个细菌/1～15 克饲料就能引起感染。饲料成分中鱼粉的污染最为常见。从饲料中分离到的沙门菌的血清型和从垫料与加工过的家禽酮体中分离到的存在显著相关。所以,减少饲料污染可以减少酮体污染。

(3)通过环境传播　污染的蛋壳、灰尘、羽绒毛和其他孵化的碎屑都是孵化器内感染的来源。通过气流的作用,孵化器内的沙门菌散布到整个孵化室中,并可存活几周到几个月,感染随后孵化的鸡。在育雏期禽副伤寒可以通过吸入、粪便污染饲料或饮水和直接吃进病雏的粪便而迅速传播。本病能从较大的无症状带菌鸡直接传染给幼龄鸡,或通过饲料袋、鞋靴、运输板条箱及育雏设施等污染物而传播。

(4)成年鸡和雏鸡中的直接传播　感染鸡的粪便是成年鸡中直接感染最常见的来源。垫料是雏鸡直接传播的主要来源,不仅能造成同一批鸡的传播,而且可传给下一批鸡。

(5)通过其他动物和人传播　鼠类常带菌,其排泄物可污染垫料、饲料及饮水。野禽也可传播感染。家畜也可成为家禽的传染源。人类接触造成感染和饲养员及人类排泄物有关。

(6)其他传播途径　昆虫及外寄生虫,如苍蝇、蟑螂、黑甲壳虫和跳蚤等,也能传播本病。

（三）临床症状

鸡副伤寒沙门菌的症状与鸡白痢、鸡伤寒沙门菌和其他一些疾病的症状相似。幼龄鸡是全身感染，症状与大肠杆菌等多种细菌引起的败血症相同。

1. 幼龄鸡

鸡副伤寒沙门菌一般只引起幼小的鸡发病，环境条件、暴露程度及是否存在并发感染对其严重程度有很大影响。种蛋污染沙门菌可导致高的死胚率，刚孵出的雏鸡还未见到症状前就快速死亡。感染雏鸡表现为垂头闭眼、两翅下垂、嗜睡呆立、羽毛松乱、厌食消瘦、靠近热源、水样腹泻、饮水增加、肛门沾有粪便。个别雏鸡有眼盲和结膜炎症状。

2. 成年鸡

通常不显外部症状。成年鸡或半成年鸡在自然条件下急性暴发的病例很少见。口服或注射人工感染时，成年鸡和火鸡可出现短期的急性疾病。表现为食欲不振、饮水增加、腹泻、脱水和减蛋。大多数病例恢复迅速，死亡率不超过10%。

（四）病理变化

刚孵出的鸡可引起严重暴发，并迅速发展为败血症，引起大量死亡，没有或很少有明显的病变。当病程稍长时，表现严重肠炎、消瘦、脱水、肝和脾充血并有明显的出血条纹及坏死灶，有时肾也肿大。许多病例有纤维素性化脓性肝周炎和心包炎。火鸡常见十二指肠出血性炎症，盲肠有干酪样栓子。

急性感染的成年鸡表现出血性或坏死性肠炎，肝、脾、肾充血肿大，心包炎和腹膜炎。接近成熟的后备母鸡或成年母鸡以输卵管的增生性和坏死性病变、卵巢的坏死性和化脓性病变为特征，常发展为广泛的腹膜炎。成年鸡的关节炎也很常见。成年鸡的慢性副伤寒带菌者主要病变是消瘦，肝、脾、肾肿大，肠道坏死溃疡，心脏有结节。卵巢病变不如鸡白痢那样常见。慢性感染的成年鸡常无病变，特别是肠道带菌者。

（五）诊断

根据临床症状、剖检变化，结合病史分析可做出初步诊断，但确诊需要做病原的分离鉴定。

（六）防制措施

因为鸡副伤寒病原体血清型很多，有多种传染来源及传播途径，目前尚无理想的血清学检测方法，所以防制比鸡白痢和鸡伤寒困难得多。药物治疗虽然能减少发病和死亡,但治愈后鸡仍可长期带菌。由于病原体的多血清型,疫苗在本病防制中的作用受到限制。所以本病有效的防制必须各个方面协调一致并同时进行。种蛋和雏鸡应该保证来自确认无副伤寒沙门菌的种群;种蛋应进行合理的消毒并按严格的卫生标准进行孵化;进鸡之前鸡舍要按推荐的程序彻底清洗与消毒;鸡舍的设计和管理中要考虑防止啮齿动物与昆虫,并定期检验;只用颗粒饲料或不含动物蛋白的饲料,把饲料污染的可能性降到最小;饮水必须确保纯净;贯彻落实严格强制的生物安全措施,严格限制人员与设备在鸡舍和鸡场之间的流动;使用药物、竞争性排斥微生物制剂可降低鸡对沙门菌的易感性;对鸡群和环境的沙门菌状况经常进行检测。

　　研究表明,硫酸多黏菌素 B 与甲氧苄啶联合使用,可以防止和清除雏鸡肠炎沙门菌的实验感染。应用黄素磷脂与盐霉素钠作为饲料添加剂可减少粪便带菌。用恩诺沙星治疗后再通过竞争排斥培养物恢复正常的保护性微生物菌群,能降低肉种鸡和其环境中沙门菌的分离率,降低实验感染雏鸡的感染率与感染程度和蛋鸡的粪便带菌水平。

鸡传染性鼻炎

一、病原

　　本病的病原是副鸡嗜血杆菌,为革兰阴性的多形性小杆菌,不形成芽孢,无荚膜、鞭毛、不能运动。培养 24 小时的细菌为长 1～3 微米、宽 0.4～0.8 微米的短杆菌或球杆菌,且有形成链状的趋向。强毒株可带有荚膜。该菌在 48～60 小时内发生退化,出现碎片与不规则的形态。此时把其移植到新鲜培养基会再次形成典型的杆状形态。杆菌能出现单个、成双或短链的形状。本菌通常在 5% 二氧化碳的环境下生长,但二氧化碳并非必需,因为该菌能在低氧或无氧条件下生长。生长的最低及最高温度分别是 25℃和 45℃,最适温度范围是 34～42℃,一般培养于 37～38℃。

二、流行病学

　　在各养鸡地区都有传染性鼻炎的发生。该病是集约化养鸡中一个常见问题,可感染各种年龄的鸡,随着鸡日龄的增加易感性增强。自然条件下以育成鸡和成年鸡多发,尤以产蛋鸡发生较多。除鸡发病外,还有火鸡发生此病的报道。7 日龄的雏鸡,以鼻腔内人工接种病菌常可发生本病,而 3～4 日龄的雏鸡则稍有抵抗力。4周龄至3年的鸡易感,但有个体的差异性。人工感染4~8周龄小鸡有90%出现典型的症状。13周龄和大些的鸡则100%感染。在较老的鸡中,潜伏期较短,而病程长。一年四季均可发生,但以冬、秋两季多发,这可能与气候和饲养管理条件有关。此病单独发生病程为3~4周,发病高峰时很少死鸡,但在流行后期鸡群开始好转、产蛋量逐渐回升时,常常继发其他细菌性疾病,使病程延长,死亡增多。鸡场一旦发生本病,往往污染全场,导致其他鸡舍适龄鸡只相继发病,几乎无一幸免。病鸡和隐性带菌鸡是本病的主要传染来源,而慢性病鸡和隐性带菌鸡是鸡群中发生本病的重要原因。传播方式以飞沫、尘埃经呼吸道传染为主,其次可通过污染的饲料和饮水经消化道传播。麻雀也能成为传播媒介。鸡传染性鼻炎的发生与环境因素有很大关系,凡是能使机体抵抗力下降的因素均可成为发病诱因。如鸡群密度过大,不同日龄的鸡混群饲养,通风不良,鸡舍内闷热,氨气浓度大,或鸡舍寒冷潮湿,缺乏维生素A,受寄生虫侵袭等都能促使鸡群严重发病。鸡群接种鸡痘疫苗引起的全身反应,也常常是传染性鼻炎的诱因。

雉鸡、珍珠鸡、鹌鹑偶尔也能发病。其他禽类、小鼠、豚鼠和家兔都不感染。

三、临床症状

传染性鼻炎发生的特点是潜伏期短,接种分泌物24~48小时内即可发病。易感鸡与感染鸡接触后可在24~72小时内出现该病的症状。如无并发感染,其病程通常在2~3周内。该病传播迅速,短时间内便可波及全群。虽发病率高,但死亡率低。年龄和品种对临床表现也有影响。饲养环境恶劣、寄生虫和营养不良等并发因素可增加本病的严重程度和病程。伴发其他疾病,传染性喉气管炎、传染性支气管炎、鸡痘、鸡毒支原体感染和巴氏杆菌病可使传染性鼻炎的病情加重,持续时间会更长,使死亡率增加。

病鸡精神委顿,垂头缩颈,食欲明显降低。最初看到自鼻孔流出稀薄清液,继而转为浆液黏性分泌物,鸡有时甩头,打喷嚏。眼结膜发炎,眼睑肿胀,有的流泪。一侧或两则颜面肿胀。部分病鸡可见下颌部或肉髯水肿。采食和饮水下降,或有下痢,体重减轻。育成鸡表现为生长不良,产蛋鸡表现为产蛋量明显下降(10%~40%)。处在产蛋高峰期的鸡群产蛋呈大幅度下降,特别是肉种鸡几乎绝产。老龄鸡发病产蛋量下降幅度较小。在出现慢性病变且伴发其他细菌感染的鸡群中可闻到恶臭的气味。一般情况下鸡死亡较少,流行后期鸡群中常有死鸡出现,多数为瘦弱鸡,或其他细菌性疾病继发感染所致,没有明显的死亡高峰。

四、病理变化

主要病理变化为鼻腔和眶下窦的急性卡他性炎症,黏膜充血肿胀,表面覆有浆液黏液性分泌物。眼结膜充血、肿胀。部分鸡可见下颌及肉髯的皮下水肿。很少出现肺炎及气囊炎,但有关肉鸡发病报道指出,尽管没有任何其他病毒和细菌病原体存在,由于气囊炎造成了很高的淘汰率(高达69.8%)。

Fujiwara 和 Konno 对鸡经鼻腔接种后12小时到3个月的病理组织学反应进行了研究。鼻腔、眶下窦与气管的主要变化包括黏膜和腺上皮脱落、崩解及增生,黏膜固有层水肿与充血且伴有异嗜细胞浸润。最早在20小时左右出现病变,7~10天时最为严重,然后在14~21天内出现修复。下呼吸道受侵害的鸡,能观察到急性卡他性支气管肺炎,并在第二与第三级支气管的管腔内充满异嗜细胞及细胞碎片;细支气管上皮细胞肿胀并且增生。气囊的卡他性炎症以细胞的肿胀和增生为特征,且伴有大量的异嗜细胞浸润。此外,在鼻腔黏膜固有层可见显著的肥大细胞浸润。肥大细胞、异嗜细胞及巨噬细胞的产物可能和严重的血管变化及细胞损伤有关,并引发鼻炎。

五、诊断

传染性鼻炎和慢性呼吸道病、慢性禽霍乱、鸡痘及维生素A缺乏症等具有相似的临床症状,故仅从临诊上来诊断本病有一定困难。此外,传染性鼻炎常有并发感染,在诊断时应当考虑到其他细菌和病毒并发感染的可能性。如群内死亡率高,病程延长时,则更需考虑有混合感染的因素,需进一步做鉴别诊断。

六、防制措施

对于鸡传染性鼻炎应贯彻"以防为主,防重于治"的方针,一旦发病要及时采取隔离、消毒、免疫、治疗等综合性措施加以防控,杜绝扩散传播。

(一)预防

用疫苗接种预防。使用传染性鼻炎二价苗(包括A型、C型)或三价苗(包括A型、B型、C型)进行鸡群免疫接种,首免在30~40日龄,每只鸡0.3~0.4毫升颈背部皮下注射,二免在80~90日龄,每只鸡0.5毫升胸肌或颈背部皮下注射。

鸡舍内氨气含量过大是发生本病的重要因素。尤其是高代次的种鸡群,鸡群数量少,密度小,寒冷季节舍内温度低,为了保温往往将门窗关得太严,造成通风不良。为此,应安装供暖设备和自动控制通风装置,能明显降低鸡舍内氨气的浓度。

寒冷季节气候干燥，舍内空气污浊，尘土飞扬。应通过带鸡消毒降落空气中的粉尘，净化空气，会对本病防制起到积极作用。

饲料、饮水是造成本病传播的重要途径。做好饲料的防污染，加强饮水用具的清洗消毒和饮用水的消毒是防病的经常性措施。

人员流动是病原重要的机械携带者与传播者，鸡场工作人员应严格执行更衣、洗澡、换鞋等防疫制度。因为工作需要必须多个人员入舍时，当工作结束后应立即进行带鸡消毒。

鸡舍尤其是病鸡舍是个大污染场所，因此必须十分注意鸡舍的清洗和消毒。对周转后的空闲鸡舍应严格按照：一清：即彻底清除鸡舍内粪便和其他污物；二冲：清扫后的鸡舍用高压水枪彻底冲洗；三烧：冲洗后晾干的鸡舍用火焰消毒器喷烧鸡舍地面、底网、隔网、墙壁及残留杂物；四喷：火焰消毒后再用2%氢氧化钠溶液、0.3%过氧乙酸或2%次氯酸钠喷洒消毒；五熏蒸：完成上述4项工作后，用福尔马林（每立方米42毫升）与高锰酸钾（每立方米21克）对鸡舍进行熏蒸消毒，鸡舍密闭24～48小时，然后闲置2周，进鸡前采用同样方法再熏蒸一次。经检验合格后才可进入新鸡群。

（二）治疗

传染性鼻炎病原对许多抗菌药物敏感，如磺胺嘧啶、链霉素、红霉素、多西环素、土霉素、利高霉素、壮观霉素、环丙沙星、恩诺沙星等，但停药后容易复发，且不能消灭带菌状态。

磺胺类药物一般认为是治疗本病的首选药物，但对于产蛋鸡使用这类药养殖户是有顾忌的，主要是担心影响鸡群产蛋或怕引起药物中毒。但是，本病的传播速度很快，一旦在产蛋鸡群中发生，即使不用磺胺类药也会因为病的本身引起产蛋下降。而如果及时（尤其是在发病初期）合理地用药，则有助于迅速控制病情，减少感染机会，同时可起到缩短病程、加快康复的作用。产蛋鸡是否使用磺胺类药物，应根据饲养水平、鸡群发病程度和免疫情况综合考虑，权衡利弊而定。对于免疫过两次或两次以上疫苗，且发病数量较少的，应避免使用对鸡产蛋有影响的磺胺类药物；对于发病数量较多，仅免疫过一次或未免疫过疫苗的鸡群，应考虑使用磺胺类药物。对于未免疫的鸡群，还应考虑紧急接种疫苗，以利于较快地稳定病情和降低复发率。紧急接种疫苗的剂量，一般每只中年鸡0.5～0.6毫升，每只成年鸡0.8～1毫升。另外，为减少药物的毒副作用影响，要尽量选择毒性小，特别是对肾脏毒性低和口服易吸收的磺胺药,如磺胺六甲氧嘧啶等。同时还应注意控制用药的时间,通常 1 个疗程不超过 5 天。

实践中用以下方剂治疗鸡传染性鼻炎,也有很好的效果。

方一:辛夷 15 克,白芷、薄荷、苍耳子各 7 克,沙参、郁金、酒黄芩、酒知母各 9 克,生甘草、木香、白矾各 6 克(1.5 千克左右鸡 100 羽用量),雏鸡酌减,每次加水 1 千克,二煎再加水适量,让鸡自饮,每天 1 剂,连用 3 天。

方二:金银花 10 克,白芷 25 克,板蓝根 6 克,苍耳子 15 克,防风 15 克,苍术 15 克,黄芩 6 克,甘草 8 克。将各药烘干碾细,成鸡每次 1~1.5 克,每天 2 次,拌料喂服。

方三:白芷、益母草、防风、猪苓、乌梅、泽泻、诃子各 100 克,桔梗、辛夷、黄芩、生姜、半夏、甘草、葶苈子各 80 克(100 只鸡的 3 日量),粉碎后拌料饲喂,连用 9 天。

鸡支原体病

一、鸡毒支原体感染

(一)病原

鸡毒支原体在分类学上属于软皮体纲、支原体目、支原体科、支原体属。到目前为止,这个种只发现一个血清型,但各个分离株之间的致病性与趋向性并不一致。一般分离株主要侵犯呼吸道。然而也有对火鸡脑有趋向性的,如 S6 株;也有对火鸡足关节有趋向性的,如 A514 株。

鸡毒支原体用姬姆萨染色效果较好,革兰染色为弱阴性。光学显微镜下观察,一般呈球形,直径在 0.25~0.5 微米。MG 增殖要求一个相当复杂的培养基,通常加有 10%~15% 热灭活的猪、禽或马血清。鸡毒支原体能发酵葡萄糖产酸,使 pH 降低,酚红指示剂由红变橙黄,由此可观察肉汤培养管中支原体的生长。在 pH7.8 左右的肉汤培养基中 37℃ 培养生长最佳,通常培养 3~5 天才出现。无论是直接接种还是用肉汤或琼脂培养物传代接种,鸡毒支原体都能在富含血清的琼脂培养基上形成菌落。从临床病料一般很难直接获得生长的菌落。菌落的生长与否最好是在具有间接光的立体显微镜下观察。特征性的菌落为细小、光滑、圆形、透明的质团,具有一个致密的、突起的中心点。菌落直径很少超过 0.3 毫米,而且由于临近的菌落容易融合,常沿划线处形成嵴状。

鸡毒支原体可发酵葡萄糖及麦芽糖,产酸不产气。不发酵乳糖、卫矛醇和水杨苷,很少发酵蔗糖,对果糖、半乳糖、蕈糖与甘露醇的发酵结果不定。不水解精氨酸,磷酸酶阴性,可还原2,3,5-三苯四唑和四唑蓝。鸡毒支原体可使加入到琼脂培养基中的马红细胞全部溶血,还可凝集火鸡和鸡的红细胞。

鸡毒支原体具有缓慢运动的能力,此种能力可能与其一种特殊超微结构有关系,即在细胞的一端偶尔在两端有一小泡状物,支原体以此小泡接触于真核细胞,运动时顺小泡方向移动。

将鸡毒支原体接种7日龄鸡胚卵黄囊中,能生长繁殖,但只有部分鸡胚在接种后5~7天死亡,鸡胚的病变为胚体发育不全,全身水肿,关节肿大,尿囊膜、卵黄囊出血。如连续在卵黄囊继代,则死亡更加规律,病变更明显。

鸡毒支原体对外界环境的抵抗力不强,离开鸡体后很快失去活力。在水中立刻死亡,在18~20℃的室温下可存活6天,在20℃的鸡粪中可存活1~3天,在棉布上20℃可存活3天或37℃存活1天,在卵黄中37℃可存活18周或20℃存活6周,在45℃中经12~14小时死亡。鸡毒支原体的肉汤培养物保存于-30℃时,能存活2~4年,冻干了的肉汤培养物中4℃至少可保存7年,冻干的感染性鸡鼻甲骨在4℃保存了13~14年仍能分离出活的鸡毒支原体。液体培养物在-60℃能生存10多年,冻干培养物在-60℃中存活时间更长。多数常用的化学消毒剂对鸡毒支原体有效。苯酚、甲醛、β-丙内酯和硫柳汞能将其灭活。对青霉素和低浓度(1:4 000)醋酸铊有抵抗力,可以将这两种物质添加到培养支原体的培养基中作为细菌及真菌污染的抑制剂。

鸡毒支原体致病力因株系不同而不一致。致病力又受到在无细胞培养基中传代次数的影响,一些原来有致病力的株经过培养基中传代会很快失去致病力。即使是有致病力的株,在自然感染的鸡体上也经常不表现症状。火鸡比鸡更易感。

(二)流行病学

鸡毒支原体感染流行于全世界鸡场中,自然感染宿主主要是家禽,特别是商品鸡和火鸡。但也曾从自然感染的雏鸡、咕咕鹧鸪、孔雀、白喉鹑及日本鹌鹑中分离出鸡毒支原体。从鸭、鹅、黄颈亚马孙鹦鹉和大火烈鸟中也可分离到鸡毒支原体。

影响鸡毒支原体感染流行的因素,除了支原体本身的致病性以为,鸡的年龄也是一个因子,鸡对支原体感染的抵抗力随着年龄的增长而加强。并发感染对鸡毒支原体感染有很大影响,即使是致病力不强的鸡毒支原体隐性感染,也常会由于接种传染性支气管炎和新城疫疫苗而暴发临诊的支原体病。这是因为这些病毒感染可促使支原体以百倍、千倍甚至更高的速度发育起来,最终导致疾病暴发。能促使鸡毒支原体感染加剧的病毒还有禽腺病毒、甲型流感病毒、呼肠孤病毒和传染性喉气管炎病毒等。在细菌中,以大肠埃希菌和鸡毒支原体的协同致病作用最为显著,常被称为致病原的"孪生姊妹"。单纯鸡毒支原体感染,鸡群中少有或没有死亡,若同时有大肠杆菌并发感染,症状异常严重,造成惨重死亡。此外,绿脓杆菌及嗜血杆菌也可促进支原体感染的严重性。

营养的不足会导致鸡毒支原体的发生,曾有报道因为维生素 A 缺乏导致支原体的感染暴发。

环境因素也会影响鸡毒支原体感染的流行。鸡群拥挤不仅加剧了病原的传播,还会因为应激减低鸡体的抵抗力。鸡舍污浊、粪便积蓄,导致空气中氨气的浓度增高,刺激呼吸道黏膜,方便了支原体的发育。有资料表明,当空气中氨含量为 20 毫升/米^3 时,鸡气管中鸡毒支原体含量为正常的 10 倍,当氨含量达到 50 毫升/米^3 时,支原体数量增加千倍。环境温度对鸡毒支原体感染也有明显的影响,在 7～10℃时,实验感染鸡气囊炎的发病率是 31～32℃时的 5 倍,气囊炎的严重性也大为加剧。

鸡毒支原体可以水平传播,也可以垂直传播。易感鸡群可以通过直接或间接接触水平传播,引起临床或亚临床感染,导致鸡群的高感染率或疾病流行。上呼吸道与结膜是气溶胶和飞沫中的菌株进入机体的通道。鸡毒支原体在宿主体外存活很少超过几天,所以鸡毒支原体携带者是该病流行的关键。但通过污物,如空气中污染的灰尘、羽毛、液滴等其他传播途径,加上生物安全措施不力及一些人为因素可能造成本病更广泛地暴发。鸡毒支原体在鸡群中的水平传播表现以下 4 个阶段:第一阶段(12～21 天),即潜伏期,指接种鸡在第一次能检测到抗体之前的这段时间。第二阶段(1～21 天),是指鸡群逐步出现 5%～10%感染。第三阶段(7～32 天),此阶段内鸡群中 90%～95%的鸡产生抗体。第四阶段(3～19 天),鸡群其余的鸡也呈阳性。增加鸡群密度会增加鸡群水平传播的发生率。鸡毒支原体的垂直传播(经卵内或卵巢传播)主要是通过自然感染的母鸡(鸡或火鸡)产的蛋传播,在易感来航鸡中已实验感染成功。在本病急性期,当鸡毒支原体数量在呼吸道内达到高峰时,传播速度最快。一项研究是在攻毒后 4 周检测到蛋传高峰,有大约 25%的鸡蛋被感染,而另一项研究是在感染后 3～6 周,有 50% 以上的鸡蛋被感染。同一鸡群,随着感染间隔时间的延长,蛋传率降低。研究发现,在 8～15 周时传播率大约是 3%,在 20～25 周时传播率大约是 5%。临床上,慢性感染的蛋传率可能更低。被感染的后代鸡孵出来之后,可以引起鸡毒支原体的水平传播,即使有少部分鸡感染,传播速度非常低,也有可能导致整个鸡群的所有鸡被感染。种鸡群的血清学调查间隔时间应该很短(鸡每 2 周 1 次,火鸡每 3 周 1 次),这样可以提高检测能力,防止经蛋传播。在一些地区,特别是发展中的国家,经常使用普通鸡蛋的鸡胚培养制造禽用活疫苗,经卵传播的支原体在鸡胚中发育污染了疫苗,经过疫苗接种传染给被接种鸡,这种污染的疫苗在传染的作用上不可忽视。

用统一的高剂量的鸡毒支原体感染鸡或火鸡的潜伏期为 6～21 天,实验接种的火鸡在 6～10 天内就可以发生鼻窦炎,但临床症状的发展随鸡毒支原体菌株毒力、并发感染、环境与其他应激因素的不同变化较大,甚至高敏感的火鸡也是如此。所以在自然条件下,根据临床症状的出现很难估计可能感染时间。临床症状的产生和发病程度受许多可变因素的影响,因而无法确定有临床意义的潜伏期。

(三)临诊症状

幼龄鸡发病时症状较典型,表现为浆液或浆液黏液性鼻液,使鼻孔堵塞,妨碍呼吸,频频摇头,喷嚏、咳嗽,还见有窦炎、结膜炎、气囊炎。当炎症蔓延下部呼吸道时,则喘气和咳嗽更为显著,并有呼吸道啰音。病鸡食欲不振,生长停滞。到了后期如鼻腔和眶下窦中蓄积渗出物则引起眼睑肿胀,症状消失后,发育受到不同程度的抑制。成年鸡群自然感染的特征性症状是气管啰音、咳嗽、流鼻涕、食欲减少、体重减轻。产蛋鸡群的产蛋量下降,但通常会维持在一个降低了的水平上。公鸡症状一般最明显,而且此病在冬季比较严重。在肉鸡群本病多发生在 4～8 周,症状一般比成年鸡群明显。肉鸡群高发病率与高死亡率一般是由并发感染和环境因素引起的。

火鸡对鸡毒支原体的敏感性比鸡高,临床症状通常更加严重,包括鼻窦炎、精神沉郁、采食减少和消瘦等。通过滴鼻、点眼或气管内等途径接种所引起的病变损伤比窦内或气囊内接种要轻。有时火鸡不出现鼻窦炎,除非把培养物直接注射到窦内。与鸡群感染相同,出现高发病率与高死亡率往往是和并发因素有关,如大肠杆菌病或环境应激因子。在出现典型鼻旁窦(眶下窦)肿胀之前,常可看到流鼻液与伴有泡沫的眼分泌物。严重的窦肿胀有时引起眼的部分或全部闭合。只要鸡能看见吃食,食欲依然是就近正常的。随着病程的发展,病鸡逐渐消瘦。如果出现气管炎或气囊炎,就会有气管啰音、咳嗽及呼吸困难。报道过发生于 12～16 周龄肉用商品火鸡脑炎型鸡毒支原体感染,表现为颈歪斜和角弓反张。种火鸡群中感染可引起产蛋下降、产蛋率降低。

(四)病理变化

大体病变主要是鼻道、副鼻道、气管、支气管和气囊的卡他性渗出液。火鸡的窦炎通常最为明显,但鸡和其他禽类宿主中也可见有窦炎。气囊可见干酪样渗出,但可能呈一种珠状或淋巴滤泡样外观。还可能观察到一定程度的肺炎。鸡与火鸡典型的气囊病例可见有气囊炎、心包粘连与纤维素性或纤维脓性肝周炎等病变,引起高死亡率及加工过程中的高淘汰率。但衣原体病和败血症也能引起类似的病变,因而这些不是鸡毒支原体感染的诊病性病变。鸡毒支原体引起的商品蛋鸡角膜结膜炎可见其面部皮下组织及眼睑明显水肿,偶尔可见角膜浑浊。鸡毒支原体在山竹鸡中也可见结膜炎的发生。伴随产蛋下降可能出现输卵管肿胀,内有渗出物(输卵管炎)。

感染鸡毒支原体的鸡与火鸡显微病变特征为:感染组织的黏膜,由于单核细胞浸润及黏液腺的增生而显著增厚。黏膜下常见局部淋巴组织增生。气管纤毛几乎完全被破坏,上皮细胞肿胀,绒毛上黏附有支原体。在气管环培养中,鸡毒支原体感染可引起纤毛运动停止。气管的大体与显微病变,特别是黏膜增厚,已被用作诊断鸡毒支原体感染及发病的标准。实验感染鸡,气管黏膜从 1～2 周明显增厚,从 2～3 周开始变薄。在肺部,除肺炎区域与淋巴滤泡变化外,也曾发现肉芽肿病变。鸡毒支原体引起的蛋鸡角膜结膜炎的特征是上皮增生、严重的细胞渗出、上皮下与中央弹性血管结缔组织基质水肿,导致眼睑明显增厚。在上皮下固有层、生发中心的浆细胞及淋巴细胞增殖显著,且引起覆盖在上面的增生性上皮层不规则隆起。脑炎型鸡毒支原体感染的病鸡其脑组织学检查为中度到重度的脑炎、血管淋巴细胞袖套、纤维蛋白样血管炎、局部实质坏死及脑膜炎。和产蛋鸡产蛋下降有关的输卵管炎的特征是输卵管黏膜增厚,主要是因为上皮增生与淋巴浆细胞浸润。

(五)诊断

鸡毒支原体的症状并非特有的,其他一些呼吸道疾病也能出现类似的症状,所以,这些症状的出现只能说明支原体感染的可能性,确诊必须进行解剖检查、血清学检测与病原分离。把这些检查结果共同考虑分析,才可做出最后确诊。

鸡毒支原体病与鸡传染性支气管炎、传染性喉气管炎、传染性鼻炎、曲霉菌病等呼吸道传染病极易混淆,应注意鉴别诊断。

1. 从病原上诊断

鸡毒支原体感染的病原是鸡毒支原体,传染性鼻炎病原是副鸡嗜血杆菌,传染性喉气管炎病原是疱疹病毒,传染性支气管炎病原是冠状病毒,曲霉菌病病原主要是烟曲霉菌。

2. 从侵害对象上诊断

鸡毒支原体鸡和火鸡能自然感染,传染性鼻炎、传染性喉气管炎、传染性支气管炎只有鸡能自然感染,曲霉菌病鸡、鸭、鹅等均能自然感染。

3. 从流行病学上诊断

鸡毒支原体主要侵害 4～8 周龄幼鸡,呈慢性经过,可经蛋传染。传染性鼻炎 3～4 日龄雏鸡有一定抵抗力,4 周龄以上的鸡均易感,呈急性经过。传染性喉气管炎主要侵害成年鸡,传播迅速,发病率高。传染性支气管炎各种年龄的鸡均可发病,但雏鸡最严重,传播迅速,发病率高。曲霉菌病各种禽类都可发病,但幼禽最易感,常因接触发霉饲料或垫料而感染,曲霉菌的孢子可穿过蛋壳,引起胚胎感染。

4. 从临床症状上诊断

鸡毒支原体感染为浆液性或黏液性鼻液,喷嚏,咳嗽,呼吸困难,出现啰音;后期眼睑水肿,眼部凸出,眼球萎缩,甚至失明。传染性鼻炎为鼻腔与鼻窦炎,流鼻涕,喷嚏,脸部和肉髯水肿;眼结膜发炎,眼睑肿胀,严重者可引起失明。传染性喉气管炎为呼吸困难,呈现头颈上伸和张口呼吸的特殊姿势,呼吸时有啰音,咳嗽,咳出血性黏液。传染性支气管炎为咳嗽,喷嚏,张口呼吸,气管有啰音;鼻窦肿胀,流黏性鼻液;产蛋鸡产蛋量下降,产软壳蛋、畸形蛋或粗壳蛋。曲霉菌病为沉郁,呼吸困难,喘气,肉髯发绀,饮水增多,常有下痢,鼻和眼睛发炎。

5. 病程

鸡毒支原体为 1 个月以上,甚至 3～4 个月。传染性鼻炎人工感染 4～18 天。传染性喉气管炎为 5～7 天,长的可达 1 个月。传染性支气管炎为 1～2 周,有的可延长到 3 周。曲霉菌病为 2～7 天,慢性者可延至数周。

6. 病理变化

鸡毒支原体为鼻、气管、支气管和气囊内有黏稠渗出物,气囊膜变厚和浑浊,表面有结节性病灶,内含干酪样物。传染性鼻炎为鼻腔和鼻窦黏膜卡他性炎症,表面有大量黏液;严重时,鼻窦、眶下窦和眼结膜囊内有干酪样物。传染性喉气管炎轻者喉头和气管黏膜呈卡他性炎症;重者该黏膜变性、出血、坏死,上面覆有纤维素性干酪样假膜,气管内有血性渗出物。传染性支气管炎为鼻腔、鼻窦、气管、支气管黏膜呈卡他性炎症,有浆液性或干酪样渗出物;产蛋鸡卵巢滤泡充血、出血、变形,有的腹腔内有卵黄物。曲霉菌病为肺、气囊和胸腹腔浆膜上有针帽大至小米大的灰白色或淡黄色的霉斑结节,内含干酪样物。

7. 实验室诊断方法

鸡毒支原体为分离培养支原体;或取病料接种 7 日龄鸡胚卵黄囊,5 ~ 7 天死亡,检查死胚;活鸡检疫可用凝集试验。传染性鼻炎为分离培养副鸡嗜血杆菌;或取病料接种健康幼鸡,可在 1 ~ 2 天后出现鼻炎症状。传染性喉气管炎为取病料接种 9 ~ 12 日龄鸡胚绒毛尿囊膜,3 天后绒毛尿囊膜出现增生性病灶,细胞核内有包涵体。传染性支气管炎为取病料接种 9 ~ 11 日龄鸡胚尿囊腔,可阻碍鸡胚发育,胚体缩小成小丸形,羊膜增厚,紧贴胚体,卵黄囊缩小,尿囊液增多。曲霉菌病为取霉斑结节,涂片检查曲霉菌菌丝,或取病料做曲霉菌分离培养。

8. 治疗

鸡毒支原体泰乐菌素、链霉素及四环素类抗生素有效。传染性鼻炎磺胺药、链霉素、土霉素、红霉素有效。传染性喉气管炎、传染性支气管炎尚无有效药物治疗。曲霉菌病制霉菌素、硫酸铜、碘制剂有一定效果。

(六)防制措施

1. 疫苗接种

疫苗接种是一种减少鸡毒支原体感染的有效方法。疫苗有活疫苗和灭活疫苗两种。

目前使用的活疫苗是 F 株疫苗,F 株致病力极为轻微,给 1 日龄、3 日龄和 20 日龄雏鸡点眼接种不引起任何可见症状或气囊上变化,不影响增重。通常鸡群首免在 15 ~ 16 日龄,剂量为每只 1.5 ~ 2 羽份;二免在 80 ~ 90 日龄,剂量为每只鸡 2.5 ~ 3 羽份。

油乳剂灭活疫苗效果良好,用后能防止本病的发生并减少诱发其他疾病,增加鸡蛋产量。通常于 3 ~ 5 周龄和开产前两次接种。发病鸡也可做紧急接种,但免疫成本较高。

2. 清除种蛋内鸡毒支原体

经卵传播是鸡毒支原体的一个重要传播途径,阻断这条途径对防制本病有着重要意义,是培育无支原体鸡群的基础。可以通过抗生素处理法和加热法来降低或消除卵内的支原体。

抗生素处理法:将孵化前的种蛋加温到37℃后立即放入5℃左右的对支原体有抑制作用的抗生素溶液中15~20分;也可以将种蛋放在密闭容器抗生素溶液中,抽出部分空气,然后再徐徐放入空气使药液进入种蛋内;也有将抗生素注射入种蛋内的。这种方法的缺点是:清除卵内支原体不彻底,增加了某些对抗生素有抵抗力的细菌的污染机会和影响种蛋的孵化率。

加热法:对孵化器中的种蛋压入热空气,使内部温度达到46.1℃,保持12~14小时,可以收到比较满意的消灭卵内支原体的效果,但种蛋孵化率常常降低2%~3%至8%~12%。国内报道,应用恒温45℃的温箱处理种蛋14小时,然后转入正常孵化,收到相当满意的消灭卵内支原体的效果,只要温度控制适宜,对孵化率没有明显影响。

对其他传染病进行接种活疫苗时,要严格选择无支原体污染的疫苗,也是本病一种极为重要的预防措施。

3. 培育无支原体感染鸡群

鸡毒支原体感染虽然极为普遍,但利用支原体对不利环境、药物及温度的脆弱性,可培育成功无支原体感染鸡群。培育无支原体感染鸡的主要程序如下:①以有抑制作用的抗生素处理种鸡,降低母鸡的支原体带菌率与带菌强度,从而降低种蛋的污染率和污染强度。②用45℃经14小时处理种蛋,消灭种蛋内的支原体。③种蛋小批量孵化,每批100~200枚,减少孵出的雏鸡相互之间可能的传染机会。④小群分群饲养,定期进行血清学检查,如果出现确实的阳性鸡,立即将小群淘汰。⑤在进行全部程序时,要做好孵化器、孵化室、用具、房舍等的消毒和隔离工作,防止外来感染进入群内。

由这种程序育成的鸡群,在产蛋前全部进行血清学检查一次,必须是无阳性反应群才能用作种鸡。当完全阴性反应亲代所产的蛋,不经过药物或热力处理孵出的子代鸡群,经过几次检测都未出现一只阳性反应鸡后,可以认为已建立成无支原体感染群。

4. 药物治疗

土霉素、红霉素、泰乐菌素、泰妙菌素等药物对支原体有效。一般用量为:土霉素按0.1%或0.2%拌料,泰乐菌素按每克对1.5~2.5千克水,多西环素按每克对 10~20 千克水,泰妙菌素按每吨料 100~150 克。实践中用以下方剂治疗鸡毒支原体感染,也有较好效果。

方一:大青叶、板蓝根、侧耳根各 100 克,桔梗、法半夏、青蒿、连翘、银花藤各 60 克,石菖蒲 20 克,樟脑 0.3~0.5 克,水煎取汁,冬春季节拌料喂给,夏秋季节适当停水后做饮水喂服。上方为 100 只鸡的日用量,连用 3 天。

方二:金荞麦 60 克,鱼腥草 40 克,桔梗 30 克,麻黄 20 克,野菊花 50 克,桂枝 30 克,半夏、黄芩、南星各 15 克,以上药物混合研末,按 1% 比例拌料,连用 5~7 天。

方三:黄连 10 克,黄芩 10 克,黄柏 10 克,栀子 10 克,白药子 10 克,黄药子 10 克,款冬花 10 克,大黄 5 克,知母 10 克,郁金 10 克,贝母 10 克,甘草 10 克,秦艽 10 克。上药为 100 只成年鸡用量,温开水煎 3 次饮服。

二、滑液囊支原体感染

(一)病原

鸡滑液囊支原体感染是由滑液囊支原体引起的。滑液囊支原体姬姆萨氏染色的形态为多形态的球状体,直径约 0.2 微米。对禽滑膜的超微结构研究证实,滑液囊支原体存在于内吞小泡中。支原体细胞呈圆形或梨形,内含颗粒性核糖体,直径为 300~500 纳米,无细胞壁,并被 3 层结构的单位膜所包裹。

(二)流行病学

滑液囊支原体呈世界性分布,自然宿主是鸡、火鸡和珍珠鸡。鸭、鹅、日本鹌鹑、鸽与红腿鹧鸪也可发生自然感染。人工接种时,野鸡、鸭、鹅和虎皮鹦鹉对此菌敏感。在西班牙,从庭院麻雀分离到了滑液囊支原体。家兔、大鼠、小鼠、豚鼠、猪及羔羊对试验接种不易感。

(三)临床症状

在感染鸡群中最初可观察到的症状是鸡冠苍白、跛行和生长迟缓。随着病情的发展,出现羽毛粗乱,鸡冠萎缩。有些病例的鸡冠呈偏蓝的红色。关节周围常有肿胀,常用胸部的水疱。跗关节和爪垫是主要感染部位,但有些鸡的大部分关节都会被感染,然而,也有些鸡偶见全身性感染却无明显的关节肿胀。病鸡表现不安、脱水与消瘦。把已严重感染发病的鸡置于食物和饮水的附近,它们仍思饮食。但常见含有大量尿酸或尿酸盐的偏绿的异常排泄物。出现上述急性症状后继以缓慢的恢复,但滑膜炎可能在整个鸡群中始终存在。有些情况下,会不见或不易发现急性期,群内仅见一些慢性感染的鸡。经呼吸道感染的鸡可能在 4~6 天时出现轻度啰音,也可能没有症状。通过爪垫注射的鸡在另一侧腿可出现软骨发育不良,可能是因为这只腿承重增加所致。气囊感染可能发生于任何日龄,是肉鸡淘汰的最常见的一个原因。临床上,大多数由滑液囊支原体感染所引起的气囊病变发生在冬季。滑液囊支原体感染种鸡的后代气囊病变淘汰率增加、增重减缓、饲料报酬下降。滑液囊支原体气雾感染蛋鸡,在感染后1周产蛋量有所下降,到2周时产蛋量降低18%,4周后产蛋重新恢复正常。10周龄的商品蛋鸡攻毒后没有引起产蛋下降。在自然感染的成年母鸡,虽然在生产中发现过蛋产量有所减少的情况,但一般其产蛋量与蛋的质量不受影响或影响其微。

火鸡滑液囊支原体引发的症状和鸡基本相同。最明显的症状是跛行。跛禽的一个或多个关节常见发热与肿胀,偶见胸骨滑液囊增大。严重感染的火鸡体重减轻,但感染不严重的火鸡,在和整群分开饲养后,增重还令人满意。人工感染的火鸡,最早可见的症状便是生长停滞。火鸡滑液囊支原体呼吸道症状不常见,但从窦炎发病率很低的火鸡群的窦分泌物中分离出了滑液囊支原体。对火鸡爪垫接种能导致产蛋完全停止。

鸡群临床滑膜炎的发病率在2%~75%,一般为5%~15%。死亡率一般低于1%,最多不超过10%。人工感染的鸡死亡率从0至100%,和感染途径与剂量有关。

(四)病理变化

滑液囊支原体大体病变为:在发病早期,病鸡腱鞘的滑液囊膜、关节、龙骨滑膜囊可见有黏稠的、乳酪色至灰白色渗出物,并伴有肝、脾肿大。肾肿大、苍白、呈斑驳状。随着病情的发展,在腱鞘、关节甚至与气囊中有干酪样渗出物。在此期间,关节表面,特别是跗关节及肩关节的表面不同程度地变薄至形成凹陷。在上呼吸道一般无肉眼可见病变。该病的呼吸型可能有气囊炎。火鸡关节肿胀不如鸡那么明显,但切开跗关节时见有纤维素性和脓性分泌物。呼吸道病变不一。

组织学病变是:在关节,尤其是趾关节与跗关节,可见有异嗜性白细胞及纤维素浸入关节腔或沿腱鞘浸润。滑液囊膜因绒毛形成和淋巴细胞及巨噬细胞在滑膜下层弥散性至结节性浸润而增生。在此期间,软骨表面变色、变薄或变成凹陷。气囊的轻度病变包括水肿、毛细血管扩张及异嗜性白细胞和坏死碎屑在表面聚积,更严重的病变包括上皮细胞增生、单核细胞弥散性浸润及干酪样坏死。其他病变还包括:与脾脏鞘毛细血管有关的巨噬细胞-单核细胞系统增生,心、肝、肌胃淋巴细胞浸润及胸腺和法氏囊萎缩。

（五）诊断

根据鸡冠苍白、精神沉郁、消瘦、腿软、胸部囊肿、爪垫和跗关节肿大、脾肿大、肝和肾增大等症状可做出初步诊断。但滑液囊支原体感染的症状和病变并不是特征性的，只有将症状、病变、血清学检测结果综合分析才能做出诊断结论。

分离出滑液囊支原体并予以鉴定就可做出阳性诊断。从急性病鸡分离滑液囊支原体并不困难，但在感染的慢性阶段，病变组织中可能不再有滑液囊支原体。慢性感染鸡从上呼吸道进行分离更为可靠。PCR 是检测组织或培养物中滑液囊支原体 DNA 的一种简单、快捷及高敏感性的方法，而且 PCR 试剂盒市场上有售。血清学检测有平板凝集反应、试管凝集反应及血凝抑制反应等方法。ELISA 常用作诊断和鸡群的常规检测，作为基本的血清学试验可代替血清平板凝集试验。ELISA 试剂盒市场上有售。

（六）防制措施

目前我国尚无疫苗用于免疫接种。因滑液囊支原体可经蛋传播，所以要从无滑液囊支原体的群中选择鸡和火鸡。大多数原代种鸡群无感染，也有无滑液囊支原体的后备鸡群。必须采取有效的生物安全措施来防止感染的传入。

在体外，滑液囊支原体对几种抗生素是敏感的，如恩诺沙星、土霉素、壮观霉素、林可霉素、螺旋霉素、多西环素、泰乐菌素、泰妙菌素、替米考星等。与鸡毒支原体相比，滑液囊支原体分离株似乎对红霉素有抵抗力。

禽 霍 乱

一、病原

禽霍乱的病原为多杀性巴氏杆菌，该菌为革兰染色阴性、无运动性、不形成芽孢的小杆菌，单个或成对存在，偶尔呈链状或丝状。长 0.6~2.5 微米，宽 0.2~0.4 微米。反复传代后趋向多形性。病料组织或体液涂片用瑞氏、姬姆萨氏法或亚甲蓝染色镜检见菌体多呈卵圆形，两端着色深中央部分着色较浅，很像并列的两个球菌，所以又叫两极杆菌。用培养物所做的涂片两极着色则不那么明显。用印度墨汁等染料染色时可看到清晰的荚膜。新分离的细菌荚膜宽厚，经过人工培养而发生变异的弱毒菌则荚膜狭窄而且不完全。

二、流行病学

禽霍乱的宿主非常多,几乎所有的鸟类都易感,各种家禽和野禽也可感染,家禽中多发生于鸡、火鸡、鸭和鹅,其中以火鸡最易感,感染后大部分火鸡在几天内死亡,甚至全部死亡。鸡霍乱常发生于产蛋鸡群,因为该年龄鸡比幼龄鸡易感。16周龄以下的鸡有较强的抵抗力。鸡自然感染的死亡率一般为0~20%。本病常引起产蛋下降和局部持续性感染。断料、断水或突然改变饲料都可增加鸡对禽霍乱的易感性。

慢性感染的禽类被认为是禽霍乱感染的主要来源,而慢性带菌状态的持续期只受到感染禽生命周期的限制。与家禽接触的飞鸟可能是多杀性巴氏杆菌的一个来源。细菌几乎不经蛋传播。污染的家禽笼具、饲养槽及其他用过的设备,都有可能将禽霍乱传入禽群。因急性禽霍乱死亡的鸡尸体全身都可能带菌,可作为一种感染的来源,因为健康鸡往往会啄食这些尸体。与禽霍乱病鸡接触过的麻雀、鸽子与大鼠,可被多杀性巴氏杆菌感染,反过来它们又可感染易感鸡。麻雀及鸽子常常带菌而无任何临床表现,但约10%的感染大鼠会出现急性型巴氏杆菌病。多杀性巴氏杆菌在禽群中的传播主要是通过禽口腔、鼻腔及眼结膜的分泌物进行,因为这些分泌物常常污染环境,特别是饲料与饮水。粪便中很少含有活的多杀性巴氏杆菌。在鸡群密度大、舍内通风不良及尘土飞扬的情况下,通过呼吸道传染的可能性增大。

禽霍乱的发生可因从外购入病禽或处于潜伏期的家禽等引起,有时也自然发生。该病原多杀性巴氏杆菌是一种条件性致病菌,在某些健康鸡的呼吸道存在本菌,当饲养管理不当,鸡舍阴暗潮湿拥挤,营养不良,缺乏维生素、蛋白质及矿物质,天气突然变化,长途运输,有其他疾病等不利因素的影响下,鸡体抵抗力下降,细菌毒力增强时即可发病。尤其是当新鸡转入带菌鸡群,或把带菌鸡调入其他鸡群时,更容易引起本病的发生。

三、临床症状

自然感染的潜伏期一般为2~9天,有时也有在引进病鸡后48小时内突然暴发的病例。人工感染通常在24~48小时发病。由于家禽的机体抵抗力和病菌的致病力强弱不同所表现的病状亦有差异。一般分为最急性、急性和慢性3种病型。

1. 最急性型

常见于流行初期,以产蛋高的鸡最常见。病鸡无前驱症状,有时见病鸡精神沉郁,倒地挣扎,拍翅抽搐,病程短者数分钟,长者也不过数小时,即归于死亡。也有鸡晚间一切正常,吃得很饱,翌日发病死在鸡舍内。

2. 急性型

此型最为常见,病鸡主要表现为精神沉郁、羽毛松乱、缩颈闭眼、翅膀下垂,不愿走动,离群呆立。病鸡常有腹泻,腹泻时最初呈白色水样粪便,稍后即为略带绿色并含有黏液的稀粪。发热,体温升高到43~44℃,减食或不食,渴欲增加。呼吸困难,口、鼻分泌物增加。鸡冠和肉髯变青紫色,有的病鸡肉髯肿胀,有热痛感。产蛋鸡停止产蛋。最后发生衰竭、昏迷而死亡。临死前常有发绀的现象,尤以头部无毛处(如冠和肉髯)最为明显。病程短的约半天,长的1~3天。病死率很高。耐过初期急性败血期的幸存者,随后可能死于恶病质和脱水,可能转为慢性感染,也可能康复。

3. 慢性型

慢性型可由急性病例转变而来,多见于流行后期,也可由毒力较弱的菌株引起。一般说来,临床上主要表现为局部感染。以慢性肺炎、慢性呼吸道炎和慢性胃肠炎较多见。病鸡鼻孔有黏性分泌物流出,鼻窦肿大,喉头积有分泌物而影响呼吸。经常腹泻,病鸡消瘦、精神委顿、冠髯苍白。有些病鸡一侧或两侧肉髯显著肿大,随后可能有脓性干酪样物质,或干结、坏死、脱落。有的病鸡有关节炎,常局限于脚或翼关节和腱鞘处,表现为关节肿大、疼痛、脚趾麻痹,因而发生跛行。少数病例病变可发生在耳部或头部,引起歪颈。病程可拖至1个月以上,生长发育和产蛋长期不能恢复。

火鸡发病时,除有全身症状外,有的病火鸡张口呼吸,有啰音,从口、鼻流出多量黏液,病火鸡频频摇头,吞咽、伸颈、排出稀粪。1~3天出现死亡。

四、病例变化

禽霍乱的病变并非固定不变,常因疾病类型和严重程度有较大差异,其中最大的差异在于病程。

最急性病例,常常看不到明显的剖检变化,可见到冠、肉髯呈紫红色,心外膜有小出血点,肝脏表面有数个针尖大小的灰黄色或灰白色的坏死点。但有时看不到灰白色的坏死点。

急性病例病变较为特征,大多数可见明显的病变。病鸡的腹膜、皮下组织及腹部脂肪常见小点出血,胸腔、腹腔、气囊和肠浆膜上常见纤维素性或干酪样灰白色的渗出物。心包变厚,心包内积有多量不透明淡黄色液体,有的含纤维素絮状液体,心外膜、心冠脂肪出血尤为明显。肺有充血和出血点。肝脏的病变具有特征性,肝稍肿,质变脆,呈棕色或黄棕色,肝表面散布有许多灰白色或灰黄色、针头大小或小米大小的坏死点,有时可见点状出血。脾脏一般不见明显变化,或稍微肿大,质地较柔软。肌胃出血显著,肠黏膜充血,有出血性病灶,尤其是十二指肠最为严重,黏膜红肿,呈暗红色,有弥散性出血,肠内容物含有血液;有时肠黏膜上覆盖一层黄色纤维素。产蛋母鸡的卵巢常遭侵害,成熟卵泡呈现松软的外观,表面血管模糊不清(正常时很易观察到)。由于滤泡破裂,腹腔内积聚数量不等的卵黄性物质。未成熟卵泡和卵巢基质充血。

慢性型因侵害的器官不同而有差异,慢性型禽霍乱常常以局部感染为主。当呼吸道症状为主时,可见鼻腔、气管、支气管呈卡他性炎症,分泌物增多,某些病例见肺质地变硬,火鸡常有肺炎变化。局限于关节炎和腱鞘炎的病例,主要见关节肿大变形,有炎性渗出物和干酪样坏死。公鸡的肉髯肿大,内有干酪样的渗出物,母鸡的卵巢明显出血,有时卵巢周围有一种坚实、黄色的干酪样物质,附着在内脏器官的表面。

五、诊断

根据病鸡流行病学、临床症状和剖检病理变化,结合对病鸡的治疗效果,可做出初步诊断,确诊需要进行实验室检查。

六、防制措施

1. 加强鸡群的饲养管理

清除多杀性巴氏杆菌的储存宿主,或防止它们接近鸡群,可以收到一定的预防效果。严格的管理措施,加上对卫生制度的重视,是预防禽霍乱的最佳措施。与大多数细菌病不同,禽霍乱并不是一种蛋传疾病,其感染发生在家禽饲养场,因而必须采取各种措施防止病原体传入禽群。

感染的最初来源一般是病鸡或康复后的带菌鸡。平时要严格执行鸡场兽医卫生防疫措施,以栋舍为单位采取"全进全出"的饲养制度,不同种类的禽群不应养在同一房舍中。同时杜绝家畜(尤其是猪、狗和猫)接近养禽区。多种飞翔的鸟类均可分离出多杀性巴氏杆菌,这一事实说明家禽存在这一感染来源,应采取相应的措施来防止它们与禽类的接触。因鸡群拥挤、鸡舍潮湿、营养缺乏等常常是本病发病的诱因,所以要注重平时的饲养管理,避免或杜绝引起发病的诱因。

2. 免疫接种

在禽霍乱流行地区,应考虑免疫接种,但它绝对不能取代良好的卫生措施。商品化的灭活苗和活苗均有市售。一般从未发生本病的鸡场不进行疫苗接种。此外,有条件的地区或养鸡场,可用病鸡肝脏做成禽霍乱组织灭活苗,通常是每只鸡肌内注射2毫升,也可从病死鸡分离出菌株,制成氢氧化铝甲醛菌苗,用于当地禽霍乱的预防,可取得良好的免疫效果。

3. 治疗

鸡群一旦发生禽霍乱,要对鸡舍、用具、鸡群做好卫生消毒工作,隔离病鸡,焚烧或深埋病死鸡,全群投喂药物以控制病情。有条件的鸡场应通过药敏试验选择有效药物。磺胺类药物、青霉素、链霉素、庆大霉素、环丙沙星、恩诺沙星均有不同程度的疗效。

实践中用以下方剂治疗,也有较好的疗效。

方一:石膏200克,黄连、黄芩、栀子、桔梗、连翘、竹叶各50克,穿心莲200克,千里光100克,甘草20克,多西环素40克,甲氧苄啶10克。用法:将中药粉碎,与西药拌匀,每只鸡每次0.5克,每天2~3次,拌于饲料喂服,5天为1个疗程,间隔4~5天,再行第二个疗程。

方二:黄连30克,柴胡20克,穿心莲20克,厚朴20克,郁金20克,板蓝根15克,大青叶12克。用法:粉碎过60目筛,用1%药物拌料。

方三:穿心莲50克,花椒100克,石菖蒲50克,三叉苦50克,山芝麻100克,岗梅50克,金银花50克,大黄50克,黄芩50克,黄柏50克,野菊花100克,甘草30克。混合粉碎,按1%比例混饲料投喂,连用3天。

鸡鼻气管鸟杆菌感染

一、病原

鼻气管鸟杆菌属嗜纤维 – 黄杆菌 – 拟杆菌门,rRNAV 亚科,与其他两种禽类病原——鸭疫里默氏菌和鸭考诺尼尔菌关系密切。本菌为革兰阴性多形态杆菌、不形成芽孢、无运动性,大小为(0.2~0.9)微米×(0.6~5)微米。还未发现菌毛、质粒等特殊结构或特异性毒力活性。

鼻气管鸟杆菌在厌氧、需氧及微需氧条件下均可生长。在30~42℃条件下均可生长,但最适生长温度是37℃。该菌在加5%~10%绵羊血琼脂上生长最佳,在巧克力琼脂与胰酶大豆琼脂上也容易生长。在远藤琼脂、麦康凯琼脂、西蒙柠檬酸盐琼脂、Gassner 琼脂及 Drigalski 琼脂上不生长。在液体培养基中的生长情况与菌株有关,液体培养基有巴氏肉汤、ToddHewitt 肉汤和脑心浸液肉汤。

鼻气管鸟杆菌菌落小、圆形、凸起、边缘整齐,呈灰色或灰白色,有时有微红色闪光,不溶血。初代分离时,大部分菌株菌落大小有很大的差异(培养48小时后为1~3毫米),经传代培养后菌落大小比较一致。常规的生化试验结果可能不一致,其表型特征包括产生氧化酶、不产生接触酶、三糖铁琼脂上无反应、无运动性、产生β-半乳糖苷酶、在麦康凯琼脂上不生长、不还原硝酸盐。0.5%甲酸和乙醛酸溶液、0.5%醛类溶液(20%戊二醛配制)等15分能完全杀灭鼻气管鸟杆菌。

不同的鼻气管鸟杆菌分离株之间的致病性似乎存在一定的差异。把南非分离的3株细菌接种到28日龄肉鸡腹部气囊后引发的气囊炎与关节炎病变有明显的差异。

二、流行病学

已经从世界各地的多种禽类中分离到鼻气管鸟杆菌,包括鸡、鸭、鹅、石鸡、珍珠鸡、鸵鸟、鸥、雉、鹧鸪、鹌鹑、鸽、火鸡和白嘴鸦等。对家禽而言,虽然对日龄大的致病性似乎强一些,但所有日龄都易感。据报道,许多鼻气管鸟杆菌病例都并发有其他呼吸道感染,如大肠杆菌、新城疫病毒、传染性支气管炎病毒及滑液囊支原体感染。大多数试验研究表明,鸡与火鸡单独感染鼻气管鸟杆菌引起的病变轻微,但合并感染呼吸道病毒或细菌时病变加重。也有研究认为,单独感染鼻气管鸟杆菌引起的病变和自然病例病变相似。

鼻气管鸟杆菌可通过气溶胶或饮水直接和间接接触而发生水平传播,也有大量的证据表明可发生垂直传播。另外,从卵巢、输卵管、未受精蛋、死胚、未出壳的死雏鸡和火鸡中都分离到鼻气管鸟杆菌。人工感染5周龄鸡后,细菌可在2天内侵害呼吸器官,4天后有临床表现。22周龄火鸡实验感染后24小时内出现精神沉郁、咳嗽及采食下降;48小时咳出带血黏液;感染后第五天,咳嗽减轻,存活火鸡精神好转。

三、临床症状

暴发鼻气管鸟杆菌感染后,临床症状、疾病持续时间及死亡率有很大差异,受多种环境因素的影响,如管理不善、高密度饲养、通风不良、卫生条件差、氨气浓度高、垫料差、并发感染与继发感染等。

3~6周龄肉鸡感染死亡率为2%~10%,病鸡表现为精神沉郁、采食量减少、增重减缓、打喷嚏、一过性流鼻液,随后出现脸部水肿。鼻气管鸟杆菌感染幼禽能引起猝死(2天内死亡率可高达20%),可能有呼吸道症状,也可能没有。鼻气管鸟杆菌感染对肉种鸡的危害是在产蛋期,主要是在即将进入产蛋高峰和产蛋高峰之时,死亡率略有上升、采食量减少,有轻度呼吸道症状。若无并发感染,死亡率较低。产蛋量下降、蛋变小、蛋壳质量差,很多病例的受精率及孵化率未受影响。商品蛋鸡感染鼻气管鸟杆菌可引起产蛋下降、畸形蛋增多与死亡率升高。

Roepke发现较大日龄的火鸡感染后临床症状更严重,死亡率更高。大多数小火鸡感染后临床表现正常。小火鸡多数在2~8周龄被感染。急性期(8天)的正常死亡率是1%~15%,也有的高达50%。感染者首先表现为咳嗽、打喷嚏与流鼻液,部分病例出现严重的呼吸紊乱、呼吸困难、伸颈及窦炎,伴有采食与饮水减少。种火鸡群还可能出现产蛋下降与不适合入孵的种蛋数量增加等。

较大日龄鸡感染鼻气管鸟杆菌还能引起关节炎、骨炎与骨髓炎而导致瘫痪。

四、病理变化

肉鸡常见的病变包括肺炎、胸膜炎与气囊炎。屠宰或剖检时可见气囊(主要是腹部气囊)有酸奶样白色泡沫性渗出物,多数伴有一侧性肺炎。火鸡可见肺水肿、一侧或两侧肺实变、胸膜有纤维素性渗出,此外还有脓性纤维性气囊炎、腹膜炎、心包炎和轻度气管炎。部分病例可见心肌变性、肝脏和脾脏肿大。较大日龄的火鸡可发生脊椎和关节感染。

组织学病变多见于肺脏、气囊和胸膜。自然病例可见肺实质充血,细支气管及副支气管管腔有纤维蛋白积聚并混杂有游离的巨噬细胞与异嗜细胞。间质有明显的弥散性巨噬细胞及少量的异嗜细胞浸润。副支气管管腔内有广泛的融合性坏死灶,坏死向邻近的实质扩散。坏死灶内充满由坏死的浸润异嗜细胞或渗出形成的浓密集落,并且散在有小的细菌群落。毛细血管扩张且充满纤维蛋白性栓塞。胸膜及气囊明显扩张和水肿,且有间质性纤维蛋白沉积、弥散性异嗜细胞浸润、散在有小的坏死性异嗜细胞浸润灶及纤维变性。

五、诊断

根据临床症状和剖检变化难于做出推测性诊断,必须做鼻气管鸟杆菌的分离鉴定与抗体检测才能确诊。

1. 病原的分离和鉴定

气管、肺脏与气囊是分离鼻气管鸟杆菌的最佳组织,鼻腔、眶下窦也可作为分离培养的部位,但鼻气管鸟杆菌很容易被其他细菌的过度生长而掩盖。虽然实验感染病例的心血、肝脏及关节、脑、卵巢、输卵管中也能分离到鼻气管鸟杆菌,但从自然病例的心血及肝脏没有分离到该菌。

可以采用普通的、非选择性血液琼脂或巧克力琼脂来分离鼻气管鸟杆菌,24 小时可形成菌落,但最好是把接种的平板置于二氧化碳浓度为 7.5%～10% 的环境中培养 48～72 小时。菌落从针尖大小至 1～2 毫米,灰色或灰白色、圆形凸起、边缘整齐。菌落接触酶阴性和氧化酶阳性。革兰染色为典型的革兰阴性多形态细菌。纯培养的鼻气管鸟杆菌有明显的类似于丁酸气味。鉴定鼻气管鸟杆菌需要做进一步的试验。用已知的阳性血清进行琼扩试验可确定鼻气管鸟杆菌的血清型。对可疑菌株的另一种鉴定方法是聚合酶链反应(PCR),该方法还很适合于检测严重感染肉鸡的气管拭子。

在进行常规检测时,被变形杆菌、大肠杆菌或假单孢菌等快速生长细菌污染的样品,鼻气管鸟杆菌菌落可能被掩盖而不易发现。因大多数鼻气管鸟杆菌菌株对庆大霉素有抗性,所以可在每 10 毫升血液琼脂中加入 10 微克庆大霉素来分离被污染样品中的鼻气管鸟杆菌。每毫升含 5 微克庆大霉素及多黏菌素 B 的血液平板也同样有效。

2. 血清学检查

血清学技术适用于群体监测或作为鼻气管鸟杆菌感染诊断的辅助方法。应用不同血清型鼻气管鸟杆菌和提取抗原建立了 ELISA,用于血清学分型的煮沸法提取抗原的血清型特异性试验结果最好,该抗原可用于血清分型。

六、防制措施

1. 免疫接种

肉鸡接种灭活疫苗有效,但对大多数商品鸡群可能不适用。肉种鸡接种灭活疫苗诱导产生高水平的抗体,母源抗体对后代攻毒保护作用可持续达到 4 周龄。另外,14 日龄气雾免疫活疫苗,可以使攻毒鸡气囊炎与肺炎发病率降至最低。

由于可能发生多个血清型感染,有必要使用多个血清型的疫苗。

2. 加强饲养管理

鼻气管鸟杆菌具有高度接触传染性,要采取严格的生物安全措施防止其传入鸡群。一旦某群被感染,即可引起流行,尤其是在同时饲养多个日龄群的饲养场及家禽饲养密集地区。

3. 治疗

大多数病例按 0.025% 阿莫西林饮水 3～7 天可取得满意的效果。用红霉素、沙拉沙星、青霉素、新霉素也有效。

鸡葡萄球菌病

一、病原

根据生化特性、血浆凝固酶和产生色素的不同,将葡萄球菌分为金黄色葡萄球菌、表皮葡萄球菌及腐生性葡萄球菌3种。其中金黄色葡萄球菌多为致病菌,表皮葡萄球菌偶尔致病,腐生性葡萄球菌一般为非致病菌。

二、流行病学

葡萄球菌能引起多种动物感染和疾病。动物对葡萄球菌的易感性,与表皮或黏膜创伤的有无、机体抵抗力的强弱、葡萄球菌污染的程度以及动物所处的环境有密切关系。

金黄色葡萄球菌可侵害各种禽,尤其是鸡和火鸡。任何年龄的鸡,甚至鸡胚都可感染。虽然4~6周龄的雏鸡极其敏感,但实际上发生在40~60日龄的中雏最多。

金黄色葡萄球菌广泛分布在自然界的土壤、空气、水、饲料、尘埃、地面、粪便、污水和物体表面以及鸡的羽毛、皮肤、眼睑、黏膜与肠道中。

本病一年四季均可发生,以雨季、潮湿时节发生较多。鸡的品种对本病的发生有一定关系,虽然蛋用鸡和肉用鸡都可发生,但在蛋用鸡中以轻型鸡发生较多,如来航白鸡等,黄褐色蛋用鸡的发生相对少些。平养和笼养都有发生,但以笼养为多。

金黄色葡萄球菌要发生感染必须突破宿主的天然免疫机制。大多数病例发生涉及身体防御屏障的损害,如皮肤损伤或黏膜发炎及局部性感染(如骨髓炎)产生血源性传播,特别在干骺端关节部位。刚出壳的雏鸡脐带开口可引起脐炎,简单的外科处理(如剪趾、去冠、断喙或打翅号)和非肠道免疫为葡萄球菌提供新的入侵门户。宿主另一类型的防御系统损害为发生鸡传染性贫血、传染性法氏囊病或马立克病后法氏囊或胸腺损伤,免疫系统遭受损害。在这些情况下就容易发生败血性葡萄球菌感染,引起急性死亡。在传染性法氏囊病病毒感染早期,可出现金黄色葡萄球菌伴发腐败梭菌引起的坏疽性皮炎。

用出血性肠炎病毒强度感染火鸡,在肝脏中细菌微生物以大肠杆菌为主,但在感染2周后,将存活火鸡的肝脏进行培养,其主导细菌是葡萄球菌,这表明火鸡出血性肠炎病毒和其他类似的病毒引发肠道感染后,为细菌进入提供了入侵门户,并为成年商品火鸡继发葡萄球菌病提供了基础。

对葡萄球菌感染的敏感性还受遗传学的影响。新罕布仕尔鸡的两个相关品系人工感染后的致死率有明显的差异。

本病潜伏期短。实验条件下,静脉途径易引起鸡的感染,气管或气雾途径不能引起发病。人工感染的鸡经静脉接种后48~72小时出现临床症状,病变和感染剂量有关,每千克体重至少需要 10^5 个细菌才能发病。

三、临床症状

鸡葡萄球菌病因病原毒力、鸡的日龄、感染部位和鸡体状态的不同,而表现出不同的临诊病型。

1. 急性败血型

病鸡出现全身症状,精神不振或沉郁,不爱跑动,常呆立一处或蹲伏,两翅下垂,缩颈,眼半闭呈嗜睡状。羽毛蓬松零乱,无光泽。病鸡饮、食欲减退或废绝。少部分病鸡下痢,排出灰白色或黄绿色稀粪。较为特征的症状是,捉住病鸡检查时,可见腹胸部(甚至波及嗉囊周围)、大腿内侧皮下浮肿,潴留数量不等的血样渗出液体,外观呈紫色或紫褐色,有波动感,局部羽毛脱落,或用手一摸即可脱掉。其中有的病鸡可见自然破溃,流出茶色或紫红色液体,与周围羽毛沾连,局部污秽,有部分病鸡在头颈、翅膀背侧及腹面、翅尖、脸、尾、背及腿等不同部位的皮肤出现大小不等的出血、炎性坏死,局部干燥结痂,暗紫色,无毛;早期病例,局部皮下湿润,暗紫红色,溶血,糜烂。急性败血型是常见的临诊病型,多发生于中雏,成年鸡也有发生,但较少。病鸡在2~5天死亡,快者1~2天呈急性死亡。

2. 关节炎型

此型少见,在败血型占绝大多数的发病群中,只有很少数(不到10%)呈关节炎型,病程较长,呈慢性经过。病鸡可见到关节炎症状,多个关节炎性肿胀,特别是趾、跖关节肿大为多见,呈紫红或紫黑色,有的见破溃,并结成污黑色痂。有的出现趾瘤,脚底肿大,有的趾尖发生坏死,黑紫色,较干涩。发生关节炎的病鸡表现跛行,不喜站立与走动,多伏卧,一般仍有饮、食欲,多因采食困难,饥饱不匀,病鸡逐渐消瘦,最后衰弱死亡,特别在大群饲养时更为明显。此型病程多为10余天。有的病鸡趾端坏疽,干脱。如果发病鸡群有鸡痘流行时,部分病鸡还可见到鸡痘的病状。

3. 脐带炎型

此型主要是刚孵出不久的雏鸡发生,病程短,死亡率高。污染严重的孵化室也可引起鸡胚死亡。由于某些原因,鸡胚及新出壳的雏鸡脐环闭合不全,葡萄球菌感染后,即可引起脐炎。病鸡除一般病状外,可见腹部膨大,脐孔发炎肿大,局部呈黄红紫黑色,质稍硬,间有分泌物,常称之为"大肚脐"。脐炎病鸡可在出壳后 2~5 天死亡。某些鸡场工作人员因鉴于本病多归死亡,见"大肚脐"雏鸡后立即摔死或烧掉,这是一个果断的做法。当然,其他细菌也可引起雏鸡脐炎。

4. 眼型

此型除在败血型发生后期出现,也可单独出现。其临诊表现为上下眼睑肿胀,闭眼,有脓性分泌物黏着,用手掰开时,见眼结膜红肿,眼内有多量分泌物,且见有肉芽肿。时间较久者,眼球下陷,后可见失明。有的见眼的眶下窦肿突。最后病鸡多因饥饿、被踩踏、衰竭死亡。眼型发病占总病鸡 30% 左右,占死亡鸡 20% 左右。

5. 肺型

此型主要表现为全身症状及呼吸障碍。

葡萄球菌病的发病率和死亡率一般较低,除非在孵化环境中存在大量的细菌或免疫操作出现严重污染。不愿走近食槽或水槽可造成病鸡变弱和死亡。

四、病理变化

病理变化因临诊病型不同而有差异。

急性败血型特征的肉眼变化是胸部的病变,可见死鸡胸部、前腹部羽毛稀少或脱毛,皮肤呈紫黑色浮肿,有的自然破溃则局部沾污。剪开皮肤可见整个胸、腹部皮下充血、溶血,呈弥漫性紫红色或黑红色,积有大量胶冻样粉红色或黄红色水肿液,水肿可延至两腿内侧、后腹部,前达嗉囊周围,但以胸部为多。同时,胸腹部甚至腿内侧见有散在出血斑点或条纹,特别是胸骨柄处肌肉弥散性出血斑或出血条纹更重,病程久者还可见轻度坏死。肝脏肿大,淡紫红色,有花纹或驳斑样变化,小叶明显。在病程稍长的病例,肝上还可见数量不等的白色坏死点。脾也见肿大,紫红色,病程稍长者也有白色坏死点。腹腔脂肪、肌胃浆膜等处,有时可见紫红色水肿或出血。心包积液,呈黄红色半透明。心冠状沟脂肪及心外膜偶见出血。有的病例还见肠炎变化。腔上囊无明显变化。在发病过程中,也有少数病例,无明显眼观病变,但可分离出病原。

关节炎型病例可见关节炎和滑膜炎。某些关节肿大,滑膜增厚,充血或出血,关节囊内有或多或少的浆液,或有浆性纤维素渗出物。病程较长的慢性病例,后变成干酪样坏死,甚至关节周围结缔组织增生及畸形。

幼雏以脐炎为主的病例,可见脐部肿大,紫红或紫黑色,有暗红色或黄红色液体,时间稍久则为脓样干涸坏死物。肝有出血点。卵黄吸收不良,呈黄红或黑灰色,液体状或内混絮状物。

眼型病例,可见与生前相应的病变。

肺型病例,肺部以瘀血、水肿和肺实变为特征。甚至见到黑紫色坏疽样病变。

组织学检查:肝细胞分离,不呈腺团结构,散在局灶肝细胞坏死、溶解,枯死细胞局灶增生,也可见到坏死、核碎,窦状隙中可见凝血现象,汇管区血管周围可见淋巴细胞浸润,较大的血管内积有多量单核细胞和异嗜性白细胞。脾脏白髓消失,或滤泡坏死,网状纤维红染融合成一片,鞘毛细血管脉壁增厚,周围网状细胞增生,偶尔见局灶坏死。红髓高度充血,淋巴细胞减少,网状细胞增生且吞噬红细胞,小血管内有凝血。心肌细胞颗粒变性,血管周围与间质中性白细胞浸润。肾曲细管上皮细胞颗粒变性。肾上腺充血,血窦中有多量单核细胞。胸腺皮质和髓质界限不清,有局灶性淋巴细胞集聚。胸腺小体中常见多量核碎的白细胞,小血管有透明血栓形成。胰腺、胃肠道、肺、睾丸、脑(大、小脑)、腔上囊均无明显异常。

五、诊断

根据本病的流行病学特点,各型临诊症状及病理变化,可以做出初步诊断,确诊需进行细菌学检查。

葡萄球菌病和大肠杆菌、鸡伤寒沙门菌、多杀性巴氏杆菌、滑液囊支原体、呼肠孤病毒感染或其他机械损伤相关的孵化室引起的骨或关节感染或败血症相区别。

六、防制措施

(一)管理措施

葡萄球菌病是一种环境性疾病,任何可减少对宿主的防御机制损害的管理措施都有助于预防葡萄球菌病。

1. 防止发生外伤

创伤是金黄色葡萄球菌侵入机体的门户,减少创伤有助于预防感染,应尽量消除家禽饲养环境中划破或刺伤脚部的尖锐物质,如木片、锯齿状石块、金属边、塑料网的毛刺等。保证垫料的质量可以减少脚垫溃疡。

2. 做好皮肤外伤的消毒处理

在断喙、带翅号（或脚号）、剪趾及免疫刺种时，要做好消毒工作。对于其他意外外伤要及时处理伤口、药物治疗。

3. 搞好鸡舍卫生及消毒工作

做好鸡舍、用具、环境的清洁卫生及消毒工作，对减少环境中的含菌量，消除传染源，降低感染机会，防止本病的发生有十分重要的意义。

4. 加强饲养管理

喂给必需的营养物质，特别要供给足够维生素和矿物质；禽舍内要适时通风、保持干燥；鸡群不易过大，避免拥挤；有适当的光照；适时断喙；防止互啄现象。这样，就可防止或减少啄伤的发生，并使鸡有较强的体质和抗病力。

5. 做好孵化过程的卫生及消毒工作

因为葡萄球菌无处不在，而孵化器和出雏器中的条件正好适合细菌的生长。刚出壳的雏鸡脐孔开张，免疫系统发育不成熟，在孵出后不久容易导致死亡和慢性感染。所以，要注意种蛋、孵化器与孵化全过程的清洁卫生及消毒工作，防止工作人员（特别是雌雄鉴别人员）污染葡萄球菌，引起雏鸡感染或发病，甚至散播疫情。

6. 做好其他病的预防

鸡痘的发生常是鸡群发生葡萄球菌病的重要因素，所以要做好鸡痘的预防接种。预防传染性法氏囊病病毒和鸡传染性贫血病毒的早期感染，也有助于预防葡萄球菌病。

7. 预防接种

发病较多的鸡场，为了控制该病的发生和蔓延，可用葡萄球菌多价苗给20日龄左右的雏鸡注射。

（二）治疗

一旦鸡群发病，要立即全群给药治疗。一般可使用以下药物治疗。

庆大霉素和卡那霉素：如果发病鸡数不多时，可用硫酸庆大霉素针剂，按每只鸡每千克体重5 000国际单位肌内注射；或硫酸卡那霉素针剂，按每只鸡每千克体重1 500国际单位肌内注射。每天2次，连用3天。

红霉素：按0.02%药量加入饲料中喂服，连用3天。

土霉素、四环素、金霉素：按0.2%的比例加入饲料中喂服，连用3~5天。

链霉素：成年鸡按每只10万国际单位肌内注射，每天2次，连用3~5天。或按0.2%浓度饮水。

磺胺类药物:磺胺嘧啶、磺胺二甲基嘧啶按 0.5% 比例加入饲料喂服,连用 3~5 天,或用其钠盐,按 0.2% 浓度溶于水中,连饮 2~3 天。磺胺-5-甲氧嘧啶或磺胺-6-甲氧嘧啶按 0.5% 浓度拌料,连用 3~5 天。或用磺胺增效剂(TMP)与磺胺类药物按 1:5 混合,以 0.02% 的浓度混料喂服,连用 3~5 天。

鱼腥草 90 克,连翘 45 克,黄柏 50 克,大黄 40 克,地榆 45 克,白及 45 克,菊花 80 克,知母 30 克,茜草 45 克,当归 40 克,麦芽 90 克。粉碎搅拌饲喂,每只每天 3.5 克,4 天为 1 个疗程。

黄柏、黄连、焦大黄、黄芩、板蓝根、车前子、茜草、大蓟、神曲、甘草各等份,共研细末,成年鸡按每千克体重 1 克,雏鸡按每千克体重 0.6 克拌料饲喂,每天 1 次,连用 3~5 天。

禽曲霉菌病

一、病原

引起禽曲霉菌病的病原主要是烟曲霉,黄曲霉菌较少。其他很少分离到的包括灰绿曲霉、土曲霉、黑曲霉、变黑曲霉和阿姆斯特丹曲霉,偶尔也可从病灶中分离到青曲霉、白曲霉等。

二、流行病学

禽类主要有两种表现形式:急性曲霉菌病常见于幼禽,其特征是发病急、发病率与死亡率高;慢性曲霉菌病常见于成年种鸡(特别是火鸡),偶见于成年禽群。污染的垫料一般是曲霉菌分生孢子的滋生地。减少鸡舍中的尘埃和加强通风后,真菌病的发生率可降低 75%。清除霉变饲料和加强锯末等垫料的管理,可防止鸡场中真菌性眼病的复发。如果真菌数量足以造成感染,或禽类的抵抗力降低,如存在环境应激、营养不良、免疫抑制复合物或其他传染病等因素,即可暴发本病。

曲霉菌病可见于大多数家养、外来动物和几种野生动物中。肺曲霉菌病是家禽最常见的一种疾病类型,在肉仔鸡、雏火鸡、种用火鸡、成年火鸡、捕获的猛禽与企鹅也很常见。已知该病能感染很多种禽类,或许所有的鸟类都应被看作是对曲霉菌感染敏感的潜在宿主。胚胎及 6 周龄以下的雏鸡与雏火鸡比成年鸡易感,4~12 日龄最为易感,幼雏常呈急性爆发,死亡率一般在

10%～50%,成年禽仅为散发,多为慢性。

本病可通过过多种途径感染,曲霉菌可穿透蛋壳进入蛋内,引起胚胎死亡或雏鸡感染,此外还可通过呼吸道吸入、肌内注射、静脉、眼睛接种、气雾、阉割伤口等感染本病。健康幼雏主要是接触到被霉菌孢子污染的饲料、饮水、垫草以及空气而发生感染的,育雏阶段的卫生条件不良,孵化器、饲喂饮水器具等被霉菌污染是本病高发的主要诱因。

曲霉菌病不是一种传播性疾病,而是从暴露的环境中被感染的。泥土飞扬或干草垫料与垃圾的移动使呼吸系统接触分生孢子,新鲜的含有烟曲霉菌的干草也可引起曲霉菌病的暴发。

三、临床症状

自然感染的潜伏期2～7天,人工感染24小时。雏鸡开始减食或不食,精神不振,不爱走动,翅膀下垂,羽毛松乱,呆立一隅,闭目、嗜睡状,对外界反应淡漠。病程稍长,可见呼吸困难,呼吸次数增加,喘气,病鸡头颈直伸,张口呼吸,如将小鸡放于耳旁,可听到沙哑的水泡声响,但不发生明显的"咯咯"声。由于缺氧,冠和肉髯颜色暗红或发紫。饮欲增加,常有下痢。有时摇头、甩鼻,打喷嚏。少数病鸡,还从眼、鼻流出分泌物。最后倒地,头向后弯曲,昏睡死亡。病程在1周左右。如不及时采取措施,或发病严重时,死亡率可达50%以上。

放养在户外的鸡,对曲霉菌病的抵抗力很强,几乎可避免传染。

有些雏鸡可发生曲霉菌性眼炎,病鸡结膜潮红,眼睑肿大,一般是一侧眼的瞬膜下形成一绿豆大小的隆起,致使眼睑鼓起,用力挤压可见黄色干酪样物,有些鸡还可在角膜中央形成溃疡,严重者失明。

有时可见有神经症状的病例,表现为摇头、头颈不随意屈曲、共济失调、脊柱变形和两腿麻痹,经剖检证实为曲霉菌病引起。

慢性多见于成年或青年鸡,主要表现为生长缓慢,发育不良,羽毛松乱、无光,喜呆立,逐渐消瘦、贫血,严重时呼吸困难,最后死亡。产蛋鸡则产蛋减少,甚至停产,病程数周或数月。

四、病理变化

禽曲霉菌病的病理变化主要在肺和气囊上。肺的大体病变为:在肺脏上出现典型的霉菌结节,从粟粒到小米粒、绿豆大小不等,结节呈淡黄色、黄白色或灰白色,散在或均匀分布在整个肺脏组织,结节被暗红色浸润带所包围,稍柔软、有弹性,切开时内容物呈干酪样,似有层状结构,有少数可互相融合成稍大的团块,肺的其余部分则正常。肺上有多个结节时,可使肺组织质地变硬,弹性消失。时间较长时,可以形成钙化的结节。气囊的大体病变为:最初可见气囊壁点状或局灶性浑浊,后气囊膜浑浊、变厚,或见炎性渗出物覆盖;气囊膜上有数量和大小不一的霉菌结节,有时可见较肥厚隆起的霉菌斑。

腹腔浆膜上的霉菌结节或霉菌斑和气囊上所见大致相似。其他如皮下、肌肉、消化道、气管、支气管、心脏、内脏器官及神经系统也可能见到某些病变。

病理组织学检查,可见肺、气囊和某些器官的霉菌结节病变,肉芽肿形成,多核巨细胞、淋巴细胞、异嗜细胞浸润。

五、诊断

根据发病特点(饲料、垫草的严重污染发霉,幼禽多发且呈急性经过)、临床特征(呼吸困难)、剖检病理变化(在肺、气囊等部位可见灰白色结节或霉菌斑块)等,可做出初步诊断,确诊必须进行微生物学检查和病原分离鉴定。

雏鸡急性病例时,应注意与雏鸡白痢、雏鸡支原体病等区别,除一般症状与呼吸道症状相似以外,通过病理剖检和病原学检查可将之区分开。另外,要注意霉菌性脑炎的神经症状与脑脊髓炎、雏鸡新城疫等病的区别。

六、防制措施

(一)预防

从某种意义上讲,控制雏鸡和雏火鸡的烟曲霉菌感染应从孵化卫生着手。种蛋严格消毒比较切实可行的办法是每次捡完蛋立即在种蛋库或送到孵化厂消毒:按每立方米 42 毫升福尔马林,21 克高锰酸钾,温度 20~26℃,相对湿度60%~75%,密闭熏蒸 20 分。种蛋入孵后在孵化器里进行第二次消毒:按每立方米 28 毫升福尔马林,14 克高锰酸钾,熏蒸 20 分。

入孵器及孵化室清洗消毒:取出孵化盘及增湿水盘,先用水冲洗,再用新洁尔灭擦洗入孵器内、外表面,用高压水冲刷孵化室地面,然后用熏蒸法消毒入孵器,每立方米用 42 毫升福尔马林,21 克高锰酸钾,在温度 24℃、相对湿度75% 以上的条件下,密闭熏蒸 1 小时,然后开机门和进出气孔通风 1 小时左右,驱除甲醛蒸汽。

要经常更换垫料,避免垫料发霉,定期用过氧乙酸消毒:将浓度为 0.3%的过氧乙酸按每立方米 30 毫升喷洒地面、墙壁和天花板,或者用 0.1% 的硫酸铜溶液处理垫料。

要选用优质饲料,不饲喂霉变饲料,饲料存放时间最好是冬季不超过 7天,夏季不超过 3 天,上料时要保证每天有一次净料后再添新料,且饮水器或水槽每天用0.1%的高锰酸钾溶液清洗、消毒一遍。

在保证舍内温度的基础上,注意经常通风,及时排出氨气、硫化氢等有害气体,保证舍内空气新鲜。

(二)治疗

一般说来,禽曲霉菌病无特效治疗方法,用制霉菌素防制有一定效果,剂量为每只雏鸡一次用5 000国际单位,每天两次,连用3~4天。也可用克霉唑(克霉唑)拌料,每100只雏鸡用1克,连用3~4天。用1:3 000的硫酸铜或0.5%~1%的碘化钾饮水,连用3~5天,也有一定的作用。

实践中用以下方剂也有一定效果。

方一:金银花、连翘、莱菔子(炒)各30克,牡丹皮、黄芩各15克,柴胡18克,桑白皮、枇杷叶、甘草各12克,水煎取汁1 000毫升,为500只鸡的1天量,每天分4次拌料喂服,每天1剂,连用4天。

方二:桔梗250克,蒲公英、鱼腥草、苏叶各500克,水煎取汁,为1 000只鸡的用量,用药液拌料喂服,每天2次,连用1周,另外在饮水中加0.1%高锰酸钾。

鸡绿脓杆菌病

一、病原

绿脓杆菌属假单孢菌属,革兰染色阴性,无芽孢,为两端钝圆的短小杆菌,能运动,菌体一端有一根鞭毛,本菌长为1.5~3.0微米,宽0.5~0.8微米,单在或成双排列,偶见短链。

二、流行病学

绿脓杆菌在自然界中分布广泛,土壤、水、肠内容物、动物体表等处都有本菌存在。鸡和火鸡是最常见的禽类宿主。浸蛋溶液中可能也会污染此菌。带菌或被污染的种蛋在孵化过程中爆裂,可能是雏鸡暴发绿脓杆菌感染的一个来源。也有的雏鸡绿脓杆菌病是由于接种马立克病疫苗时因器械和注射部位不消毒或消毒不严感染所致。鸡苗长途运输、育雏温度过低、通风不良等也是本病的诱发因素。

绿脓杆菌病一年四季均可发生,但以春季出雏季节多发。雏鸡对绿脓杆菌的易感性最高,此病多发生于1~35日龄雏鸡,发病率和死亡率高低不一。

随着日龄的增加,易感性越来越低。

三、临床症状

本病潜伏期0.5～2天,病程3天,长的达到14天。病鸡表现为精神沉郁,体温升高,食欲减退或废绝,卧伏嗜睡;腹部膨大,呈暗青色,俗称"绿腹病";腹泻,排黄绿色或白色水样稀粪,有的病例几乎看不到临床症状而突然死亡。死亡率可达70%～90%。有的病例出现眼部炎症,表现为上、下眼睑肿胀,一侧或两侧眼睛不开,角膜白色浑浊、膨隆,眼中常带有微绿色的脓性分泌物,严重者可引起失明,影响采食,最后衰竭而死。有的病鸡眼部水肿,水肿部破裂流出液体,形成痂皮,眼全闭或半闭,流泪;颈部皮下水肿,严重者两腿内侧部皮下也见水肿。也有的雏鸡表现神经症状,奔跑、动作不协调,站立不稳,头颈后仰,最后倒地而死。

四、病理变化

脑膜有针尖大的出血点,脾脏瘀血,肝脏脆而肿大,呈土黄色,表面有大小不一的出血斑点。头、颈部皮下有大量黄绿色胶冻样渗出物,有的可蔓延到胸部、腹部和两腿内侧的皮下,颅骨骨膜充血和出血,头颈部肌肉和胸肌不规则出血,后期有黄色纤维素样渗出物。胆囊充盈。肾脏肿大,表面有散在出血小点。肺脏充血,有的见出血点,肺小叶炎性病变,呈紫红色或大理石样变化。腹腔有淡黄色清亮的腹水,后期腹水呈红色。心冠脂肪出血,并有胶冻样浸润,心内、外膜有出血斑点。腺胃黏膜脱落,肌胃黏膜有出血斑,易于剥离,肠黏膜充血、出血严重。脾肿大,有出血小点。气囊浑浊、增厚。绿脓杆菌腹腔接种,引起心包炎和化脓性肺炎。卵黄吸收不良,呈黄绿色,内容物呈豆腐渣样,严重者卵黄破裂形成卵黄性腹膜炎。侵害关节者,关节肿大,关节液浑浊增多。死胚表现为后部皮下肌肉出血,尿囊液呈灰黄色,腹腔中残留较大的尚未吸收的卵黄囊。

人工感染病鸡的病变为注射部位呈现绿色的蜂窝织炎,免疫器官淋巴组织萎缩,淋巴细胞排空。脾鞘毛细血管周围纤维素性变性,多数鸡见化脓性脑膜脑炎,少数见局灶性肝坏死和间质性心肌炎,个别鸡肺小叶出血性坏死性炎。

五、诊断

本病的诊断,除结合流行特点、临诊症状和病理变化外,主要靠采集病料做病原体的分离和鉴定。

1. 缺氧

多发生在寒冷的冬季,常因孵化室通风不良而导致缺氧,雏鸡出壳困难或不能出壳。雏鸡出壳后不吃不喝,1~5天内大批死亡,死亡率可高达100%。公鸡、母鸡都出现死亡,病鸡鸡爪干瘪。而绿脓杆菌只有母鸡发生,公鸡正常(因为一般只有母鸡注射马立克疫苗)。

2. 雏鸡脱水

雏鸡由于在出雏器内时间过长、长途运输以及育雏高温低湿等原因,可引起雏鸡脱水,表现为病鸡鸡爪干瘪,体轻,羽毛发干,多为单侧性肾脏肿大,有尿酸盐,个别鸡会出现内脏痛风。3~5天内可引起1%~5%的死亡率。

3. 雏鸡水中毒

雏鸡由于长途运输等原因可引起雏鸡脱水,饮水时出现部分雏鸡暴饮而引起水中毒。剖检可见皮下有胶冻渗出物,肠道水肿,腹水。本病可造成1%~5%的死亡率。

六、防制措施

(一)预防

加强对鸡舍、种蛋、孵化器、孵化室及环境的消毒,并注意孵化室工作人员的消毒。接种马立克病疫苗时,一定要对所用的器械严格消毒。

(二)治疗

隔离、淘汰发病鸡,对发病鸡舍进行彻底消毒。全群应用抗生素治疗,应根据药敏试验结果选择用药。多数报道认为,绿脓杆菌对庆大霉素、多黏菌素、羧苄西林和磺胺嘧啶敏感,用于治疗本病有效。

鸡弧菌性肝炎

一、病原

弯曲菌属的嗜热弯曲杆菌有3种:空肠弯曲杆菌、结肠弯曲杆菌和鸥弯曲杆菌,其中空肠弯曲杆菌是从禽类分离出来的主要的最常见的病原菌,结肠弯曲杆菌可从禽类肠道和禽类肉品中分离到,鸥弯曲杆菌主要从野生的海鸟(如海鸥)中分离到。

二、流行病学

弯曲菌感染广泛流行于养禽地区。肉鸡、火鸡和地面平养种鸡群,在3周龄左右时粪便中即可检出空肠弯曲菌,2~4天即可通过粪便排菌,由于群内快速传播,感染率可达90%~100%。不同批次鸡群之间,因为个别鸡群未感染,所以感染率有所不同。肉鸡的感染率可高达90%,火鸡100%,家鸭80%带菌。

自然感染发病的仅见于鸡群,以将近开产的小母鸡和产蛋数月的母鸡最易感,雏鸡可感染并带菌,成年鸡也可感染。多种实验动物,如兔子、小鼠、大鼠、仓鼠和灵长类对空肠弯曲菌敏感,其中以家兔较为易感。人空肠弯曲菌肠道感染的动物模型为小鼠、仓鼠及雪貂。空肠弯曲菌可用组织培养进行体外增殖,常用的细胞系包括中国仓鼠卵巢细胞、Hela细胞及人上皮细胞系。鸡胚可以作为弯曲菌分离与增殖的常规系统,空肠弯曲菌与结肠弯曲菌可通过绒毛尿囊膜或静脉接种感染11日龄的鸡胚。从人或动物结肠炎病例中分离出的各种空肠弯曲菌和结肠弯曲菌均可用鸡胚测定其相对毒力。从鸡或火鸡粪便中分离的空肠弯曲菌,经卵黄囊接种能致死同种胚胎。

由于空肠弯曲菌可在肉鸡、火鸡、地面平养鸡与种鸡之间广泛传播。所以,在密集的生产条件下这些家禽则成为该菌的储存宿主。

三、临床症状

病鸡的临诊症状严重程度取决于感染的剂量、空肠弯曲菌或结肠弯曲菌的菌株、宿主的年龄、应激因素、并发的其他疾病和免疫情况。一些免疫抑制性疾病会增强弯曲菌的致病力。本病的潜伏期约为2天,以缓慢发作和程序时间长为特征。一般鸡群中只有一小部分鸡在同一时间内表现症状,此病能持续数周,死亡率2%~15%。

1. 急性型

发病初期,有的不见明显症状,雏鸡群精神倦怠、沉郁,严重者缩颈闭眼呆立,对周围环境敏感性降低;羽毛杂乱无光,肛门周围污染粪便;多数鸡先呈黄褐色腹泻,后呈糨糊样,继而呈水样,部分鸡此时即急性死亡。

2. 亚急性型

呈现消瘦,脱水,陷入恶病质,最后心力衰竭而死亡。

3. 慢性型

精神委顿;逐渐消瘦;鸡冠发白、干燥、萎缩,可见鳞片状皮屑;饲料消耗减低。

雏鸡常呈急性经过。青年蛋鸡群常呈亚急性或慢性经过,开产期延迟,产蛋初期软壳蛋、沙壳蛋较多,不易达到预期的产蛋高峰。产蛋鸡呈慢性经过,消化不良,后期因轻度中毒性肝营养性不良而导致自体中毒,表现为产蛋率明显下降,达25%~35%,甚至因营养不良性消瘦而死亡。肉鸡则表现为全群发育迟缓,增重缓慢。

四、病理变化

主要病变见于肝脏。肝脏形状不规则、肿大、质脆、土黄,有大小不等的出血点、出血斑,且表面散布星状坏死灶和菜花样黄白色坏死区,有的肝被膜下有出血囊肿,有的肝破裂而大出血。应注意的是,表现临诊症状的病鸡不到10%在肝有肉眼病变,即使表现病变,也不易在一个病变肝脏上看到全部典型病变,要剖检一定数量的鸡才能见到不同阶段的典型病变。

1. 急性型

肝脏稍肿大,边缘钝圆,瘀血,呈暗红褐色,肝被膜常见有较多的针尖样出血点,偶见血肿,甚至肝破裂,致使肝表面附有大的血凝块或腹腔积聚大量血水及血凝块。肝表面常见有少量针尖大黄白色星状坏死灶,无光泽,与周围正常肝组织界限明显。镜检可见肝细胞排列紊乱,呈明显的颗粒变性及轻度坏死。多数病例在窦状隙可以见到细菌栓塞集落,中央静脉瘀血,汇管区小叶间动脉管壁平滑肌纤维素样变或玻璃样变。汇管区和肝小叶内的坏死灶中偶见淋巴细胞或异嗜性细胞浸润。用过氧化物酶染色,在窦状隙内可见弯曲菌栓塞集落,菌体棕褐色。

2. 亚急性型

肝脏呈不同程度的肿大,严重者肿大1~2倍,呈黄褐色或红黄色,质地脆弱。在肝脏表面与切面散在或密布针尖大、小米粒大乃至黄豆粒大的灰白色或红黄色边缘不整的病灶。有的病例病灶互相融合形成菜花样病灶。镜检可见肝细胞排列紊乱,呈明显的颗粒变性、轻度脂肪性变性及空泡变性。肝小叶内散在大小不一、形态不规则的坏死灶,网状细胞肿胀增生。窦状隙内皮细胞肿胀,星状细胞增生。汇管区胆管上皮轻度增生和脱落,胆小管增生。汇管区与小叶间有多量的异嗜细胞、淋巴细胞,少量浆细胞浸润及髓细胞样细胞增生。用免疫过氧化物酶染色,空肠弯曲菌位于肝细胞内、坏死、脂肪变性区、窦状隙等内。

3. 慢性型

肝体积稍小,边缘较锐利,肝实质脆弱或硬化,星状坏死灶互相连接呈网络状,切面可见坏死灶布满整个肝实质内,也呈网格状坏死,坏死灶黄白色至灰黄色。镜检可见较大范围的不规则坏死灶,有大量淋巴细胞和网状细胞增生。

各种类型均可能出现的病变有:心脏出现间质性心肌炎,心肌纤维脂肪变性甚至坏死、崩解。肾脏肿大,呈黄褐色或苍白,膜性肾小管肾炎,有时见肾小球坏死及间质性肾炎。胆囊肿大,充盈浓稠胆汁,胆囊黏膜上皮局部坏死,周围有异嗜性细胞浸润,并有黏膜上皮增生性变化。脾脏肿大明显,表面有黄白色坏死灶,呈现斑驳状外观,个别慢性病例可见非特异性肉芽肿。卵巢的卵泡发育停止,甚至萎缩、变形等。

五、诊断

根据本病的流行病学、临床症状和病理变化可做出初步诊断,确诊需进行实验室检查。

因鸡白痢、鸡伤寒、鸡白血病都可引起肝脏肿大,并出现相似病灶,易和本病相混淆。鸡白痢、鸡伤寒为革兰阴性短杆菌,可用相应的阳性抗原与患鸡做平板凝集实验而区分开。鸡白血病是病毒病,其显著特征为除肝脏外,法氏囊和脾也有肿瘤结节增生。

六、防制措施

本病目前尚无有效的免疫制剂。因为从临诊正常的母鸡肠道内能分离到弯曲菌,认为肝炎弯曲菌也许是一种条件致病菌,常在不利环境或其他疾病(如新城疫、马立克病、慢性呼吸道病等)发生时,使本病的潜伏性感染转变为临诊暴发流行。所以加强平时的饲养管理及贯彻综合卫生措施,如定期对鸡舍、器械消毒等,是十分重要的。采用多层网面饲养可减少或阻断本病的传播。

治疗本病可用金霉素(按每吨饲料添加 300 ~ 500 克)或土霉素(按每吨饲料添加 1 000 ~ 2 000 克),连用 3 ~ 5 天。卡那霉素、庆大霉素也有较好的疗效。

鸡结核菌病

一、病原

本病的病原是禽结核分枝杆菌,是分枝杆菌属的一种,其特点是细菌短小,具有多型性。本菌细长、正直或略带弯曲,有时呈杆状、球菌状或链球状等。菌体两端钝圆,长 1.0 ~ 4.0 微米,宽 0.2 ~ 0.6 微米。

二、流行病学

禽结核杆菌主要侵害家禽与鸟类,猪也有易感性;其次是牛、绵羊;人、猫、狗、鹿极少见。所有品种的鸟类都能被禽分枝杆菌感染。通常来说,家禽或捕获的外来鸟比野生鸟更易被感染。家禽中以鸡最易感,鸭、鹅、火鸡、鸽也可发病,孔雀、鹦鹉、山鸡、金丝雀、锦鸡、珍珠鸡、石鸡等均能感染。试验动物以家兔易感性高。

各种品种和不同年龄的家禽均可感染,因病程发展慢,故多在老龄淘汰、屠宰时发现。病禽是主要传染来源,病禽肠道的溃疡性和肝、胆的结核病变排菌,通过粪便排出大量结核杆菌,呼吸道分泌物也可能排菌,排出的病菌污染饲料、饮水、禽舍、土壤、垫草和环境等,被健康的鸡、鸭、鹅等采食后,主要经消化道感染。也可由吸入带菌的尘埃经呼吸道感染。病禽和健康家禽同群混养,将病散播开。人、饲养管理用具、车辆等也可促进传播。禽舍及环境卫生太差、消毒不严、管理不善、密度过大、阴暗潮湿、通风不良等均可促进该病的发生。

三、临床症状

本病的临床症状很少具有示病性,如果发展到足以损害全身状况时,发病鸡则没有同舍的鸡活泼。被感染的鸡容易疲劳,精神沉郁,虽然食欲良好,但常出现进行性的、明显的体重减轻,以胸肌消瘦最为明显。胸部肌肉萎缩,胸骨明显突出,也可能变形。最严重的情况是体内大部分的脂肪最终消失,病鸡的脸显得比正常鸡小。病鸡羽毛色暗和蓬乱,鸡冠、肉垂与耳垂贫血,比正常鸡薄,无毛的皮肤显得非常干燥。鸡冠和肉垂偶尔呈淡蓝色。因为肝脏的严重损伤,也许见到黄疸现象。即使病情严重,病鸡的体温依然维持在正常的范围内。在许多病例中,病鸡呈现一侧性跛行,以特有的、痉挛性跳跃式的步态行走。病变关节断裂,排出液体且有干酪样的物质。有时这种结核性关节炎还能引起瘫痪。如果病鸡极度消瘦,抚摸腹部时可能发现沿着肠道分布的结节。但许多结核病鸡的肝脏极度肥厚,这种检查比较困难或不能触摸到。大多数结核病鸡的肠道出现病变。如果病变是溃疡性的,则可发生严重的腹泻。根据病情的严重程度与病变的范围,病鸡可能于数月内死亡或存活数个月。病鸡可因病变肝或脾的破裂出血而突然死亡。

四、病理变化

病变最常见于肝、脾、肠与骨髓。鸡结核病的特征病变是在肝、脾与肠管上,呈不规则的、灰黄色或灰白色的、针尖大小到数厘米不等的结节。肝脾肿大,如破裂可导致致死性出血。大结节常有不规则的瘤样轮廓,感染器官表面常有较小的颗粒或结节。肝脾等器官表面的病变极易从其毗连组织中摘除。结节坚实,但极少出现钙化,也容易切开。在纤维素性结节的横面上,可看到数量不等的淡黄色小病灶或柔软的、一般是干酪性的淡黄色中心区,后者被纤维性膜包裹,这些膜的连续性常被小而界限明显的坏死灶所隔断。纤维性膜的均一性和厚度随病变的大小及时间长短而不同,在小病灶内几乎不能辨认出来有或没有;在较大的病灶中,膜的厚度为 1 ~ 2 毫米。肠道有白色坚硬结节,突出于浆膜表面。肺的病变一般没有肝脾那么严重。在骨髓中常形成肉芽肿。骨髓的感染可能发生在本病的早期,由菌血症引起。

五、诊断

根据大体病变一般可对禽结核病做出初步诊断,确诊需进行实验室检查。

诊断本病最简单、最方便的方法是尸体剖检,肉芽肿比较有特征,但某些疾病可出现部分与结核相似的肉眼病变,这些疾病包括禽伤寒、副伤寒、亚利桑那病、大肠杆菌肉芽肿、禽霍乱、弯杆菌病、盲肠肝炎、曲霉菌病和肿瘤等。病变中有大量的抗酸性细菌具有诊断意义。

六、防制措施

(一)预防

根据鸡结核病的特点,可采取以下一些方面的预防措施:

养鸡场发现结核病时,应及时进行处理。病死鸡焚烧或掩埋。鸡舍及环境进行彻底清扫和消毒。清除的粪便,堆积发酵,沤肥。如鸡群不断出现结核病鸡(如尸体剖检时见有结核病变),应将病鸡和消瘦、产蛋少或不产蛋的老龄鸡淘汰。因为这些鸡可能是患病鸡,产蛋也少,老龄,从经济角度上考虑,也无多大饲养价值,将全群淘汰更为有利。患结核病的蛋鸡群,在第一个产蛋高峰后,把鸡群中的全部鸡淘汰,是最经济、最好的措施。因为老鸡产蛋少,病情严重得多,死亡也多,是最危险的传染源。病鸡的蛋不能做种用。应从无结核病鸡群引进新鸡,建立无结核病鸡群。

(二)治疗

一般不用抗结核病的药物来治疗家禽,但已联合使用异烟肼(30 毫克/千克)、乙二胺二丁醇(30 毫克/千克)和利福霉素(45 毫克/千克)来治疗那些在圈养条件下的进口鸟,如果无副作用,推荐疗程为 18 个月。

鸡链球菌病

一、病原

链球菌属的细菌,种类较多,在自然界分布很广。引起鸡链球菌病的病原为禽链球菌,通常是兰氏(Lancefield)血清群 C 群与 D 群的链球菌引起。

链球菌为圆形的球状细菌,菌体直径为 0.1~0.8 微米,革兰染色阳性,老龄培养物有时呈阴性。不能运动,不形成芽孢,呈单个、成对或短链存在。本菌为兼性厌氧菌,在普通培养基上生长不良,在含血清或鲜血的培养基上生长较好。

二、流行病学

家禽中鸡、鸭、火鸡、鸽、鹅均有易感性,其中以鸡最敏感。各种日龄的禽都可感染。兽疫链球菌几乎只发生于成年鸡,但也有引起野禽死亡的报道。粪链球菌对各种年龄的禽均有致病性,但多侵害幼龄鸡。

链球菌在自然界广泛存在,在家禽饲养环境中分布也广。因为链球菌是禽类和野生禽类肠道菌群的组成部分。通过病禽及健康禽排出病原,污染养禽环境,通过消化道或呼吸道感染。也可发生内源性感染。还能经皮肤与黏膜伤口感染,特别是笼养鸡多发。新生雏可以通过脐带感染。孵化用蛋被粪便污染,经蛋壳污染感染胚,可造成晚期胚胎死亡及孵出弱雏,或成为带菌雏。

本病的发生往往与一定的应激因素有关,如气候变化、温度降低等。本病多发生在鸡舍卫生条件差、阴暗、潮湿,空气浑浊的鸡群。本病发生无明显的季节性。一般为散发或地方流行。发病率有差异,死亡率为 10%~20% 或更多。

三、临床症状

根据病鸡的临诊表现,分为急性和亚急性/慢性两种病型。

急性型主要表现为败血症病状。鸡群突然发病,病鸡精神委顿,嗜睡或昏睡状,食欲下降或废绝,羽毛松乱,无光泽,鸡冠和肉髯发紫或苍白,有时还见肉髯肿大。病鸡腹泻,排出淡黄色或灰绿色稀粪,泄殖腔周围羽毛被粪便沾污。成年鸡产蛋下降或停止。急性病程为 1~5 天。

亚急性和慢性型主要是病程较缓慢,病鸡精神差,食欲减退,嗜睡,重者昏睡,喜蹲伏,头藏于翅下或背部羽毛中消瘦,体重下降,跛行,头部震颤,或仰于背部,嘴朝天,部分病鸡腿部轻瘫,站不起来。有的病鸡发生眼炎与角膜炎。眼结膜发红、肿胀、流泪,有纤维蛋白性炎症,上覆一层纤维蛋白膜。重者可造成失明。成年鸡多见关节肿大(趾关节或跗关节),不愿走动,跛行,足底皮肤与组织坏死。部分病鸡出现神经症状,角弓反张,阵发性转圈运动,或出现足和后翼麻痹、痉挛。有的病鸡羽翅发炎、肿胀、流出分泌物。

四、病理变化

剖检主要见败血症变化。皮下、浆膜和肌肉水肿,心包内与腹腔有浆液性、出血性或浆液纤维素性渗出物。心冠状沟和心外膜出血。肝脏肿大,瘀血,暗紫色,有些有粟粒状到1厘米大小、红色、褐色或白色的坏死点,有时见有肝周炎;脾脏肿大,呈圆球状,或有出血与坏死;肺瘀血或水肿;有的病例喉头有干酪样粟粒大小坏死,气管和支气管黏膜充血,表面有黏性分泌物;肾肿大;有的病例发生气囊炎,气囊浑浊、增厚;有的见肌肉出血;多数病例见有卵黄性腹膜炎及卡他性肠炎;少数腺胃出血或肌胃角质膜糜烂。显微镜下可见肝窦状扩张、充满红细胞、异嗜细胞增多。如果出现肉眼可见的病灶,则有多处坏死区或异嗜细胞积聚和血栓形成的梗死。

慢性链球菌感染的病变包括纤维素性关节炎或腱鞘炎、骨髓炎、输卵管炎、卵黄性腹膜炎、纤维素性心包炎和肝周炎、坏死性心肌炎、心瓣膜炎。瓣膜的赘生物常呈黄色、白色或褐色,小而粗糙,附着于瓣膜的表面。瓣膜病变最常见于二尖瓣,主动脉瓣或房室瓣比较少见。实质器官(肝、脾、心肌)发生炎症、变性或梗死。

五、诊断

发生本病的病鸡,在发病特点、临诊症状和病理变化方面,与多种疫病相似,如沙门菌病、大肠杆菌性败血症、葡萄球菌病、禽霍乱等。因此,本病的发生特点、临诊症状和病理变化只能作为疑似的依据,确诊必须依靠细菌的分离与鉴定。

1. 大肠杆菌病

症状与病变多样性(雏鸡脑炎、卵黄性腹膜炎、气囊炎、关节炎、眼炎、大肠杆菌肉芽肿、败血症等),镜检可见革兰阴性、无芽孢、有周身鞭毛、两端钝圆的小杆菌。

2. 禽副伤寒

病鸡饮水增加,排白色水样粪便,怕冷喜近热源。剖检可见肝、脾、肾有条纹状出血斑或针尖大小坏死灶,小肠出血性炎症,镜检可看到革兰阴性、两端稍圆的细长杆菌。

3. 葡萄球菌病

外伤感染明显,跛行(趾、跖关节炎),胸腹部皮下有多量紫黑色血样渗出液或紫红色胶冻物("大肚脐"),镜检可见葡萄串状堆集的革兰阳性球菌。

4. 禽霍乱

病鸡鸡冠、肉髯呈暗紫色;剖检可见心冠脂肪及心外膜出血,肝脏表面有多量灰白色小坏死点。镜检见有革兰阴性、两极着色的圆形小杆菌。

六、防制措施

(一)预防

因为链球菌主要发生于饲养管理差,有应激因素或鸡群中有慢性传染病存在的养鸡场。所以本病的防制原则主要是减少应激因素,预防与消除降低鸡体抵抗力的疾病和条件。要认真做好饲养管理工作,供给营养丰富的饲料,精心饲养;保持鸡舍温度的同时,注意通风换气,提高鸡体的抗病能力。要认真贯彻执行兽医卫生措施,保持鸡舍清洁、干燥,定期进行鸡舍及环境的消毒工作;勤捡蛋,粪便沾污的蛋不能进行孵化;入孵前,孵化室及用具应清洗干净,并进行消毒;入孵蛋用甲醛液熏蒸消毒。要对鸡舍及环境进行清理和消毒,带鸡消毒通常每周2~3次。通过消毒工作,减少或消灭环境中的病原体,对减少发病和疫情控制有良好作用。

(二)治疗

经确诊后,应立即用药物进行治疗。本病可用青霉素、氨苄西林、新霉素、庆大霉素、卡那霉素、红霉素、恩诺沙星、四环素、土霉素、金霉素等抗菌药物。有条件的养殖场要进行药敏试验,选择敏感药物进行治疗。

鸡志贺菌病

一、病原

鸡志贺菌属于肠杆菌科志贺菌属 C 群(鲍氏菌),志贺菌共分为 A 群、B 群、C 群、D 群 4 个群,其中 A 群、B 群、C 群 3 个群还可分成不同的血清型和亚群,各群和型之间无交叉免疫反应。

二、流行病学

志贺菌病最早来自人,后来有关于牛、猪、其他灵长类动物、小白鼠及豚鼠等的报道,近年来发现感染鸡,主要侵害刚出壳的雏鸡。实验室已有结果表明,该菌可以在人和鸡之间互相传播。

鸡志贺菌病传染源主要是病鸡和带菌鸡,可水平传播,也可垂直传播,水平传播主要经口感染,垂直传播主要经卵传播。本病四季均可发生,无明显的季节性,但人多见于夏秋季。鸡群通常为散发或地方性流行,发病急,发病率高,病程短,死亡快,致死率高。病程3天左右,流行期7~12天,发病率100%,死亡率达70%~100%,用药后死亡率仍可达3.84%~33.3%。本病可在一个鸡场的多个批次鸡群中连续发生,造成严重经济损失。

三、临床症状

雏鸡一般在2日龄开始发病,发病初期表现为精神沉郁、食欲下降、翅膀下垂、呼吸急促,第二天病情加重,开始拉白色稀粪,后拉脓性血样稀粪,肛门周围被黏稠粪便严重污染,肛门也被粪便堵塞。肛门及腹部频繁收缩,病鸡常独自呆立或伏卧,4日龄出现鸡死亡,流行期持续1~2周。大多耐过病鸡日渐消瘦,生长发育迟缓,并在一定时间内带菌排菌,成为传染源。

四、剖检变化

解剖病死鸡,可见全身各脏器明显出血,特别是肠道出血更为严重,整个肠袢变为紫红色,水肿,肠黏膜溃疡,肠壁变薄,肠道充满大量脓血样内容物。

五、诊断

根据流行特点、临床症状和病理变化可做出初步诊断,确诊需进行实验室检查。

六、防制措施

(一)预防

要做好鸡场的卫生消毒工作,做好种蛋的消毒工作,做好鸡群定期药物预防工作。鸡场工作人员要搞好个人卫生,注意个人安全,有病及时治疗,有病时要远离鸡群;在带菌特别是发病鸡群工作期间要有口罩、手套等防护器具,并养成勤洗手、勤消毒的好习惯,防止感染。

(二)治疗

最好根据药敏试验结果选择药物。头孢噻吩、头孢曲松、头孢噻呋、氟苯尼考、庆大霉素、卡那霉素、阿莫西林、新霉素等都可用于本病的治疗。

鸡念珠菌病

一、病原

白色念珠菌是半知菌纲中念珠菌属的一种。此菌在自然界广泛存在,在健康的畜禽和人的口腔、上呼吸道及肠道等处寄居。

本菌是类酵母菌,在病变组织和普通培养基中皆产生芽生孢子及假菌丝。出芽细胞呈卵圆形,似酵母细胞状,革兰染色阳性。假菌丝是由细胞出芽后发育延长而成。

本菌为兼性厌氧菌,在沙堡弱氏培养基上经37℃培养1～2天,生成酵母样菌落,呈乳脂状半球形菌落,略带酒酿味。其表层多为卵圆形酵母样出芽细胞,深层可见假菌丝。在玉米琼脂培养基上,室温中经3～5天,可产生分枝的菌丝体、厚膜孢子和芽生孢子,而非致病性念珠菌均不产生厚膜孢子。该菌能发酵葡萄糖和麦芽糖,对蔗糖、半乳糖产酸,不分解乳糖、菊糖,这些特性有别于其他念珠菌。

二、流行病学

幼鸡对本病的易感性比成鸡高,且发病率和病死率也高。鸡群中发病的大多是两个月内的幼鸡。该病发生以夏秋炎热多雨季节为甚,病鸡和带菌鸡是主要传染来源。

病鸡的粪便中含有多量病菌,污染饲料、垫料与环境,通过消化道传染,黏膜损伤有利于病原体侵入。但内源性感染不可忽视,如营养缺乏,长期使用广谱抗生素或皮质类固醇,饲养管理不好,卫生条件差,以及其他疫病使机体抵抗力降低,都可促使本病发生。也可能通过蛋壳传染。

三、临床症状

雏鸡、成年鸡均可发病,病鸡精神不振,采食量减少或停食,消瘦。羽毛松乱。有的鸡在眼睑、口角出现痂皮样病变,开始为基底潮红,散在大小不一的灰白色丘疹样,继而扩大蔓延融合成片,高出皮肤表面凹凸不平,如干酪样的典型"鹅口疮",用力撕脱后可见红色的溃疡出血面。病鸡嗉囊胀满,但明显松软,挤压时有痛感,并且有酸臭气体从口中排出。有的病鸡下痢,粪便呈灰白色。通常1周左右死亡。

火鸡雏多发,病火鸡雏精神委顿,食欲减退。口腔内有黏液且黏附着饲料,擦去饲料在黏膜上见有一层白色的膜。病火鸡雏常伸颈甩头,张口呼吸。少部分病火鸡雏有程度不同的下痢。火鸡雏一旦发病,死亡逐日增多,发病率、死亡率极高。

四、病理变化

病理变化主要集中在上消化道,可见喙缘结痂,口腔与食管有干酪样假膜及溃疡。嗉囊内容物有酸臭味,嗉囊皱褶变粗,黏膜明显增厚,被覆一层灰白色斑块状假膜呈典型"毛巾样",易刮落。假膜下可见坏死与溃疡。少数病鸡病变可波及腺胃,引起胃黏膜肿胀、出血和溃疡。有的报道在腺胃和肌胃交界处形成一条出血带,肌胃角质膜下有数量不等的小出血斑。其他器官无明显变化。

组织学检查可见口、嗉囊及食管黏膜角质化的层叠鳞状上皮感染往往局限在角质层或扩散到角质层的棘突上。黏膜表面常常被覆一层由坏死的组织碎片、脱落的上皮细胞、白细胞、细菌菌落、酵母和念珠菌假菌丝混合物的痂皮所覆盖。也常常出现表皮水肿、角化不全或角化过度。表皮炎通常以巨噬细胞、淋巴细胞、浆细胞、异嗜细胞的混合物为特征。可能出现表皮或真皮表层微小脓肿,黏膜下层或真皮水肿及界面性皮炎。而伴随炎症发生的黏膜下层或真皮层浸润的现象却很少出现。在病变组织中,通常发现有呈菌丝体与酵母样两种形态的念珠菌。菌丝体由菌丝及假菌丝构成。菌丝两边平行,有隔膜,宽 3~5 微米。假菌丝是由成链状排列的长酵母样细胞组成,形态类似菌丝,但两个相邻细胞间存在明显的结构。酵母样细胞呈卵圆形,直径 3~6 微米。

五、诊断

一般根据流行病学特点、典型的临床症状和特征性病理变化可做出初步诊断,确诊需结合实验室检查。

六、防制措施

因为消化道真菌病往往和不卫生的、不利于健康的拥挤条件有关,所以这些情况不允许存在或应当加以克服。治疗本病常用 1:(2 000~3 000)硫酸铜溶液或在饮水中添加 0.07% 的硫酸铜连用 1 周,对大群防制有一定效果。制霉菌素按每千克饲料添加 142 毫克连用 3~4 周;或将 62.5~250 毫克的制霉菌素和 7.8~25 毫克的硫酸月桂酯钠一起加入 1 升饮水中,让病鸡连饮 5 天,有很好的治疗效果。

鸡坏死性肠炎

一、病原

魏氏梭菌在自然界分布很广,粪便、土壤、污染的饲料、垫料和人畜肠道内均可分离到。该菌革兰染色阳性,是两端钝圆的大肠杆菌,无鞭毛,不能运动。在动物体内能形成荚膜。可形成芽孢,呈卵圆形,位于菌体中央或近端,不比菌体大。本菌为严格厌氧菌,易于生长,发育迅速。在血琼脂培养基上形成圆形、光滑隆起的大菌落,表面有辐射状条纹,呈现双重溶血环,外环不完全溶血,内环完全溶血。本菌能产生强烈的外毒素,用液体培养物离心后的上清液接种小鼠,每只腹腔接种 0.5 毫升,小鼠在 18~24 小时内死亡。

国内研究者通过培养物形态特征、培养特性、生化实验及血清学检查等项研究,证明引起鸡坏死性肠炎的病原均属 C 型魏氏梭菌。该菌能产生卵磷脂酶。

二、流行病学

坏死性肠炎的自然发病日龄为 2 周龄至 6 月龄。饲养在垫料上的肉鸡发病日龄通常为 2~5 周龄。有 3~5 月龄地面平养商品蛋鸡发病的报道,也有 12~16 周龄笼养后备蛋鸡并发坏死性肠炎和球虫病的报道。肉鸡发生亚临床感染时,其生长速度与饲料利用率明显下降,且多见于日粮大麦含量高的鸡群。含鱼粉、小麦、大麦量高的日粮可促发或加重坏死性肠炎暴发。饲喂小麦日粮的鸡,添加一定量的纤维与复合碳水化合物可降低坏死性肠炎病变的严重性。坏死性肠炎发病的另一促发因素是肠黏膜损伤。高纤维垫料、各种球虫感染及超过正常数量的产气荚膜梭菌相互协同作用即可诱发坏死性肠炎。

三、临床症状

本病常突然发生,病鸡往往没有明显症状就突然死亡。病程稍长可见病鸡精神沉郁,食欲下降,不愿走动,羽毛蓬乱,排出黑色间或混有血液的粪便。一般情况下发病鸡较少,如治疗及时 1~2 周即可停息,死亡率 2%~3%,但若有其他并发症或管理混乱死亡率可明显增加。

四、病理变化

新鲜病尸打开腹腔后即可闻到一般疾病少有的尸腐臭味。自然发病时的剖检病变常局限于小肠,以空肠和回肠多见;偶尔可见到盲肠病变。小肠质脆,充满气体。肠黏膜覆盖一层黄色或绿色伪膜,有些伪膜结合得较疏松,有些结合得很紧。肠壁增厚,肠管是正常的 2~3 倍。肠腔内容物呈液状有泡沫,为血样或黑绿色。肠壁充血,有时见有出血点,黏膜坏死,呈大小不等、形状不一的麸皮样坏死灶。实验感染产气荚膜梭菌后 3 小时即可见到十二指肠与空肠黏膜增厚,色灰暗,5 小时可见肠黏膜坏死,随后可见到黏膜严重纤维素性坏死,且形成伪膜。肝脏的典型表现是肝肿大,有棕色坏死灶。

自然感染的组织病变特征是肠黏膜严重坏死,坏死灶表面粘有大量纤维素和组织碎片。坏死最先发生在肠绒毛顶端,上皮细胞脱落,细菌在暴露的固有层上定植,伴有凝固性坏死。坏死灶周围有异嗜细胞包围。随着病程的延长,坏死区域由微绒毛的顶端向隐窝深入,直到黏膜下层与肠道肌层。细胞碎片上常沾有许多大肠杆菌。实验感染病例在攻毒后 1 小时即可见到组织学病变,固有层轻度水肿,血管扩张,肠腔上皮细胞脱落,偶尔可见固有层中有异嗜细胞及单核细胞。攻毒 3 小时后,出现明显的水肿,上皮细胞脱落固有层,固有层单核细胞浸润更加明显。攻毒 5 小时后,绒毛顶端上皮细胞层与固有层发生凝固性坏死,导致绒毛短缩。在坏死组织与固有层顶端可见大量细菌定植。肠血管严重充血,偶被透明血栓堵塞。到 8~12 小时,肠绒毛大量坏死,有些病例坏死能波及隐窝,其特征是坏死区存在大量形状各异的嗜酸性物质和细胞核。肠腔内有大量的纤维素渗出物与组织碎片。

五、诊断

根据剖检变化和组织学病变可做出初步诊断,确诊主要靠实验室检测。新鲜病死鸡采取肠黏膜刮取物涂片或肝脏触片,革兰感染,镜检可见大量均一的革兰阳性、短粗、两端钝圆的大肠杆菌,呈单个散在或成对排列。着色均匀,有荚膜。在陈旧培养物中偶见芽孢。临床上,从坏死性肠炎病例的肠内容物或肠壁刮取物采样,接种血液琼脂平板 37℃ 厌氧培养过夜,很容易分离出产气荚膜杆菌。以肠内容物的纯培养物接种小鼠,每只腹腔接种 0.8 毫升,10 小时后可致死小鼠,病变和自然病例相同。以同样方法接种鸡可见临诊上出现黑红色粪便,但不能致死,剖杀后可见小肠下 1/3 处有轻度病变。

在诊断中应注意与溃疡性肠炎和布氏球虫感染相鉴别。溃疡性肠炎由鹌鹑梭菌感染所致,其特征性剖检病变为小肠远端和盲肠上有多处坏死和溃疡病灶,肝脏也有坏死灶。而坏死性肠炎的病变仅局限于空肠和回肠,盲肠和肝脏几乎没有病变。这些特征足以区分坏死性肠炎和溃疡性肠炎。布氏艾美尔球虫感染引起的剖检变化和该病相似,但镜检粪便涂片、肠黏膜触片和肠道切片即可证明有、无球虫存在,从而将二者区分开。

六、防制措施

对本病的预防主要是加强饲养管理,提高鸡群的抗病能力。采取有效措施减少各种应激因素的影响,并要做好其他疾病的预防工作。平养鸡要控制球虫病的发生,对防制本病有重要意义。

发病后可用林可霉素、杆菌肽、土霉素、青霉素、庆大霉素、弗吉尼亚霉素等药物治疗。

第三节　鸡的寄生虫病

鸡球虫病

一、病原

鸡球虫是一种原虫,分类学上隶属于原生动物亚界,顶器门,孢子虫纲,真球虫目,艾美耳科,艾美耳属。球虫虫种鉴别的特征包括:在肠道内的病变部位;肉眼病变的特征;卵囊的大小、形态和颜色;裂殖体和裂殖子的大小;在组织中的寄生部位(被寄生的细胞类型);在实验感染中的最短潜伏期;对标准虫株的免疫原性。世界上大多数学者所公认的艾美耳属有9个种,它们是:堆型艾美耳球虫、布氏艾美耳球虫、哈氏艾美耳球虫、巨型艾美耳球虫、变位艾美耳球虫、和缓艾美耳球虫、毒害艾美耳球虫、早熟艾美耳球虫、柔嫩艾美耳球虫。

二、流行病学

世界上几乎每一个国家都有鸡球虫病的发生。我国公开报道的文献,鸡球虫病几乎皆集中在柔嫩艾美耳球虫病和毒害艾美耳球虫病。这两种球虫病是鸡的9种艾美耳球虫中致病力最强的,常引起显著的临诊症状,并导致大批鸡的死亡。

所有日龄和品种的鸡对球虫都有易感性,不过其免疫力发展很快,并能限制再感染。刚孵出的小鸡因为肠道内没有足够的胰凝乳蛋白酶与胆汁使球虫脱去孢子囊,或因为有很高的母源抗体,有时对球虫完全没有易感性。球虫病通常暴发于3~6周龄的鸡,很少见于3周龄以内的鸡群。对肉鸡场所做的球虫调查结果表明,球虫卵囊的数量在鸡的生长过程中逐渐达到高峰,然后随着鸡逐渐对再感染产生免疫力而下降。球虫感染的这种"自身限制"的特性普遍存在于鸡和其他禽类中。因为球虫虫种之间没有交叉免疫作用,所以同一群鸡可因感染不同的球虫虫种而暴发数起球虫病。后备母鸡与种鸡患病的危险性最大,因为它们要在垫料上生活20周或更久。通常情况下,堆型、柔嫩及巨型艾美耳球虫的感染发生于3~6周龄鸡,毒害艾美耳球虫发生于8~18周龄鸡,布氏艾美耳球虫既可见于早期也可见于晚期。球虫很少发生在产蛋期的鸡,这是因为它们在生长前期已接触球虫并且产生了免疫力。如果某一群鸡在其早期生活中未接触过某一种球虫,或由于其他疾病使免疫力受到抑制,那么蛋鸡进入产蛋鸡舍后,也有可能会暴发球虫病。产蛋鸡群暴发任何一种球虫病都能使产蛋减少或停止数周。

摄入有活力的孢子化卵囊是艾美耳球虫唯一的自然传播方式。感染鸡粪便中排出卵囊的时间能持续数日或数周。粪便中的卵囊经2天内的孢子化过程而逐渐发育成感染性卵囊。同群的易感鸡通过啄食含卵囊的垫料、饲料及饮水而被感染。虽然艾美耳球虫无自然中间宿主,但其卵囊能通过不同的家畜、昆虫、污染的设备、野鸟及尘埃进行机械传播。球虫卵囊的存活时间随条件而变化,对恶劣的外界环境和消毒剂具有抵抗力。卵囊在土壤中能存活数周,但在鸡舍中因为粪便释放的氨气及细菌和真菌的作用,只能存活几天。已有报道从肉鸡舍内外的灰尘和垫料中的昆虫分离出活的卵囊。在肉鸡垫料上经常出没的甲虫是卵囊的机械性携带者。球虫从一个鸡场到另一个鸡场的传播,是通过养鸡场工作人员的走动、设备的搬运和野鸟的迁徙造成的。新鸡场一般首批饲养鸡生长期大部分时间无球虫,但若此时暴发球虫病,常比那些暴发过球虫病的老鸡场更为严重,被称作"新鸡舍球虫病综合征"。

球虫病的发生季节,一般在每年的4~9月,而以6~7月最为严重。密闭式大规模集约化鸡舍,长年都可发生,但在热而干燥的气候条件下,球虫病的威胁较小;在较冷和较潮湿的气候条件下,球虫病的威胁较大。

球虫卵囊在适宜的条件下可存活数周,但易被在高温、低温和干燥条件下迅速杀死。55℃或冰冻可很快杀死卵囊。

三、临床症状

病鸡全身衰弱,精神不振,羽毛松乱,翅膀下垂,喜拥挤在一起,眼睛紧闭,状似打瞌睡。常下痢,排出肉样便,甚至便血。鸡冠苍白贫血。大多数病鸡在发病后6~10天死亡。雏鸡的死亡率可达50%以上;少数病鸡耐过不死,但生长发育严重受阻。青年鸡常发生一种慢性小肠球虫病,病程经过缓慢,有时在鸡群中只有少数病鸡出现症状,如鸡冠和肉垂苍白、贫血、食欲下降、日渐消瘦、羽毛脏乱、少活动,有时下痢,粪便中一般不易见有血液,病鸡软弱无力,以至于不能站立,最后衰弱死亡。

四、致病力和病理变化

(一)堆型艾美耳球虫

1. 致病力

感染的严重性可能与不同虫株、摄入卵囊数量和鸡免疫状态等因素有关。大剂量感染常引起病变的融合,有时导致死亡。轻度与中度感染可能对增重及饲料转化率的影响较小,但可能因为小肠吸收能力的下降,会导致血液中和皮肤中类胡萝卜素及叶黄素的丢失。由于肠黏膜增厚,会导致饲料转化率的下降。对产蛋鸡则引起产蛋量下降。

2. 病理变化

病变可从小肠的浆膜面观察到,病初,肠黏膜变薄,覆有横向排列的白斑,外观呈梯状;肠道苍白,含水样液体。轻度感染的肉眼病变局限于十二指肠肠祥,每厘米只有几个斑块;但在严重感染时,病变可能沿小肠扩展一段距离,且可能融合成片。在严重感染时,因为拥挤,病变一般是较小的。病变中含有裂殖体、配子体及发育中的卵囊。在显微镜下,在小肠病变部位的涂片中可观察到大量卵囊。小肠的组织病理学观察显示,卵圆形的配子体沿着肠绒毛黏膜细胞排列。在中等至严重感染时,绒毛尖遭破坏,引起绒毛断裂与融合,黏膜增厚。有些细胞内含有一个以上的虫体。雪夫氏试剂可染出大配子及发育中的卵囊,呈亮红色,这是因为在球虫卵囊壁的形成过程中有多糖存在的缘故。

(二)布氏艾美耳球虫

1. 致病力

布氏艾美耳球虫的致病力没有柔嫩艾美耳球虫、毒害艾美耳球虫强,可造成中等程度的死亡率、影响增重、造成饲料转化率下降和其他并发症。接种$(1\sim2)\times10^5$个卵囊,常引起$10\%\sim30\%$的死亡率和使存活鸡的增重下降。

2. 病理变化

在感染的早期阶段,小肠下段的黏膜可能被小的瘀点所覆盖,黏膜略微增厚及褐色。在严重感染时,黏膜严重受损,感染后$5\sim7$天出现凝固性坏死,整个小肠黏膜呈现干酪样病变斑,在粪便中出现凝固的血液和黏膜碎片,重度感染的鸡可出现黏膜增厚与水肿,特别是在感染后第六天。第一代与第二代裂殖生殖的无性繁殖期一般发生在小肠上段。在感染后第四天的组织病理学切片上可看到裂殖体、细胞浸润与黏膜损伤。到第五天,许多绒毛尖受损伤。裂殖子侵入小肠下段及盲肠上皮细胞,且发育成为有性阶段虫体。在严重感染的病例,绒毛可能完全剥落,结果只剩下基底膜未受损。

(三)哈氏艾美耳球虫

由于原始的描述不完整,哈氏艾美耳球虫的分类地位还值得怀疑。据报道,该种可引起出血点、卡他性炎症、含水样肠内容物,以及具有中等程度的致病力。

(四)巨型艾美耳球虫

1. 致病力

该虫种具有中等程度的致病性,感染 0.5～20 个卵囊会引起增重不良、行动迟缓、腹泻,有时可引起死亡。常出现严重的消瘦、苍白、羽毛蓬松和厌食,该球虫会影响小肠对叶黄素和类胡萝卜素的吸收。

2. 病理变化

前两代的无性繁殖期在浅表层的黏膜上皮细胞内发育,只引起轻微的组织损伤。而在感染后的 5～8 天,有性繁殖期在深层肠壁组织发育,会引起充血、水肿、组织细胞浸润及黏膜增厚等病变。被感染的细胞逐渐肿大,突出于肠上皮细胞下的区域。在显微镜下可见绒毛顶端附近出血,感染病灶从浆膜面即可看到。小肠可能迟缓,充有液体,腔内常常含有黄色或橙色的黏膜与血液。这种状态被描述为"胀气"。显微病理学特征是水肿及细胞浸润,第四天出现发育中的裂殖体,第五至第八天深层组织中出现有性阶段虫体(大配子与小配子)。在严重感染时,会出现黏膜大量崩解。

(五)和缓艾美耳球虫

1. 致病力

感染 $(0.5～1.5)×10^6$ 个卵囊,可降低增重、引起发病及色素沉积不良。

2. 病理变化

肉眼变化很轻微,易被忽视。小肠下段苍白、迟缓,对肠黏膜涂片进行显微镜检查时,发现有大量的小卵囊(15.6 微米 × 14.2 微米)。根据其较小的圆形卵囊形态,易与布氏艾美耳球虫相区别。在轻度感染时肉眼病变的特征和布氏艾美耳球虫相似。因为和缓艾美耳球虫发育阶段的虫体不像其他虫种局限在克隆(无性繁殖)部位,并且裂殖体及配子体位于黏膜浅表,所以该种的肉眼病变是不明显的。

(六)变位艾美耳球虫

该种最早被鉴定为堆型艾美耳球虫的一种小性虫株,后来被定为一独立种。在轻度感染时,孤立的病灶和堆型艾美耳球虫的相似,但外形更圆,这是由配子体的克隆及发育阶段卵囊引起的病变,从肠道的浆膜面即可观察到。感染$(0.5 \sim 1) \times 10^6$ 个变位艾美耳球虫卵囊可引起增重下降和发病。在实验感染中偶尔发生死亡。

基于种属特异性标记技术的同工酶分析的分类研究使一些研究者对变位艾美耳球虫虫种的有效性产生了疑问。实验室培养检查时未能培养出真正的变位艾美耳球虫,且目前尚无其他田间试验来解决这一争论。尽管有确凿的证据证明独立存在该种,但不是所有的田间观察都能很容易地解释与其他已描述球虫的区别。尚需进一步的研究才能确定该种的分类学地位。

(七)毒害艾美耳球虫

由于该虫种引起小肠明显的病变,毒害艾美耳球虫是早期养鸡者最熟悉的球虫之一。小肠出现病变的部位和巨型艾美耳球虫相近。可能是因为毒害艾美耳球虫的繁殖力低,难以和其他球虫竞争,所以大多数毒害艾美耳球虫见于较大日龄的鸡,如9~14周龄的青年母鸡。小肠肿大,常比正常体积大2倍(胀气),肠腔充满血液及液体。卵囊的大小和柔嫩艾美耳球虫相近,只发现于盲肠中。有性阶段虫体不在出现病变的小肠中发育,而在盲肠内发育。发育中的配子体分散存在,未发现成群分布。

1. 致病力

给鸡接种$(0.1 \sim 1) \times 10^5$ 个卵囊足以引起严重的增重下降、精神不振与死亡。存活鸡出现消瘦、继发感染与色素沉积不良。发病鸡的粪便中常含血液、黏液及黏膜。柔嫩艾美耳球虫与毒害艾美耳球虫是鸡球虫中致病力最强的球虫。在商品鸡中,自然发生的毒害艾美耳球虫感染引起的死亡率能超过25%,在实验感染条件下,死亡率可达100%。7~20周龄的后备蛋鸡发生毒害艾美耳球虫时,可引起死亡、精神不振、均一性差及产蛋潜力下降等。

2. 病理变化

最初的病变可出现在感染后2~3天,是由第一代裂殖生殖引起的,严重的病变多出现在感染后第四天,是由第二代裂殖生殖引起的。小肠气肿,黏膜增厚。肠腔充满液体、血液及组织碎片。从浆膜面观察,在感染部位可见白色或红色病灶。死亡鸡的病灶为白色与黑色相间,呈"白盐和黑胡椒"状的外观。在感染4~5天,显微镜涂片检查可见许多成簇的大裂殖体(66微米),每个裂殖体一般含有数百个裂殖子。在黏膜深层的裂殖子常穿过黏膜下层,损伤到平滑肌层,破坏血管。在这种情况下,病灶大到足可从浆膜面看到。此后,在上皮再生不完全的部位可出现瘢痕组织。当第三代裂殖生殖虫体和有性阶段虫体侵入盲肠黏膜时,因为虫体是分散的,不成群,所以致病作用甚微。和发生在小肠产生数百个裂殖子的第二代裂殖体相比,第三代裂殖体只产生6～16个裂殖子。在严重感染时,病变能扩展到整个小肠,引起肠管肿胀(气胀)及黏膜增厚,肠腔内充满血液与黏膜组织的碎片。黏膜表面涂片的显微镜检查发现,存在大量成簇的大裂殖体,这种大的裂殖体是本虫种的特征,借以区别于寄生部位交叠的其他虫种。卵囊和该虫种的病变无关。感染鸡中部肠道的病理组织学变化表现为肠黏膜下层和基底膜充满裂殖体及配子体。黏膜常发生大面积脱落,病变可扩展到肌层甚至浆膜层。

(八)早熟艾美耳球虫

1. 致病力

该虫种的命名是根据它的潜伏期(约83小时),因而是一种"早熟型"的球虫。可引起增重减少、色素沉积不良、严重脱水及饲料报酬下降。

2. 病理变化

病变为肠道内有水样的内容物,有时是黏液及黏液样的管芯。感染大多局限于十二指肠袢。在感染后4～5天,可见黏膜表面有小的针尖大的出血点。绒毛两侧(而不是绒毛顶端)的上皮细胞最常遭感染,每一个感染细胞中可能含有数个虫体。在正常情况下,需经历3～4代无性繁殖,之后进行配子生殖。卵囊容易辨认,因为它比发现于十二指肠内的其他球虫大。卵囊大小为21.3微米×17.1微米,大于堆型艾美耳球虫、和缓艾美耳球虫、变位艾美耳球虫,小于巨型艾美耳球虫。这种球虫感染引起轻微的病理组织学变化。

(九)柔嫩艾美耳球虫

1. 致病力与发病机制和流行病学

实验感染10^4个或更多孢子化卵囊可引起发病、死亡及增重剧减,它是鸡球虫中致病力最强的一个种。接种$(1～3)×10^3$个卵囊足以引起血便及其他症状。致病力最强的阶段是在第二代裂殖生殖时期,第二代裂殖体在感染后第四天成熟。与毒害艾美耳球虫一样,该球虫也产生大裂殖体克隆,每一个大裂殖体有数百个裂殖子。裂殖体在固有膜的深部发育,因而,当裂殖体成熟且释放出裂殖子时,导致黏膜严重崩解。死亡快,大多发生在感染后5～6天。在急性感染时,从出现症状到死亡只有几小时。因为失血,红细胞数与红细胞压积能减少50%。感染后7天时柔嫩艾美耳球虫对鸡增重影响最大。因为脱水而引起的体重下降能得到迅速的恢复,但生长将落后于没有感染的鸡。用感染鸡的盲肠提取物给其他鸡静脉注射,可产生急性血液凝固和死亡。用该球虫感染无菌鸡不发生死亡的事实提示,细菌产物对于球虫病造成的死亡可能起一定的作用。

2. 病理变化

在第一代裂殖体的成熟期间,可见到剥蚀上皮的小病灶。到感染后4天,第二代裂殖体正在成熟,出血明显可见,盲肠高度肿大,肠腔中充满凝血与盲肠黏膜碎片。到感染后6~7天,盲肠芯逐渐变硬及干燥,最终通过粪便排出。上皮的更新是迅速的,在感染后10天即可完成。感染一般从盲肠的浆膜面便可观察到,外观为暗色的瘀点,在更严重的病例,病灶逐渐连成片。因为水肿与细胞浸润及后期出现瘢痕组织,盲肠壁常常高度增厚。在显微镜下,第一代裂殖体广泛散布,在感染后2~3天成熟。出血及坏死的小的病灶区也许出现在肌肉层内环肌的血管附近。当第二代大裂殖体在固有膜发育时,很快发生黏膜下层的异嗜细胞浸润。成簇出现的或克隆化的虫体一般是单个第一代裂殖体的后代。第二代裂殖体的成熟伴随着广泛性的组织损伤、出血、盲肠腺崩解及经常出现的黏膜肌层完全破坏。在感染后6~7天,显微镜观察,在组织中可发现大配子与小配子,还可看到大量释放到肠腔中的卵囊。在轻度感染时,上皮的更新到第十天便可完成,但重度感染时,上皮不能完全恢复。损伤的黏膜肌层不能修复,同时黏膜下层变为致密的纤维化组织。

五、诊断

本病一方面因为在急性球虫感染期,粪便不一定能发现卵囊;另一方面因为雏鸡和成鸡带虫现象极为普遍,所以不能只根据从粪便或肠壁刮取物中发现卵囊而确诊。必须根据流行病学(发病季节、病鸡年龄)、临床症状(排肉样便、血便)、病理变化(柔嫩艾美耳球虫可见盲肠显著肿大,充满血液或干酪样肠内容物;毒害艾美耳球虫可见小肠中段气胀,肠壁增厚,并有许多白色斑点和瘀血斑)和粪便检查或病变刮取物发现大量卵囊才可确诊。

六、防制措施

1. 管理预防

因为球虫病主要是通过粪便污染土地、笼具、饲料、饮水及用具等经口感染,所以搞好鸡群的环境卫生消毒工作,是预防本病的重要措施。采用网上平养或笼养,使鸡尽量减少接触粪便的机会,即可有效地降低感染发病率。还要定期清除鸡舍的粪便,并堆积发酵,以消灭传染来源。

2. 药物预防

从7~10日龄至70日龄,按"穿梭用药"或"轮换用药"的方案,交替使用几种抗球虫药预防。

3. 治疗

一旦发生鸡球虫病,可根据当地市场提供的药物品种,对症交替使用,以防单一使用某一种抗球虫药而使球虫产生耐药性。常用的抗球虫药有磺胺氯吡嗪钠、青霉素、托曲珠利、地克珠利等。实践中用以下方剂也有较好的治疗效果。

方一:青蒿、常山各80克,地榆、白芍各60克,茵陈、黄柏各50克,粉碎为末,按1.5%比例拌料,充分混匀,任鸡自由采食,连用7天。

方二:白头翁、秦皮各20克,白芍、生地榆、三七、白及、苦参各10克,鸭胆子10粒,炒侧柏叶、生甘草各5克(100羽青年鸡1天用量),水煎2次,合并煎液(约600毫升),让鸡自由饮服,病重者用滴管滴服,每次3毫升,每天2次。

方三:地锦草60克,仙鹤草45克,马齿苋50克,水煎饮服(100羽雏鸡量),每天2次,连用3~5天。病情重者,可酌情加大剂量。

鸡外寄生虫病

鸡外寄生虫是指寄生于皮肤和羽毛内外的节肢动物,还包括少数寄生于内部器官的相关种类。另外,生活于鸡粪、鸡尸体和潮湿的有机残渣中的昆虫也很重要,因为它们可引起与卫生设施系统和公共卫生有关的问题。

鸡的某些外寄生虫(虱)实际上是吃皮肤上的死细胞及其附属物的。但对大多数外寄生虫来说,皮肤仅为一种媒介,借此可吸食血液或淋巴液,并获取温暖和庇护。虱可终生密切和宿主为伍,靠宿主间接触传播。也有一些种类的外寄生虫(蚋、蚊、臭虫、蚤),它们和宿主可以保持一种相当松散的关系,生命活动并不永久地局限于特殊的宿主种类或禽类。鸡螨只在夜间侵袭宿主,白天藏匿于棚舍及其缝隙中。

鸡的外寄生虫属于节肢动物门。特征为体表分节,连接附肢和几丁质性质的外骨骼。

虱、蝇、臭虫和蚤属于昆虫纲。特征是身体分3部分(头、胸、腹),头上有一对触角,胸部有3对足和用气管呼吸。有些昆虫的成虫有翅。螨属于蜘蛛纲蜘蛛目,特征为躯体融合、无触角、4对足(第一期活动性幼虫是3对足)。蜱是体形较大的螨类,与大多数螨类在大小上形成鲜明对比,但比大多数昆虫小得多。蜱螨目无翅。

鸡严重感染外寄生虫时,表现为不安、瘙痒和啄羽。早期感染时,症状不明显。一旦发现原因不明的产蛋量下降或饲料消耗增加,就应检查有无外寄生虫。

一、虱

虱是鸡常见的外寄生虫,属食毛目,即所说的咀嚼虱,其特征为头部腹面有咀嚼式上颚,发育属于不完全变态,无翅,身体背腹扁平,有一对具3~5节的短触角。寄生于鸡的有以下几种:雏鸡头羽虱,又称鸡头虱;鸡圆羽虱,又称羽毛虱;鸡圆虱,又称鸡褐虱;鸡翅虱,鸡翅长圆羽虱;鸡羽虱,也见于珍珠鸡。虱的一生均在宿主身上度过。卵通常成簇地附着于羽毛上,需经4~7天孵化,由卵变为稚虫,再由稚虫变成成虫。一对虱在几个月内可产120 000个后代。虱的正常寿命只有几个月,一旦离开宿主,它们只能活数天。虱通常吃羽毛产物,并刺激神经末梢,从而扰乱鸡的休息和睡眠,导致其体重减轻、营养不良、体质下降、蛋鸡产蛋量下降。特别对雏鸡的影响较大,甚至可引起死亡。

对鸡虱的控制首先应防止鸡形目的野禽或家禽接触鸡群。绝不能将有虱子的鸡放入无虱的鸡群。要定期检查鸡群有无虱子(每月2次),如果发现鸡虱,要及时进行治疗。治疗一般进行2次,间隔7~10天,因为许多化学杀虫剂只能杀灭成虫和幼虫,不能杀死虫卵。常用的药物有马拉硫磷、蝇毒磷、倍硫磷、氢戊菊酯、二氯苯醚菊酯等。通常使用的方法为喷雾。

二、臭虫

臭虫属于半翅目的臭虫科,包括数种禽的吸血昆虫。这些昆虫背腹扁平,成虫长2~5毫米,宽1.5~3毫米,带有肉趾状的翅残迹,这有利于它们白天爬至缝隙里藏匿。颜色随种别不同,从棕色到黄色或红色。刺吸式口器或喙在头的最前方,与体部连接,不用时折叠于头和部分胸下部。具有臭腺,所以臭虫具有难闻的臭味。如被大量臭虫叮咬,幼鸡可能发生贫血。通常被叮咬后,由于唾液注入伤口,引起肿胀或瘙痒。常见的有:禽臭虫,又称鸡臭虫,有时也侵袭人;温带臭虫,又称普通臭虫,它侵袭人、大多数哺乳动物和禽类。在温带和亚热带地区最为流行,也是我国常见的臭虫,一般夜间吸血,大量感染时可引起产蛋量急剧下降,饲料消耗增加,从而造成巨大的经济损失。

对臭虫的控制必须处理臭虫在白天的隐藏处——墙壁、地面的裂缝、蛋箱、食槽下面。在有臭虫侵袭的鸡场,要在空舍时彻底消毒鸡舍和清洗舍内一切设施。将有残效的杀虫剂混于烟熏剂内使用,喷洗臭虫的藏匿处,彻底从鸡舍中清除臭虫。

三、跳蚤

跳蚤分类上属蚤目,成虫营寄生生活,幼虫营自由生活。成虫虫体坚韧,两侧扁平,刺吸式口器,短触角位于触角沟内,足长适于跳跃。发育属完全变态,幼虫无足,似蠕虫,在微茧内化蛹。跳蚤为棕色到黑色,吸食多种宿主的血液,温带和气候温暖的地区较多,但分布呈世界性。主要有以下几种:

1. 鸡冠蚤

鸡冠蚤又称禽毒蚤,寄生于多种禽类宿主(如鸡、火鸡、鸽、乌鸦、蓝色鸟、鹰、枭、雉鸡、鹌鹑、麻雀)和哺乳动物(如人、马、牛、猪、犬、狐、猫、獾、郊狼、鹿、地松鼠、山猫、小鼠、负鼠、兔、浣熊、大鼠、环尾猫和臭鼬)。这种蚤不传播鸡的传染病病原体,但它引起的刺激和失血能对鸡造成严重损害,特别是对幼鸡可造成死亡。在成年鸡则引起产蛋率下降。引起人的地方性斑疹伤寒的立克次体,可实验性地用禽毒蚤从受感染大鼠传播给天竺鼠,因此,该寄生虫可能在公共卫生方面具有一定的重要性。

2. 禽蚤

禽蚤又称欧洲鸡蚤,分布广泛,宿主包括鸡、鸽、蓝色鸟、麻雀和树燕,此外还有人、犬、金花鼠、大鼠及地鼠。这种蚤仅在吸血时停留在鸡身上,未成熟阶段生活在鸡舍和周围环境中。

3. 鸡角叶蚤

鸡角叶蚤又称西部鸡蚤,能侵袭多种禽类和哺乳动物,包括鸡、火鸡、鸬鹚、鸥、鹊、麻雀和啄木鸟,也可侵袭人、小鼠和大鼠。

对蚤的控制主要是清除被污染的垫料并将鸡舍彻底喷雾消毒以杀死未成熟的跳蚤,鸡舍内换上新的垫料后还应进行处理以杀死鸡身上和落入垫料中的成蚤。用0.125%～0.25%的拟除虫菊酯类药物如苄氯菊酯对产蛋箱和垫料进行喷雾可控制鸡蚤。也可用2%马拉硫磷对鸡舍进行彻底喷雾。家禽、犬、猫、鼠在饲养时需设屏障与底层建筑物的通道隔开,因为它们是跳蚤侵袭的持续来源。日光、干热的气候、过分潮湿及冰冻可阻碍跳蚤的发育。

四、蝇和蚊

蝇和蚊属双翅目,它们侵扰禽类及哺乳动物,或者吸食血液。所有的双翅目昆虫成虫都有两对翅(除去已退化无翅的类型),发育属完全变态,包括有蛆样虫体的幼虫和休眠期的蛹。成虫的口器呈刺吸式或舐吸式口器。

1. 蚊

蚊不仅能吸食禽类的血液,还能传播多种传染病(如脑炎、东方马脑脊髓炎、西方脑脊髓炎、鸡痘等)。

2. 库蠓

库蠓又称小螯蠓,是极小的双翅目昆虫,在皮肤上移动时呈小黑斑点状,容易发现。它们不仅吸食禽类的血液,而且还是鸭血变原虫的中间宿主,也可能传播禽痘。

3. 蚋

蚋又称黑蚊,虫体大小与蚊相似,但暗黑、短粗、呈弓形、短足,翅膀明显。白天吸血,数量大时可引起鸡贫血,产蛋量下降,且能传播鸡住白细胞原虫病。

4. 家蝇

家蝇是许多哺乳动物及禽类胃肠道疾病的传播媒介,这主要是由蝇在含有病原的排泄物上采食及在食物或饲料上回吐的习性所造成的。滋生于养鸡场的大量家蝇对人也是一种保健卫生方面的大问题。所以,养鸡场要采用综合性害虫控制方法控制蝇类,把环境(粪便处理)、生物学(寄生虫和捕食者)及化学(杀虫剂)控制三方面有机结合起来,才能把蝇类控制在最低有害水平以下。粪便要保存在相对湿度60%以内,因为粪便中湿度过高适于蝇的滋生(相对湿度在60%~80%的粪便最适于蝇类发育)。在储粪场,粪便堆积要短或用黑色聚乙烯油布把粪便覆盖起来,以阻止蝇的滋生。如果粪便储存在鸡下面的浅坑或深坑里面,要在冬季进行清粪,这样在苍蝇繁殖季节之前,形成干燥的粪便时间充裕。生物学控制方法包括保留自然种类和引进的污蝇卵、幼虫和蛹的捕食者及寄生虫。如捕食性螨、捕食性甲虫、寄生性膜翅目黄蜂等。使用杀虫剂有4种基本方法:空间喷雾(雾状)、表面喷雾(后效作用)、诱饵、杀幼虫剂。空间喷雾要在清晨或傍晚多数蝇停在鸡舍内休息时使用。喷雾常用杀虫剂有溴氢菊酯、敌敌畏、二溴磷等。表面喷雾应将粗颗粒雾滴喷在成蝇休息的地方,如柱子、顶梁(或椽)及垂直面等,表面要完全喷湿但不会流失。所用的杀虫剂配方有可散性水溶液、可湿性粉剂和乳化浓缩剂。诱饵是将杀虫剂灭多威制成颗粒状,放在盘子里或安全地方诱杀家蝇。杀幼虫剂是为了控制粪便中的幼虫,常用灭蝇胺,该药仅对蝇幼虫有毒而对捕食者和寄生虫天敌无毒。

五、蜱

蜱是大型的螨,属于蜱螨目蜱总科,具有下列特征:有一对靠着基节后部或侧方的卵圆形或肾形气门;口下板演化成一个穿刺器官,其上生有弯曲的逆齿,在第一对腿的跗节上有一个穴窝样感觉器官(哈氏器)。大多数蜱未饱血的成虫长 2～4 毫米,但饱血的雌蜱可达 10 毫米以上。寄生于鸡舍的蜱属于软蜱科的软蜱,这些蜱无盾板(背盾板)。除去幼虫以外,其余各生活阶段都是间歇性吸血。表皮呈革质,有皱纹和细颗粒。假头位于靠近躯体前缘的腹面。硬蜱科的许多硬蜱在牧场上吸食鸡血,每个发育阶段仅吸血一次,可在宿主身上停留数天。硬蜱所有阶段均有盾板,盾板常呈现光泽,假头在躯体前端。

由蜱引起的损失有 3 个方面:一是宿主失血可能引起死亡;二是产蛋量降低,这和贫血有关,但也可能是由蜱产生的毒素物质所致;三是传播疾病。

软蜱是寄生于鸡最重要的蜱。波斯锐缘蜱又称普通鸡蜱,分布于世界各地,我国华北、东北、西北、华东等地区均有报道。主要寄生于鸡、鸭、鹅和野鸟,也偶见于牛、羊、犬和人。主要传播鸡、鸭、鹅的螺旋体病,且可将病原体经卵传递给蜱的后代,还可作为布氏杆菌、炭疽和麻风病等病原体的带菌者。它们栖息在鸡舍与附近的居舍、树木的缝隙内,略有群聚性。白天隐伏,夜间活动,但幼虫的活动不受昼夜的限制。在温暖天气,卵在 6～10 天内孵化;在寒冷的季节,孵化期可达 3 个月。虽然幼虫(种蜱)在不进食的情况下能生活数月,但它们在 4～5 天内即变为饥饿状态且开始寻找宿主。吸血 4～5 天后幼虫离开宿主,在附近找寻一个隐藏的地方,并在 3～9 天蜕皮进入第一期若虫阶段,若虫仅在夜间活动与吸血,且可在不进食的情况下生存长达 15 个月。第一期若虫吸血 10～45 分,离开鸡体后隐藏 5～8 天。在蜕皮发育为第二期若虫阶段之后,在 5～15 天内吸血。在吸血 15～75 分后,隐藏 12～15 天,蜕化为成虫,随时出动,吸饱血液。大约在 1 周后,饱血的雌虫与雄虫交配,交配后 3～5 天开始产卵。在温暖季节整个生活史周期需 7～8 周,在寒冷季节会长一些。寒冷季节,鸡蜱在缝隙中静栖不动。成虫在没有血食的状况下可存活 4 年以上。

在温暖干燥季节,鸡主要遭受软蜱的侵袭。失血可达致命的贫血程度。轻度侵袭可造成消瘦、衰弱、生长缓慢和产蛋量下降。当鸡出现羽毛蓬松、食欲不振和下痢时可怀疑为鸡蜱侵袭的症状。

控制鸡蜱，要用杀灭菊酯、亚胺硫磷、马拉硫磷、蝇毒磷、胺甲萘、二溴磷等杀虫剂对鸡舍进行处理，因为成蜱和若虫仅在短时间内寄居在宿主身上，其后则隐藏在宿主周围环境中。垫料、墙壁、地面、顶棚均需彻底地喷雾，室外运动场、食槽、木堆和树干也应用有效杀虫剂处理。

六、螨

鸡常见的外寄生性螨属于刺皮螨科，包括鸡螨、北方羽螨和热带鸡螨。这些螨具有角质化程度较高的游离背板和腹板，跗节上有爪和肉垫，靠近每个第三基节处各有一个侧腹气孔，小的螯肢位于有长鞘的基部上。这些螨是吸血者，在皮肤和羽毛上跑动很快。有的螨能钻入皮肤（如突变膝螨和麦尼螨等）或侵袭各种内部器官和腔道（如囊螨和气囊螨）；有的寄生于羽毛上或羽管内（如羽管螨等）。

1. 鸡螨

鸡螨即鸡刺皮螨，也叫红螨、栖架螨或禽螨。广泛分布于世界各地，在温带的温暖地区有栖架的老鸡舍鸡螨特别严重。我国也普遍发生鸡螨病。常见的宿主是鸡，也寄生于火鸡、鸽、金丝雀和几种野鸟中。人类也可遭受侵袭。

虫体呈椭圆形，有 4 对足，均长在躯体的前半部。前端有长鞭样针锥形的螯肢。雌成虫的大小约 0.7 毫米×0.4 毫米，颜色由灰色到深红，视含血液多少而定。整个生活史周期可于 7 天内完成。雌成虫在第一次吸血后 12~24 小时产卵于鸡体的外周环境中。气候温暖时，卵在 48~72 小时孵化。6 只足的幼虫不吸血，经过 24~48 小时蜕化，变为吸血的第一期若虫，再经 24~48 小时蜕化为第二期若虫，此后不久再蜕化为成虫。鸡螨可以在没有食物的情况下存活 34 周。

鸡螨通常在夜间爬到鸡体上吸血，白天隐匿在栖架上松散的粪块下面、种鸡舍的板条下面、鸡巢里面和柱子与屋顶支架的缝隙里面，外观似一些红色或灰黑色的小圆点，常成群聚集在一起。到了夜间，成群结队爬向鸡体，因而必须在夜间检查才能发现鸡螨。当鸡体大量寄生时，病鸡不安、贫血、消瘦、产蛋量下降，甚至幼鸡由于失血过多而导致死亡。鸡螨还可传播禽霍乱与鸡螺旋体病。

对鸡螨的防制可用 0.25% 敌敌畏乳剂、0.05% 苄氯菊酯、蝇毒磷、马拉硫磷或溴氢菊酯等杀虫剂喷雾。喷雾必须彻底，对鸡体、鸡巢、墙壁、栖架等采用浓液喷雾，鸡体皮肤要确保喷湿。鸡舍用具可用开水烫洗或暴晒。

2. 羽管螨

羽管螨属羽螨总科,寄生于羽管内。我国南方地区常有本病的报道。羽管螨的身体呈长形,身体上有长刚毛。其若虫的长度可达 0.9 毫米,宽 0.15 毫米。从卵发育到性成熟的成虫需 38~41 天,并且雄虫是从雌虫所产的未受精的卵发育而来的(孤雌生殖)。该螨能引起鸡羽毛部分或完全地损毁,剩下的羽管残干中含有一种粉末状物质,在低倍镜下即可检出其中的虫体。无特效疗法,较好的办法是处理掉受害的鸡,然后对鸡巢进行消毒和清扫。

3. 鳞足螨

鳞足螨即突变膝螨,属于疥螨科,通常发现于要被淘汰的较大年龄的鸡。寄生于鸡的脚、腿无毛处,有时也寄生于鸡冠和肉髯上。该螨几乎呈球形,腿短,表皮上具有明显的条纹,而且背部的横纹无中断之处。雌成虫直径大约为0.5 毫米。该螨的整个生活史在皮肤内完成。健康鸡因接触患鸡和被污染的环境而被侵袭。虫体挖掘隧道进入上皮内,引起增生并形成鳞皮和痂皮,严重侵袭时病鸡可能发生跛行。外观上鸡脚极度肿大,好似附着一层石灰,因而又称鸡石灰脚。如不及时治疗可影响鸡的运动和产蛋量。

对鳞足螨的控制应从淘汰和隔离病鸡着手。向鸡群中增添新鸡时,要先用植物油将其腿部皮肤泡松,然后刮取样品送实验室镜检。如果发现鳞足螨,必须进行治疗。在治疗前,先将病鸡的脚浸入温肥皂水中,使痂皮泡软,除去痂皮,涂上 20% 的硫黄软膏或 2% 苯酚软膏,间隔数天再涂一次。或者将病鸡的脚浸入温的杀螨剂溶液中。鸡必须经常清扫,栖架可用杀螨剂喷雾。

鸡住白细胞虫病

鸡住白细胞虫病是由住白细胞虫侵害血液和内脏器官的组织细胞而引起的一种原虫病。本病在我国南方比较严重,常呈地方性流行,在北方地区也有发生。本病对雏鸡危害严重,发病率高,症状明显,可引起大批死亡。

一、病原

住白细胞原虫属于顶复合器门血孢子虫亚目疟原虫科住白细胞原虫属。鸡的住白细胞原虫病主要是由卡氏住白细胞虫和沙氏住白细胞虫引起的。

1. 卡氏住白细胞虫

本虫在鸡体内的配子生殖阶段可分为 5 个时期。第一期:在血液涂片或组织印片上,虫体游离于血液中,呈紫红色圆点状或似巴氏杆菌两极着色状,也有 3~7 个或更多成堆排列者,大小为 0.89~1.45 微米。第二期:其大小、形状和第一期虫体相似,不同点是虫体已侵入宿主细胞内,多位于宿主细胞一端的胞浆内,每个红细胞有 1~2 个虫体。第三期:常见于组织印片中,虫体明显增大,其大小为 10.87 微米 ×9.43 微米,呈深蓝色,近似圆形,充满于宿主细胞的整个胞浆,把细胞核挤在一边,虫体核的大小为 7.97 微米 ×6.53 微米,中间有一深红色的核仁,偶尔见有 2~4 个核仁。第四期:已经可以区分出大配子体和小配子体。大配子体呈圆形或椭圆形,大小为 13.05 微米 ×11.6 微米。细胞质呈深蓝色,核居中呈不规则圆形,大小为 10.9 微米 ×9.42 微米。细胞质少呈浅蓝色,核几乎占去虫体的全部体积,大小为 8.9 微米 ×9.35 微米,较透明,呈哑铃状、梨状;核仁紫红色,呈杆状或圆点状。被寄生的细胞也随之增大,其大小为 17.1 微米 ×20.9 微米,呈圆形,细胞核被挤压成扁平状。第五期:其大小和染色情况与第四期虫体相似,不同点是宿主细胞核及胞浆均消失。此期虫体容易在末梢血液涂片中观察到。

2. 沙氏住白细胞虫

沙氏住白细胞虫成熟的配子体为长形,配子体位于纺锤形的宿主细胞内 (6~7) 微米 ×(4~6) 微米,其细胞核呈深色狭长的带状,围绕着虫体的一侧。用罗曼诺夫斯基法染色的大配子(22 微米 ×6.5 微米)和小配子(20 微米 ×6 微米)相比较,大配子具有一个较致密的核,染色较深。

二、生活史

住白细胞虫的生活史由 3 个阶段组成:孢子生殖在昆虫体内,裂殖生殖在宿主的组织细胞中,配子生殖在宿主的红细胞或白细胞中。本虫的发育需要有昆虫媒介,卡氏住白细胞虫发育在库蠓体内完成,沙氏住白细胞虫的发育在蚋体内完成。

孢子生殖发生在昆虫体内,可在 3~4 天内完成。进入昆虫胃内的大、小配子迅速长大,并结合成合子,逐渐增长为 21.1 微米 ×6.87 微米的动合子,这种动合子可在昆虫一次吸血后 12 小时内的胃里发现。在胃中动合子发育成卵囊,并产生孢子,子孢子从卵囊逸出后进入唾液腺。有活力的子孢子曾在吸血后 18 天的昆虫媒介体内出现。

裂殖生殖发生在鸡的内脏器官(如肝、脑、肾、脾、肺)当昆虫吸血时随其唾液将住白细胞虫的子孢子注入鸡体内。首先在血管内皮细胞繁殖,形成 10 多个繁殖体,于感染后 9~10 天,宿主细胞破裂,裂殖体随血流转移到其他寄生部位,如肝、肾、肺等。裂殖体在这些组织内继续发育,至 10～15 天裂殖体破裂,释放出成熟的球形裂殖子。这些裂殖子进入肝实质细胞形成肝裂殖体。而另一些裂殖子则进入红细胞或白细胞进行配子生殖。肝裂殖体和巨型裂殖体可重复繁殖 2～3 代。

配子生殖是在鸡的末梢血液或组织中完成的,宿主细胞是红细胞、成红细胞、淋巴细胞与白细胞。配子生殖的后期,即大、小配子体成熟后,释放出大、小配子是在库蠓体内完成的。

三、流行病学

卡氏住白细胞虫的流行季节和库蠓的活动密切相关。通常在气温 20℃以上时,库蠓繁殖快,活动力强,该病的流行也严重。沙氏住白细胞虫的流行季节则和蚋的活动密切相关。

四、临床症状

自然感染的潜伏期为 6～10 天。雏鸡的症状明显,死亡率高。病初发热,食欲不振,精神沉郁,流脓的口水,下痢,粪便呈绿色,鸡冠或肉髯苍白,贫血,生长发育迟缓,两肢麻痹,活动困难。感染 12～14 天,病鸡突然因咯血、呼吸困难而发生死亡。中鸡和成年鸡感染后病情较轻,死亡率也低,病鸡鸡冠苍白,消瘦,拉水样白色或绿色稀粪,中鸡发育受阻,成年鸡产蛋率下降,甚至停止产蛋。

五、病理变化

病死鸡的剖检特征为:白冠,全身皮下出血,肌肉(特别是胸肌、腿肌、心肌)有大小不等的出血点,腹腔内有广泛出血,胰脏上有粟粒大小的圆形出血点,各内脏器官上有灰白色或稍带黄色的针尖至粟粒大的、与周围组织界限明显的白色小结节,将这些小结节挑出并制成压片,染色后可见有许多裂殖子散出。

六、诊断

根据流行病学、临床症状、病理变化可做出初步诊断,确诊需进行病原学检查。其病原学检查是使用血片检查法:以消毒的注射针头,从鸡的翅下小静脉或鸡冠采 1 滴血,涂成薄片,或是制作脏器的触片,再用瑞氏或姬氏染色法染色,在显微镜下发现虫体即可做出诊断。

七、防制措施

因为鸡住白细胞虫的传播和库蠓、蚋的活动密切相关,所以消灭这些昆虫媒介是防制本病的重要环节。为防止库蠓与蚋进入鸡舍,可用杀虫剂每隔

6~7天对鸡舍和周围环境进行喷雾。

发生本病后,要及时用药治疗,常用药物为:磺胺二甲氧嘧啶、磺胺喹噁啉等。

鸡组织滴虫病

鸡组织滴虫病也称盲肠肝炎或黑头病,是由组织滴虫引起的鸡盲肠和肝脏寄生虫性机能紊乱的一种原虫病,以肝脏坏死和盲肠溃疡为特征。多发生于雏鸡,成年鸡也可发生,但病情较轻。

一、病原

鸡组织滴虫病病原为火鸡组织滴虫,是一种阿米巴类鞭毛虫原虫。非阿米巴阶段的火鸡组织滴虫近似球形,直径为3~16微米。阿米巴阶段是多形性的。在保温条件下,对含有样品玻片镜检可观察到伪足。有一根粗壮的鞭毛,长6~11微米。有一个大的小楯和一根完全包在体内的轴杆。副基体呈"V"形,位于核的前方。细胞核呈球形、卵圆形或椭圆形,平均大小为2.2微米×1.7微米。

二、生活史

组织滴虫的存在与盲肠线虫-鸡异刺线虫和养鸡场土壤中很普遍的几种蚯蚓密切相关。寄生于盲肠内的组织滴虫,可进入异刺线虫体内,在其卵巢中繁殖,并进入卵内。当异刺线虫卵排到外界后,组织滴虫因为有虫卵卵壳的保护能在外界环境中生活很长时间,成为重要的感染源。雏鸡和雏火鸡通过消化道感染,发生于夏季,3~12周龄时的易感性最强,死亡率也高,成年鸡多为带虫者。蚯蚓充当本虫的搬运宿主。蚯蚓吞食土壤中的鸡异刺线虫虫卵后,组织滴虫随虫卵进入蚯蚓体内,并在蚯蚓体内进行孵化,新孵出的幼虫在组织内发育到侵袭阶段,当鸡吃到这种蚯蚓时,便可感染组织滴虫病。因此,蚯蚓起到从养鸡场周围环境中收集和集中异刺线虫卵的作用。在气候和土壤类型适合异刺线虫和蚯蚓存在的牧场上,要控制经常发生的组织滴虫病,必须把蚯蚓也考虑在防制范围内。虽然存在鸡和火鸡因吞食粪便中活的组织滴虫被直接感染的可能,但因为活的虫体非常脆弱,使这种直接感染方式难以发生。在没有异刺线虫卵和蚯蚓的保护时,组织滴虫在宿主体外经数分钟即可死亡。

三、流行病学

许多鹑禽类是火鸡组织滴虫的宿主。鸡、火鸡、鹧鸪和翎颔松鸡均可严重感染组织滴虫病;孔雀、珍珠鸡、北美鹑和雉也可被感染,但症状轻、不明显。可人工感染日本鹌鹑,但它不是重要的宿主。曾发现不同品种的鸡易感性也有所不同。在鸡和火鸡,易感性都随年龄而有变化,最大的易感性在鸡是 4～6 周龄,火鸡是 3～12 周龄。

宿主对感染因素的反应是不同的,它受易感性和感染方法及感染量的影响。死亡率常在感染后 17 天达到高峰,然后在第四个周末下降。有人报道,火鸡饲养在受鸡污染的地区时,曾有 89% 的发病率和死亡率。易感火鸡的人工感染的死亡率可达 90%。虽然鸡的组织滴虫病的死亡率一般较低,但也有死亡率超过 30% 的报道。

四、临床症状

组织滴虫病的临床症状出现在感染后 7～12 天,大多数在感染后的 11 天。病鸡表现精神不振。食欲减少或废绝,羽毛蓬松,翅膀下垂,畏寒,闭眼,下痢。排淡黄色或淡绿色粪便,严重者粪中带血,甚至排出大量血液。病的末期,有的病鸡因血液循环障碍,鸡冠发绀,所以有"黑头病"之称。病程通常为 1～3 周。病愈康复鸡的体内仍有组织滴虫,带虫者可长达数周或数月。成年鸡很少出现症状。

五、病理变化

组织滴虫病的主要病变在盲肠和肝脏,引起盲肠炎和肝炎,所以有人称本病为盲肠肝炎。一般仅一侧盲肠发生病变,有时为两侧。大约在感染后的 8 天,盲肠先出现病变,盲肠壁增厚和充血。从黏膜渗出的浆液性与出血性渗出物充满盲肠腔,使肠壁扩张;渗出物发生干酪化,形成干酪样的盲肠肠芯。随后盲肠壁溃疡,有时发生穿孔,从而引起全身性腹膜炎。肝脏病变常出现在感染后的 10 天,肝脏肿大,呈紫褐色,表面出现黄色或黄绿色的局限性圆形的、下陷的病灶,直径达 1 厘米,有豆粒大至指头大。下陷的病灶常围绕着一个同心圆的边界,边缘稍隆起。在成年的鸡和火鸡,肝的坏死区可能融成片,形成大面积的病变区,而没有同心圆的边界。鸡的肝脏病变往往是稀疏的或者没有,盲肠的病变也不像火鸡那样广泛。

组织学病变表现为在感染初期,盲肠壁充血和异嗜细胞浸润,这种变化可能是对细菌、组织滴虫及异刺线虫幼虫的综合反应。感染后 5～6 天,在固有层与黏膜肌层之间,可见到数量众多的组织滴虫,呈灰白色淡染的卵圆形小体。同时,大量淋巴细胞及巨噬细胞浸润,异嗜细胞的数量也有所增加。盲肠内有一个由脱落上皮、纤维素、红细胞和白细胞及盲肠内容物共同组成的肠芯。肠芯最初形状不稳定,略带红色,大约在12天时,由于一层层渗出物连续累积使肠芯表现为分层、干燥、淡黄色的外观。12~16天时,盲肠组织中出现巨细胞。凝固性坏死与组织滴虫能侵害到肌层,且接近浆膜。17~21天,肌层中的组织滴虫减少,主要集中在浆膜层附近。大量巨细胞形成,并且可能出现显著的肉芽肿,凸出于浆膜面。康复以后,陈旧的病变以分散于组织中的淋巴样中心为特征。进而可发生肠芯被排出与上皮再生,但盲肠壁异常薄,隐窝变浅。肝脏早期的纤维本病出现在感染后6~7天,在靠近肝门静脉处有成小簇的异嗜细胞、淋巴细胞和单核细胞,很少见到组织滴虫。在10~14天,病变扩大,某些部位融合成片,淋巴细胞与巨噬细胞广泛浸润,异嗜细胞数量中等。病变中心的肝细胞坏死和崩解。在靠近病变外围区域的窝中能见到单独或成簇的组织滴虫。从感染后14~21天,坏死逐渐加重,形成由网状组织及组织碎片组成的大面积坏死。在此阶段,组织滴虫一般是小体状出现在巨噬细胞内。如果康复,在纤维变性区及肝细胞再生处,仍保留有淋巴细胞性病灶。

六、诊断

在一般情况下,根据组织滴虫的特异性肉眼病变和临床症状便可诊断,但在并发有沙门菌病、曲霉菌病、上消化道毛滴虫病、球虫病等时,必须用实验室方法检查出病原体方可确诊。

病原体检查:采取盲肠中的新鲜内容物,用温生理盐水(40℃)加以稀释,制成悬滴标本。并在显微镜台下安装一个小的低电压台灯,提供热量,使维持适宜的温度。如果在高倍显微镜下看到有大小不一,呈球形,并有一根很细的鞭毛,能做急速旋转运动的多形态虫体时,即可确诊为组织滴虫。

七、防制措施

因为组织滴虫的主要传播方式是通过异刺线虫卵为媒介,所以有效的防制措施主要是减少或消除这种虫卵。阳光照射和排水良好的鸡场可缩短虫卵的活力,因而利用阳光照射和干燥可最大限度地杀灭异刺线虫虫卵。雏鸡要饲养在清洁且干燥的鸡舍内,与成年鸡分开饲养,以避免感染本病。另外,应对成年鸡进行定期驱虫,鸡和火鸡一定要分开进行饲养管理。

发病后常用治疗药物为:甲硝唑(灭滴灵)、二甲基咪唑、卡巴肿、异丙硝咪唑、硝苯肿酸等。实践中用龙胆草(酒炒)、栀子(炒)、黄芩、柴胡、生地黄、车前子、木通、泽泻、甘草、当归各20克(100只鸡量),水煎,饮服,治疗鸡盲肠肝炎有很好疗效。

鸡绦虫病

一、形态学

绦虫呈扁平带状,体长由 0.5 毫米至 12 米,甚至更长一些。虫体由头节、颈节和体节 3 部分组成。体节数目的多少视绦虫种类而定。

头节为虫体的最前端,略膨大,呈长圆形或球形。在头节上有 4 个吸盘或吸沟,有些种类还在头节上生有顶突和小钩等附属器官,以此吸附在宿主的肠黏膜上。头节后面是一狭细的颈节,由此而生长出体节,所以又称之为生长节。体节一般呈四边形,由于种类不同,有的长大于宽,有的宽大于长。根据其发育不同,分为 3 类:紧靠颈节部分的体节均较小,生殖器官未发育,称为未成熟节;其后已形成两性生殖器官的,称为成熟节;最后部分的体节,子宫内已蓄积或充满虫卵,而生殖器官的其他部分都已萎缩或退化,则称为孕卵节。

绦虫没有体腔,也没有消化器官,靠体表吸收营养。

神经系统是由头节内的中枢神经及其分支的纵干组成,该分支的纵干通过虫体所有的体节。神经干在每一体节内彼此以横支相连。

排泄系统是由焰细胞、两条背侧排泄管和两条腹侧排泄管组成,在节片后缘有横管与两侧的纵排泄管相连。

绦虫为雌雄同体,根据种类不同,在节片中有一组或两组雌雄生殖器官,雌雄共同的生殖孔开口于节片的侧缘上,而雌雄生殖器官的构造和吸虫大致相似,完全成熟的虫卵内含有一个六钩蚴。雄性生殖器官由睾丸、输出管、输精管和雄茎囊组成,在雄茎囊具有雄性交合器官——雄茎,它具有向外伸出的能力。每体节的睾丸数目有很大的范围,由数个至数百个。

雌性生殖器官由卵巢、输卵管、卵黄腺、梅氏腺、子宫、受精囊和阴道组成。许多绦虫的卵巢由两个相当大的分叶部分组成,一般位于体节腹面的后缘,当体节有两组生殖器官时,卵巢则位于体节的侧部,输卵管由卵巢出来通向卵膜。卵黄管、梅氏腺、受精囊和子宫也都与卵膜相通。卵黄腺位于卵膜之后。

圆叶目和假叶目绦虫形态特征的区别是:圆叶目的特征为头节具有 4 个吸盘,子宫无排卵孔,虫卵无卵盖。假叶目特征为头节具有两个吸着用的吸沟,有的在前端具有一个吸沟,子宫花瓣状或囊状,有排卵孔,开口于体节的表面,虫卵具有卵盖。

二、生活史

绦虫生活史的特征系经过宿主的更换,需要一个和两个中间宿主的参与。中间宿主的感染是经食物或饮水吞咽了含有六钩蚴的卵或含有虫卵的整个体节。可以作为中间宿主的动物很多,有些绦虫以哺乳动物作为中间宿主,这些绦虫又因种类不同,其六钩蚴在哺乳动物中间宿主体内各自发育为不同类型的幼虫,有囊尾蚴、多头蚴、棘球蚴、链尾蚴和实尾蚴等。有的绦虫以节肢动物等无脊椎动物作为中间宿主,其六钩蚴在这些无脊椎动物中间宿主体内发育为似囊尾蚴,禽类的各种绦虫即属于这一类。上述各型幼虫均属于圆叶目的绦虫,由一个虫卵中的六钩蚴发育而成,当这些不同类型的幼虫被终末宿主吞食以后,即发育为成虫。

六钩蚴是卵在子宫内发育为多细胞的胚胎。胚胎突出的特征是具有6个钩。不同种的六钩蚴的钩有助于种的鉴别。每个节片中可含有数百个六钩蚴,它的外围有层特殊的膜。某些种的子宫壁可以破裂,形成卵袋,每个卵袋中的卵数因虫种不同而有差异。六钩蚴外膜的形状也有助于鉴别不同种的鸡绦虫。

中间宿主如甲虫、家蝇、蛞蝓或螺,在被气味或孕节的活动吸引时,吞下粪中的散在虫卵或整个节片后遭受感染。在中间宿主的肠道内,六钩蚴孵化出来并穿透宿主肠壁。在这里,六钩蚴经组织的重组和极性的改变,发育为似囊尾蚴。这个过程历时长短取决于外界温度,但最少2周。此后,似囊尾蚴存留在中间宿主体腔之内;终末宿主鸡吞食了此中间宿主后,似囊尾蚴受胆汁活化并附着于肠黏膜上,开始产生链体。从似囊尾蚴被终末宿主吞食至第一批孕节在粪中出现,历时2~3周。

假叶目的绦虫,由虫卵内孵出钩球蚴,进入中间宿主体内发育而成原尾蚴,该幼虫具有一个头节。虫体的前端有吸盘状的凹陷,后端有带小钩的球状附属物。原尾蚴在第二中间宿主(鱼)体内变成裂头蚴。其头端具有吸沟,当裂头蚴进入终末宿主体内后即发育成裂头绦虫。

大多数绦虫在禽体内需经2~3周成熟并在粪中排出第一批孕卵节片。

三、常见鸡绦虫

(一)节片戴文绦虫

宿主:鸡、鸽、鹌鹑。

寄生部位:小肠(十二指肠)。

鉴别特征:虫卵没有明显的胚膜,但胚沟显著,长10~11微米;成熟的虫体很小,长4毫米;节片不多于9个;吸盘有3~6圈小钩;顶突上有钩;生殖孔规则地交互开口于每个节片的前缘;雄茎特大,睾丸12~15个,分为两列,位于节片后部。虫卵单个散在于孕卵节实质内,其直径为28~40微米。

生活史:孕卵节随粪便排到外界后,能释放出虫卵。卵被中间宿主-软体动物如蛞蝓或陆地螺蛳吞食,卵在肠道孵出六钩蚴,夏季经3~4周发育成似囊尾蚴。鸡吞食含有似囊尾蚴的中间宿主后,约经2周,似囊尾蚴发育为成熟的成虫。

流行概况:不同年龄的鸡都可感染本病,但以幼鸡为重。六钩蚴在潮湿阴暗的环境中能存活5天左右,干燥与霜冻会使之迅速死亡。软体动物也适于在潮湿地方(且有一定温度)滋生,因此本病流行于我国南方。

致病性:本绦虫对幼鸡致病力较强,感染鸡生长率可下降12%。病鸡消瘦,羽毛污秽,运动迟钝,呼吸困难,肠道黏膜增厚、出血、含有臭味的黏液,四肢无力,麻痹,最终死亡。

(二)楔形变带绦虫

宿主:鸡。

寄生部位:小肠(十二指肠)。

鉴别特征:虫体短小(小于4毫米,25~30个节片),白色,突出于十二指肠绒毛外;前端呈三角形,具有一个尖形的头节,使整个虫体前部成楔形。吸盘上无钩,顶突上有一圈小钩,12~14个,长25~32微米;睾丸12~15个,在每个节片的后缘排成一行;生殖孔通常规则地左右交错开口于每个节片的最前方。卵巢呈囊状,横列于节片中央。每个卵袋含一个六钩蚴,卵袋直径为35~42微米。

生活史:某些种的蚯蚓是本虫的中间宿主。似囊尾蚴的发育约需14天,在鸡体内的潜伏期为27~30天。

致病性:发病严重的患鸡能引起死亡。

(三)有轮赖利绦虫

宿主:鸡、火鸡、雉和珍珠鸡。

寄生部位:小肠(十二指肠和空肠)。

鉴别特征:这是一种大而粗壮的绦虫(长15厘米),其头节深埋在十二指肠和空肠的黏膜内;宽大扁平的顶突位于头节的顶端,形状特殊,像一个能够伸缩的活塞嵌在头节的外袖套里,使虫体可紧紧地吸着于宿主黏膜上。顶突上有两圈棒槌状小钩,共计 300 ~ 500 个;具有 4 个不发达的吸盘,无钩;生殖孔不规则地交互开口;睾丸 20 ~ 30 个,位于节片的后部;每一个卵均有子宫膜包裹;在成熟卵的中层膜和内膜之间具有 2 条漏斗状的带。

生活史:本虫以家蝇、金龟子、步行虫等昆虫为中间宿主。温暖季节,在中间宿主体内,经 12 ~ 20 天,似囊尾蚴发育为成虫。

致病性:早期报道说该虫使鸡消瘦、肠绒毛变性和发育,血糖和血红素下降及增重率下降,但这在蛋鸡和肉鸡(饲喂最佳日粮)的大量对比试验中未能证实。

(四)四角赖利绦虫

宿主:鸡、火鸡、孔雀、鸽。

寄生部位:小肠下半段。

鉴别特征:虫体中等大小,长 25 厘米,宽 3 毫米;头节附着在小肠后半部;顶突上有 90 ~ 100 个小钩,钩长 6 ~ 8 微米,排成一圈或两圈;吸盘呈卵圆形,上有 8 ~ 12 圈小钩,有时小钩脱落。生殖孔通常为一侧开口。子宫破裂后变为许多卵袋,每个卵袋内含 6 ~ 12 个卵,卵的直径为 25 ~ 50 微米。雄茎囊小(长 75 ~ 100 微米)与棘沟赖利绦虫相似,但更偏向节片的前缘。

生活史:本虫的中间宿主是几种在鸡场的石缝、木板下做窝的蚂蚁。孕卵节或卵囊随粪便排到外界,被蚂蚁吞食后,卵囊在消化道内溶解,六钩蚴逸出,钻入体腔,约经 2 周发育为具有感染性的似囊尾蚴。鸡吞食了含有似囊尾蚴的蚂蚁后,中间宿主在消化道内被消化,逸出的似囊尾蚴用吸盘和顶突固着于小肠壁上,经 19 ~ 23 天发育为成虫,并能见到孕卵节随鸡粪排出。

致病性:用白来航鸡和杂种鸡做人工感染对比试验(每只鸡平均有 12 ~ 16 条虫)表明,病鸡体重下降。在 4 个品种产蛋鸡中,每只感染 50 个似囊尾蚴后都出现了产蛋量下降,肝及肠黏膜糖含量均降低。

(五)棘沟赖利绦虫

宿主:鸡、火鸡和雉。

寄生部位:小肠。

鉴别特征:与四角赖利绦虫相似,但下面这些特征二者不同:本虫链体长(长 34 厘米,宽 4 毫米);顶突上具有 200 ~ 250 个小钩,钩长 10 ~ 13 微米;头节上有圆形吸盘,吸盘上有 8 ~ 15 圈小钩,钩长 5 ~ 15 微米;生殖孔开口在节片的后半部,位于一侧的边缘上,但偶有交替的;雄茎囊大,长 130 ~ 180 微米;孕卵节片子宫最后形成 90 ~ 150 个卵袋,每个卵袋含 6 ~ 12 个卵,卵的直径为

25～40微米,孕节常彼此连接松弛,在两个节片中间像开了窗户似的。

生活史:如四角赖利绦虫一样,很多种蚂蚁自然地感染有本虫的似囊尾蚴。蚂蚁能同时感染棘沟赖利绦虫和四角赖利绦虫。

致病性:棘钩赖利绦虫被认为是致病性最强的鸡绦虫之一,因为它的存在与鸡的结节病有关。Nadakal等报道,人工感染200个似囊尾蚴后6个月,在绦虫附着处发现寄生虫性肉芽肿,直径为1～6毫米。病鸡还伴发卡他性增生性肠炎,淋巴细胞、多型核白细胞和嗜酸性粒细胞浸润。

四、诊断

鸡绦虫病的诊断常用尸体剖检法,在充足的光线下,可发现白色带状的虫体或散在的节片。如把肠道放在一个较大的带黑底的水盘中,虫体就更易辨认。因绦虫的头节对种类的鉴定是极为重要的,所以要仔细寻找。剥离头节时,可用外科刀深割下那块带头节的黏膜,并在显微镜下用两根针剥离黏膜。对细长的膜壳绦虫,必须快速挑出头节,以防其自解。

因本病缺乏特征性临床症状,故生前诊断主要依靠虫卵检查和检查粪便中有无绦虫体节。

1. 直接涂片法

用甘油水(甘油与水等量)滴在载玻片上,将采取的粪便少许与其混匀,除去粪渣,然后用火柴棒把粪便涂成略小于盖玻片的薄膜,其厚度以能透视出字迹为宜,加盖玻片,镜检,如发现有绦虫卵即可证实。

2. 水洗沉淀法

取被检粪便10克,放入小烧杯内,加入少量清水,搅拌成糊状,再加入大量清水,充分搅拌,并通过两层纱布过滤到另一容器内,然后加满水,静置10～20分,再倾去上清液,如此反复数次,直至上清液透明呈无色为止,最后一次倾去上清液只留沉渣,用吸管吸取1滴于载玻片上,加盖玻片,镜检,如发现有绦虫孕节,即可确诊。

五、防控措施

1. 预防

因为鸡的绦虫在其生活史中必须要有特定种类的中间宿主参与,所以预防和控制鸡绦虫病的关键是消灭中间宿主,从而中段绦虫的生活史。集约化养鸡场采取笼养的管理方法,使其避开中间宿主,这可以作为易于实施的预防措施。

2. 全群进行驱虫

常用的驱虫药有以下几种:①吡喹酮,鸡每千克体重 10 ~ 15 毫克,一次投服,可驱除各种绦虫。②硫氯酚(别丁),鸡每千克体重 150 ~ 200 毫克,以 1:30 的比例与饲料配合,一次投服。③氯硝柳胺,鸡每千克体重 50 ~ 60 毫克,一次投服。④丙硫苯咪唑,鸡每千克体重 10 ~ 20 毫克,一次投服。

鸡 吸 虫 病

鸡吸虫病是由吸虫寄生于鸡引起的一类寄生虫病。

吸虫属于扁形动物门、吸虫纲,是一类身体扁平、多细胞、缺肛门、无体腔的动物。

吸虫纲又分为盾腹亚纲、单殖亚纲和复殖亚纲。盾腹亚纲和单殖亚纲的吸虫是无脊椎动物或冷血脊椎动物的寄生虫(包括鱼类、两栖类、爬行类、软体及甲壳动物)。复殖吸虫几乎全部是家畜、家禽和人类的内寄生虫。所有禽类吸虫的生活史都需要软体动物类中间宿主的参与,有许多种类还需第二个中间宿主。因为成虫和童虫几乎侵入禽类所有的体腔和组织,所以剖检任何部位时都可能意外地碰到吸虫。

一、形态学

复殖吸虫的虫体大多呈背腹扁平的叶片状,偶尔呈圆柱形或线状。体表覆盖着一层外皮,其上可能具有鳞样的小刺。虫体前端具有口吸盘通消化道,腹面上有腹吸盘(为吸附器官)。无体腔。

消化系统由被口吸盘围绕着的口孔、1 个短的前咽、1 个肌质球状的咽、1 个细长的食管和 2 个肠管(盲肠)所组成。除血吸虫外,家禽的所有吸虫均为雌雄同体。

雄性生殖系统由睾丸(2 个)、输出管(2 条)、输精管(1 条)、储精囊(输精管的膨大部)、雄茎、生殖孔等组成。雌性生殖系统由卵巢(1 个)、输卵管(1 条)、卵膜、受精囊、子宫、生殖孔等组成。卵黄腺 1 对,分别位于虫体中 1/3 的两侧,由 2 条卵黄管汇合成卵黄总管而通入卵膜。从卵巢发出的一条输卵管也通向卵膜。受精囊 1 个,其中储藏精子,也通向卵膜。子宫是一条弯曲的管,一端与卵膜连接,另一端通向生殖孔。梅氏腺包围于卵膜外侧,可分泌液体冲洗卵膜和子宫,使已经形成的虫卵移向生殖孔。卵一般具有卵盖,其大小和形状均不相同。许多种吸虫的卵在子宫中即已发育,故一经产出即可孵化。

神经系统由成对的神经节组成,位于咽区。从神经节发出的神经伸向前方与后方,且沿着身体的腹侧及侧部形成神经干。自由生活的吸虫幼虫(毛蚴和尾蚴)虽具有色素粒斑点的眼点,但成虫通常没有感觉器官。

排泄系统由焰细胞(有一簇纤毛和一个细胞核结合在一起)、毛细管、前后集合管、排泄总管、排泄囊及排泄孔等部分组成。

二、生活史

复殖吸虫在发育过程中需要更换一个或两个中间宿主,第一中间宿主为淡水螺或陆地螺,第二中间宿主多为鱼、蛙、螺、昆虫(蚂蚁、蜻蜓等)、甲壳类(蟹等)。发育过程经历卵、毛蚴、胞蚴、雷蚴、尾蚴及囊蚴各期。

复殖吸虫的卵多呈椭圆形或卵圆形,除日本分体吸虫、嗜眼吸虫外,都有卵盖。虫卵随宿主的粪便排到外界,在适宜的条件下,在水中孵出毛蚴(幼虫体表被有纤毛)。一个毛蚴进入螺体发育成一个胞蚴,一个胞蚴进一步发育成多个雷蚴,一个雷蚴又发育成多个尾蚴。有时雷蚴体内还生成子雷蚴,由子雷蚴发育成尾蚴。有的吸虫由胞蚴产生子胞蚴,由子胞蚴发育成尾蚴、缺雷蚴阶段。尾蚴离开螺体,脱去尾部,分泌一种物质形成包囊,称此为囊蚴。当家畜或家禽吃草或饮水时将囊蚴摄入体内而发育为成虫。有的尾蚴(如血吸虫)可直接钻入终末宿主的皮肤,并进入血液,发育为成虫。有的尾蚴进入第二中间宿主体内发育为尾蚴,终末宿主在以第二中间宿主作为食物时受到感染。

三、常见鸡吸虫

(一)涉禽嗜眼吸虫

宿主:鸡、火鸡、鸭、鹅、孔雀等。

寄生部位:眼结膜囊和瞬膜下。

鉴别特征:虫体呈矛头状,头部较尾端狭细,微黄色,半透明。大小为(3~8.4)毫米×(0.7~2.1)毫米。口吸盘宽0.285毫米;腹吸盘直径约为0.588毫米,距前端的距离相当于虫体全长的1/4范围内。卵巢位于睾丸之前,子宫充满于虫体的中央约1/3范围内。卵黄腺呈管状,位于体中央的两侧。子宫内的卵呈卵圆形,大小为(0.085~0.120)毫米×(0.039~0.055)毫米,每个虫卵都含有发育完全的毛蚴。

生活史:随粪便排出的卵内含有一个发育完全的毛蚴,毛蚴体内含有一个母雷蚴。遇到水后立即孵化。当毛蚴遇到中间宿主螺蛳时,即钻进宿主的组织并释放出母雷蚴,母雷蚴进入螺蛳的心脏,并在此发育形成第二代雷蚴(子雷蚴)。子雷蚴发育成尾蚴,从心脏移动到消化腺。从母雷蚴发育到尾蚴约需3个月。尾蚴从螺体内逸出后可在任何固体的物体上形成包囊。当鸡、鸭等吞食包囊后,囊内的后期尾蚴即在口和嗉囊内脱囊,幼龄吸虫在5天内即从鼻泪管移行到结膜囊,在此大约经1个月发育成熟。虫体在家禽眼内的寿命为9个月。

致病性:虫体以吸盘附着于结膜,引起结膜的充血和糜烂,角膜浑浊、充血,有的甚至化脓,眼睑肿大,结膜液内含有血液、虫卵和活动的毛蚴。患鸡双目紧闭,眼内充满脓性分泌物,严重的双目失明,不能觅食,引起双脚瘫痪而离群,最后逐渐消瘦死亡。

(二)舟形嗜气管吸虫

宿主:鸡、鸭、鹅。

寄生部位:气管、支气管、气囊和眶下窦。

鉴别特征:虫体呈卵圆形,大小为(6~12)毫米×3毫米。口在前端,无肌质吸盘围绕;无腹吸盘;肠管后部是连续的,并具有数个中侧憩室。卵巢和睾丸位于虫体的后部,睾丸呈圆形;子宫高度盘曲于虫体中部。虫卵的大小为(0.096~0.132)毫米×(0.050~0.068)毫米。

生活史:刚排出的虫卵内含毛蚴,毛蚴孵出后钻入中间宿主螺蛳的体内,无尾的尾蚴的螺体内形成包囊,鸡吞食含囊蚴的螺蛳后而被感染。

致病性:轻度感染时,没有损害或仅轻度损害。当大量寄生于鸡的气管和支气管时,可因窒息而死亡。临诊症状:咳嗽、气喘、伸颈张口呼吸。

(三)卷棘口吸虫

宿主:鸡、火鸡、鸭、鹅和多种野禽;哺乳动物中猪、猫、兔、鼠和人均有感染。

寄生部位:盲肠、小肠、直肠和泄殖腔。

鉴别特征:虫体呈长叶片状,体表具有小刺。长7.6~12.6毫米,最大宽度为1.26~1.60毫米。头襟发达,宽0.54~0.78毫米,有头棘37个,其中两侧各有5个排列成簇,称为角刺。口吸盘位于虫体前端,小于腹吸盘。腹吸盘位于体前方1/4处,为长圆形。睾丸呈长椭圆形,前后排列,位于卵巢的后方。储精囊位于腹吸盘之前,肠管分枝之间。生殖孔开口于腹吸盘的前方。卵巢呈圆形或扁圆形,位于体中央或中央稍前方。子宫内充满虫卵并弯曲在卵巢的前方。卵黄腺发达,分布于腹吸盘后方之两侧,直达虫体的后端。虫卵呈椭圆形,金黄色,大小为(0.114~0.126)毫米×(0.064~0.072)毫米。前端有卵盖,内含卵细胞。

生活史:本吸虫的发育需要两个中间宿主,第一中间宿主有两种椎实螺(折叠罗卜螺和小土蜗)和一种扁卷螺(凸旋螺);第二中间宿主除以上3种螺外,还有2种扁卷螺(半球多脉扁螺和尖口圆扁螺)。蝌蚪也可成为第二中间宿主。

成虫在鸡的直肠或盲肠中产卵,虫卵随粪便排到外界,落于水中的虫卵在31~32℃下,只需10天即孵出毛蚴。毛蚴进入第一中间宿主后发育为胞蚴、母雷蚴、子雷蚴、尾蚴。成熟的尾蚴离开螺体,游于水中,遇第二中间宿主,即钻入其体内,尾部脱落即形成囊蚴。也有成熟尾蚴不离开螺体,直接形成囊蚴的。终末宿主吃入含有囊蚴的螺蛳或蝌蚪后,而遭感染。囊蚴进入消化道后,囊壁被消化液溶解,童虫脱囊而出,吸附在肠壁上,经16~22天,即发育为成虫。

致病性:本病对幼鸡的危害较为严重,在严重感染时可引起下痢、贫血、消瘦、生长发育受阻,最后因极度衰弱而引起死亡。剖检可见出血性肠炎,在肠黏膜上附着有大量虫体,引起黏膜损伤和出血。

(四)曲颈棘缘吸虫

宿主:鸡、火鸡、鸭、鹅和多种野禽。也见于哺乳动物,其中包括人。

寄生部位:小肠、盲肠。

鉴别特征:体长1.9~7.3毫米。虫体前部向腹侧弯曲,体表前部有较多的大刺。头襟很发达,上有45个小棘,列为两行。口吸盘略呈长圆形;腹吸盘很发达,呈圆形或长卵圆形,一般位于体前1/4处。睾丸2个,椭圆形,位于体之后部,并前后排列于卵巢的后方。卵巢呈圆形或椭圆形,位于虫体中央的稍前方。卵黄腺很发达,分布于腹吸盘后的两肠枝的外侧,直达肠枝的末端。子宫短,内有数目不多的虫卵,大小为(0.092~0.106)毫米×(0.064~0.072)毫米。

生活史:该虫和卷棘口吸虫相似,第一中间宿主和第二中间宿主为多种淡水螺,囊蚴可在其组织内形成。某些两栖类(蝌蚪)也可作为第二中间宿主。当毛蚴在几种淡水螺蛳的体内发育之后,尾蚴在这些同种螺蛳宿主或其他的软体动物或蛙类的蝌蚪体内发育为囊蚴。鸡吞食囊蚴后,经8~18天发育成熟并开始产卵。整个生活史(从卵发育为成虫)共需8周,成虫的寿命不超过2个月。

致病性:少数或中等数量的吸虫感染,致病力不强。大量感染时可发生严重的肠炎,贫血,消瘦,两足无力,肠鼓胀,精神不振,食欲缺乏,体重下降,产蛋量减少,甚至发生死亡。

(五)球形球盘吸虫

宿主:鸡、鸭、野鸭和天鹅。

寄生部位:小肠。

鉴别特征:虫体呈梨形或球形,体长0.5~0.85毫米。吸盘很发达,有一个厚而大的腹吸盘。生殖孔开口于腹面,位于口吸盘的后缘。睾丸位于虫体的后部,一个睾丸位于另一个的背侧。卵巢在睾丸之前。卵黄腺由大滤泡组成,分布于肠分叉处至睾丸前缘之间。子宫相当短,大部分在腹吸盘之前。虫卵大小为(0.090~0.105)毫米×(0.060~0.067)毫米。

生活史:在螺蛳(触角豆螺)体内发育成尾蚴并形成包囊,鸡通过吞食受感染的软体动物而被感染。感染后5~6天,在宿主的粪便中出现虫卵。

致病性:可引起小肠的充血、出血和后1/3处的严重溃疡。组织学观察见肠壁各层组织的急性充血,黏膜上皮明显脱落,甚至在很多部位上肠绒毛全部脱落,许多吸虫以其有力的吸盘吸附在肠壁上,使该处伴发的溃疡向深部延伸,直至肌层。

(六)优美异幻吸虫

宿主:鸡、鸭、鹅。

寄生部位:小肠、胃。

鉴别特征:虫体弯曲或伸直,长1.2~1.7毫米,分前、后两部,其中前体部大小为(0.4~0.6)毫米×(0.3~0.5)毫米,后体部为(0.8~1.2)毫米×(0.3~0.5)毫米。吸盘位于前体部,腹吸盘较大。生殖器官位于后体部,睾丸不规则形,前后排列。卵巢位于睾丸之前。虫卵大小为(0.091~0.105)毫米×(0.070~0.075)毫米。

生活史:尾蚴和尾蚴前阶段寄生于椎实螺,经20~30天由子胞蚴发育为尾蚴,尾蚴的尾部分叉。它们可以在胞蚴内形成包囊,或从螺蛳体内逸出,钻入另一淡水螺,发育为四叶幼虫。终末宿主在吞食含有这些幼虫的螺蛳而受感染。经3~4天即发育成熟并开始产卵。成虫的寿命为1~2周。

致病性:在虫体寄生的部位,肠上皮发生脱落,可见许多出血区,在血凝块中包含有虫体。

(七)鸡后口吸虫

宿主:鸡、火鸡、珍珠鸡和鸽,偶见于家鸭。

寄生部位:盲肠。

鉴别特征:虫体呈舌形,长3.5~7.4毫米。有一个口吸盘,有咽,腹吸盘非常发达,位于虫体的前1/3和中1/3交界处。盲肠弯曲,迂回蜿蜒。卵巢在两个睾丸之间,靠近身体后端。侧部的卵黄腺从睾丸延伸至腹吸盘。子宫位于生殖腺之前,向前延展到肠管分叉处。虫卵大小为(0.029~0.032)毫米×0.018毫米。

生活史:排出的卵含有一个毛蚴,卵被螺蛳吞食后孵化,由毛蚴发育为尾蚴,它们可以重新进入同一个或另一个不同种的或同种的螺蛳体内并形成包囊,鸡吞食了含有包囊的螺蛳而被感染。

致病性:小母鸡人工感染后有显著的盲肠发炎和出血。人工感染后15天,在盲肠粪便中可见有血液。

(八)布氏(副顿水)顿水吸虫

宿主:鸡、火鸡、鸽。

寄生部位:肾和输尿管。

鉴别特征:鉴别特征:虫体呈长形,扁平,长可达3毫米。有一个口吸盘,位于亚末端。腹吸盘小而不明显。咽显著,食管短或没有,盲肠在靠近体后端处相连。睾丸在虫体的中部或偏前。卵巢在睾丸的前方,位于腹吸盘区之内或紧靠其后。卵黄腺在盲肠的外侧。生殖孔紧靠腹吸盘的前方。虫卵大小为0.034毫米×0.015毫米。

生活史:中间宿主是一种陆地螺蛳,幼虫阶段的发育在1个月内完成。鸡吞食了体内含有包囊期的后期尾蚴的螺蛳时受到感染。感染后23天,虫卵发现于排泄物中。

致病性:能引起肾壁增厚和肾集合管扩张。

(九)楔形前殖吸虫

宿主:鸡、鸭、鹅、野鸭和野鸟。

寄生部位:腔上囊、输卵管、泄殖腔、直肠,偶见于鲜蛋内。

鉴别特征:虫体呈梨形,长2.89~7.14毫米,宽1.70~3.71毫米,体表有小刺。口吸盘近似圆形,大小为(0.32~0.50)毫米×(0.30~0.48)毫米。腹吸盘位于虫体前1/3处的后方,大小为(0.54~0.81)毫米×(0.52~0.81)毫米。睾丸呈卵圆形,左右对称排列。雄茎囊长而弯曲,越过肠叉。卵巢分为3

个或 3 个以上的主叶,每个主叶又分为 2～4 个小叶,位于腹吸盘后方,虫体的右侧。受精囊卵圆形,位于卵巢的后方。卵黄腺常集聚成簇,大多数分布于虫体两侧肠支的外方,从腹吸盘直达睾丸的后方。弯曲管状的子宫,由睾丸直达虫体末端。子宫向前延伸越过腹吸盘,开口于前端的生殖孔。虫卵具有卵盖,大小为 $(0.022～0.024)$ 毫米 $×(0.028～0.031)$ 毫米。

生活史:虫卵随粪便排出体外,被水生螺吞食(或虫卵遇水孵出毛蚴),毛蚴在螺的肝脏中发育为胞蚴和尾蚴,成熟的尾蚴自螺体内逸出到水中,能被第二中间宿主蜻蜓稚虫的呼吸活动由肛孔吸入体内,在肌肉中变为囊蚴。当蜻蜓的稚虫过冬或变为成虫时,这些囊蚴在蜻蜓稚虫体内都保持有生活力。当终末宿主鸡、鸭等吞食含有囊蚴的蜻蜓稚虫或成虫时即受到感染。囊蚴经过消化道,发育成为童虫,最后从泄殖腔进入输卵管或腔上囊,经 1～2 周发育为成虫。

致病性:虫体以吸盘及体表小刺刺激输卵管黏膜,并破坏腺体的正常功能,引起石灰质的产生过多或停止,继之破坏蛋白腺的功能,引起蛋白质的分泌过多,从而导致输卵管壁的不规则收缩,形成各种畸形蛋、软皮蛋,甚至排出石灰质、蛋白质等半液体状物质。重症时,可引起输卵管的破坏或逆蠕动,致使炎性物质、蛋白质或石灰质进入腹腔,引起腹膜炎而死亡。

四、诊断

通常是以粪便中发现有盖的吸虫卵为依据,虫卵检查的方法以反复水洗沉淀法效果最好。死后诊断可对鸡尸体进行剖检,在其体内发现吸虫即可确诊。

五、防制措施

1. 预防

因为所有的吸虫都至少需有一种螺蛳作为中间宿主,所以预防鸡感染吸虫的主要措施是控制或消灭这些软体动物,或使鸡避开吸虫的流行区,选择尽量远离河流和沼泽地的地方饲养鸡,或采取关闭方式饲养鸡。

2. 治疗

对于鸡眼内的嗜眼吸虫,可用 75%～90% 乙醇滴眼,该药对局部有刺激性,但可治愈。

寄生于呼吸系统的吸虫,可借助吸入具有杀蠕虫特性的粉剂药物进行驱虫。

寄生于消化道的吸虫,可试用下列药物:硫氯酚 300～500 毫克/千克,一次口服;吡喹酮50～60毫克/千克,一次口服;丙硫苯咪唑100～200毫克/千克,一次口服。

鸡 线 虫 病

鸡线虫病是由线形动物门线虫纲中的线虫引起的一种寄生虫病。

线虫外形通常呈线状、圆柱状或近似线形,两端较细,其中头端偏钝,尾部偏尖。雌雄异体,一般是雄虫小,雌虫大,雄虫的尾部常弯曲,雌虫的尾部比较直。大小差异很大,从1毫米至1米以上。内部器官位于假体腔内。

消化器官由口、食管、肠、直肠和肛门组成。口孔周围有的有唇,有的有叶冠。有的线虫有口囊,有的在口囊内还有齿,这类线虫常以口囊吸附在宿主的黏膜上。食管为肌质,呈棒状或柱状。肠与直肠为简单管状构造。在雌虫,肛门和阴门分别开口,肛门一般位于靠近尾部的腹面上。在雄虫,肛门和射精管共同开口于泄殖腔,泄殖腔开口在靠近尾端的腹面上。

雄虫的生殖器官由睾丸、输精管、射精管与泄殖腔组成。此外生殖器官还有复杂的辅助器官,最主要的是交合刺,一般为两根,个别的只有一根。交合刺的形状和大小差异很大。有的还有交合伞、尾翼等构造。

雌虫通常有两个卵巢、两根输卵管、两个受精囊(输卵管末端的膨大部)、两条子宫、两个肌质的排卵器,后者共同合为一个阴道。阴门开口于虫体的腹面。

线虫的神经中枢在食管部。感觉器官有乳突,主要分布在头部,大多数线虫都有一对颈乳突,雌虫尾部也有许多乳突。

线虫的发育是多种多样的,通常可分为直接和间接两种类型。直接发育不需要中间宿主,雌虫产卵排出体外,在外界适宜的温度、湿度条件下,虫卵孵出幼虫,并经两次蜕皮变为感染性幼虫,被适宜的宿主(禽类)所吞食,在其体内发育为成虫,如鸡异刺线虫。间接发育需要蚯蚓、昆虫等作为中间宿主,如美洲四棱线虫和膨尾毛细线虫。

一、常见鸡线虫

(一)寄生于消化道的线虫

1. 环形毛细线虫

宿主:鸡、火鸡、鹅、松鸡、珍珠鸡、鹧鸪、雉、鹌鹑。

寄生部位:食管和嗉囊黏膜。

鉴别特征:细长形,外观和捻转毛细线虫相似,但很容易借其头部略后的一个角皮隆起而加以区别。雄虫一般长 1~26 毫米,宽 52~74 微米;尾端有 2 片不十分明显的圆形侧翼,背侧以一个胶质翼相连;交合刺鞘上布满小刺,交合刺长 1.12~11.63 微米。雌虫一般长 25~60 毫米,宽 77~120 微米;虫体后部(阴门以后)大约比前部长 7 倍;阴门呈圆形,其位置大约相当于食管末端处;虫卵两端有卵塞,大小为(55~66)微米×(26~28)微米。

生活史:虫卵随鸡的粪便排至外界,在 28~32℃条件下,经 24~32 天,在卵内形成第一期幼虫,其大小为 250 微米×10 微米。中间宿主吞食感染性虫卵后,在其体内孵出幼虫,经蜕皮变为第二期幼虫,经 14~21 天后才对鸡具有感染性。鸡吞食了含第二期幼虫的中间宿主后,幼虫释放出来,进入食管和嗉囊的黏膜,再经 19~26 天发育为成虫。Wehr 证明爱胜蚓和异唇蚓是这种嗉囊线虫的中间宿主。

致病性:虫体深入嗉囊的黏膜内,引起嗉囊壁增厚和寄生部位腺体肿大。嗉囊和食管壁常有炎症。严重感染时,嗉囊内壁增厚、变得粗糙、高度软化,成团的虫体主要集中在剥脱的组织内。

2. 捻转毛细线虫

宿主:鸡、火鸡、鸭、珍珠鸡、鹧鸪、雉、鹌鹑。

寄生部位:食管、嗉囊黏膜内,有时寄生于口腔黏膜内。

鉴别特征:虫体呈线状,两端尖细,头部没有角质隆起。雄虫长 8~17 毫米,宽 60~70 微米;尾端有两个侧背隆起;交合刺一根,非常细且透明,长约 800 微米;交合刺鞘上布满细发样小刺。雌虫长 15~60 毫米,宽 120~150 微米;阴门呈圆形,突出,位于肠起始部后方 140~180 微米处。

生活史:虫卵排在嗉囊黏膜内的隧道内,随着脱落黏膜进入嗉囊和食管腔。受染鸡的粪便中含有许多虫卵,经过 1 个月或稍长时间,发育为含有胚胎的卵。易感的鸡啄食了感染性虫卵后,经过 1~2 个月,幼虫发育为成虫。

致病性:轻度感染时,嗉囊和食管壁轻度增厚和发炎。重度感染时,嗉囊和食管壁显著增厚和发炎,黏膜上覆盖有絮状的渗出物,黏膜不同程度地脱落。嗉囊可能丧失其功能。重度感染时,虫体可能侵袭到口和食管上部。病鸡表现为垂头、虚弱、消瘦。

3. 嗉囊筒线虫

宿主:鸡、火鸡、鹧鸪、雉、鹌鹑。

寄生部位:嗉囊黏膜,有时在食管和前胃黏膜。

鉴别特征:虫体前端部有一段生有盾状突斑,近头端较少而分散,稍后较密集,并排列成纵行。雄虫长17~20毫米,宽224~250微米;颈乳突距头端大约100微米;尾部有2个狭窄而不对称的尾翼;生殖乳突数目不等,左右不对称;左侧肛前乳突可达7个,右侧可达5个;左侧交合刺长17~19毫米,与虫体等长或几乎与虫体等长,宽7~9微米,尖端具有一个倒钩;右侧交合刺长100~120微米,宽15~20微米。雌虫长32~55毫米,宽320~490微米;阴门距尾端2.5~3.5微米。

生活史:Cram等曾从甲虫小金龟子体内收集到线虫幼虫,人工感染了一只鸡,并从感染的鸡体内得到一条筒线虫雄虫,当时被暂定为嗉囊筒线虫。以后Cram又让螳螂摄食来自山鹑的嗉囊筒线虫的含胚胎的虫卵而感染螳螂,再用螳螂体内得到的幼虫感染鸡,但在感染后79天屠宰时未发现虫体。

致病性:本虫所致的损伤仅在嗉囊黏膜中形成虫道,呈局部性病变。嗉囊壁内的虫体与虫道外观呈白色的盘旋状"轨迹",易与毛细属线虫相混,需镜检区别。

4. 巨鼻分咽线虫

宿主:鸡、火鸡、松鸡、珍珠鸡、鹧鸪、雉、鸽、鹌鹑和许多燕雀类的鸟。

寄生部位:前胃,有时食管,偶见小肠的壁内。

鉴别特征:虫体前端部有四条波浪状的角质饰带,从唇的基部开始,向后延伸,而后又折回向前,延伸一短距离;颈后乳突小,分两叉,位于折回的两条饰带之间;虫体常蜷曲呈螺旋状。雄虫长7~8.3毫米,宽230~315微米;肛后乳头5对,肛前乳头4对;长交合刺400微米,细长而弯曲;短交合刺150微米,船形。雌虫长9~10.2毫米,宽360~565微米,阴门位于身体后部,卵胎生。

生活史:Cram用人工感染证明等足类的节肢动物和鼠妇可作为中间宿主。这些等足类动物吞食了含有胚胎的虫卵后4天内,幼虫从卵壳出来,进入体腔的组织间。在26天内完成其发育,到达感染阶段即第三期幼虫。在被易感的脊椎动物吞食之后27天,雌虫发育到性成熟并产卵。

致病性:此等线虫寄生时,常见其头部深深地钻入黏膜。前胃黏膜上常见有溃疡。重度感染时,前胃壁显著增厚和软化,各组织层不易分辨,虫体几乎全部隐藏于增生的组织下。有时造成鸡死亡。

5. 美洲四棱线虫

宿主:鸡、火鸡、鸭、松鸡、鸽、鹌鹑。

寄生部位:前胃。

鉴别特征:口周围有 3 片小唇;有口囊。两性形态差异明显。雄虫长 5 ~ 5.5 毫米,宽 116 ~ 133 微米;有 2 行双列尖端向后的小棘,在亚中线上绵延于虫体的全长;有颈乳突;尾细长;有 2 根不等长的交合刺,分别长为 100 微米和 290 ~ 312 微米。雌虫长 3.5 ~ 4.5 毫米,宽 3 毫米;身体呈球形,血色,有 4 条纵沟;子宫和卵巢很长,盘曲成圈,充满体腔;虫卵大小为(42 ~ 50)微米 × 24 微米,卵胎生。

生活史:虫卵随宿主的粪便排到外界,被中间宿主——两种蚱蜢(赤腿蚱蜢和殊种蚱蜢)与一种蟑螂(德国小蜚蠊)所吞食后孵化幼虫,经 42 天后发育为感染性幼虫。鸡吞食了带感染性幼虫的上述昆虫而受感染,幼虫逸出后在胃黏膜中至少停留 12 天,蜕皮变为第四期幼虫。随后雌虫进入胃腺,交配,至 45 天时雌虫子宫中已有含胚胎的虫卵,3 个月雌虫膨大到最大程度。

致病性:严重感染的鸡消瘦、贫血。鸡的前胃壁可能增厚,以致管腔几乎完全闭塞。

6. 钩状唇旋线虫

宿主:鸡、火鸡、松鸡、珍珠鸡、雉、鹌鹑。

寄生部位:肌胃角质层下方,一般见于贲门或幽门区,此处衬里较柔软。

鉴别特征:头端有两片大三角形侧唇;4 条角质饰带,两两并列,有不规则的波浪状弯曲,至少延伸到虫体的 2/3 长,有时至尾端;不相吻合,不向前回转。雄虫长 9 ~ 19 毫米;交合刺长度不等,形状各异,左侧的细长,右侧的短而弯曲;尾部紧紧地蜷曲着;有 2 个非常宽的尾翼;尾乳突 10 对。雌虫长 16 ~ 25 毫米,阴门在虫体中部稍后方;尾端尖,虫卵 40 微米 ×64 微米,卵胎生。

生活史:蚱蜢、甲虫、象鼻虫和沙蚤为中间宿主。当虫卵被中间宿主吞食后,经 20 天左右的发育,变成感染性幼虫。终末宿主在摄入了含有感染性幼虫的中间宿主而受感染。幼虫被摄入后,在第一昼夜内钻入肌胃的角质层下面,在 24 天内蜕皮 2 次,约在 25 天,移行至肌胃壁内,到 76 天发育成熟。

致病性:少量寄生时,对鸡的健康状况没有显著影响,仅在肌胃角质层出现小的局灶性损伤,也可能涉及肌肉组织。在肌胃的肌肉部分可能发现包有寄生虫的结节,结节质地柔软。严重感染时,肌胃壁严重损伤。

7. 鸡蛔虫

宿主:鸡、火鸡、小野鸽、鸭、鹅。

寄生部位:肠腔内,偶见于食管、嗉囊、肌胃、输卵管和体腔。

鉴别特征:虫体粗大,黄白色,头端有 3 片大唇。雄虫长 50~76 毫米,宽 490~1 210 微米;肛前吸盘卵圆形或圆形,有发达的几丁质壁,在其后缘有一乳突状的缺口;尾部有狭窄的尾翼和 10 对乳突;第一对腹位尾乳突位于肛前吸盘前,第四对间距甚远;交合刺近等长,形状狭细,端部钝,略带锯齿状。雌虫长 60~116 毫米,宽 900~1 800 微米;阴门位于虫体前部;虫卵椭圆形,卵壳厚,其排出时尚未发育。

生活史:生活史简单,属直接发育型。雌虫在小肠内产卵,卵随粪便排出体外。在适宜的条件下,经 17~18 天,卵内形成幼虫,幼虫蜕皮后仍留在壳内,即为感染性幼虫。感染性虫卵在易感宿主的前胃或十二指肠中孵化。幼虫孵化后前 9 天时,生活在十二指肠后部的肠腔内,以后钻进黏膜,引起出血;17~18 天时,重返十二指肠,直至发育成熟。从吞食感染性幼虫至性成熟需 1 个月左右。

致病性:感染鸡蛔虫使宿主体重减轻,这与虫体寄生数量呈正相关。严重感染时可能引起肠阻塞,甚至引起肠破裂和腹膜炎。鸡大量感染蛔虫时,可出现失血、血糖浓度降低、尿酸盐含量增加、胸腺萎缩、生长受阻、死亡率增高。但患鸡的血液蛋白水平、血细胞压积和血红蛋白水平不受影响。鸡蛔虫还可通过与其他疾病如球虫和支气管炎的相互作用(协同作用)产生有害的影响。鸡蛔虫还能携带传播鸡的呼肠孤病毒。偶尔可在感染鸡所产蛋中发现虫体,这是鸡蛔虫感染最显著的特征之一。这些虫体可能是哌嗪治疗的"幸存者",它们从泄殖腔向上移行至输卵管,继之被包围在鸡蛋内。借助光照蛋法可检出感染鸡蛋。

免疫力:3 月龄或更大的鸡对鸡蛔虫有较强的抵抗力。在年龄较大的鸡体内幼虫孵出以后,很少发育或不发育。高剂量感染时,幼虫滞育于第三期,这是由于抵抗力的结果而不是由于"拥挤效应"。重型鸡如洛岛红、洛岛白与芦花洛克等对蛔虫感染的抵抗力比轻型鸡如白来航与白色米诺加等强。鸡营养状况也影响着免疫力。饲料中主要是动物性蛋白,植物性蛋白很少或没有,有助于鸡建立对蛔虫感染的抵抗力。饲食动物性蛋白占绝对比重的精饲料的鸡比那些饲食低动物蛋白精饲料的荷虫量小。饲食高含量维生素 A 和复合维生素 B 的饲料,可增加对鸡蛔虫的抵抗力。饲料中增加钙和赖氨酸,则减低虫荷量和缩短虫体长度。

8. 封固毛细线虫

宿主:鸡、火鸡、鹅、珍珠鸡、鸽、鹌鹑。

寄生部位:小肠、盲肠。

鉴别特征:毛发状纤细虫体。雄虫长 7～13 毫米,宽 49～53 微米;泄殖腔开口几乎在末端,每侧各有一个小的伞叶,这两个叶由一个细薄的伞膜在背侧相连;交合刺一根,长 1.1～1.5 毫米;交合刺鞘上带有横的皱襞,无刺。雌虫长 10～18 毫米,宽约 80 微米;阴门部稍隆起,位于食管和肠连接处的稍后方;虫卵(44～46)微米×(22～29)微米,卵壳上有网状纹理。

生活史:封固毛细线虫的生活史属直接发育型。卵的胚胎发育取决于外界环境温度,在 20℃ 虫卵发育完成需 13 天,在 35℃ 需 65～72 小时,37℃ 以上的温度对胚胎发育有害。已形成胚胎的卵储藏在低温(-3.5℃)或高温(50℃)下,会降低其感染性。鸡经口感染后大约 18 天到达性成熟,但潜伏期为 20～21 天。

致病性:严重感染本虫的病鸡倾向于蜷缩成一团。症状表现为消瘦、腹泻、出血性肠炎和死亡。在严重人工感染时,最显著的肉眼病变是肠上段有卡他性渗出物,肠壁增厚。

9. 鸡异刺线虫

宿主:鸡、火鸡、鸭、鹅、松鸡、珍珠鸡、鹧鸪、雉、鹌鹑。

寄生部位:幼虫和成虫寄生于盲肠。

鉴别特征:虫体小,呈白色;头端向背侧弯曲;口周围有 3 片同等大小的唇;2 个窄的侧翼几乎伸延虫体全长;食管末端有一个发达的食管球,内有食管瓣。雄虫长 7～13 毫米,尾直,末端有一个锥状的尖;有 2 片大的侧尾翼;肛前吸盘发达,具有强角质化的环壁,在吸盘壁的后缘,有一个小的半圆形缺刻;尾乳突 12 对,最后 2 对粗壮,相互重叠;交合刺 2 根,形状各异,右侧的 0.37～1.1 毫米,端部弯曲。雌虫长 10～15 毫米,尾部细长而尖;阴门部不隆起,位于虫体中部稍后方;卵壳厚、椭圆形,产出时卵细胞尚未分裂,外形和鸡蛔虫难以区分。大小为(63～75)微米×(36～50)微米。

生活史:虫卵随粪便排出,在环境中胚胎发育。虫卵在适宜的温度和湿度下,2 周左右到达感染期,当感染性虫卵被易感宿主吞食后,胚胎在肠道上部孵化;在 24 小时末,大部分幼虫到达盲肠。幼虫与盲肠组织密切接触,偶有埋入组织中的,一直持续到感染后 12 天,与组织接触程度随鸡的年龄而增加;不过鸡异刺线虫很少有真正的嗜组织期;尸体剖检时,大多数成虫寄生于盲肠顶部或盲端。虫卵也可被蚯蚓吞食,在其体内孵化并生存数月。其后蚯蚓可被禽摄食,导致盲肠虫和火鸡组织滴虫感染。

致病性:可见肠壁显著发炎和增厚。严重感染时在黏膜和黏膜下层形成结节,这种结节的形成系已经敏化的盲肠对继续感染的反应。盲肠虫在经济上之所以重要,是由于它可作为黑头病病原体组织滴虫的携带者。在易感禽类,可以用饲食来源于黑头病患鸟的感染性异刺线虫卵而使之发生黑头病,这种寄生原虫是掺和在异刺线虫卵内的。在这种盲肠虫的肠壁内,雌、雄虫的生殖器官中与发育中的虫卵内均鉴定出组织滴虫。可用异刺线虫的幼虫和雄虫直接传播火鸡组织滴虫。

10. 鸟类圆线虫

宿主:鸡、火鸡、鹅、松鸡、鹌鹑。

寄生部位:盲肠,有时小肠。

鉴别特征:此虫的特点是寄生世代只有孤雌生殖的雌虫寄生于鸟的肠道;自由生活世代有雌虫和雄虫,生活在土壤中。寄生性成虫长2.2毫米,宽40～45微米;阴门部有突出的唇;距头端1.4毫米;子宫从阴门处分为前后2支;卵巢呈发卡样回转,没有屈曲;卵壳很薄,排出时卵细胞已分裂,虫卵大小为(52～56)微米×(36～40)微米。

生活史:本虫与大多数线虫不同,寄生阶段只有雌虫。虫卵随粪便排出之后最快18小时孵化。幼虫在土壤内发育为成熟的雌虫和雄虫。不久雌虫产出幼虫,幼虫吃食、蜕皮,发育为另一世代的自由生活的雄虫和雌虫;或者这些幼虫可能转变另一类型的幼虫,即所谓的感染性幼虫,它们被易感宿主吞食之后,发育为孤雌生殖的雌虫。

致病性:在感染的早期或急性阶段,盲肠壁显著增厚;典型的灰色糊状的盲肠内容物几乎消失,排出物稀薄带血。若鸡耐过了这个急性阶段,盲肠功能即逐步恢复,增厚的肠壁逐渐复原。但幼鸡遭受感染时受害最重。若感染轻,或者是成年鸡,则即使有临床症状也是很轻的。

(二)寄生于呼吸道的线虫——气管比翼线虫

宿主:鸡、火鸡、鹅、珍珠鸡、雉、孔雀、鹌鹑。

寄生部位:气管、支气管、细支气管。

鉴别特征:又叫"红虫",因呈红色;或叫"杈子虫",因其雌雄虫永呈交配状态,外观像"丫"形。口呈球形,具有一个半球形的几丁质的囊,其基部一般有 8 个尖齿;口周围有一个几丁质的板,其外缘由切迹分割成彼此相对的 6 块花缘。雄虫长 2～6 毫米,宽 200 微米;交合伞呈斜截状,有肋,背肋有时显著地不对称;交合刺等长,短细,长 57～64 微米。雌虫长 5～20 毫米(寄生于火鸡的虫体比较长),宽 350 微米;尾端呈圆锥形,有一个尖的突起;阴门显著突出,大约位于距虫体前端 1/4 处,但位置因虫龄而有变化;虫卵 90 微米×49 微米,椭圆形,两端有卵塞。

生活史:属直接发育型。感染途径有 3 种:①虫卵在外界环境中直接发育为感染性虫卵,内含感染幼虫(未孵化),被鸡吞食。②感染幼虫自卵内孵出,鸡吞食幼虫。③由感染性虫卵孵出的感染幼虫被蚯蚓、蛞蝓或蝇等储藏宿主吞食,鸡由于啄食储藏宿主而受感染。鸡遭受感染后,幼虫经血流至肺泡,再到气管,经 17～20 天发育至性成熟。

致病性:主要危害幼雏。严重感染时,幼虫经肺移行时引起肺溢血、水肿和大叶性肺炎。成虫以其头部侵入气管黏膜下层吸血,导致继发性卡他性气管炎,并分泌大量黏液。呈现的特异性症状为伸颈,张口呼吸,头部不时地左右摇摆甩动。病初食欲减退,继而废食,消瘦,精神不振,口内充满多泡沫的唾液。后期呼吸困难,常因窒息而死。剖开病鸡口腔,在喉头附近可发现杈子形虫体。

(三)寄生于眼的线虫——孟氏尖旋尾线虫

宿主:鸡、火鸡、鸭、松鸡、珍珠鸡、孔雀、鸽、鹌鹑。

寄生部位:瞬膜下、结膜囊和鼻泪管中。

鉴别特征:虫体两端变细,前圆后尖;角皮光滑;无膜状附属物;口呈环形,由一个 6 叶的几丁质环围绕着,环上有 2 个侧乳突和 4 个亚中乳突,与环上的裂隙相对应;在口腔内有 2 对亚背齿和 1 对亚腹齿;口腔前部短而宽,后部狭长。雄虫长 8.2～16 毫米,宽 350 微米;尾部向腹侧弯曲,没有尾翼;有 4 对肛前乳突和 2 对肛后乳突;交合刺不等长,一个 3～4.55 毫米,另一个 180～240 微米。雌虫长 12～20 毫米,宽 270～430 微米;阴门距尾端 780～1 550 微米,肛门距尾端 400～530 微米;虫卵 50～65 微米×45 微米,卵胎生。

生活史:成熟雌虫排虫卵于鸟类宿主的眼内,虫卵随泪被冲至泪管,吞咽后随粪便排出体外。苏里南粗斑蟑螂吞食粪便中的线虫卵,约经 50 天,即在其体腔内发育为成熟的幼虫,它们可侵袭易感宿主。当受感染的螳螂被鸡或其他易感宿主啄食后,感染性幼虫即从嗉囊内游离出来,由食管逆行到口,经过鼻泪管到达眼睛,在此发育为成虫。

致病性:可发生严重的眼炎。病鸡表现不安静,不断地搔抓眼部,并常常流泪。瞬膜肿胀,在眼角处稍突出眼睑之外,并能连续不断地转动,试图从眼中移去异物。有时眼睑粘连,在眼睑下积聚白色乳酪样物质,严重感染者可导致眼球损坏。

二、诊断

可根据临床症状、剖检病变及发现虫体、粪便检查发现大量虫卵进行综合判断。

三、防制措施

1. 预防

在现代化养鸡场,尤其是肉鸡的封闭式饲养方式和蛋鸡的笼养方式,鸡线虫的感染种类和数量大大减少,对养鸡业不构成重要的威胁。但对于散养鸡群,鸡线虫和其他寄生虫仍相当严重,所以必须加以预防。

对大多数线虫,较好的控制措施在于搞好环境卫生,严格执行清洁卫生制度,及时清除粪便并堆积发酵;尽可能地消灭或避开中间宿主,处理土壤和垫料以杀死中间宿主是有效的。另外,不同用途和不同年龄的鸡要分开饲养,在线虫流行的鸡场应定期进行预防性驱虫。

2. 治疗

驱蛔虫用驱蛔虫灵配成1%水溶液任其自由饮用,或以200毫克/千克体重混入饲料;磷酸左旋咪唑以20~25毫克/千克体重一次性口服;丙硫苯咪唑以10~20毫克/千克体重一次性口服。

驱异刺线虫用硫化二苯胺以0.5~1克/千克体重,混入饲料喂服,或用左旋咪唑、丙硫苯咪唑等药物驱虫。

毛细线虫用哈乐松按25~50毫克/千克体重驱虫,因本药对禽类毒性较大,用时要控制好剂量;左旋咪唑以25毫克/千克体重混料饲喂;甲苯唑按每千克体重70~100毫克喂给。

驱气管比翼线虫用噻苯达唑按0.05%拌料,连用2周;甲苯唑以0.044%混入饲料,连用2周;康苯咪唑以50毫克/千克体重分别在感染后3~4.6天、7天、16~17天服用3次。

其他线虫:左旋咪唑对鸟类圆线虫有一定效果。对寄生于眼的孟氏尖尾线虫,可用1%~2%克辽林溶液冲洗;或先对眼部麻醉,再用手术方法取出虫体。

第四节　鸡的营养代谢和中毒病

维生素 A 缺乏和过多症

　　维生素 A 在鸡日粮中是必不可少的。可以保证鸡的正常生长、最佳的视力与黏膜的完整性。呼吸系统、消化系统、泌尿系统及生殖系统的上皮内衬层是由黏膜组成的,在此易观察到维生素 A 缺乏的病变。

　　维生素 A 醛或视黄醛是视网膜感光细胞的一种视觉色素成分,而视网膜感光细胞内类异戊二烯侧链的顺 – 反异构化在光感觉中具有重要作用。维生素 A 在胚胎发育过程中形态的发生、维持上皮组织结构与功能的完整性、黏液的产生、骨骼的发育、机体的免疫力和其他多种重要的生物过程中发挥重要的作用。在日粮中维生素 A 多数以视黄醇和视黄醛的形式存在,并在细胞内被氧化成视黄酸,视黄酸通过调节基因的表达而调节维生素 A 的效应。

一、维生素 A 缺乏

(一)临床症状

　　幼鸡和初生蛋的新母鸡,常易发生维生素 A 缺乏症。鸡通常发生在 6~7 周龄,若 1 周龄的鸡发病,与母鸡缺乏维生素 A 有关;成年鸡一般在 2~5 个月出现症状。

　　雏鸡主要表现为生长停滞、嗜睡、虚弱、运动失调、消瘦和羽毛蓬乱。如果严重缺乏,雏鸡表现出与维生素 E 缺乏相类似的共济失调,但这两种缺乏症可通过对大脑组织学检查而加以区别。缺乏维生素 A 还可能发生眼眶水肿。急性维生素 A 缺乏时,一般出现流泪,且眼眶下可见干酪样物。眼干燥症是维生素 A 缺乏的一个典型病变,但并非所有的雏鸡都表现这种病变,因为急性缺乏时,雏鸡经常在眼睛受到损害之前便死于其他原因。临界维生素 A 缺乏时,小公鸡会出现睾丸重量增加、精子发生和鸡冠发育增强。

　　成年鸡维生素 A 缺乏症出现的早晚取决于肝脏和其他组织中维生素 A 的储存量。随着病情的发展,鸡逐渐消瘦,体质变弱且羽毛蓬乱;产蛋鸡产蛋率急剧下降;连产期的间隔延长,孵化率下降;鼻孔和眼睛可见有水样排出物,眼睑常被粘连在一起。缺乏症继续发展时,眼睛中则有乳白色干酪状物积聚。

在此病情阶段，这种白色渗出物充满于眼睛，如不除去，则鸡不能看到东西，在许多病例中均出现鸡失明。

维生素 A 临界缺乏时，口咽和食管的上皮细胞受损，但生长不受抑制。严重缺乏时，肉鸡的肠道上皮细胞角质化，杯状细胞减少，碱性磷酸酶活性下降，刷状缘的酶活性表达降低，绒毛萎缩，生长率降低，继发消化不良。

维生素 A 缺乏时，蛋内血斑的发生率和严重程度增加。成年公鸡引起精子数减少、活力降低和畸形率增高。

（二）病理变化

维生素 A 缺乏的病变首先出现在咽部，并主要局限于黏液腺及其导管。原来的上皮被角质化的上皮所取代，堵塞量黏液腺导管，从而引起导管扩张并充满分泌物及坏死物，鼻黏膜可见片鳞状组织变性，在鼻腔、口腔、食管和咽部可见白色小脓包，并会波及嗉囊。随着缺乏症的发展，病灶增大，突出于黏膜表面，并在中心部形成凹陷。在这种病变部位，出现由炎性产物包围着的小溃疡。这种症状类似于鸡痘的某些发病阶段，但可通过镜检区分开来。因为黏膜被破坏，经常会发生细菌和病毒感染。

维生素 A 缺乏时，薄膜和鼻腔阻塞物一般局限于腭裂及其相邻的上皮，可将它们轻易地除去而不引起出血。呼吸道黏膜及其腺体出现萎缩和变性。随后，原有的上皮被角质化复层鳞状上皮所取代。鸡在维生素 A 缺乏的早期阶段，鼻甲内充满浆液黏液性清水样物质，稍加压力便会把这种物质从结节和腭裂中排出来，鼻前庭逐渐被堵塞并逆流进入鼻旁窦 - 副鼻窦。渗出液还会充满各处的窦和其他的鼻孔腔，从而引起一侧或两侧面部肿胀。在清除炎性产物后，黏膜变得菲薄、粗糙和干燥。相似的病变也见于气管和支气管。在早期阶段，这些病变可能不易观察到。随着病情的发展，黏膜被一层干燥而无光泽和不太平滑的薄膜覆盖，而正常的黏膜是平滑和湿润的。在有些病例中，上段气管的黏膜内或黏膜下可见有结节状颗粒。慢性维生素 A 缺乏引起肾小管的破坏，在严重的病例中会导致氮血症和内脏型痛风。

维生素 A 缺乏症最早出现的组织学病变是呼吸道柱状纤毛上皮萎缩和脱落。细胞核常出现明显的核破裂。萎缩变形的纤毛细胞形成一层假膜成簇悬吊于基底膜之上，随后脱落。在此过程中，新生的柱状或多角形细胞会单个或成对地形成，并在上皮下呈岛屿状出现。这些新生的细胞不断增生，细胞核变大，随着发育，细胞核内染色质减少，细胞界限不清。最终，被覆于鼻腔和与其相通的窦、气管、支气管、黏膜下腺体的柱状纤毛上皮转变为复层鳞状角质化上皮。舌、颚及食管腺体的病变和呼吸道病变相类似。雏鸡维生素 A 缺乏会引起明显的生长迟缓和软骨内成骨的抑制。骨增生区减少,增生的细胞积聚并被非钙化的基质所包围。骺端软骨的血管渗入减少,并表现出不规则的构型。骨内膜和骨膜的成骨细胞数量减少,从而导致骨的生长受阻与骨皮质变薄,骨的重建受到抑制。大脑和脊髓相对于中轴骨骼的不相称生长,表现为使脑组织受到压迫。脑脊液压力升高是维生素 A 缺乏症的最早期症状之一。成年鸡维生素 A 缺乏超过 5～8 个月,表现卵巢闭锁和卵泡出血的发生率上升,出血点或贯穿卵泡,或位于膜内和粒膜之间。

(三)治疗

对病鸡可投服鱼肝油,每只每天 1～2 毫升,雏鸡量酌情减少。对发病的大群鸡,可在每千克饲料中拌入 2 000～5 000 国际单位的维生素 A。或补充含有抗氧化剂的高含量维生素 A 的食用油,日粮补充 11 000 国际单位/千克。由于维生素 A 不易从机体内迅速排出,注意防止长期过量使用引起中毒。

二、维生素 A 过多症

Baker 等报道,若给生长鸡每天每千克体重饲喂 200 毫克视黄醇乙酸盐,会对骨骼的发育造成不良影响。病鸡的胫骨轻而短,骺生长板过宽,同时有不规则的血管网形成。骺生长板过宽是由于软骨细胞数量增加而引起的。骨表现为成骨细胞活性降低,骨和血液中碱性磷酸酶活性升高。有时可观察到脑室扩张和脑肿胀。

Tang 等给商品肉仔鸡按每天每千克体重饲喂 330 国际单位或 660 国际单位维生素 A,发现过量的维生素 A 处理几天后,雏鸡表现为步态不稳、不愿行走。9 天后,雏鸡表现厌食,并发生结膜炎,眼睑粘连,喙周围结痂。胫骨的骺生长板由于软骨细胞的增生而变宽。给雏来航鸡饲喂和肉仔鸡相似剂量的维生素 A 时,所出现的症状和肉仔鸡不同。雏来航鸡胫骨生长板的宽度正常,但含有一个窄的增生(生长)区及一个宽的肥大区。额骨骨缝正常。来航鸡的甲状旁腺正常,而在肉鸡可见有甲状旁腺增生。

维生素 D 缺乏和过多症

鸡需要维生素 D 来维持钙、磷正常的代谢,以便形成正常的骨骼、坚硬的喙和爪以及坚实的蛋壳。维生素 D 通过促进小肠对钙的吸收,影响成骨细胞和破骨细胞的活性,增加肾小管对钙的重吸收等过程来满足机体对钙的代谢需要。

一、维生素 D 缺乏

(一)临床症状

在笼养产蛋母鸡,如果不给予维生素 D,2 周后即开始出现软壳蛋,且数量明显增加,随后产蛋量明显下降。孵化率同时也明显下降,这是由于鸡胚中钙缺乏的结果。产蛋量和蛋壳的硬度下降一个周期之后,接着会有一个相对的正常时期,可能循环反复,形成几个周期。个别的母鸡可能出现暂时不能站立的症状,但通常在产下一个无壳蛋后得以恢复。在严重的腿无力期间,母鸡表现出一种被形容为"企鹅型蹲坐"的特征性姿势。其后,喙、爪和龙骨变得很软且易弯曲。胸骨通常弯曲,肋骨失去其正常的硬度,并在与胸骨和脊椎相接处向内弯曲,从而使肋骨沿着胸廓面形成一个特征性内弧圈。

除生长停滞外,雏鸡维生素 D 缺乏的最初症状是严重的佝偻病,因矿化不全,长骨表现为碎性增加和弯曲。在 2～3 周龄时,病鸡的喙和爪变得柔软,易弯曲,行走明显吃力,不稳定地走几步后便蹲伏在跗关节上,以此支撑着身体,同时身体轻微左右晃动,羽毛发育不良。血清磷酸酶明显上升,这是进入佝偻病状态的第一个标志。

(二)病理变化

当种用产蛋母鸡摄取的维生素 D 不足时,尸体剖检可见到特征性变化局限于骨骼和甲状旁腺。甲状旁腺由于肥大与增生而体积变大。骨骼变软,易于折断。肋软骨连接处的肋骨内侧面出现明显的结节(佝偻病性串珠肋骨)。许多肋骨在此部位显示有病理性骨折。慢性维生素 D 缺乏时,骨骼出现明显变形。脊柱可能在荐骨与尾椎区向下弯曲,胸骨通常表现出侧向弯曲并在近胸的中部急剧内陷。这些变化使胸腔体积变小,从而导致重要器官受到挤压。喙可能变软,易折断。

雏鸡维生素 D 缺乏时,主要的内在特征是肋骨和脊柱的连接处呈串珠状、肋骨向下向后弯曲。胫骨或股骨的骨骺钙化不全。维生素 D 缺乏的雏鸡,骨骼的钙含量减少而类骨质的比例增加,骨骼中的矿物质大部分以低密度无定形的磷酸钙形式存在。骨胶原的二羟赖氨酸正亮氨酸与羟赖氨酸正亮氨酸的比值增高。

(三)治疗

一次性饲喂 15 000 国际单位的维生素 D_3,对治疗雏鸡的缺乏症比在饲料中经常添加更有效。这种一次大剂量口服可保护雏公鸡和雏母鸡分别在 8 周和 5 周的时间内不发生佝偻病。但维生素的添加量应根据缺乏的程度进行，不能添加过多，因为大剂量的维生素 D 是有害的。

二、维生素 D 过多症

肉仔鸡在生长期间饲喂维生素 D_3 30 000 国际单位/千克就出现病理变化，包括甲状腺萎缩。伴发结缔组织增生，钙沉积在主动脉瓣膜基底部和肾小管，脑部血管内皮细胞钙化引起空泡和坏死。母鸡对维生素 D 中毒的耐受性比生长鸡强，但毒物可传给鸡蛋，导致蛋壳钙丢失，后期胚胎死亡。当日粮中维生素 D_3 水平高达 400 万国际单位/千克或更高水平时，可引起肾小管营养不良性钙化而使肾受到损伤。

维生素 E 缺乏症

维生素 E 缺乏时，雏鸡可发生脑软化症、渗出性素质和肌肉萎缩症。醇型维生素 E 是一种很有效的抗氧化剂，它是饲料中的必需脂肪酸和其他多种不饱和脂肪酸、维生素 A、维生素 D_3、胡萝卜素和叶黄素等的一种保护剂。试验表明，当日粮中硒的含量达到 0.04 ~ 0.1 毫克/千克时，可预防和治疗雏鸡维生素 E 缺乏导致的渗出性素质。

维生素 E 在鸡营养中具有多方面的作用。它不仅为鸡的正常繁殖所需要，而且作为自然界最有效的抗氧化剂，防止脑软化，与硒协同作用可防止渗出性素质，与硒和胱氨酸协同可防止营养性肌肉萎缩的发生。维生素 E 对鸡有轻微的毒性，这种过量常常是另外一种脂溶性维生素 A 或维生素 K 缺乏而引起。

一、临床症状

成年鸡在较长一个时期内只摄取极低水平的维生素 E，并不表现出外在的缺乏症状。但维生素 E 缺乏的鸡所产蛋的孵化率明显降低，维生素 E 缺乏的母鸡所产的种蛋，在孵化的第四天或更迟的时间胚胎便会死亡，死亡率取决于维生素 E 缺乏的严重程度。公鸡较长时间不摄入维生素 E，睾丸会发生退化。

雏鸡的脑软化症：脑软化症是一种以运动失调或全身麻痹为特征的神经功能失常，病鸡头向后或向下收缩（有时还侧向扭转），强迫运动，出现严重的共济失调,腿快速收缩和松弛,最后导致完全衰竭而死亡。即使在这种情况下,也不会出现翅膀和腿的不全麻痹。雏鸡的缺乏症在 7～56 日龄内均可发生,但通常出现在 15～30 日龄。

雏鸡的渗出性素质:渗出性素质是伴随毛细血管通透性不正常而发生的一种皮下组织水肿。在严重的病例中,由于腹部皮下液体的积聚,雏鸡站立时两腿叉开。这种绿蓝色黏性的液体通过皮肤很容易看到。这是因为整个胸肌、腿肌和小肠壁发生轻度出血而使这种液体中含有血液成分。心包扩张和突然死亡的情况也曾被注意到。发生渗出性素质的雏鸡,其血液中白蛋白和球蛋白的比值下降。

鸡营养性肌病:当维生素 E 缺乏并伴随有含硫氨基酸缺乏时,雏鸡大约在 4 周龄时表现出营养性肌病,特别是胸肌。其特征为胸肌受损伤的肌纤维束呈现极易辨认的淡色条纹。

二、病理变化

1. 雏鸡脑软化症

脑最易受损的部位依次为:小脑、纹状体大脑半球、延髓和中脑。对刚表现出脑软化症症状的雏鸡进行剖检,可见小脑软而肿胀,脑膜水肿。在小脑表面,经常可见微小的出血点。脑回桥被挤平。4/5 的小脑受到损害,或产生肉眼不能识别的微小病变。脑软化症出现后 1～2 天,坏死区即呈现绿黄色不透明外观。1～2 天后,小脑苍白、萎缩。在纹状体,坏死组织经常表现为苍白、肿胀和湿润。在早期阶段,病变区与周围正常组织有十分明显的界限,两侧大脑半球的大部分区域会遭到损伤。组织学病变包括循环障碍(局部缺血性坏死)、脱髓鞘和神经细胞变性。脑膜、小脑和大脑的血管明显充血,且通常发展为严重的水肿。毛细血管的血栓形成经常导致不同程度的坏死。在正常雏鸡的小脑,有髓神经束显示有很强的快速 Luxol 蓝阳性反应,而在受损害的雏鸡,这种染色反应明显减弱,并有弥散性或局部性的深染。神经细胞的变性发生于各处脑组织,但最为显著的是浦金野氏细胞和大的运动神经核。局部性缺血的细胞病变是最常见的,细胞皱缩且深染,细胞核呈典型的三角形,还常见核外周染色质溶解且尼氏物质聚集于细胞核周围。

2. 雏鸡渗出性素质

在渗出性素质开始发生的同时,组织中伴随有过氧化物的出现。血浆中硒依赖型谷胱甘肽过氧化物酶的活性迅速下降。

鸡营养性肌病:最初的组织学变化为透明变性,线粒体膨大、融合并形成胞浆内的小球体。其后,肌纤维横向崩解。渗出液使肌纤维群与单体纤维相分离。渗出的血浆通常还有红细胞和异染性白细胞。维生素 E 和硒缺乏可导致肌胃和心肌产生特别严重的肌病。

三、治疗

因为维生素 E 和硒缺乏往往同时发生,所以在用维生素 E 的同时也用硒制剂进行防制。对雏鸡出血性素质和肌营养不良治疗,可每千克饲料加维生素 E 20 国际单位或 0.5% 植物油,连用 14 天;或每只雏鸡口服维生素 E 300 国际单位。若同时在每千克饲料内加入亚硒酸钠 0.2 毫克、蛋氨酸 2~3 克效果更好。

维生素 K 缺乏症

维生素 K 是合成凝血酶原所必需的,它是凝血酶原和骨中一种骨钙蛋白及一些其他钙结合蛋白的谷氨酸翻译后羧化作用的辅助因子。由于凝血酶原是凝血机制中的重要部分,所以维生素 K 缺乏导致凝血时间明显延长。患病的鸡会因为轻微的挫伤或其他伤害而出血甚至死亡。

一、临床症状

雏鸡摄食维生素 K 缺乏的日粮时,通常在 2~3 周出现维生素 K 缺乏的症状。如果饲料和饮水中含有磺胺喹噁啉,会增加此症的发生率和严重程度。主要特征症状是出血,体躯不同部位、胸部、翅膀、腿部、腹膜及皮下和胃肠道都能看到出血的紫色斑点。病鸡的病情严重程度和出血的情况有关。出血持续时间长或大面积大出血,病鸡冠、肉髯、皮肤干燥苍白,肠道出血严重的则发生腹泻,致使病鸡严重贫血,常蜷缩在一起,雏鸡发抖,不久死亡。种鸡日粮中维生素 K 含量不足时,可引起种蛋孵化时胚胎死亡率增加,死亡的胚胎表现有出血。

二、治疗

对病鸡饲料中添加维生素 K_3 3~8 毫克/千克,或肌内注射维生素 K_3 注射液,每只鸡 0.5~2 毫克。若同时给予钙剂治疗,疗效会更好。

维生素 B_1 缺乏症

维生素 B_1（硫胺素）在体内被转化成活性形式的焦磷酸硫胺素，焦磷酸硫胺素是碳水化合物氧化脱羧反应和代谢中醛转换过程的一个重要辅助因子。维生素 B_1 缺乏会导致极度的厌食、多发性神经炎和死亡。

一、临床症状

雏鸡对维生素 B_1 缺乏十分敏感，饲喂缺乏维生素 B_1 的饲料后可在 2 周龄前出现多发性神经炎症状。病鸡突然发病，呈现"观星"姿势，头向背后极度弯曲呈角弓反张状，由于腿麻痹不能站立和行走，病鸡以跗关节和尾部着地，坐在地面或倒地侧卧，严重的会衰竭死亡。

成年鸡饲喂维生素 B_1 缺乏的日粮，大约 3 周后出现多发性神经炎，病鸡食欲减退、体重减轻、羽毛蓬乱、腿无力及步态不稳。经常呈现蓝色鸡冠、以后神经症状逐渐明显，开始是脚趾的屈肌麻痹，接着向上发展，腿、翅膀和颈部的伸肌明显地出现麻痹。有些病鸡出现贫血和腹泻。体温下降至 35.5℃。呼吸率呈进行性减少，衰竭死亡。

二、病理变化

维生素 B_1 缺乏症致死雏鸡的皮肤呈广泛水肿，其水肿的程度决定于肾上腺的肥大程度。肾上腺肥大在雌性个体比雄性个体更为明显，肾上腺皮质部的肥大比髓质部更大一些。肥大的肾上腺内的肾上腺素含量也增加。病死雏的生殖器官却呈现萎缩，睾丸比卵巢的萎缩更明显。心脏轻度萎缩，右心可能扩大，心房比心室较易受害。肉眼可观察到胃和肠壁的萎缩，而十二指肠的肠腺却变得扩张。在显微镜下观察，十二指肠肠腺的上皮细胞有丝分裂明显减少，后期黏膜上皮消失，只留下一个结缔组织的框架。在肿大的肠腺内积聚坏死细胞与组织碎片。胰腺的外分泌细胞的胞浆呈现空泡化，并有透明体形成。

三、治疗

应用维生素 B_1 给病鸡口服或注射，数小时后即可好转。

维生素 B₂ 缺乏症

维生素 B_2(核黄素)是体内许多酶系统的辅助因子。机体内含有维生素 B_2 的酶包括:NAD 与 NADP – 细胞色素还原酶、琥珀酸脱氢酶、酰基脱氢酶、黄递酶、黄嘌呤氧化酶、L – 氨基酸氧化酶与 D – 氨基酸氧化酶、L – 羟酸氧化酶和组氨酶,其中有些与细胞呼吸作用的氧化还原反应有密切关系。

一、临床症状

雏鸡饲喂缺乏维生素 B_2 的日粮后,多在 1~2 周龄发生腹泻,食欲尚良好,但生长缓慢,消瘦衰弱。其特征性的症状是足趾向内蜷曲,不能行走,以跗关节着地,开展翅膀以维持身体的平衡,两腿发生瘫痪。腿部肌肉萎缩和松弛,皮肤干燥而粗糙。病雏吃不到食物而饿死。

育成鸡病至后期,腿叉开而卧,瘫痪。母鸡的产蛋量下降,蛋白稀薄,蛋的孵化率降低。母鸡日粮中维生素 B_2 的含量低,其所生的蛋和出壳雏鸡的维生素 B_2 含量也就低。维生素 B_2 是胚胎正常发育和孵化所必需的物质,孵化蛋内的维生素 B_2 用完,鸡胚就会死亡。有时也能孵出雏,但多数带有先天性麻痹症状,体小、浮肿。

二、病理变化

病死雏鸡胃肠道黏膜萎缩,肠壁薄,肠内充满泡沫状内容物。有些病例有胸腺充血和成熟前期萎缩。在维生素 B_2 严重缺乏的雏鸡,坐骨神经和臂神经表现出明显的肿胀与松软。通常坐骨神经的变化最为显著,有时其直径达到正常的 4~5 倍。对受侵害的神经做组织学检查,可见主要的外周干神经发生髓鞘变性,并可能伴有轴索的肿胀和变性。脊髓内出现雪旺氏细胞增生、髓磷脂变化、神经胶质增生及染色体溶解的病变。

采食低含量维生素 B_2 日粮的母鸡胚胎死亡率增加,肝脏增大且脂肪含量增加。所产种蛋进行孵化时,未能出壳的胚胎体形矮小,表现有高的水肿发生率,中肾退化。绒毛发育不全,这样的绒羽称为"结节状绒羽",这是由绒羽不能突破毛鞘而引起的,可使羽毛特征性地弯绕。

三、治疗

对病鸡在每千克饲料中加入维生素 B_2 20 毫克治疗 1~2 周,即可见效。或连续注射 100 微克剂量的维生素 B_2 两次,随后在日粮中添加足够的维生素 B_2。

泛酸缺乏症

泛酸又称遍多酸,是辅酶 A 的组成成分,辅酶 A 参与三羧循环中柠檬酸的形成、脂肪酸的合成与氧化、由氨基酸脱氨基作用形成的酮酸的氧化、胆碱的乙酰化作用和其他许多反应。

一、临床症状

雏鸡泛酸缺乏症的症状和生物素缺乏症难以区分,这两种缺乏症均引起皮炎、断羽、胫骨短粗症、生长不良和死亡。雏鸡泛酸缺乏症的特征性表现为:羽毛生长阻滞且粗糙。病鸡消瘦、口角出现局限性痂样病变。眼睑边缘呈颗粒状并有小痂形成。眼睑常被黏性渗出物沾在一起而变得窄小,并使视力受到限制。皮肤的角质化上皮慢慢脱落,趾和脚底的皮肤有时脱落,并在此处形成小的破裂和裂隙。这些破裂和裂隙逐渐扩大并加深,从而使雏鸡很少走动。有时患缺乏症雏鸡的脚部皮肤角质化,并在趾球上形成疣状隆凸。

二、病理变化

尸体剖检可见口腔内有脓性物,前胃中有不透明灰白色渗出物,肝脏肥大,并呈浅黄至深黄色,脾脏轻度萎缩,肾脏有些肿大。病理组织显微镜检查:法氏囊、胸腺和脾脏有明显的淋巴细胞坏死和淋巴组织减少;脊髓的神经和有髓纤维呈现髓磷脂变性,这些变性的纤维可见于直到腰部的脊髓各段。

为保持正常的孵化率,泛酸在种用母鸡的日粮中是必需的。Beer 等观察到,胚胎死亡的高峰日取决于泛酸缺乏的程度,轻度缺乏会使孵化出的雏鸡极度虚弱,除非马上注射泛酸(腹膜内注射 200 微克),否则不能存活。发育中的鸡胚泛酸缺乏的症状为皮下出血和严重的水肿。

三、治疗

啤酒酵母中含泛酸最多,在饲料中添加一些酵母片或按每千克饲料补充 10 ~ 20 毫克泛酸钙都有防制泛酸缺乏症的效果。但应注意,泛酸极不稳定,易受潮分解,因而在与饲料混合时,都用其钙盐。

烟酸缺乏症

烟酸又称为尼克酸,是合成两种重要辅酶——烟酰胺腺嘌呤二核苷酸(NAD)和烟酰胺腺嘌呤二核苷酸磷酸(NADP)的维生素成分。这两种辅酶广泛参与碳水化合物、脂肪及蛋白质的代谢。它们在提供能量的代谢中是特别重要的。这两种辅酶单独或一起参与葡萄糖的无氧和有氧的氧化作用、甘油的合成和降解、脂肪酸的合成和氧化及乙酰辅酶 A 通过三羧酸循环的氧化作用。

一、临床症状和病理变化

幼龄鸡烟酸缺乏的主要症状为:跗关节增大且腿呈弓形,与胫骨短粗病相似。这种病变和锰及胆碱缺乏所致的胫骨短粗病的主要区别是烟酸缺乏时跟腱极少从所附着的裸部脱落。烟酸缺乏症发展的进一步症状为口腔炎症、腹泻和羽毛生长不良。雏鸡的烟酸或色氨酸缺乏引起和硫胺素缺乏相似的十二指肠与胰脏病变。

饲喂母鸡以酪蛋白和食用胶为蛋白质来源的半纯日粮而不添加烟酸时,采食量减少,体重减轻,产蛋率下降且蛋的孵化率降低。

严重病例的骨骼、肌肉和内分泌腺,可发生不同程度的病变,以及许多器官发生明显的萎缩。皮肤角化过度而增厚,胃与小肠黏膜萎缩,盲肠和结肠黏膜上有豆腐渣样覆盖物,肠壁增厚而易碎。肝脏萎缩并有脂肪变性。

二、治疗

针对发病原因采取相应的措施,调整日粮中玉米比例,或添加色氨酸、啤酒酵母、米糠、麸皮、豆类、鱼粉等富含烟酸的饲料。对病雏鸡可在每吨饲料中添加 15 ~ 20 克烟酸。若有肝脏疾病存在时,可配合应用胆碱或蛋氨酸进行防制。

维生素 B_6 缺乏症

维生素 B_6 又名吡哆素,包括吡哆醇、吡哆醛、吡哆胺 3 种化合物。在植物体中以吡哆醇形式存在,在动物体中以吡哆醛和吡哆胺形式存在。维生素 B_6

参与氨基酸的转氨基反应,磷酸吡哆醛或磷酸吡哆胺是转氨酶的辅酶,也是某些氨基酸脱羧酶及半胱氨酸脱硫酶等的辅酶。动物育肥时特别需要维生素 B_6,缺乏维生素 B_6 影响育肥、增重等生产性能。

一、临床症状和病理变化

维生素 B_6 严重缺乏的雏鸡表现为食欲下降、生长不良、胫骨短粗病和特征性的神经症状。雏鸡表现痉挛。行走时腿神经性颤动,常产生激烈的痉挛性抽搐并通常以死亡而告终。雏鸡抽搐时会无目的地乱跑,拍打翅膀并侧身倒地或完全仰翻在地,同时腿和头快速抽搐。这些症状和脑软化症(维生素 E 缺乏)的区别在于,患维生素 B_6 缺乏症的雏鸡症状发作时运动更为激烈,通常会导致完全衰竭而死亡。

饲喂雏鸡极低水平的维生素 B_6(低至 2.2 毫克/千克日粮)而蛋白质水平很高(31%)的日粮时,会出现典型神经症状;中等水平的维生素 B_6(2.5 ~ 2.8 毫克/千克日粮)加上 31% 蛋白质的日粮引起严重的胫骨短粗病,但无神经症状,结果导致骨弯曲;如果日粮蛋白质含量为 22%,即便维生素 B_6 含量极低(1.9 毫克/千克日粮)也不会出现神经症状和胫骨短粗病,甚至生长速度也不会降低。饲喂雏鸡以高水平蛋白质日粮时,维生素 B_6 的需要量增加,这种情况反映了维生素 B_6 在氨基酸代谢中的作用。维生素 B_6 缺乏引起皮质骨和关节软骨基质的胶原纤维减少及蛋白聚糖与胶原的溶解性增加,这种维生素 B_6 缺乏的雏鸡结构上的缺陷容易引起胫骨短粗病和骨关节炎。

在成年鸡,维生素 B_6 缺乏引起产蛋量和孵化率明显下降,并引起采食量减少,体重减轻,以致死亡。

死鸡皮下水肿,内脏器官肿大,脊髓和外周神经变性。有些呈现肝变性。

二、治疗

饲喂量不足时增加供给量;有些品种需要量大就应加大供给量,如洛岛红和芦花杂交种雏鸡的需要量比白来航雏鸡需要量高得多,种鸡日粮维生素 B_6 的需要量高于一般情况下的日粮维生素 B_6 水平。

生物素缺乏症

生物素是参与二氧化碳固定的羧化和脱羧反应的辅助因子之一,这些反应在合成代谢过程和氮代谢中有重要作用。

一、临床症状和病理变化

生物素缺乏时喙及眼周围的皮肤所发生的炎症与泛酸缺乏症相似，鉴别诊断时通常需要鉴定日粮成分。

胫骨短粗病是生长鸡生物素缺乏的一个症状。雏鸡生物素缺乏的症状还包括胫骨的各种其他异常。饲喂雏鸡不含生物素的纯合日粮会表现胫骨短粗病、骨的密度和灰分含量升高及骨的构型不正常等症状。生物素缺乏的雏鸡，其胫骨脂肪酸（前列腺素的前体）浓度的变化与骨异常有关，这提示前列腺素合成的改变可能是缺乏生物素雏鸡胫跗骨构型改变的一个促进因素。

生物素是胚胎发育所必需的。母鸡饲喂缺乏生物素的日粮所产的蛋，其胚胎可发育成并趾，即第三趾和第四趾之间形成延长的蹼。不能出壳的许多胚胎表现为软骨营养不良，其特征为体型小、鹦鹉嘴、胫骨严重弯曲、跗趾骨变短或扭曲、翅膀与头颅变短且肩胛骨变短、弯曲。胚胎死亡可能有两个高峰，一个是在第一周，另一个是在孵化的最后 3 天。

二、治疗

给雏鸡口服数微克的生物素足以防止生物素缺乏症，或每千克饲料添加150 毫克生物素，效果较好。

叶酸缺乏症

叶酸因其普遍存在于植物绿叶中而得名。它参与嘌呤的合成和一些重要代谢产物如胆碱、蛋氨酸和胸腺嘧啶的甲基合成。因此，叶酸对正常核酸代谢及细胞繁殖所需核蛋白质的形成都是必需的维生素。

一、临床症状和病理变化

雏鸡缺乏叶酸的特征性症状为生长不良、羽毛发育极差、贫血及胫骨短粗病。叶酸为洛岛红和黑来航鸡羽毛色素沉着所必需。因此，要防止有色鸡的羽毛色素缺乏，似乎叶酸、赖氨酸、铜和铁都是必需的。

种用鸡日粮中缺乏叶酸会引起胚胎死亡率明显升高。胚胎在喙破气室后不久很快便会死亡。上颌骨畸形和胫跗骨弯曲是胚胎阶段叶酸缺乏症的病变。

雏鸡缺乏叶酸引起骨髓红细胞生成中的巨红成细胞发育停止，从而导致严重的巨红细胞性贫血，这是雏鸡最早的症状之一。白细胞生成也减少，并引起明显的粒细胞缺乏症。

二、治疗

在严重贫血的叶酸缺乏症雏鸡，一次性肌内注射 50～100 微克纯的叶酸，在 1 周内血红蛋白值与生长速度恢复正常。在每 100 克饲料中添加 500 微克叶酸，其治疗效果与肌内注射相当。

维生素 B_{12} 缺乏症

维生素 B_{12} 是唯一含有金属元素钴的维生素，又叫钴氨素，参与核酸与甲基的合成以及碳水化合物与脂肪的代谢。其重要酶功能之一是参与甲基丙二酰单酰辅酶 A 形成琥珀酰辅酶 A 的异构化作用。

一、临床症状和病理变化

病雏鸡生长缓慢，食欲降低，贫血。在生长中的小鸡和成年鸡维生素 B_{12} 缺乏时，未见到有特征性症状。若同时饲料中缺少作为甲基来源的胆碱、蛋氨酸则可能出现骨短粗病。这时增加维生素 B_{12} 可预防骨短粗病，因为维生素 B_{12} 对甲基的合成能起作用。有人证明了患维生素 B_{12} 缺乏症的小母鸡，当处于低胆碱和低蛋氨酸水平时，其输卵管对己烯雌酚处理的反应低，明显低于喂了维生素 B_{12} 的小母鸡。有的学者报道，维生素 B_{12} 缺乏症血液中非蛋白氮的含量增高，如喂了富含维生素 B_{12} 的肝精后，则其会降低到正常数值。

成年母鸡维生素 B_{12} 缺乏时，其蛋内维生素 B_{12} 则不足，胚胎在孵化的第一个 7 天有一个死亡高峰，胚胎体小、腿部肌肉萎缩、弥散性出血、骨短粗、水肿和脂肪肝。

二、治疗

患维生素 B_{12} 缺乏症的母鸡每只肌内注射 2 微克的维生素 B_{12}，其所产的蛋孵化率在 1 周内大约从 15% 提高到 80%。种鸡日粮中每吨加入 4 毫克的维生素 B_{12} 可充分保证最高的孵化率，并足以使雏鸡储存足够的维生素 B_{12}，从而在出生后 1 周内不发生缺乏症。给雏鸡注射近似量的维生素 B_{12} 或在日粮中添加也可治疗维生素 B_{12} 缺乏症。

胆碱缺乏症

胆碱存在于体内磷脂及乙酰胆碱内,在蛋氨酸、肌酸、肉碱和 N－4 甲基烟酰胺等含甲基化合物的合成中作为甲基来源。胆碱本身并不是甲基的直接提供者,而必须首先被氧化成甜菜碱,之后甜菜碱可以将其 3 个甲基中的 1 个提供给高半胱氨酸或胍基乙酸等甲基受体,以分别形成蛋氨酸或肌酸。

一、临床症状和病理变化

雏鸡表现生长停滞,腿关节肿大,突出的症状是骨短粗病。跗关节初期轻度肿胀,并有针尖大小的出血点;后期是因跗骨的转动而使胫跗关节明显变平。由于跗骨继续扭转而变弯曲或呈弓形,以致离开胫骨而排列。病鸡由行动不协调、关节灵活性差发展成关节变弓形。或关节软骨移位,跟腱从髁头滑脱不能支持体重。

有人发现,缺乏胆碱而不能站立的雏鸡,其死亡率会增高。成年鸡脂肪酸增高,母鸡明显高于公鸡。母鸡产蛋量下降,卵巢上的卵黄流产增高,蛋的孵化率降低。有些生长期的鸡易出现脂肪肝;有的成年鸡往往因肝破裂而发生急性内出血突然死亡。

剖检病死鸡时可见肝脏肿大,色泽变黄,表面有出血点,质脆。有的肝被膜破裂,甚至发生肝破裂,肝表面和体腔有凝血块。肾脏和其他器官有脂肪浸润和变性。雏鸡在缺乏胆碱时,肉眼即可看到胫骨和跗骨变形、跟腱滑脱等病理变化。

二、治疗

在每千克日龄中加氯化胆碱 1 克、维生素 E 10 国际单位、肌醇 1 克,连续饲喂;或每只鸡每天喂氯化胆碱 0.1～0.2 克,连用 10 天,效果较好。

钙、磷缺乏及钙、磷比例不调

钙、磷在代谢中,特别在骨骼的形成中关系密切。在生长中的雏鸡,日龄中大部分的钙用于骨的形成,在成年母鸡则用于蛋壳的形成。钙也是凝血所必需的,同时,钠和钾的共同作用为正常心脏跳动所必需。钙还是调节细胞代

养鸡与鸡病防控关键技术

谢过程的一个重要因子。磷除了在骨骼形成中的作用外,还是嘌呤核苷酸形成的必需成分,也是生物化学反应中参与自由能转移和储存的其他磷酰基化合物的必需成分。磷在碳水化合物和脂肪代谢中具有重要作用,并为所有活细胞的重要组成部分。由磷形成的盐在保持酸碱平衡上起着重要作用。

一、临床症状和病理变化

钙、磷的利用取决于日粮中维生素 D 的存在。当维生素 D 缺乏时,生长中的雏鸡骨中钙、磷沉积减少;骨中矿物质衰竭,以及蛋壳中钙的含量也减少。

据报道,生长肉鸡日粮长期缺乏钙和磷会引起佝偻病,在病理组织学上和维生素 D 缺乏所致的佝偻病不同。雏鸡在出壳后即饲喂钙含量为 0.3% 的日粮时,2 周即表现出骺软骨增生的前肥大区变宽,软骨的增生区和肥大区之间的边界呈不规则形状,且表现有软骨柱不规则和骺管延长。饲喂 4 周后,骺生长板增宽,有时呈软骨塞延向干骺端。组织学检查可见增生区和肥大区不规则,且常出现不能成长的细胞区。有些雏鸡在饲喂 4 周后,肥大区显著地变宽。干骺端的血管不是从软骨塞的顶部而是沿其侧面侵入,干骺端的软骨柱增厚且不规则。

Long 等报道,磷缺乏(0.2% 有效磷)和钙过量(2.24% 钙与 0.45% 有效磷)引起相似的胫骨异常。观察到数种组织学异常,但最引人注目的是退化中的肥大的骺软骨柱及干骺端初级骨松质的明显延长。有的雏鸡在 4 周龄即不能站立,呈八字腿姿势。折叠性骨折和胫跗骨弓形弯曲或扭曲是经常可见的。

Julian 观察到,患磷缺乏症的雏鸡呼吸频率增加、红细胞增多,血液中二氧化碳和氧减少。雏鸡死于右心室衰竭,并常伴有腹水。

产蛋母鸡缺乏钙导致产蛋量下降和产薄壳蛋,并趋于耗尽骨钙含量,首先是骨髓质的钙完全丢失,继而逐渐将骨皮质的钙动员出来。最后骨变得菲薄以至于可能发生自发性骨折,特别是椎骨、胫骨和股骨。

二、防制措施

本病以预防为主,首先要保证鸡日粮中钙、磷的供给量,其次是调整好钙、磷比例。一般日粮中以补充骨粉或鱼粉进行防制,疗效较好。若日粮中钙多磷少,则在补钙的同时要重点补磷,以磷酸氢钙、过磷酸钙等较为适宜;若日粮中磷多钙少,则主要补钙。

对病鸡除补充适量钙、磷饲料外,要加喂鱼肝油,或补充维生素 D_3。

镁 缺 乏 症

镁是鸡骨骼形成中必要的元素,它与体内的钙和磷有密切联系。机体内约70%的镁以碳酸盐形式存在于骨骼中,细胞外液中的镁仅占体内镁总量的1%左右。镁作为焦磷酸酶、胆碱酯酶、ATP酶和肽酶等多种酶的活化剂,在糖和蛋白质代谢中起重要作用;保证神经肌肉器官的正常机能,低镁时神经肌肉兴奋性提高,高镁时抑制;参与促使ATP高能键断裂,释放出为肌肉收缩所需的能量。镁也是碳酸盐代谢和许多酶的活化作用所必需的。镁离子是DNA聚合酶和RNA聚合酶的辅助因子,镁缺乏时则影响核酸的合成。在蛋白质生物合成的各个步骤上几乎都需要镁离子的参与。

Almquist观察到,雏鸡饲喂缺镁的日粮,大约1周内生长缓慢,继而生长停滞并变得嗜睡。当受到惊动时,雏鸡常发生短暂的惊厥且伴有气喘,最终进入昏迷状态,有时以死亡而告终。

低血镁和低血钙与雏鸡严重镁缺乏有联系。胫骨镁含量降低,钙含量升高,且表现出小梁变厚、软骨核沉积增加和干骺端骨细胞伸长且无活性等异常。

在预防镁缺乏的过程中要注意两点:一是影响镁的吸收因素,饲料中钙增加可抑制镁的吸收,反之,镁也可抑制钙吸收。影响钙吸收的某些物质,如草酸、植酸等可抑制镁的吸收。某些氨基酸可增加肠内镁的溶解性,促进镁的吸收,所以含高蛋白饲料能加强镁的吸收。二是过量镁可产生有害作用,包括雏鸡的生长速度减慢和骨灰分减少。在母鸡,镁过量造成蛋重减轻、蛋壳变薄和腹泻。

锰 缺 乏 症

锰是多种酶的激活剂,是正常生长和繁殖及预防胫骨短粗病所需要的。

一、临床症状和病理变化

病幼鸡的特征症状是生长停滞,骨短粗症。胫－跗关节增大,胫骨下端和跗骨上端弯曲扭转,使腓肠肌腱从跗关节的骨槽中滑出而呈现脱腱症状。病鸡腿部变弯曲或扭曲,腿关节扁平而无法支持体重,将身体压在跗关节上。严重病例多因不能行动无法采食而饿死。

成年母鸡产的蛋孵化率下降,鸡胚大多数在快要出壳时死亡。胚胎躯体短小,骨骼发育不良,翅短,腿短而粗,头呈圆球样,喙短弯呈特征性的"鹦鹉嘴"。此鸡胚为短肢性营养不良症。

本病死亡鸡的骨骼短粗,管骨变形,骺肥厚,骨板变薄,剖面可见密质骨多孔,在骺端尤其明显。骨骼的硬度尚良好,相对重量未减少或有所增多。

二、防制措施

为防制雏鸡骨短粗症,可于 100 千克饲料中添加 12～24 克硫酸锰,或用 1:3 000 高锰酸钾溶液饮水饲喂,每天更换 2～3 次,连用 2 天,以后再用 2 天。糠麸为含锰丰富的饲料,每千克米糠中含锰量可达 300 毫克左右,用此调整日粮也有良好的预防作用。

注意补锰时防止中毒,高浓度的锰(3 克/千克)可降低血红蛋白和红细胞压积与肝脏铁离子的水平,导致贫血,影响雏鸡的生长发育。过量的锰对钙和磷的利用有不良影响。

硒 缺 乏 症

硒是鸡必需的微量元素,它是体内某些酶、维生素和某些组织成分不可缺少的元素,为鸡生长、生育和防止许多疾病所必需,缺乏时可引起鸡营养性肌营养不良、渗出性素质、胰腺变性,硒和维生素 E 对预防雏鸡脑软化有相互补充的作用。

一、临床症状和病理变化

本病在雏鸡、雏鸭、雏火鸡均可发生。临床特征为渗出性素质、肌营养不良、胰腺变性和脑软化。渗出性素质常以 2～3 周龄的雏鸡开始发病为多,到 3～6 周龄时发病率高达 80%～90%。多呈急性经过,重症病雏可于 3～4 日内死亡,病程最长的可达 1～2 周。病雏主要症状是躯体低垂的胸、腹部皮下出现淡蓝绿色水肿样变化,有的腿根部和翼根部也可发生水肿,严重的可扩展至全身。出现渗出性素质的病鸡精神高度沉郁,生长发育停止,冠髯苍白,伏卧不动,起立困难,站立时两腿叉开,运步障碍。排稀便或水样便,最终衰竭死亡。剖检的病理变化,水肿部有淡黄绿色的胶冻样渗出物或淡黄绿色纤维蛋白凝结物。颈、腹和股内侧有瘀血斑。

有些病鸡呈现明显的肌营养不良，一般以4周龄幼雏多发。其特征为全身软弱无力，贫血，胸肌和腿肌萎缩，站立不稳，甚至腿麻痹而卧地不起，翅松乱下垂，肛门周围污染，最后衰竭而死。剖检的病理变化，主要病变在骨骼肌、心肌、肝脏和胰脏，其次为肾和脑。病变部肌肉变性、色淡、似煮肉样，呈灰黄色、黄白色的点状、条状、片状不等；横断面有灰白色、淡黄色斑纹，质地变脆、变软、钙化。心肌扩张变薄，以左心室为明显，多在乳头肌内膜有出血点，在心内膜、心外膜下有黄白色或灰白色与肌纤维方向平行的条纹斑。肝脏肿大，硬而脆，表面粗糙，断面有槟榔样花纹；有的肝脏由深红色变成灰黄或土黄色。肾脏充血、肿胀，肾实质有出血点和灰色的斑状灶。胰脏变性，腺体萎缩，体积缩小有坚实感，色淡，多呈淡红色或淡粉红色，严重的则腺泡坏死、纤维化。

有的病雏主要表现平衡失调、运动障碍和神经扰乱症。这是由于维生素E缺乏为主所导致的小脑软化。其次，病雏鸡发生肌胃变性。

二、防制措施

本病以预防为主，在雏鸡日粮中添加0.1～0.2克/吨的亚硒酸钠和每千克饲料中加入20毫克维生素E。注意搅拌均匀，防止中毒。在治疗时，并用0.005%亚硒酸钠溶液皮下或肌内注射，雏鸡0.1～0.3毫升，成年鸡1.0毫升。或用饮水配成每升水含0.1～1毫克的亚硒酸钠溶液，给雏鸡饮用，5～7天为一个疗程。对小鸡脑软化的病例必须以维生素E为主进行防制；对渗出性素质、肌营养不良等缺硒则要以硒制剂为主进行防制。

铁 缺 乏 症

铁是血红素、血红蛋白的卟啉核及细胞色素的必需组成成分，也是许多酶的组成成分，这些酶包括过氧化氢酶、过氧化物酶、苯丙氨酸羟化酶、酪氨酸酶和脯氨酸羟化酶。

铁缺乏导致血红蛋白过少性小红细胞性贫血，使血浆中非血红素铁的含量减少，并阻碍有色品种羽毛色素沉着。产蛋鸡铁缺乏使所产的蛋孵化时，产生贫血，并使孵化率降低。孵化时活下来的雏鸡很弱、不愿走动，但是铁补充后可以恢复。

据报道，雏鸡缺铁时，色氨酸合成的烟酸减少。

鸡 痛 风

鸡痛风是一种蛋白质代谢障碍引起的高尿酸血症。其病理特征为血液尿酸水平增高,尿酸盐在关节囊、关节软骨、内脏、肾小管和输尿管中沉积。临诊表现为运动迟缓,腿、翅关节肿胀,厌食、衰弱和腹泻。

一、病因

第一,主要因为大量饲喂富含核蛋白及嘌呤碱的蛋白质饲料。这些饲料是动物内脏(肝、脑、肾、胸腺、胰腺)、肉屑、鱼粉、大豆、豌豆等。

第二,饲料含钙或镁过高。有的养殖户用蛋鸡料喂肉鸡,引起痛风,有的补充矿物质用石灰石粉,也引起痛风,这是因为含镁量过高。

第三,日粮中长期缺乏维生素 A,可发生痛风性肾炎,病鸡呈现明显的痛风症状。

第四,肾功能不全。凡是能引起肾功能不全(肾炎、肾病等)的因素都可使尿酸排泄障碍,导致痛风。如磺胺类药物中毒、霉玉米中毒、传染性法氏囊炎、鸡球虫病等。

第五,饲养在潮湿及阴暗的鸡舍、密集的管理、运动不足、日粮中维生素缺乏和衰老等因素都可能成为促进本病发生的诱因。另外,遗传因素也是致病原因之一,如新汉普夏鸡就有关节痛风的遗传因子。

二、临床症状和病理变化

本病多呈慢性经过。一般症状是:病鸡食欲减退。逐渐消瘦,冠苍白,不自主地排出白色半黏液状稀粪,含有大量的尿酸盐。成年鸡产蛋量减少或停止。内脏型痛风比较多见,但临诊上通常不易被发现。主要呈现营养障碍、腹泻和血液中尿酸水平增高。死后剖检,在胸膜、腹膜、肺、心包、肝、脾、肾、肠与肠系膜的表面散布许多石灰样的白色尖屑状或絮状物质。此为尿酸盐结晶。有些病例还并发有关节型痛风。关节型痛风多在趾前关节、趾关节发病,也可侵害腕前、腕及肘关节。关节肿胀,起初软而痛,界限多不明显,以后肿胀部逐渐变硬,微痛,形成不能移动或稍能移动的结节,结节有豌豆大或蚕豆大小。病程稍久,结节软化或破裂,排出灰黄色干酪样物,局部形成出血性溃疡。病鸡往往呈蹲坐或独肢站立姿势,行动迟缓,跛行。剖检切开肿胀关节,可流出浓厚、白色黏稠的液体,滑液含有大量由尿酸、尿酸铵、尿酸钙形成的结晶,沉着物常形成一种所谓"痛风石"。

三、防制措施

本病以预防为主,积极改善饲养管理,减少富含核蛋白日粮,供给富含维生素 A 的饲料等措施,可降低本病的发病率。

本病没有特效治疗方法。可试用阿托方(又名苯基喹啉羟酸)0.2~0.5克,每天 2 次,口服,但伴有肝、肾疾病时禁止使用。有的试用别嘌呤醇 10~30 毫克,每天 2 次,口服。用药期间可导致急性痛风发作,给予秋水仙碱 50~100 毫克,每天 3 次,可使症状缓解。

鸡脂肪肝综合征

脂肪肝综合征是产蛋鸡的一种营养代谢病。发病的特点是多出现在产蛋高的鸡群或产蛋期高峰,产蛋量明显下降,多数的鸡体况良好,有的突然死亡,其肝脏异常脂肪变性。

一、病因

主要是鸡摄入能量过多,长期饲喂过量饲料会导致脂肪量增加。其次是高产蛋量品系鸡、笼养或环境温度高等因素。另外,饲料中真菌毒素(黄曲霉毒素、红青霉毒素等)可引起脂肪肝综合征;油菜籽制品的芥子酸也可引起肝脏变性。

二、临床症状和病理变化

发病和死亡的鸡都是母鸡,大多过度肥胖,发病率为 50% 左右,死亡率为发病率的 6% 以上。产蛋量明显下降,从高产蛋率的 75%~80% 突然下降到35%~55%。特别是体况良好的鸡更易发病,往往突然暴发,病鸡喜卧,腹大而软绵下垂,鸡冠肉髯褪色乃至苍白。严重的嗜睡、瘫痪,体温 41.5~42.8℃,进而鸡冠、肉髯和脚变冷,可在数小时内死亡。一般从发病到死亡为1~2 天。

病死鸡的皮下、腹腔和肠系膜均有多量的脂肪沉积。肝脏肿大,边缘钝圆,呈黄色油腻状,表面有出血点和白色坏死灶,质度极脆,易破碎如泥样。组织学检查为重度脂肪变性。有的鸡因为肝破裂而发生内出血,肝脏周围有大小不等的血凝块。有的鸡心肌变性呈黄白色。有的鸡肾略变黄,心、脾、肠道有程度不同的小出血点。

三、防制措施

已发病鸡群,在每千克日粮中补加胆碱22~110毫克,治疗1周。或每吨日粮中补加氯化胆碱1 000克、维生素E 10 000国际单位、维生素B_{12} 12毫克和肌醇900克,连续饲喂。或每只鸡喂服氯化胆碱0.1~0.2克,连服10天。

调整日粮配方,因为摄入过多能量是一个重要病因,所以可考虑限饲或降低代谢能摄入量。

磺胺类药物中毒

一、临床症状

病仔鸡表现抑郁,羽毛松乱,厌食,增重缓慢,渴欲增加,腹泻,鸡冠苍白,有时头部肿大,呈蓝紫色,由于局部出血造成。凝血时间延长,血液中颗粒性白细胞减少,溶血性贫血。有的发生痉挛、麻痹等症状。

成年母鸡产蛋量明显下降,蛋壳变薄且粗糙,棕色蛋壳褪色,或者下软蛋。有的出现多发性神经炎和全身出血性变化。

二、病理变化

皮肤、肌肉和内部器官出血,皮下有大小不等的出血斑,胸部肌肉弥漫性或刷状出血,大腿内侧斑状出血。肠道有弥漫性出血斑点,盲肠内可能含有血液。腺胃和肌胃角质层下也可能出血。肾脏明显肿大,土黄色,表面有紫红色出血斑。输尿管增粗,并充满尿酸盐。肾盂及肾小管中常见磺胺药结晶。肝脏肿大,紫红色或黄褐色,表面有出血点或出血斑。胆囊肿大,充满胆汁。脾脏肿大,有出血性梗死和灰色结节区。心肌也可见刷状出血和灰色结节区。心外膜出血。脑膜充血和水肿。骨髓变为淡红色或黄色。

三、防制

在应用磺胺类药物时,要选择好适宜的毒性小的磺胺药,控制好剂量和疗程,并在给药期间增加鸡的饮水量。

食盐中毒

一、临床症状和病理变化

病鸡大多行走困难或不能站立走动,两腿无力,末梢麻痹,甚至瘫痪。无食欲,饮欲增强,口鼻流出大量的分泌物,嗉囊扩张,下痢,呼吸困难,卧地挣扎,站立不起,最后衰竭而死。

病死鸡嗉囊内充满黏液,黏膜易脱落。腺胃和小肠有卡他性或出血性炎症。脑膜血管显著充血扩张,且常见有针尖大出血点及脑炎病变。心脏扩张,心包积液,心外膜有出血点。肝脏有不同程度的瘀血,且有出血点和出血斑。皮下组织与肺脏都有水肿。肾脏、输尿管与排泄物中有尿酸沉积。小鸡睾丸囊肿。

二、防制措施

严格控制食盐用量,并搅拌均匀。对已经中毒的鸡,应间断地逐渐增加供给饮用水或淡糖水,否则,一次大量饮入水可促进食盐吸收扩散,反而使症状加剧,甚至会导致组织严重水肿,特别脑水肿往往预后不良。

一氧化碳中毒

一氧化碳中毒是由于鸡吸入一氧化碳所引起的,以血液中形成多量碳氧血红蛋白所造成的全身组织缺氧为主要特征的疾病。

一、临床症状和病理变化

轻度中毒的鸡其体内碳氧血红蛋白达到30%,病鸡表现为流泪、呕吐、咳嗽、心动疾速、呼吸困难。此时,如果让其呼吸新鲜空气,不经任何治疗即可恢复。如若环境空气未彻底改善,则转入亚急性或慢性中毒,病鸡羽毛蓬乱,精神委顿,生长缓慢,容易诱发上呼吸道和其他群发病。

重度中毒的,其体内碳氧血红蛋白可达50%。病鸡不安,不久即转入呆立或瘫痪,昏睡,呼吸困难,头向后伸,死前发生痉挛和惊厥。若不及时救治,则导致呼吸和心脏停搏死亡。

尸体剖检可见血管和各脏器内的血液呈鲜红色,脏器表面有小出血点。

若病程长慢性中毒者,可见心、肝、脾等器官体积增大,有时见心肌纤维坏死,大脑有组织学改变。

二、实验室诊断

氢氧化钠法:取血液 3 滴,加 3 毫升蒸馏水稀释,再加入 10% 氢氧化钠液 1 滴,如有碳氧血红蛋白存在,则呈淡红色而不变,而对照的正常血液则变为棕绿色。

片山氏试验:取蒸馏水 10 毫升,加血液 5 滴,摇匀,再加硫酸铵溶液 5 滴使呈酸性。病鸡血液呈玫瑰红色,而对照的正常血液呈柠檬色。

鞣酸法:取血液 1 份溶于 4 份蒸馏水中,加 3 倍量的 1% 鞣酸溶液充分振摇。病鸡血液呈洋红色,而正常鸡血液经数小时后呈灰色,24 小时后最显著。也可取血液用水稀释 3 倍,再用 3% 鞣酸溶液稀释 3 倍,剧烈振摇、混合,病鸡血液可产生深红色沉淀,正常鸡血液则产生绿褐色沉淀。

三、防制

本病主要在于预防,鸡舍和育雏室在保证温度的前提下,应加强通风换气。

主要参考文献

[1]魏刚才,刘保国.现代实用养鸡技术大全[M].北京:化学工业出版社,2010.

[2]臧素敏.养鸡与鸡病防制[M].北京:中国农业大学出版社,2012.

[3]任巧玲,王治方,白献晓.鸡养殖技术精编[M].郑州:中原农民出版社,2008.

[4]赵薇,钟一鸣.自然成熟生态鸡规模养殖技术[M].北京:中国农业科学技术出版社,2009.

[5]邢钊,张健,范琳.兽医生物制品实用技术[M].北京:中国农业大学出版社,2000.

[6]洪廷范.兽医实验诊断技术[M].郑州:河南科学技术出版社,1992.

[7]甘孟侯.中国禽病学[M].北京:中国农业出版社,2009.

[8]Y.M.Saif.禽病学[M].第十一版.苏敬良,高福,索勋主译.北京:中国农业出版社,2005.

[9]魏刚才,胡建和.养殖场消毒指南[M].北京:化学工业出版社,2011.

[10]胡凤娇.家禽传染病防制手册[M].北京:中国农业出版社,2013.

[11]杨霞,陈陆,刘红英,等.鸡鲍氏志贺菌与痢疾志贺菌鸡白痢沙门菌及肠致病性大肠杆菌 RAPD 鉴别方法的建立[J].中国兽医科学,2008,38(04):273-277.

[12]许兰菊,王川庆,胡功政,等.鸡志贺菌在我国的发现及其病原特性研究[J].中国预防兽医学报,2004,26(4):281-286.

[13]周改玲.鸡场免疫程序的制定[J].郑州牧业工程高等专科学校学报,2015,35(1):30-31.

[14]周改玲,张鹏.罗曼蛋雏鸡垂直感染传染性脑脊髓炎的诊断[J].郑

养鸡与鸡病防控关键技术

州牧业工程高等专科学校学报,2015,35(2):26-27.

[15]周改玲,张武军.禽流感诊断及防制措施[J].郑州牧业工程高等专科学校学报,2013,33(1):24-25.

[16]秦洁,秦天华.鸡病毒性腺胃炎的诊治[J].当代畜牧,2012(7):17.

[17]齐景文.鸡志贺菌病的诊治[J].中国动物保健,2013,15(2):37-38.

[18]刘东军.种公鸡饲养的技术措施[J].养禽与禽病防制,2006(7):43-44.